数据库
技术丛书

SQL Server 2017

从零开始学 （视频教学版）

李小威 编著

清华大学出版社
北京

内 容 简 介

本书面向 SQL Server 2017 初学者，以及广大数据库设计爱好者。全书内容比较实用，涉及面广，通俗易懂地介绍 SQL Server 2017 数据库应用与开发的相关基础知识，提供大量具体操作 SQL Server 2017 数据库的示例，供读者实践。每节都清晰地阐述代码如何工作及其作用，使读者能在较短的时间内有效地掌握 SQL Server 2017 数据库的应用。

本书共 20 章，内容包括 SQL Server 2017 的安装与配置、Transact-SQL 语言基础、Transact-SQL 语句的查询与应用、数据库的操作、数据表的操作、约束数据表中的数据、管理数据表中的数据、查询数据表中的数据、数据表中的高级查询、认识系统函数和自定义函数、视图的创建与应用、事务和锁的应用、索引的创建与应用、游标的创建与应用、存储过程的创建与应用、触发器的创建与应用、SQL Server 2017 的安全机制、数据库的备份与恢复、数据库系统的自动化管理等，并在每章的最后提供典型习题，供读者操作练习，加深理解。

本书几乎涉及 SQL Server 2017 数据库应用与开发的所有重要知识，适合所有的 SQL Server 2017 数据库初学者快速入门，同时也适合想全面了解 SQL Server 2017 的数据库开发人员阅读。通过全书的学习，读者可以完整地掌握 SQL Server 2017 的技术要点并具备系统开发的基本技术。

图书在版编目（CIP）数据

SQL Server 2017 从零开始学：视频教学版/李小威编著. —北京：清华大学出版社，2019

（数据库技术丛书）

ISBN 978-7-302-53726-7

Ⅰ. ①S… Ⅱ. ①李… Ⅲ. ①关系数据库系统 Ⅳ. ①TP311.138

中国版本图书馆 CIP 数据核字（2019）第 193090 号

责任编辑：夏毓彦
封面设计：王　翔
责任校对：闫秀华
责任印制：沈　露

出版发行：清华大学出版社
  网 址：http://www.tup.com.cn，http://www.wqbook.com
  地 址：北京清华大学学研大厦 A 座   邮 编：100084
  社 总 机：010-62770175   邮 购：010-62786544
  投稿与读者服务：010-62776969，c-service@tup.tsinghua.edu.cn
  质量反馈：010-62772015，zhiliang@tup.tsinghua.edu.cn
印 装 者：清华大学印刷厂
经 销：全国新华书店
开 本：190mm×260mm 印 张：29.5 字 数：755 千字
版 次：2019 年 11 月第 1 版   印 次：2019 年 11 月第 1 次印刷
定 价：89.00 元

产品编号：081776-01

前　言

　　本书是面向 SQL Server 2017 初学者的一本高质量的图书。通过详细的实用案例，让读者快速入门，再也不用为眼前的一堆数据而发愁，从而提高工作效率。本书内容丰富全面、图文并茂、步骤清晰、通俗易懂，使读者能理解 SQL Server 2017 的技术构成，并能解决实际生活或工作中的问题，真正做到"知其然，更知其所以然"。通过重点章节，条理清晰、系统全面地介绍读者希望了解的知识，对 SQL Server 2017 有兴趣的读者，可以快速上手设计并使用 SQL Server 2017。

　　本书注重实用性，可操作性强，详细地讲解每一个 SQL Server 2017 知识点、操作方法和技巧，是一本物超所值的好书。

本书特色

　　内容全面：知识点由浅入深，涵盖所有 SQL Server 2017 的基础知识点，由浅入深地介绍 SQL Server 2017 开发技术。

　　图文并茂：注重操作，图文并茂，在介绍案例的过程中，每一个操作均有对应步骤和过程说明。这种图文结合的方式使读者在学习过程中能够直观、清晰地看到操作的过程以及效果，便于读者快速理解和掌握。

　　易学易用：颠覆传统"看"书的观念，变成一本能"操作"的图书。

　　案例丰富：把知识点融汇于系统的案例实训当中，并且结合综合案例进行讲解和拓展，进而达到"知其然，并知其所以然"的效果。本书三百多个详细例题和大量经典习题，能让读者在实战应用中掌握 SQL Server 2017 的每一项技能。

　　提示技巧：本书对读者在学习过程中可能会遇到的疑难问题以"提示"和"技巧"的形式进行说明，以免读者在学习的过程中走弯路。

　　超值资源：随书赠送 400 分钟的视频教学文件和 PPT 课件，使本书真正体现"自学无忧"，令其物超所值。

读者对象

　　本书是一本完整介绍 SQL Server 2017 的教程，内容丰富、条理清晰、实用性强，适合如下读者学习使用：

- 对 SQL Server 2017 完全不了解或者有一定了解的读者。
- 对数据库有兴趣，希望快速、全面地掌握 SQL Server 2017 的读者。
- 对 SQL Server 2017 没有任何经验，想学习 SQL Server 2017 并进行应用开发的读者。

课件、源码、教学视频下载

本书课件、源码、教学视频下载地址可以扫描右侧的二维码获得。

如果下载有问题，请电子邮件联系 booksaga@163.com，邮件主题为"SQL Server 2017 课件"。

鸣谢与技术支持

本书由李小威编著，由于水平有限，书中难免有疏漏之处，还请读者谅解，如果遇到问题或有意见和建议，敬请与我们联系，我们将全力提供帮助，技术支持 QQ 群：872849972。

编　者

2019 年 9 月

目　　录

第 1 章
初识SQL Server 2017

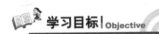 学习目标 | Objective

作为新一代的数据平台产品，SQL Server 2017 不但延续了现有数据平台的强大能力，而且全面支持云技术。本章就来介绍 SQL Server 2017 的基础知识，主要内容包括 SQL Server 2017 的新功能、SQL Server 2017 的组件等知识。

内容导航 | Navigation

- 了解 SQL Server 2017 的基本优势
- 掌握 SQL Server 2017 的组成
- 掌握 SQL Server 2017 的新功能

1.1 认识 SQL Server 2017

SQL Server 2017 是由微软公司开发的一款专业的数据库管理软件，新版本增加了新的数据服务和分析功能，支持强大的 AI 功能，对 R 和 Python 可以执行高级查询、简单或高级算法，还可直接看到分析结果，不过新版本仅支持 64 位系统。

1.1.1 SQL Server 2017 新特点

1. 公司可以存储和管理更智能的数据

SQL Server 2017 改变了用户查看数据的方式。事实上平台的新功能将使数据科学家和企业通过数据进行交互的时候能够检索不同的算法来应用和查看已经被处理和分析的数据。

Microsoft 将其 AI 功能与下一代 SQL Server 引擎集成，可以实现更智能的数据传输。

2．跨平台提供更多的灵活性

现在无论是一个大型 Linux 商店，还是只需要在 Mac 上使用 SQL Server 做数据库引擎的开发，新一代的 SQL Server 都可以支持。它现在可以在 Linux 上完全运行、完全安装，或运行在 macOS 的 Docker 容器上。SQL Server 的跨平台支持将为许多使用非 Windows 操作系统的公司提供机会，以部署数据库引擎。

3．先进的机器学习功能

SQL Server 2017 支持 Python，希望利用机器学习高级功能的企业可以使用 Python 和 R 语言。这为数据科学家提供了利用所有现有算法库或在新系统中创建新算法库的机会。集成是非常有价值的，这样企业不需要支持多个工具集，就可以通过数据完成其高级分析目标。

4．增强数据层的安全性

在 SQL Server 的新版本，企业可以直接在数据层上增加新的增强型数据保护功能。行级别安全控制，始终加密和动态数据屏蔽在 SQL Server 2016 中已经存在，但是许多工具进行了改进，还包括企业可以确保列级别。

5．提高了 BI 分析能力

分析服务也有改进。企业通常使用这些服务来处理大量数据。一些新功能包括新的数据连接功能，数据转换功能，Power Query 公式语言的混搭，增强对数据中的不规则层级（Ragged Hierarchies）的支持，改进使用的日期/时间维度的时间关系分析。

企业客户认识到围绕 BI 的战略和通过数据获取洞察力需要对高级分析数据平台进行大量投资，获取数据，管理它，对其应用高级预测算法并将其数据可视化工具的过程，时间太长，并且比较复杂。

因此，类似于 Microsoft 在 SQL Server 2017 中突出显示的整合解决方案可能是一个很好的案例，可以最终改善和简化从数据中获取结果的过程，而不会太复杂。

1.1.2　SQL Server 2017 的版本

根据应用程序的需要，安装要求会有所不同。不同版本的 SQL Server 能够满足单位和个人独特的性能、运行时间以及价格要求。安装哪些 SQL Server 组件还取决于用户的具体需要。SQL Server 2017 常见的版本为以下 5 种。

1. SQL Server 2017 企业版（SQL Server 2017 Enterprise Edition）

SQL Server 2017 企业版是一个全面的数据管理和业务智能平台，为关键业务应用提供了企业级的可扩展性、数据仓库、安全、高级分析和报表支持。这一版本将为用户提供更加坚固的服务器和执行大规模在线事务处理。

2. SQL Server 2017 标准版（SQL Server 2017 Standard Edition）

SQL Server 2017 标准版是一个完整的数据管理和业务智能平台，为部门级应用提供了最佳的易用性和可管理特性。

3. SQL Server 2017 开发版（SQL Server 2017 Developer）

SQL Server Developer 版支持开发人员基于 SQL Server 构建任意类型的应用程序。它包括 Enterprise 版的所有功能，但有许可限制，只能用作开发和测试系统，而不能用作生产服务器。

4. SQL Server 2017 Web 版（SQL Server 2017 Web Edition）

对于为从小规模至大规模 Web 资产提供可伸缩性、经济性和可管理性功能的 Web 宿主和 Web VAP 来说，SQL Server 2017 Web 版本是一项总拥有成本较低的选择。

5. SQL Server 2017 精简版（SQL Server 2017 Express Edition）

SQL Server 2017 精简版是 SQL Server 2017 的一个免费版本，拥有核心的数据库功能，其中包括了 SQL Server 2017 中最新的数据类型，但它是 SQL Server 2017 的一个微型版本。这一版本是为了学习、创建桌面应用和小型服务器应用而发布的，也可供 ISV 再发行使用。

SQL Server 2017 Express with Tools 作为应用程序的嵌入部分，可以免费下载、免费部署和免费再分发，使用它可以轻松快速地开发和管理数据驱动应用程序。SQL Server 2017 精简版具备丰富的功能，能够保护数据，并且性能卓越。它是小型服务器应用程序和本地数据存储区的理想选择。

1.2　SQL Server 2017 的组件

Microsoft SQL Server 2017 是用于大规模联机事务处理（OLTP）、数据仓库和电子商务应用的数据库平台，也是用于数据集成、分析和报表解决方案的商业智能平台。简言之，SQL Server 2017 主要由 4 部分组成，分别是数据库引擎、分析服务、集成服务和报表服务。

1.2.1　SQL Server 2017 的数据库引擎

SQL Server 2017 数据库引擎是 SQL Server 2017 系统的核心服务，主要用于存储、处理和保护数据的核心服务。利用数据库引擎可控制访问权限并快速处理事务，从而满足企业内要求极高而且需要处理大量数据的应用需要。

SQL Server 2017 的数据库引擎包括数据库引擎（用于存储、处理和保护数据的核心服务）、复制、全文搜索以及用于管理关系数据和 XML 数据的工具。例如，创建数据库、创建表、创建视图、数据查询和访问数据库等操作都是由数据库引擎完成的。

通常情况下，使用数据库系统实际上就是在使用数据库引擎。数据库引擎是一个复杂的系统，本身就包含了许多功能组件，如复制、全文搜索等，可以用来完成 CRUD 和安全控制等操作。

1.2.2　分析服务

分析服务（Analysis Services）的主要作用是通过服务器和客户端技术的组合提供联机分析处理（On-Line Analytical Processing，OLAP）和数据挖掘功能。

通过分析服务，用户可以设计、创建和管理包含来自于其他数据源的多维结构，通过对多维数据进行多角度分析，可以使管理人员对业务数据有更全面的理解。另外，使用分析服务，用户可以完成数据挖掘模型的构造和应用，实现知识的发现、表示和管理。

1.2.3　集成服务

SQL Server 2017 是一个用于生成高性能数据集成和工作流解决方案的平台，负责完成数据的提取、转换和加载等操作。其他的 3 种服务就是通过 Integration Services 来进行联系的。除此之外，使用数据集成服务（Integration Services）可以高效地处理各种各样的数据源，例如 SQL Server、Oracle 、Excel、XML 文档、文本文件等。

1.2.4　报表服务

报表服务（Reporting Services）主要用于创建和发布报表及报表模型的图形工具和向导、管理 Reporting Services 的报表服务器管理工具，以及对 Reporting Services 对象模型进行编程和扩展的应用程序编程接口。

SQL Server 2017 的报表服务是一种基于服务器的解决方案，用于生成从多种关系数据源和多维数据源提取内容的企业报表，发布能以各种格式查看的报表，以及集中管理安全性和订阅。创建的报表可以通过基于 Web 的连接进行查看，也可以作为 Microsoft Windows 应用程序的一部分进行查看。

1.3　SQL Server 2017 的新增功能

SQL Server 2017 跨出了重要的一步，力求通过将 SQL Server 的强大功能引入 Linux、基于 Linux 的 Docker 容器和 Windows 使用户可以在 SQL Server 平台上选择开发语言、数据类型、本地开发或云端开发以及操作系统。

1.3.1　数据库引擎中的新增功能

数据库引擎中的新增功能比较多，下面介绍几种常见的新增功能。

（1）引入了新的 DMF sys.dm_db_log_stats，用于公开摘要级别特性和有关事务日志文件的信息，对于监视事务日志的运行状况很有用。

（2）SQL Server 现在提供图形数据库功能，可对更具意义的面向关系的数据建模，包括用于创建节点和边界表的新 CREATE TABLE 语法以及用于查询的关键字 MATCH。

（3）新一代的查询处理改进，将对应用程序工作负荷的运行时状况采用优化策略。对于这款适应性查询处理功能系列初版，开发者进行了 3 项新的改进，分别是批处理模式自适应联接、批处理模式内存授予反馈以及针对多语句表值函数的交错执行。

（4）自动优化是一种数据库功能，提供对潜在查询性能问题的深入了解，提出建议解决方案并自动解决已标识的问题。SQL Server 中的自动优化功能会在检测到潜在性能问题时发出通知，并允许应用更正措施或数据库引擎自动解决性能问题。

（5）针对内存优化表上的非群集索引生成的性能增强，显著优化了数据库恢复期间MEMORY_OPTIMIZED 表的 bwtree（非群集）索引重新生成的性能。这一改进明显缩短了使用非群集索引时的数据库恢复时间。

（6）sys.dm_os_sys_info 有三个新列：socket_count、cores_per_socket、numa_node_count。这在 VM 中运行服务器时非常有用，因为超出 NUMA 会导致过度使用主机，最终会转化为性能问题。

（7）在 sys.dm_db_file_space_usage 中引入了新列 modified_extent_page_count，用于跟踪每个数据库文件中的差异更改。使用新列 modified_extent_page_count 可生成智能备份解决方案，如果数据库中发生更改的页面的百分比低于阈值（假设为 70%~80%），此解决方案将执行差异备份，否则将执行完整数据库备份。

（8）引入了新的 dmv sys.dm_tran_version_store_space_usage，用于跟踪每个数据库的版本存储使用情况。新 dmv 可用于监视 tempdb 获取版本存储使用情况，借此可根据每个数据库的版本存储使用情况要求预先规划 tempdb 的大小，不会产生任何性能开销或在生产数据库上运行此 dmv 的开销。

（9）引入了新的 DMF sys.dm_db_log_info，用于向 DBCC LOGINFO 公开 VLF 等信息，以监视和发出警报，并避免由于 VLF 数量、VLF 大小而导致的潜在事务日志问题或客户遇到的 shrinkfile 问题。

（10）改进了高端服务器上小型数据库的备份性能。在 SQL Server 中执行数据库备份的同时，备份进程会要求对缓冲池执行多次迭代以消耗当前进行的 I/O。因此，备份时间不只是数据库大小的函数，还是活动缓冲池大小的函数。

（11）SQL Server 2017 对备份进行了优化，可避免多次迭代缓冲池，进而动态提高中小型数据库的备份性能。当备份页面和备份 IO 占用的时间超过缓冲池迭代时，数据库大小将增加，此时性能提高的幅度会降低。

（12）查询存储现在可以跟踪等待统计摘要信息。在查询存储中按查询跟踪等待统计类别可体验下一级别的性能故障排除，还能提供工作负荷性能及其瓶颈的详细信息，同时保留查询存储的主要优势。

1.3.2　集成服务中的新增功能

SQL Server 2017 集成服务中最重要的新功能如下。

（1）Scale Out。跨多台辅助角色计算机更轻松地分发 SSIS 包执行，并从一台主计算机中管理执行和辅助角色。

（2）Linux 上的 Integration Services。在 Linux 计算机上运行 SSIS 包，可以提取、转换和加载数据。

（3）连接改进。使用更新后的 OData 组件连接到 Microsoft Dynamics AX Online 和 Microsoft Dynamics CRM Online 的 OData 源。

1.3.3 分析服务中的新增功能

SQL Server 2017 分析服务中的功能引入了许多可用于表格模型的增强功能，主要包括以下几项：

（1）作为 Analysis Services 默认安装选项的表格模式。

（2）用于保护表格模型元数据的对象级安全性。

（3）可基于日期字段轻松创建关系的日期关系。

（4）新的"获取数据"（Power Query）数据源，以及现有的 DirectQuery 数据源支持 M 查询。

（5）用于 SSDT 的 DAX 编辑器。

（6）编码提示，一种用于优化大型内存中表格模型的数据刷新的高级功能。

（7）支持针对表格模型的 1400 兼容级别（若要新建或将现有表格模型项目升级到 1400 兼容级别）。

（8）1400 兼容级别的表格模型的新式获取数据体验。

（9）Hide Members 属性可隐藏不规则层次结构中的空白成员。

（10）在新的详细信息行，最终用户操作可显示聚合信息的详细信息。SELECTCOLUMNS 和 DETAILROWS 函数用于创建详细信息行表达式。

（11）DAX IN 运算符可指定多个值。

1.3.4 报表服务中的新增功能

SQL Server 2017 中的报表服务不能通过 SQL Server 安装程序来安装，不过用户可以到 Microsoft 下载中心下载 Microsoft SQL Server 2017 Reporting Services。该服务的新增功能如下：

（1）在 SQL Server 2017 的报表服务中，注释可用于报表，以增加视角并与他人协作，还可包含带有批注的附件。

（2）在最新版本的报表生成器和 SQL Server Data Tools 中，通过在查询设计器中拖放所需的字段，可针对支持的 SQL Server Analysis Services 表格数据模型创建本机 DAX 查询。

（3）为了实现现代应用程序开发以及自定义，SSRS 现在支持完全符合 OpenAPI 规范的 RESTful API。现在可在 swaggerhub 上找到完整的 API 规范和文档。

1.3.5　机器学习中的新增功能

SQL Server R 服务已重命名为 SQL Server 机器学习服务，该服务除了支持 R 语言外，还支持 Python 语言。可以使用机器学习服务（数据库内）在 SQL Server 中运行 R 或 Python 脚本，或者安装 Microsoft 机器学习服务器（独立）来部署和使用不需要 SQL Server 的 R 和 Python 模型。

SQL Server 开发人员现在可访问开放源代码生态系统中提供的大量 Python ML 和 AI 库，以及 Microsoft 的最新功能。机器学习中的新增功能如下：

（1）Revoscalepy：此功能等效于 RevoScaleR 的 Python 包含用于线性回归和逻辑回归、决策树、提升树和随机林的并行算法，以及一组丰富的用于数据转换和数据移动、远程计算上下文和数据源的 API。

（2）Microsoftml：这是一个先进的机器学习算法和 Python 绑定转换包，其中包含深层神经网络、快速决策树和决策树，以及用于线性回归和逻辑回归的优化算法。用户还可获得预定型模型，这些模型基于用于图像提取或情感分析的 ResNet 模型。

（3）使用 T-SQL（Transact-SQL）进行 Python 操作：使用存储过程 sp_execute_external_script 轻松部署 Python 代码。通过将数据从 SQL 流式传输到 Python 进程并使用 MPI 环并行化来获得出色性能。

（4）SQL Server 计算上下文中的 Python：数据科学家和开发人员可以从其开发环境远程执行 Python 代码，以便在不移动数据的情况下浏览数据和开发模型。

（5）本机计分：T-SQL 中的 PREDICT 函数可用于执行 SQL Server 2017 的任何实例中的计分（即使未安装 R）。只需使用一个受支持的 RevoScaleR 和 revoscalepy 算法训练该模型，并将该模型保存为全新的二进制紧凑格式即可。

（6）程序包管理：T-SQL 现在支持 CREATE EXTERNAL LIBRARY 语句，使 DBA 更好地管理 R 程序包。使用角色控制专用或共享包访问权限，在数据库中存储 R 包并在用户之间进行共享。

（7）性能改进：存储过程 sp_execute_external_script 已经过优化，支持列存储数据的批处理模式执行。

1.3.6　主数据服务中的新增功能

从 SQL Server 2012、SQL Server 2014 和 SQL Server 2016 升级到 SQL Server 2017 Master Data Services 时，主数据服务中新增了多个功能，具体介绍如下：

（1）可以在 Web 应用程序的"资源管理器"页中查看实体、集合和层次结构的排序列表。

（2）提升了使用暂存存储过程暂存数百万条记录时的性能。

（3）提升了在"管理组"页中展开"实体"文件夹以分配模型权限时的性能。"管理组"页位于 Web 应用程序的"安全性"部分中。

1.4 疑难解答

1. 数据库中有三个重要的概念需要理解，分别是什么？它们之间是什么关系和联系？

数据库中的三个重要概念分别为实例（Instance）、数据库（Database）和数据库服务器（Database Server）：

- 实例：一组 SQL Server 后台进程以及在服务器中分配的共享内存区域。
- 数据库：由基于磁盘的数据文件、控制文件、日志文件、参数文件和归档日志文件等组成的物理文件集合，主要功能是存储数据。其存储数据的方式通常称为存储机构。
- 数据库服务器：管理数据库的各种软件工具（比如 sqlplus、OEM 等）、实例及数据库三个部分。

实例用于管理和控制数据库；而数据库为实例提供数据。一个数据库可以被多个实例装载和打开；而一个实例在其生存期内只能装载和打开一个数据库。

> **注意** 当用户连接到数据库时，实际上连接的是数据库的实例，然后由实例负责与数据库进行通信，最后将处理结果返回给用户。

2. 数据库中的数据字典是什么？有什么用？有没有命名规则？

数据字典是数据库用于存放关于数据库内部信息的地方，其用途是描述数据库内部的运行和管理情况，比如一个数据表的所有者、创建时间、所属表空间、用户访问权限等信息。

数据字典的命名规则如下：

（1）DBA_：包含数据库实例的所有对象信息。
（2）V$_：当前实例的动态视图，包含系统管理和系统优化等所使用的视图。
（3）USER_：记录用户的对象信息。
（4）GV_：分布式环境下所有实例的动态视图，包含系统管理和系统优化使用的视图。
（5）ALL_：记录用户的对象信息机被授权访问的对象信息。

1.5 经典习题

1. 简述 SQL Server 2017 数据库的组成。
2. SQL Server 2017 都有哪些版本，各个版本都有什么特点？

第 2 章
SQL Server 2017的安装和配置

学习目标 | Objective

在使用 SQL Server 2017 之前，首先需要在电脑中安装 SQL Server 2017 程序。本章就来介绍 SQL Server 2017 的安装方法与步骤，主要内容包括 SQL Server 2017 的安装环境需求、安装 SQL Server 2017 的相关步骤、SQL Server 2017 的常见实用程序、安装 SQL Server Management Studio、SQL Server Management Studio 基本操作等。

内容导航 | Navigation

- 掌握 SQL Server 2017 的安装方法
- 安装 SQL Server Management Studio
- SQL Server Management Studio 基本操作

2.1 安装 SQL Server 2017

本节以 SQL Server 2017 企业版（Enterprise Edition）的安装过程为例进行讲解。通过对 Enterprise Edition 的安装过程的学习，读者也可以掌握其他各个版本的安装过程。虽然不同版本的 SQL Server 在安装时对软件和硬件的要求是不同的，其安装数据库中的组件内容也不同，但是安装过程是大同小异的。

2.1.1 SQL Server 2017 安装环境需求

在安装 SQL Server 2017 之前，用户需要了解其安装环境的具体要求。不同版本的 SQL Server 2017 对系统的要求略有差异，下面以 SQL Server 2017 标准版为例，具体安装环境需求如表 2-1 所示。

表 2-1　SQL Server 2017 的安装环境需求

组　件	要　求
处理器	x64 处理器；处理器速度最低为 1.4 GHz，建议 2.0 GHz 或更快
内存	最小 1GB，推荐使用 4GB 的内存
硬盘	6GB 可用硬盘空间
驱动器	从磁盘进行安装时需要相应的 DVD 驱动器
显示器	Super-VGA（800×600）或更高分辨率的显示器
Framework	在选择数据库引擎等操作时，NET 4.6 SP1 是 SQL Server 2016 所必需的。此程序可以单独安装
Windows PowerShell	对于数据库引擎组件和 SQL Server Management Studio 而言，Windows PowerShell 2.0 是一个安装必备组件

2.1.2　安装 SQL Server 2017

确认完系统的配置要求和所需的安装组件后，本小节将带领读者完成 SQL Server 2017 的详细安装过程。

步骤 01 将购买的 SQL Server 2017 安装光盘放入光驱，双击安装文件夹中的安装文件 setup.exe，进入 SQL Server 2017 的安装中心界面，单击安装中心左侧的第 2 个【安装】选项。该选项提供了多种功能，如图 2-1 所示。

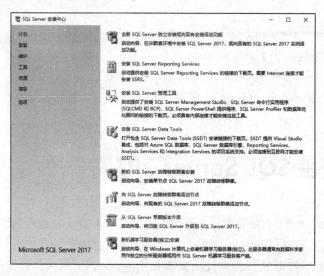

图 2-1　安装中心界面

安装时，读者可以使用购买的安装光盘进行安装，也可以从微软的网站上下载相关的安装程序（微软提供一个 180 天的免费企业试用版，该版本包含所有企业版的功能，随时可以直接激活为正式版本）。

步骤 02 对于初次安装的读者，选择第一个选项【全新 SQL Server 独立安装或向现有安装添加功能】，进入【产品密钥】界面，在该界面中可以输入购买的产品密钥。如果是使用体验版本，可以在下拉列表框中选择 Evaluation 选项，然后单击【下一步】按钮，如图 2-2 所示。

步骤 03 打开【许可条款】窗口，选中该界面中的【我接受许可条款】复选框，然后单击【下一步】按钮，如图 2-3 所示。

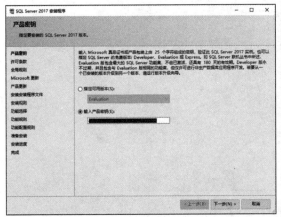 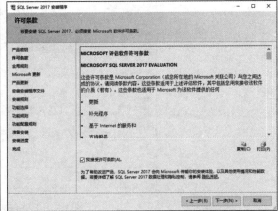

图 2-2　【产品密钥】界面　　　　　　　　　　图 2-3　【许可条款】窗口

步骤 04 安装程序将对系统进行一些常规的检测，如图 2-4 所示。

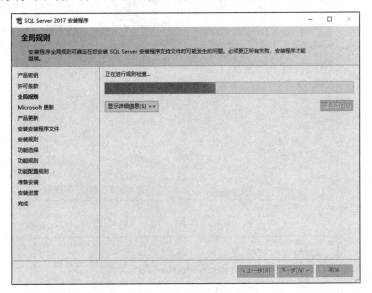

图 2-4　安装程序支持规则检测界面

提 示

如果缺少某个组件，可以直接在官方下载后安装。

步骤 05 打开【Microsoft 更新】窗口，选中【使用 Microsoft Update 检查更新（推荐）】复选框，单击【下一步】按钮，如图 2-5 所示。

步骤 06 产品开始更新，如果没有找到更新产品信息，则直接打开【安装安装程序文件】窗口，该步骤将安装 SQL Server 程序所需的组件，安装过程如图 2-6 所示。

步骤 07 安装完安装程序文件之后，安装程序将自动进行第二次支持规则的检测，全部通过之后单击【下一步】按钮，如图 2-7 所示。

11

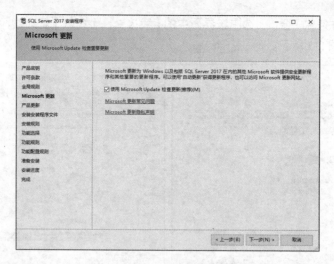

图 2-5　【Microsoft 更新】窗口

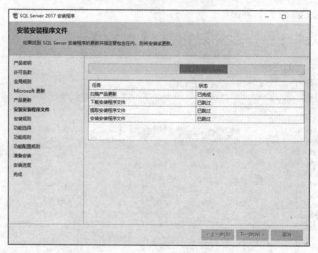

图 2-6　【安装安装程序文件】窗口

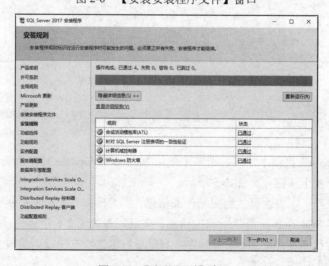

图 2-7　【安装规则】窗口

步骤 08 打开【功能选择】窗口，如果需要安装某项功能，就选中对应的功能前面的复选框，也可以使用下面的【全选】或者【全部不选】按钮来选择。为了以后学习方便，这里单击【全选】按钮，然后单击【下一步】按钮，如图 2-8 所示。

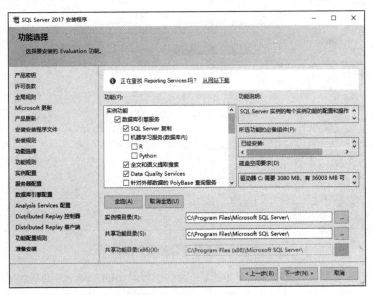

图 2-8　【功能选择】窗口

步骤 09 打开【实例配置】窗口，在安装 SQL Server 的系统中可以配置多个实例，并且每个实例必须有唯一的名称，这里先选中【默认实例】单选按钮，再单击【下一步】按钮，如图 2-9 所示。

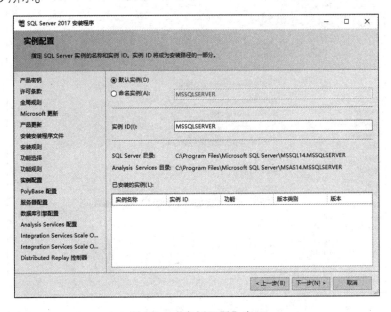

图 2-9　【实例配置】窗口

步骤 10 打开【服务器配置】窗口，设置使用 SQL Server 各种服务的用户，再单击【下一步】按钮，如图 2-10 所示。

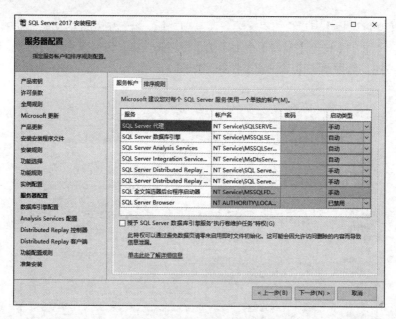

图 2-10　【服务器配置】窗口

步骤⑪　打开【数据库引擎配置】窗口，窗口中显示了设计 SQL Server 的身份验证模式，这里可以选择使用 Windows 身份验证模式，也可以选择第二种混合模式，此时需要为 SQL Server 的系统管理员设置登录密码，之后可以使用两种不同的方式登录 SQL Server。这里选择使用 Windows 身份验证模式。接下来单击【添加当前用户】按钮，将当前用户添加为 SQL Server 管理员，再单击【下一步】按钮，如图 2-11 所示。

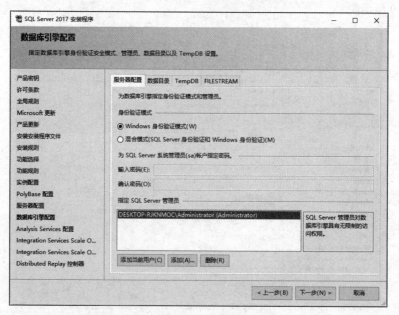

图 2-11　【数据库引擎配置】窗口

步骤⑫　打开【Analysis Services 配置】窗口，同样在该界面中单击【添加当前用户】按钮，将当前用户添加为 SQL Server 管理员，然后单击【下一步】按钮，如图 2-12 所示。

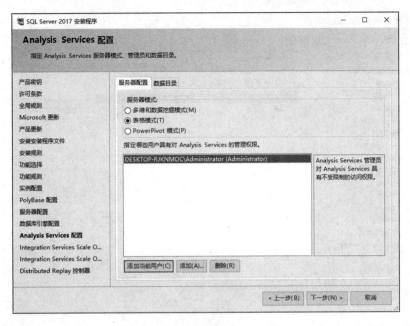

图 2-12　【Analysis Services 配置】窗口

步骤 13 打开【Reporting Services 配置】窗口，选中【安装和配置】单选按钮，然后单击【下一步】按钮，如图 2-13 所示。

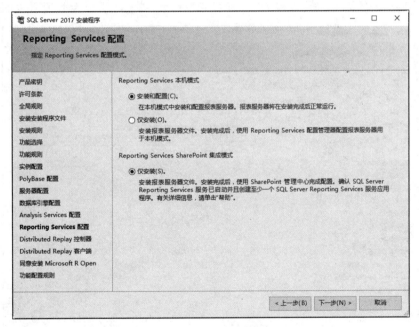

图 2-13　【Reporting Services 配置】窗口

步骤 14 打开【Distrbuted Replay 控制器】窗口，指定向其授予针对分布式重播控制器服务的管理权限的用户。具有管理权限的用户将可以不受限制地访问分布式重播控制器服务。单击【添加当前用户】按钮，将当前用户添加为具有上述权限的用户，单击【下一步】按钮，如图 2-14 所示。

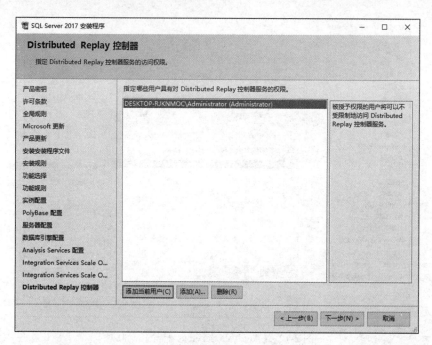

图 2-14 【Distrbuted Replay 控制器】窗口

步骤 ⑮ 打开【Distrbuted Replay 客户端】窗口，在【控制器名称】文本框中输入"控制器 1"（设为控制器的名称），然后设置工作目录和结果目录，单击【下一步】按钮，如图 2-15 所示。

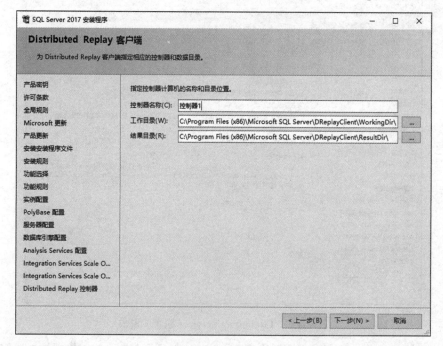

图 2-15 【Distrbuted Replay 客户端】窗口

步骤 ⑯ 打开【同意安装 Microsoft R Open】窗口，单击【接受】按钮，然后单击【下一步】按钮，如图 2-16 所示。

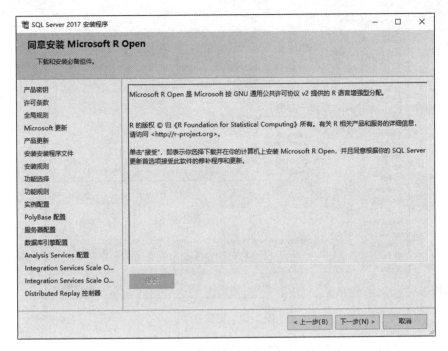

图 2-16　【同意安装 Microsoft R Open】窗口

步骤 ⑰　打开【准备安装】窗口，该界面只是描述了将要进行的全部安装过程和安装路径，单击【安装】按钮开始进行安装，如图 2-17 所示。

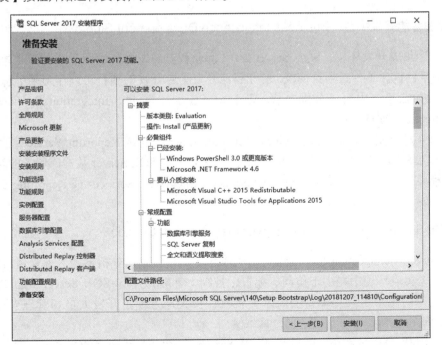

图 2-17　准备安装界面

步骤 ⑱　安装完成后，单击【关闭】按钮完成 SQL Server 2016 的安装过程，如图 2-18 所示。

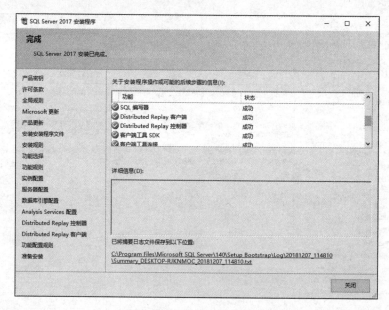

图 2-18　完成界面

2.1.3　SQL Server 2017 常见实用程序

SQL Server 2017 系统提供了大量的管理工具，通过这些管理工具，可以快速、高效地对数据进行管理。

1. 商业智能开发平台（Business Intelligence Development Studio）

作为一个集成开发环境，SQL Server 2017 商业智能开发平台适用于开发商业智能架构应用程序，该平台包含了一些项目模板。商业智能开发平台开发的项目可以作为某个解决方案的一部分，例如在平台中可以分别包含 Analysis Services 项目、Integration Services 项目和 Reporting Services 项目。

如果要开发并使用 Analysis Services、Integration Services 或 Reporting Services 的方案，就应当使用 SQL Server 2017 商业智能开发平台。如果要使用 SQL Server 数据库服务的解决方案，或者要管理并使用 SQL Server、Analysis Services、Integration Services 或 Reporting Services 的现有解决方案，则应当使用 SSMS。

2. SQL Server 管理平台（SQL Server Management Studio）

SQL Server Management Studio 是一个集成环境，它将查询分析器和服务管理器的各种功能组合到一个集成环境中，用于访问、配置、控制、管理和开发 SQL Server 的工作。SSMS 中包含了大量的图形工具和丰富的脚本编辑器，极大地方便了开发人员和管理人员对 SQL Server 的访问和控制。

SSMS 不仅能够配置系统环境和管理 SQL Server，还可以完成所有 SQL Server 对象的建立与管理工作。通过 SQL Server 管理平台可以完成的操作有：管理 SQL Server 服务器，建立与管理数据库，建立与管理数据表、视图、存储过程、触发程序、规则等数据库对象及用户定义的时间类型，备份和恢复数据库、事务日志，复制数据，管理用户账户以及建立 T-SQL 命令等。

SQL Server Management Studio 的工具组件主要包括已注册的服务器、对象资源管理器、解决方案资源管理器、模板资源管理器等，如要显示某个工具，在【视图】菜单下选择相应的工具名称即可。

3. 性能工具

SQL Server 分析器（SQL Server Profiler）也是一个图形化的管理工具，用于监督、记录和检查数据库服务器的使用情况，使用该工具，管理员可以实时地监视用户的活动状态。SQL Server Profiler 捕捉来自服务器的事件，并将这些事件保存在一个跟踪文件中，分析该文件可以对发生的问题进行诊断。

SQL Server 配置管理器（SQL Server Configuration Manager）用于管理与 SQL Server 相关联的服务、配置 SQL Server 使用的网络协议，以及从 SQL Server 客户端计算机管理网络连接。配置管理器中集成了服务器网络实用工具、客户端网络实用工具和服务管理器。

4. 数据库引擎优化顾问（Database Engine Tuning Advisor）

数据库引擎优化顾问工具用来帮助用户分析工作负荷、提出优化建议等。即使用户对数据库的结构没有详细的了解，也可以使用该工具选择和创建最佳的索引、索引视图、分区等。

5. 实用工具

SQL Server 2017 不仅提供了大量的图形化工具，还提供了大量的命令行实用工具。这些命令可以在 Windows 命令行窗口下执行，作用如下：

- bcp: 在 SQL Server 2017 实例和用户指定格式的数据文件之间进行数据复制。
- dta: 通过该工具，用户可以在应用程序和脚本中使用数据库引擎优化顾问的功能。
- dtexec: 用于配置和执行 SQL Server 2017 Integration Services 包，使用 dtexec 可以访问所有 SSIS 包的配置信息和执行功能。这些信息包括连接、属性、变量、日志和进度指示等。
- dtutil: 用于管理 SSIS 包，包括验证包的存在性以及对包进行复制、移动和删除等管理操作。
- osql: 用来输入和执行 T-SQL 语句、系统过程、脚本文件等。该工具通过 ODBC 与服务器进行通信。
- rs: 管理和运行报表服务器的脚本。
- rsconfig: 与报表服务相关的工具，可用来对报表服务连接进行管理。
- sqlcmd: 可以在命令提示符下输入 T-SQL 语句和脚本文件，通过 OLE DB 与服务器进行通信。
- sqlmaint: 用来执行一组指定的数据库维护操作，包括数据库备份、事务日志备份、更新统计信息、重建索引并生成报表，以及把这些报表发送到指定的文件或电子邮件账户。
- sqlservr: 用来在命令提示符下启动、停止、暂停和继续 SQL Server 实例。
- Ssms: 可以在命令提示符下打开 SSMS，并与服务器建立连接，打开查询、脚本、文件、项目和解决方案等。
- Tablediff: 用于比较两个表中的数据一致性，可以用来排除复制过程中出现的故障。

2.2 安装 SQL Server Management Studio

SQL Server 2017 提供图形化的数据库开发和管理工具，即 SQL Server Management Studio（SSMS）。它为 SQL Server 提供一种集成化开发环境。SSMS 工具简易直观，可以访问、配置、控制、管理和开发 SQL Server 的所有组件。

默认情况下，SQL Server Management Studio 并没有被安装，安装的操作步骤如下：

步骤 01 在 SQL Server 2017 的安装中心界面，单击安装中心左侧的第 2 个【安装】选项，然后单击【安装 SQL Server 管理工具】选项，如图 2-19 所示。

图 2-19 安装中心界面

步骤 02 在打开的页面中单击【下载 SQL Server Management Studio 17.9】链接，如图 2-20 所示。

图 2-20 SQL Server Management Studio 的下载页面

步骤 03　下载完成后，双击下载文件 SSMS-Setup-CHS.exe，打开安装界面，单击【安装】按钮，如图 2-21 所示。

步骤 04　系统开始自动安装并显示安装进度，如图 2-22 所示。

 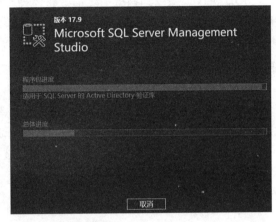

图 2-21　SQL Server Management Studio 的安装界面　　图 2-22　开始安装 SQL Server Management Studio

步骤 05　安装完成后，单击【关闭】按钮即可，如图 2-23 所示。

图 2-23　安装完成

2.3　SQL Server Management Studio 基本操作

熟练使用 SSMS 是身为一个 SQL Server 开发者的必备技能。本节将从以下几个方面介绍 SSMS：SSMS 的启动与连接，使用模板资源管理器，解决方案和项目脚本，配置服务器的属性和查询编辑器的应用。

2.3.1 SSMS 的启动与连接

SQL Server 安装到系统中之后，将作为一个服务由操作系统监控，而 SSMS 是作为一个单独的进程运行的。安装好 SQL Server 2017 之后，可以打开 SQL Server Management Studio 并且连接到 SQL Server 服务器，具体操作步骤如下：

步骤01 单击【开始】按钮，在弹出的菜单中选择【所有程序】→【Microsoft SQL Server 2017】→【SQL Server Management Studio】菜单命令，打开 SQL Server 的【连接到服务器】对话框，选择完相关信息之后，单击【连接】按钮，如图 2-24 所示。

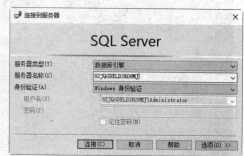

图 2-24 【连接到服务器】对话框

在【连接到服务器】对话框中有如下几项内容：

（1）服务器类型：根据安装的 SQL Server 的版本，这里可能有多种不同的服务器类型，对于本书，将主要讲解数据库服务，所以这里选择【数据库引擎】。

（2）服务器名称：下拉列表框中列出了所有可以连接的服务器的名称，这里的82JQGDELD3R09MJ 为笔者主机的名称，表示连接到一个本地主机；如果要连接到远程数据服务器，则需要输入服务器的 IP 地址。

（3）身份验证：指定连接类型，如果设置了混合验证模式，可以在下拉列表框中使用 SQL Server 身份登录，此时将需要输入用户名和密码；在前面安装过程中指定使用 Windows 身份验证，因此这里选择【Windows 身份验证】。

步骤02 连接成功则进入 SSMS 的主界面，该界面显示了左侧的【对象资源管理器】窗口，如图2-25 所示。

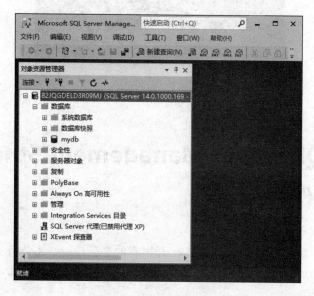

图 2-25 SSMS 图形界面

步骤 03　选择【视图】→【已注册的服务器】菜单命令，查看一下 SSMS 中的【已注册的服务器】窗口。如图 2-26 所示，该窗口中显示了所有已经注册的 SQL Server 服务器。

步骤 04　如果用户需要注册一个其他的服务，可以右击【本地服务器组】结点，在弹出的快捷菜单中选择【新建服务器注册】菜单命令，如图 2-27 所示。

图 2-26　【已注册的服务器】窗口

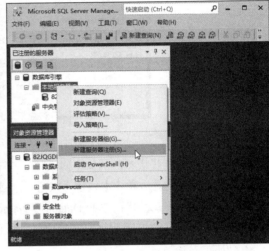

图 2-27　【新建服务器注册】菜单命令

2.3.2　使用模板资源管理器

模板资源管理器是 SSMS 中的一个组件，可以用来访问 SQL 代码模板。使用模板提供的代码，省去了用户在开发时每次都要输入基本代码的工作。使用模板资源管理器的方法如下：

步骤 01　进入 SSMS 主界面之后，选择【视图】→【模板资源管理器】菜单命令，打开【模板浏览器】窗口，如图 2-28 所示。

步骤 02　模板资源管理器按代码类型进行分组，比如有关对数据库（database）的操作都放在 Database 目录下，用户可以双击 Database 目录下面的 Create Database 模板，如图 2-29 所示。

图 2-28　【模板浏览器】窗口

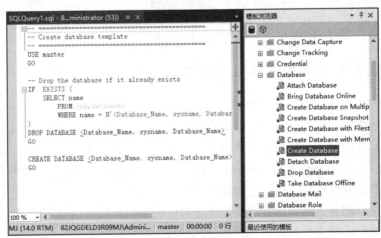

图 2-29　Create Database 代码模板的内容

步骤 03 将光标定位到右侧窗口，此时 SSMS 的菜单中将会多出来一个【查询】菜单，选择【查询】→【指定模板参数的值】菜单命令，如图 2-30 所示。

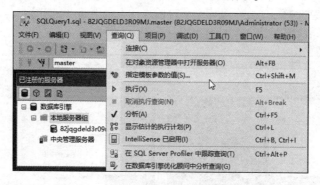

图 2-30　【指定模板参数的值】菜单命令

步骤 04 打开【指定模板参数的值】对话框，在【值】文本框中输入值 test，如图 2-31 所示。

步骤 05 输入完成之后，单击【确定】按钮，返回代码模板的查询编辑窗口，此时模板中的代码发生了变化，以前代码中的 Database_Name 值都被 test 值所取代。然后选择【查询】→【执行】命令，SSMS 将根据刚才修改过的代码，创建一个新的名称为 test 的数据库，如图 2-32 所示。

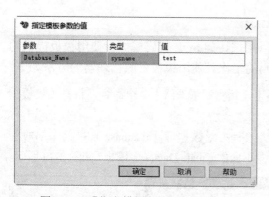

图 2-31　【指定模板参数的值】对话框

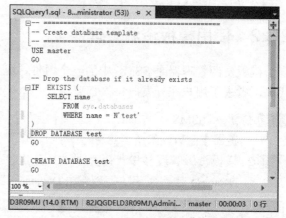

图 2-32　修改代码后的效果

2.3.3　解决方案和项目脚本

解决方案与项目脚本是 SSMS 中的另一个组件，可以方便用户在开发时对数据的操作与管理。它是开发人员在 SQL Server Management Studio 中组织相关文件的容器。在 SSMS 中需要使用解决方案资源管理器来管理解决方案和项目脚本。Management Studio 可以作为 SQL Server、Analysis Services 和 SQL Server Compact 的脚本开发平台，并且可以为关系数据库和多维数据库以及所有查询类型开发脚本。

解决方案资源管理器是开发人员用来创建和重用与同一项目相关的脚本的一种工具。如果以后需要类似的任务，就可以使用项目中存储的脚本组。解决方案由一个或多个项目脚本组成。项目则由一个或多个脚本或连接组成。项目中可能还包括非脚本文件。

项目脚本包括可使脚本正确执行的连接信息，还包括非脚本文件，例如支持文本文件。

2.3.4　配置服务器的属性

对服务器进行必需的优化配置可以保证 SQL Server 2017 服务器安全、稳定、高效地运行。配置时主要从内存、安全性、数据库设置和权限 4 个方面进行考虑。

配置 SQL Server 2017 服务器的具体操作步骤如下：

步骤 01 首先启动 SSMS，在【对象资源管理器】窗口中选择当前登录的服务器，右击并在弹出的快捷菜单中选择【属性】菜单命令，如图 2-33 所示。

步骤 02 打开【服务器属性】窗口，在窗口左侧的【选择页】中可以看到当前服务器的所有选项：【常规】、【内存】、【处理器】、【安全性】、【连接】、【数据库设置】、【高级】和【权限】。其中，【常规】选项中的内容不能修改，这里列出服务器名称、产品信息、操作系统、平台、版本、语言、内存、处理器、根目录等固有属性信息，而其他 7 个选项包含了服务器端的可配置信息，如图 2-34 所示。

图 2-33　选择【属性】菜单命令

图 2-34　【服务器属性】窗口

【内存】、【处理器】、【安全性】、【连接】、【数据库设置】、【高级】和【权限】7 个选项的具体配置方法如下。

1. 内存

在【选择页】列表中选择【内存】选项，主要用来根据实际要求对服务器内存大小进行配置与更改，包含的内容有服务器内存选项、其他内存选项、配置值和运行值，如图 2-35 所示。

（1）服务器内存选项
- 最小服务器内存：分配给 SQL Server 的最小内存，低于该值的内存不会被释放。
- 最大服务器内存：分配给 SQL Server 的最大内存。

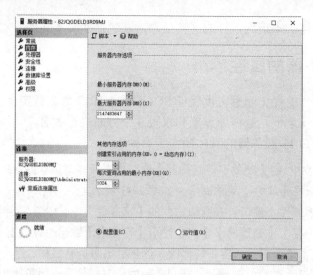

图 2-35　【内存】选项卡内容

（2）其他内存选项

- 创建索引占用的内存：指定在创建索引排序过程中要使用的内存量，数值 0 表示由操作系统动态分配。
- 每次查询占用的最小内存：为执行查询操作分配的内存量，默认值为 1024KB。
- 配置值：显示并运行更改选项卡中的配置内容。
- 运行值：查看本对话框上选项的当前运行值。

2. 处理器

在【选择页】列表中选择【处理器】选项，可以在服务器属性的【处理器】选项卡里查看或修改 CPU 选项。一般来说，只有安装了多个处理器才需要配置此项。选项卡里有以下选项：处理器关联、I/O 关联、自动设置所有处理器的处理器关联掩码、自动设置所有处理器的 I/O 关联掩码、最大工作线程数和提升 SQL Server 的优先级，如图 2-36 所示。

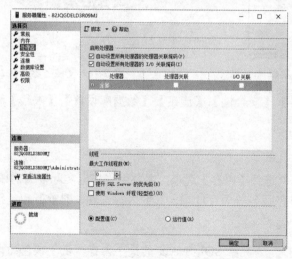

图 2-36　【处理器】选项卡内容

- 处理器关联: 对于操作系统而言,为了执行多任务,同进程可以在多个 CPU 之间移动,提高处理器的效率,但对于高负荷的 SQL Server 而言,该活动会降低其性能,因为会导致数据的不断重新加载。这种线程与处理器之间的关联就是"处理器关联"。如果将每个处理器分配给特定线程,就会消除处理器的重新加载需要和减少处理器之间的线程迁移。
- I/O 关联: 与处理器关联类似,设置是否将 SQL Server 磁盘 I/O 绑定到指定的 CPU 子集。
- 自动设置所有处理器的处理器关联掩码: 设置是否允许 SQL Server 设置处理器关联。如果启用的话,操作系统将自动为 SQL Server 2016 分配 CPU。
- 自动设置所有处理器的 I/O 关联掩码: 是否允许 SQL Server 设置 I/O 关联。如果启用的话,操作系统将自动为 SQL Server 2016 分配磁盘控制器。
- 最大工作线程数: 允许 SQL Server 动态设置工作线程数,默认值为 0。一般来说,不用修改该值。
- 提升 SQL Server 的优先级: 指定 SQL Server 是否应当比其他进程具有优先处理的级别。

3. 安全性

在【选择页】列表中选择【安全性】选项,此选项卡中的内容主要是为了确保服务器的安全运行,可以配置的内容有服务器身份验证、登录审核、服务器代理账户和选项,如图 2-37 所示。

图 2-37　【安全性】选项卡内容

（1）服务器身份验证: 表示在连接服务器时采用的验证方式,默认在安装过程中设定为【Windows 身份验证】,也可以采用【SQL Server 和 Windows 身份验证模式】的混合模式。

（2）登录审核: 对用户是否登录 SQL Server 2016 服务器的情况进行审核。

（3）服务器代理账户: 是否启用供 xp_cmdshell 使用的账户。

（4）【选项】选项组:

- 符合通用标准符合性: 启用通用标准需要 3 个元素,分别是残留保护信息（RIP）、查看登录统计信息的能力和字段 GRANT 不能覆盖表 DENY。

- 启用 C2 审核跟踪: 保证系统能够保护资源并具有足够的审核能力, 运行监视所有数据库实体的所有访问企图。
- 跨数据库所有权链接: 允许数据库成为跨数据库所有权限的源或目标。

技 巧　更改安全性配置之后需要重新启动服务。

4. 连接

在【选择页】列表中选择【连接】选项, 此选项卡里有以下选项: 最大并发连接数、使用查询调控器防止查询长时间运行、默认连接选项、允许远程连接到此服务器和需要将分布式事务用于服务器到服务器的通信, 如图 2-38 所示。

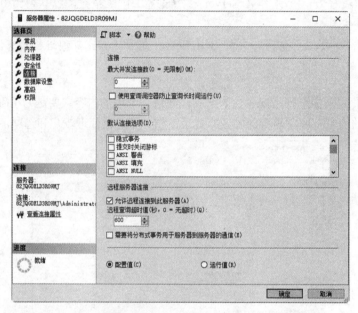

图 2-38　【连接】选项卡

（1）最大并发连接数: 默认值为 0, 表示无限制。也可以输入数字来限制 SQL Server 2016 允许的连接数。注意如果将此值设置过小, 可能会阻止管理员进行连接, 但是"专用管理员连接"始终可以连接。

（2）使用查询调控器防止查询长时间运行: 为了避免使用 SQL 查询语句执行过长时间, 导致 SQL Server 服务器的资源被长时间占用, 可以设置此项。选择此项后输入最长的查询运行时间, 超过这个时间后, 会自动中止查询, 以释放更多的资源。

（3）默认连接选项: 默认连接的选项内容比较多, 各个选项的作用如表 2-2 所示。

表 2-2　默认连接选项

配置选项	作　　用
implicit transactions	控制在运行一条语句时是否隐式启动一项事务
cursor close on commit	控制执行提交操作后游标的行为

（续表）

配置选项	作　　用
ansi warnings	控制集合警告中的截断和 NULL
ansi padding	控制固定长度变量的填充
ansi nulls	在使用相等运算符时控制 NULL 的处理
arithmetic abort	在查询执行过程中发生溢出或被零除错误时终止查询
arithmetic ignore	在查询过程中发生溢出或被零除错误时返回 NULL
quoted identifier	计算表达式时区分单引号和双引号
no count	关闭在每个语句执行后所返回的说明有多少行受影响的消息
ansi null default on	更改会话的行为，使用 ANSI 兼容为空性。未显式定义为空性的新列定义为允许使用空值
ansi null default on	更改会话的行为，不使用 ANSI 兼容为空性。未显式定义为空性的新列定义为不允许使用空值
concat null yields null	当将 NULL 值与字符串连接时返回 NULL
numeric round abort	当表达式中出现失去精度的情况时生成错误
xact abort	如果 T-SQL 语句引发运行时错误，就回滚事务

（4）允许远程连接到此服务器：选中此项则允许从运行的 SQL Server 实例的远程服务器控制存储过程的执行。远程查询超时值是指定在 SQL Server 超时之前远程操作可执行的时间，默认为 600s。

（5）需要将分布式事务用于服务器到服务器的通信：选中此项则允许通过 Microsoft 分布式事务处理协调器（MS DTC），保护服务器到服务器过程的操作。

5. 数据库设置

【数据库设置】选项卡可以设置针对该服务器上的全部数据库的一些选项，包含默认索引填充因子、备份和还原、恢复和数据库默认位置、配置值和运行值等，如图 2-39 所示。

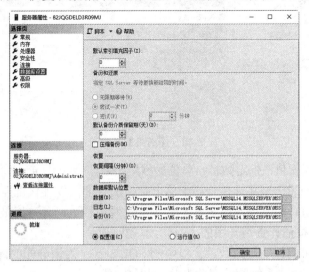

图 2-39　数据库设置

（1）默认索引填充因子：指定在 SQL Server 使用目前数据创建新索引时对每一页的填充程度。索引的填充因子就是规定向索引页中插入索引数据最多可以占用的页面空间。例如，填充因子为 70%，那么在向索引页面中插入索引数据时最多可以占用页面空间的 70%，剩下的 30%的空间保留给索引的数据更新时使用。默认值是 0，有效值是 0~100。

（2）备份和还原：指定 SQL Server 等待更换新磁带的时间。

- 无限期等待：SQL Server 在等待新备份磁带时永不超时。
- 尝试一次：如果需要备份磁带时，它却不可用，则 SQL Server 将超时。
- 尝试：如果备份磁带在指定的时间内不可用，SQL Server 将超时。

（3）默认备份介质保持期（天）：在用于数据库备份或事务日志备份后每一个备份媒体的保留时间。此选项可以防止在指定的日期前覆盖备份。

（4）恢复：设置每个数据库恢复时所需的最大分钟数。数值 0 表示让 SQL Server 自动配置。

（5）数据库默认位置：指定数据文件和日志文件的默认位置。

6. 高级

【高级】选项卡中包含许多选项，如图 2-40 所示。

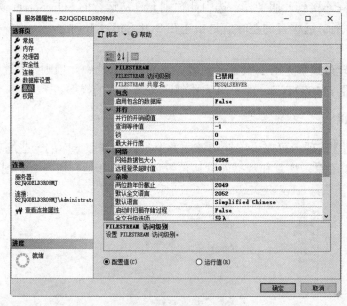

图 2-40 【高级】选项卡

（1）并行的开销阈值：指定数值，单位为秒，如果一个 SQL 查询语句的开销超过这个数值，那么会启用多个 CPU 来并行执行高于这个数值的查询，以优化性能。

（2）查询等待值：指定在超时之前查询等待资源的秒数，有效值是 0~2 147 483 647。默认值是-1，其意思是按估计查询开销的 25 倍计算超时值。

（3）锁：设置可用锁的最大数目，以限制 SQL Server 为锁分配的内存量。默认值为 0，表示允许 SQL Server 根据系统要求来动态分配和释放锁。

（4）最大并行度：设置执行并行计划时能使用的 CPU 的数量，最大值为 64。0 值表示使用所有可用的处理器；1 值表示不生成并行计划。默认值为 0。

（5）网络数据包大小：设置整个网络使用的数据包的大小，单位为字节。默认值是 4096字节。

> 如果应用程序经常执行大容量复制操作或者是发送、接收大量的 text 和 image 数据的话，可以将此值设大一点。如果应用程序接收和发送的信息量都很小，那么可以将其设为 512 字节。

（6）远程登录超时值：指定从远程登录尝试失败返回之前等待的秒数。默认值为 20s，如果设为 0 的话，则允许无限期等待。此项设置影响为执行异类查询所创建的与 OLE DB 访问接口的连接。

（7）两位数年份截止：指定 1753~9999 的整数，表示将两位数年份解释为四位数年份的截止年份。

（8）默认全文语言：指定全文索引列的默认语言。全文索引数据的语言分析取决于数据的语言。默认值为服务器的语言。

（9）默认语言：指定默认情况下所有新创建的登录名使用的语言。

（10）启动时扫描存储过程：指定 SQL Server 在启动时是否扫描并自动执行存储过程。如果设为 TRUE，那么 SQL Server 在启动时将扫描并自动运行服务器上定义的所有存储过程。

（11）游标阈值：指定游标集中的行数，如果超过此行数，就将异步生成游标键集。当游标为结果集生成键集时，查询优化器会估算将为该结果集返回的行数。如果查询优化器估算出的返回行数大于此阈值，则将异步生成游标，使用户能够在继续填充游标的同时从该游标中提取行。否则，同步生成游标，查询将一直等待到返回所有行。

- -1 表示将同步生成所有键集，此设置适用于较小的游标集。
- 0 表示将异步生成所有游标键集。
- 其他值表示查询优化器将比较游标集中的预期行数，并在该行数超过所设置的数量时异步生成键集。

（12）允许触发器激发其他触发器：指定触发器是否可以执行启动另一个触发器的操作，也就是指定触发器是否允许递归或嵌套。

（13）大文本复制大小：指定用一个 INSERT、UPDATE、WRITETEXT 或 UPDATETEXT语句可以向复制列添加的 text 和 image 数据的最大值，单位为字节。

7. 权限

【权限】选项卡用于授予或撤销账户对服务器的操作权限，如图 2-41 所示。

【登录名或角色】列表框里显示的是多个可以设置权限的对象。单击【添加】按钮，可以添加更多的登录名和服务器角色到这个列表框里。单击【删除】按钮也可以将列表框中已有的登录名或角色删除。

在【显式】列表框里，可以看到【登录名或角色】列表框里的对象的权限。在【登录名或角色】列表框里选择不同的对象，在【显式】的列表框里会有不同的权限显示。在这里也可以为【登录名或角色】列表框里的对象设置权限。

图 2-41　【权限】选项卡

2.3.5　查询编辑器的应用

通过 SSMS 图形化的接口工具可以完成数据的操作和对象的创建等，而 SQL 代码可以通过图形工具的各个选项执行，也可以使用 T-SQL 语句编写代码。SSMS 中的查询编辑器就是用来帮助用户编写 T-SQL 语句的工具，这些语句可以在编辑器中执行，用于查询、操作数据等。即使在用户未连接到服务器的时候，也可以编写和编辑代码。

在前面介绍模板资源时，双击某个文件之后，就是在查询编辑器中打开的。下面将介绍编辑器的用法和在编辑器中操作数据库的过程。

步骤 01　在 SSMS 窗口中选择【文件】→【新建】→【项目】菜单命令，如图 2-42 所示。

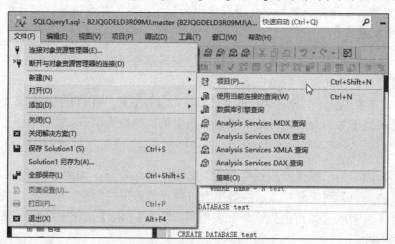

图 2-42　选择【项目】菜单命令

步骤 02　打开【新建项目】对话框，选择【SQL Server 脚本 SQL Server Management Studio 项目】选项，单击【确定】按钮，如图 2-43 所示。

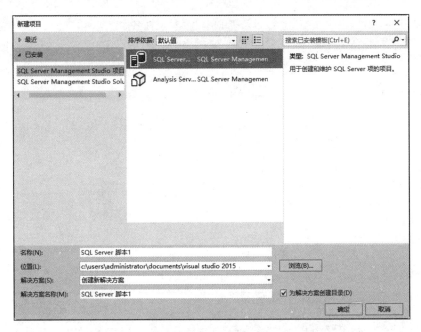

图 2-43　【新建项目】对话框

步骤 03　在工具栏中单击【新建查询】按钮，将在查询编辑器中打开一个后缀为 .sql 的文件，其中没有任何代码，如图 2-44 所示。

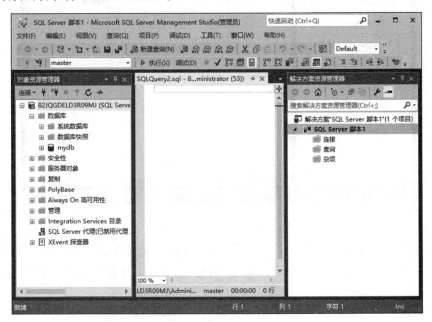

图 2-44　查询编辑器窗口

步骤 04　在查询编辑器窗口中输入下面的 T-SQL 语句，如图 2-45 所示。

```
CREATE  DATABASE  test_db  --数据库名称为test_db
ON
  (
```

```
    NAME = test_db,                  --数据库主数据文件名称为test
    FILENAME = 'C:\SQL Server 2016\test_db.mdf',    --主数据文件存储位置
    SIZE = 6,                        --数据文件大小，默认单位为MB
    MAXSIZE = 10,                    --最大增长空间为MB
    FILEGROWTH = 1                   --文件每次的增长大小为MB
  )
  LOG ON                    --创建日志文件
 (
  NAME = test_log,
  FILENAME = 'C:\SQL Server 2016\test_db_log',
  SIZE = 1MB,
  MAXSIZE = 2MB,
  FILEGROWTH = 1
  )
GO
```

图 2-45　输入相关语句

步骤 05 输入完成之后，选择【文件】→【保存 SQLQuery2.sql】菜单命令，保存该 .sql 文件，如图 2-46 所示。另外，用户也可以单击工具栏上的【保存】按钮或者直接按【Ctrl+S】组合键来进行保存操作。

步骤 06 打开【另存文件为】对话框，设置完保存的路径和文件名后，单击【保存】按钮，如图 2-47 所示。

步骤 07 .sql 文件保存成功之后，单击工具栏中的【执行】按钮 ，或者直接按 F5 键，将会执行 .sql 文件中的代码，执行之后，在消息窗口中将提示命令已成功执行，同时在 "C:\SQL Server 2017\" 目录下创建两个文件，其名称分别为 test_db.mdf 和 test_db_log，如图 2-48 所示。

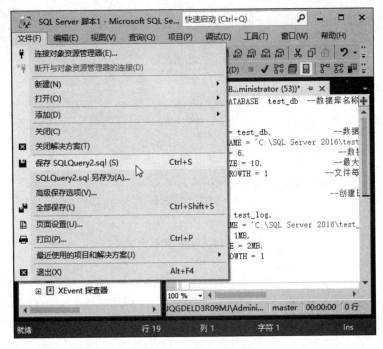

图 2-46 保存该.sql 文件

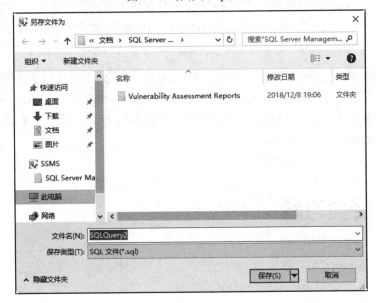

图 2-47 【另存文件为】对话框

 在执行这段代码的时候必须要保证"C:\SQL Server 2017\"目录存在，否则代码执行过程会出错。

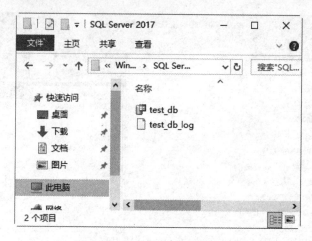

图 2-48　查看创建的数据库文件

2.4　疑难解惑

1. 在安装 SQL Server 2017 时，有时会弹出一个安装失败的信息提示，为什么？

在安装 SQL Server 2017 的过程中，之所以会弹出安装失败的信息提示，是因为当前系统中的防火墙没有关闭。关闭防火墙，再安装 SQL Server 2017 就可以通过了。

2. SQL Server Management Studio 能在除 Windows 之外的系统平台上运行吗？

SQL Server Management Studio 只能在 Windows 上运行，如果需要在 Windows 以外的平台上运行的工具，需要安装 Azure Data Studio 软件。Azure Data Studio 是一个全新的跨平台工具，可在 macOS、Linux 以及 Windows 上运行。

2.5　经典习题

1. 安装 SQL Server 2017。
2. 安装 SQL Server Management Studio。
3. 练习 SQL Server Management Studio 的基本操作。

第 3 章
Transact-SQL语言基础

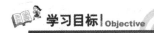 学习目标 | Objective

　　Transact-SQL 语言是结构化查询语言的增强版本，与多种 ANSI SQL 标准兼容，而且在标准的基础上还进行了许多扩展。Transact-SQL 代码是 SQL Server 的核心，使用 Transact-SQL 可以实现关系数据库中的数据查询、操作和添加功能。本章将详细介绍 Transact-SQL 语言的基础，主要内容包括什么是 Transact-SQL、Transact-SQL 中的常量和变量、运算符和表达式以及如何在 Transact-SQL 中使用通配符和注释等。

内容导航 | Navigation

- 了解 Transact-SQL 基本概念
- 熟悉标识符起名规则
- 掌握常量的使用方法
- 掌握变量的使用方法
- 掌握通配符的使用方法
- 掌握注释的使用方法

3.1　Transact-SQL 概述

　　在前面的章节中，其实已经使用了 Transact-SQL 语言，只是没有系统地对该语言进行介绍。事实上不管应用程序的用户界面如何，与 SQL Server 实例通信的所有应用程序都通过将 Transact-SQL 语句发送到服务器进行通信。

　　对数据库进行查询和修改操作的语言叫作 SQL，其含义是结构化查询语言（Structured Query Language）。SQL 有许多不同的类型，有 3 个主要的标准：① ANSI（美国国家标准机构）SQL；② 对 ANSI SQL 修改后在 1992 年采纳的标准，称为 SQL92 或 SQL2；③ 最近的 SQL99 标准。SQL99 标准从 SQL2 扩充而来并增加了对象关系特征和许多其他新功能。其次，各大数据库厂商提供不同版本的 SQL。这些版本的 SQL 支持原始的 ANSI 标准，而且在很大程度上支持新推出的 SQL92 标准。

Transact-SQL 语言是 SQL 的一种实现形式，它包含了标准的 SQL 语言部分。标准的 SQL 语句几乎完全可以在 Transact-SQL 语言中执行，因为包含了这些标准的 SQL 语言来编写应用程序和脚本，所以提高了它们的可移植性。Transact-SQL 语言在具有 SQL 的主要特点的同时，还增加了变量、运算符、函数、流程控制和注释等语言因素，使得 T-SQL 的功能更加强大。另外，在标准的 ANSI SQL99 之外，Transact-SQL 语言根据需要又增加了一些非标准的 SQL 语言。在有些情况下，使用非标准的 SQL 语言，可以简化一些操作步骤。

3.1.1　什么是 Transact-SQL

Transact-SQL（T-SQL）是 Microsoft 公司在关系型数据库管理系统 SQL Server 中的 SQL3 标准的实现，是微软对 SQL 的扩展。在 SQL Server 中，所有与服务器实例的通信，都是通过发送 T-SQL 语句到服务器来实现的。根据其完成的具体功能，可以将 T-SQL 语句分为 4 大类，分别为数据操作语句、数据定义语句、数据控制语句和一些附加的语言元素。

数据操作语句：

```
SELECT, INSERT, DELETE, UPDATE
```

数据定义语句：

```
CREATE TABLE, DROP TABLE, ALTER TABLE, CREATE VIEW, DROP VIEW, CREATE INDEX,
DROP INDEX, CREATE PROCEDURE, ALTER PROCEDURE, DROP PROCEDURE, CREATE TRIGGER,
ALTER TRIGGER, DROP TRIGGER
```

数据控制语句：

```
GRANT, DENY, REVOKE
```

附加的语言元素：

```
BEGIN TRANSACTION/COMMIT, ROLLBACK, SET TRANSACTION, DECLARE OPEN, FETCH,
CLOSE, EXECUTE
```

3.1.2　T-SQL 语法的约定

表 3-1 列出了 T-SQL 参考的语法关系图中使用的约定，并进行了说明。

表 3-1　语法约定

约　　定	用　　于
大写	T-SQL 关键字
斜体	用户提供的 T-SQL 语法的参数
粗体	数据库名、表名、列名、索引名、存储过程、实用工具、数据类型名以及必须按所显示的原样输入的文本
下划线	指示当语句中省略了带下划线的值的子句时应用的默认值

（续表）

约　定	用　于
|（竖线）	分隔括号或大括号中的语法项。只能使用其中一项
[ ]（方括号）	可选语法项。不要输入方括号
{}（大括号）	必选语法项。不要输入大括号
[,...n]	指示前面的项可以重复 n 次。各项之间以逗号分隔
[...n]	指示前面的项可以重复 n 次。每一项由空格分隔
;	T-SQL 语句终止符。虽然在此版本的 SQL Server 中大部分语句不需要分号，但将来的版本中需要
<label> ::=	语法块的名称。此约定用于对可在语句中的多个位置使用的过长语法段或语法单元进行分组和标记。可使用语法块的每个位置，由括在尖括号内的标签指示：<标签>

除非另外指定，否则所有对数据库对象名的 T-SQL 引用将由 4 部分名称组成，格式如下：

```
server_name .[database_name].[schema_name].object_name
| database_name.[schema_name].object_name
| schema_name.object_name
| object_name
```

主要参数介绍如下：

- server_name：指定链接的服务器名称或远程服务器名称。
- database_name：如果对象驻留在 SQL Server 的本地实例中，则指定 SQL Server 数据库的名称；如果对象在链接服务器中，则指定 OLE DB 目录。
- schema_name：如果对象在 SQL Server 数据库中，则指定包含对象的架构的名称；如果对象在链接服务器中，则指定 OLE DB 架构名称。
- object_name：表示对象的名称。

引用某个特定对象时，不必总是指定服务器、数据库和架构供 SQL Server 数据库引擎标识该对象。但是，如果找不到对象，就会返回错误消息。

除了使用时完全限定引用时的 4 个部分，在引用时若要省略中间节点，则需要使用句点来指示这些位置。表 3-2 显示了引用对象名的有效格式。

表 3-2　引用对象名格式

引用对象名格式	说　明
server . database . schema . object	4 个部分的名称
server . database .. object	省略架构名称
server .. schema . object	省略数据库名称
server ... object	省略数据库和架构名称
database . schema . object	省略服务器名
database .. object	省略服务器和架构名称
schema . object	省略服务器和数据库名称
object	省略服务器、数据库和架构名称

许多代码示例用字母 N 作为 Unicode 字符串常量的前缀。如果没有 N 前缀，则字符串被转换为数据库的默认代码页。此默认代码页可能不识别某些字符。

3.1.3　标识符的命名规则

为了提供完善的数据库管理机制，SQL Server 设计了严格的对象命名规则。在创建或引用数据库实例（如表、索引、约束等）时，必须遵守 SQL Server 的命名规则，否则可能发生一些难以预测和检测的错误。

1. 标识符分类

SQL Server 的所有对象，包括服务器、数据库及数据对象，如表、视图、列、索引、触发器、存储过程、规则、默认值和约束等都可以有一个标志符。对绝大多数对象来说，标识符是必不可少的，但对某些对象来说，是否规定标志符是可以选择的。对象的标志符一般在创建对象时定义，作为引用对象的工具使用。

SQL Server 一共定义了两种类型的标识符：规则标识符和界定标识符。

2. 规则标识符

规则标识符严格遵守标识符有关的规定，所以在 T-SQL 中凡是规则标识符都不必使用界定符，对于不符合标识符格式的标识符要使用界定符[]或单引号' '。

3. 界定标识符

界定标识符是那些使用了如[]和' '等界定符号来进行位置限定的标识符，使用界定标识符既可以遵守标识符命名规则，也可以不遵守标识符命名规则。

4. 标识符规则

标识符的首字符必须是以下两种情况之一：

- 第一种情况：所有在 Unicode2.0 标准规定的字符，包括 26 个英文字母 a~z 和 A~Z，以及其他一些语言字符，如汉字。例如，可以给一个表命名为"员工基本情况"。
- 第二种情况："_""@"或"#"。

标识符首字符后的字符可以是下面 3 种情况：

- 第一种情况：所有在 Unicode2.0 标准规定的字符，包括 26 个英文字母 a~z 和 A~Z，以及其他一些语言字符，如汉字。
- 第二种情况："_""@"或"#"。
- 第三种情况：0，1，2，3，4，5，6，7，8，9。

标识符不允许是 T-SQL 的保留字：T-SQL 不区分大小写，所以无论是保留字的大写还是小写都不允许使用。

标识符内部不允许有空格或特殊字符：某些以特殊符号开头的标识符在 SQL Server 中具有特定的含义。如"@"开头的标识符表示这是一个局部变量或是一个函数的参数；以"#"开头的标识符表示这是一个临时表或存储过程；一个以"##"开头的标识符表示这是一个全局的临时数据库对象。T-SQL 的全局变量以标识符"@@"开头，为避免同这些全局变量混淆，建议不要使用"@@"作为标识符的开始。

无论是界定标识符还是规则标识符都最多只能容纳 128 个字符，对于本地的临时表最多可以有 116 个字符。

5. 对象命名规则

SQL Server 数据库管理系统中的数据库对象名称由 1～128 个字符组成，不区分大小写。在一个数据库中创建了一个数据库对象后，数据库对象的前面应该有服务器名、数据库名、包含对象的架构名和对象名 4 个部分。

6. 实例的命名规则

在 SQL Server 数据库管理系统中，默认实例的名字采用计算机名，实例的名字一般由计算机名和实例名两部分组成。

正确掌握数据库的命名和引用方式是用好 SQL Server 数据库管理系统的前提，也便于用户理解 SQL Server 数据库管理系统中的其他内容。

3.2 常量

常量也称为文字值或标量值，是表示一个特定数据值的符号。常量的格式取决于它所表示的值的数据类型。一个常量通常有一种数据类型和长度，二者取决于常量格式。根据数据类型的不同，常量可以分为如下几类：数字常量、字符串常量、日期和时间常量和符号常量。本节将介绍这些不同常量的表示方法。

3.2.1 数字常量

数字常量包括有符号和无符号的整数、定点数和浮点小数。

integer 常量由没有用引号括起来并且不包含小数点的数字字符串来表示。integer 常量必须全部为数字，它们不能包含小数。

```
1894
2
```

decimal 常量由没有用引号括起来并且包含小数点的数字字符串来表示。

```
1892.1204
2.0
```

float 和 real 常量使用科学记数法来表示。

```
101.5E5
0.5E-2
```

若要指示一个数是正数还是负数，对数值常量应用"+"或"-"一元运算符。这将创建一个表示有符号数字值的表达式。如果没有应用+或-一元运算符，数值常量将使用正数。

money 常量以前缀为可选的小数点和可选的货币符号的数字字符串来表示。money 常量不使用引号括起来。

```
$12
￥542023.14
```

3.2.2　字符串常量

1. 字符串常量

字符串常量括在单引号内并包含字母和数字字符（a~z、A~Z 和 0~9）以及特殊字符，如感叹号（!）、at 符（@）和数字号（#）。将为字符串常量分配当前数据库的默认排序规则，除非使用 COLLATE 子句为其指定了排序规则。用户输入的字符串通过计算机的代码页计算，如有必要，将被转换为数据库的默认代码页。

```
'Cincinnati'
'O''Brien'
'Process X is 50% complete.'
'The level for job_id: %d should be between %d and %d.'
"O'Brien"
```

2. Unicode 字符串

Unicode 字符串的格式与普通字符串相似，但它前面有一个 N 标识符（N 代表 SQL92 标准中的区域语言）。N 前缀必须是大写字母。例如，'Michél'是字符串常量而 N'Michél'则是 Unicode 常量。Unicode 常量被解释为 Unicode 数据，并且不使用代码页进行计算。

Unicode 常量有排序规则，主要用于控制比较和如何区分大小写。为 Unicode 常量分配当前数据库的默认排序规则，除非使用 COLLATE 子句为其指定了排序规则。对于字符数据，存储 Unicode 数据时每个字符使用 2 个字节，而不是每个字符 1 个字节。

3.2.3　日期和时间常量

日期和时间常量使用特定格式的字符日期值来表示，并用单引号括起来。

```
'December 5, 1985'
'5 December, 1985'
'851205'
'12/5/85'
```

3.2.4　符号常量

1. 分隔符

在 T-SQL 中，双引号有两层意思。除了引用字符串之外，双引号还能够用来做分隔符，也就是所谓的定界表示符（delimited identifier）。分隔标识符是标识的一种特殊类型，通常将保留当作标识符并且用数据库对象的名称命名空间。

单引号和双引号之间的区别就在于前者适用于 SQL92 标准。标识符这种情况中，这种标准用于区分常规和分隔标识符。关键的两点就是分隔标识符是用双引号引出的，而且还区分大小写（T-SQL 还支持用方括号代替双引号）。双引号只用于分割字符串。一般来说，分隔标识符说明了标识符的规格，对保留的也起到了同样的作用。分隔标识符还可以让你不用名字（标识符、变量名），这些名字也可以在将来的 SQL 标准中用作保留的。并且，分隔标识符还可能在标识符名中包含不合规定的字符，如空格。

在 T-SQL 中，双引号是用来定义 SET 语句 QUOTED_IDENTIFIER 选项的。如果这一选项设为 ON（默认值），那么双引号中的标识符就被定义成了分隔标识符。在这种情况下，双引号就不能用于分割字符串。

说明一个 T-SQL 语句的注释有两种方法。一种方法是使用一对字符/**/，注释就是对附着在里面的内容进行说明。这种情况下，注释内容可能扩展成很多行。另一种方法是使用字符 "--"（两个连字符）表示当前行剩下的就是注释。

2. 标识符

在 T-SQL 中，标识符用于识别数据库对象，如数据库、表和索引。它们通过字符串表示出来，这些字符串的长度可以达到 128 个字符，还包含字母、数字或者 "_" "@" "#" 和 "$"。每个名称都必须以一个字母或者以下字符中的一个开头："_" "@" 或 "#"。以 "#" 开头的表名或存储程序名表示一个临时对象，而以 "@" 开头的标识符则表示一个变量。就像之前提到的，这些规则并不适用于分隔标识符（也叫作引用标识符），分隔标识符可以将这些字符包含在内或者以其中的任意字符开头（而不是分隔符自己）。

3.3 变量

变量可以保存查询之后的结果，可以在查询语句中使用变量，也可以将变量中的值插入到数据表中。在 T-SQL 中，变量的使用非常灵活方便，可以在任何 T-SQL 语句集合中声明使用，根据其生命周期，可以分为全局变量和局部变量。

3.3.1　全局变量

全局变量是 SQL Server 系统提供的内部使用的变量，其作用范围并不仅仅局限于某一程序，而是任何程序均可以随时调用。全局变量通常存储一些 SQL Server 的配置设定值和统计数据。用户可以在程序中用全局变量来测试系统的设定值或者是 T-SQL 命令执行后的状态值。在使用全局变量时应注意以下几点。

全局变量不是由用户的程序定义的，它们是在服务器级定义的。用户只能使用预先定义的全局变量，而不能修改全局变量。引用全局变量时，必须以标记符"@@"开头。

局部变量的名称不能与全局变量的名称相同，否则会在应用程序中出现不可预测的结果。

SQL Server 2017 中包含的全局变量及其含义如表 3-3 所示。

表 3-3　SQL Server 2017 中包含的全局变量及其含义

全局变量名称	含　　义
@@CONNECTIONS	返回 SQL Server 自上次启动以来尝试的连接数，无论连接是成功还是失败
@@CPU_BUSY	返回 SQL Server 自上次启动后的工作时间。其结果以 CPU 时间增量或"滴答数"表示，此值为所有 CPU 时间的累积，因此可能会超出实际占用的时间。乘以@@TIMETICKS 即可转换为微秒
@@CURSOR_ROWS	返回连接上打开的上一个游标中的当前限定行的数目。为了提高性能，SQL Server 可异步填充大型键集和静态游标。可调用@@CURSOR_ROWS 以确定当其被调用时检索了游标符合条件的行数
@@DATEFIRST	针对会话返回 SET DATEFIRST 的当前值
@@DBTS	返回当前数据库的当前 timestamp 数据类型的值。这一时间戳值在数据库中必须是唯一的
@@ERROR	返回执行的上一个 T-SQL 语句的错误号
@@FETCH_STATUS	返回针对连接当前打开的任何游标，发出的上一条游标 FETCH 语句的状态
@@FETCH_STATUS	返回针对连接当前打开的任何游标，发出的上一条游标 FETCH 语句的状态
@@IDENTITY	返回插入到表的 IDENTITY 列的最后一个值
@@IDLE	返回 SQL Server 自上次启动后的空闲时间。结果以 CPU 时间增量或"时钟周期"表示，并且是所有 CPU 的累积，因此该值可能超过实际经过的时间。乘以@@TIMETICKS 即可转换为微秒
@@IO_BUSY	返回自从 SQL Server 最近一次启动以来，SQL Server 已经用于执行输入和输出操作的时间。其结果是 CPU 时间增量（时钟周期），并且是所有 CPU 的累积值，所以它可能超过实际消逝的时间。乘以@@TIMETICKS 即可转换为微秒
@@LANGID	返回当前使用的语言的本地语言标识符（ID）
@@LANGUAGE	返回当前所用语言的名称
@@LOCK_TIMEOUT	返回当前会话的当前锁定超时设置（毫秒）
@@MAX_CONNECTIONS	返回 SQL Server 实例允许同时进行的最大用户连接数。返回的数值不一定是当前配置的数值
@@MAX_PRECISION	按照服务器中的当前设置，返回 decimal 和 numeric 数据类型所用的精度级别。默认情况下，最大精度返回 38
@@NESTLEVEL	返回对本地服务器上执行的当前存储过程的嵌套级别（初始值为 0）
@@OPTIONS	返回有关当前 SET 选项的信息

（续表）

全局变量名称	含　义
@@PACK_RECEIVED	返回 SQL Server 自上次启动后从网络读取的输入数据包数
@@PACK_SENT	返回 SQL Server 自上次启动后写入网络的输出数据包个数
@@PACKET_ERRORS	返回自上次启动 SQL Server 后，在 SQL Server 连接上发生的网络数据包错误数
@@ROWCOUNT	返回上一次语句影响的数据行的行数
@@PROCID	返回 T-SQL 当前模块的对象标识符（ID）。T-SQL 模块可以是存储过程、用户定义函数或触发器。不能在 CLR 模块或进程内数据访问接口中指定 @@PROCID
@@SERVERNAME	返回运行 SQL Server 的本地服务器的名称
@@SERVICENAME	返回 SQL Server 正在其下运行的注册表项的名称。若当前实例为默认实例，则@@SERVICENAME 返回 MSSQLSERVER；若当前实例是命名实例，则该函数返回该实例名
@@SPID	返回当前用户进程的会话 ID
@@TEXTSIZE	返回 SET 语句的 TEXTSIZE 选项的当前值，它指定 SELECT 语句返回的 text 或 image 数据类型的最大长度，其单位为字节
@@TIMETICKS	返回每个时钟周期的微秒数
@@TOTAL_ERRORS	返回自上次启动 SQL Server 之后，SQL Server 所遇到的磁盘写入错误数
@@TOTAL_READ	返回 SQL Server 自上次启动后，由 SQL Server 读取（非缓存读取）的磁盘的数目
@@TOTAL_WRITE	返回自上次启动 SQL Server 以来，SQL Server 所执行的磁盘写入数
@@TRANCOUNT	返回当前连接的活动事务数
@@VERSION	返回当前安装的日期、版本和处理器类型

下面通过一个实例来介绍全局变量的应用方法。

【例 3.1】查看当前 SQL Server 的版本信息和服务器名称，输入语句如下。

```
SELECT @@VERSION AS 'SQL Server 版本', @@SERVERNAME AS '服务器名称'
```

使用 Windows 身份验证登录到 SQL Server 服务器之后，新建立一个使用当前连接的查询，输入上面的语句，单击【执行】按钮，执行结果如图 3-1 所示。

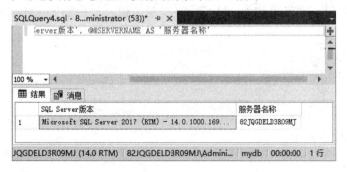

图 3-1　查看全局变量值

3.3.2 局部变量

局部变量是一个能够拥有特定数据类型的对象，它的作用范围仅限制在程序内部。在批处理和脚本中变量可以有如下用途：作为计数器计算循环执行的次数或控制循环执行的次数，保存数据值供控制流语句测试以及保存由存储过程代码返回的数据值或者函数返回值。局部变量被引用时要在其名称前加上标志"@"，而且必须先用 DECLARE 命令声明后才可以使用。定义局部变量的语法形式如下：

```
DECLARE {@local-variable data-type} [...n]
```

参数@local-variable 用于指定局部变量的名称，变量名必须以符号"@"开头，且必须符合 SQL Server 的命名规则。

参数 data-type 用于设置局部变量的数据类型及其大小。data-type 可以是任何由系统提供的或用户定义的数据类型。但是，局部变量不能是 text、ntext 或 image 数据类型。

【例 3.2】使用 DECLARE 语句创建 int 数据类型的名为@mycounter 的局部变量，输入语句如下。

```
DECLARE @MyCounter int;
```

若要声明多个局部变量，在定义的第一个局部变量后使用一个逗号，然后指定下一个局部变量名称和数据类型。

【例 3.3】创建 3 个名为 @Name、@Phone 和@Address 的局部变量，并将每个变量都初始化为 NULL，输入语句如下。

```
DECLARE @Name varchar(30), @Phone varchar(20), @Address char(2);
```

使用 DECLARE 命令声明并创建局部变量之后，会将其初始值设为 NULL，如果想要设置局部变量的值，必须使用 SELECT 命令或者 SET 命令。其语法形式为：

```
SET {@local-variable=expression}
SELECT {@local-variable=expression } [, ...n]
```

其中，@local-variable 是给其赋值并声明的局部变量。expression 是任何有效的 SQL Server 表达式。

【例 3.4】使用 SELECT 语句为@MyCount 变量赋值，最后输出@MyCount 变量的值，输入语句如下。

```
DECLARE @MyCount INT
SELECT @MyCount =100
SELECT @MyCount
GO
```

执行结果如图 3-2 所示。

【例 3.5】通过查询语句给变量赋值，输入语句如下。

```
DECLARE @rows int
SET @rows=(SELECT COUNT(*) FROM Member)
SELECT @rows
GO
```

该语句查询出 member 表中总的记录数，并将其保存在 rows 局部变量中，如果表中没有数据记录，则返回结果为 0，如图 3-3 所示。

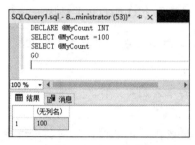

图 3-2　执行结果

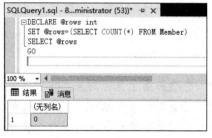

图 3-3　执行结果

【例 3.6】在 SELECT 查询语句中，使用由 SET 赋值的局部变量，输入语句如下。

```
USE test
GO
DECLARE @memberType varchar(100)
SET @memberType ='VIP'
SELECT RTRIM(FirstName)+' '+RTRIM(LastName) AS Name, @memberType
FROM member
GO
```

3.3.3　批处理和脚本

批处理是同时从应用程序发送到 SQL Server 并得以执行的一组单条或多条 T-SQL 语句。这些语句为了达到一个整体的目标而同时执行。GO 命令表示批处理的结束。如果 T-SQL 脚本中没有 GO 命令，那么它将被作为单个批处理来执行。

SQL Server 将批处理中的语句作为一个整体，编译为一个执行计划，因此批处理中的语句是一起提交给服务器的，所以可以节省系统开销。

批处理中的语句如果在编译时出现错误，则不能产生执行计划，批处理中的任何一个语句都不会执行。批处理运行时出现错误将有如下影响：

- 大多数运行时错误将停止执行批处理中当前语句和它之后的语句。
- 某些运行时错误（如违反约束）仅停止执行当前语句，而继续执行批处理中其他所有语句。
- 在遇到运行时错误的语句之前执行的语句不受影响。唯一例外的情况是批处理位于事务中并且错误导致事务回滚。在这种情况下，所有在运行时错误之前执行的未提交数据修改都将回滚。

批处理使用时有如下限制规则：

- CREATE DEFAULT、CREATE FUNCTION、CREATE PROCEDURE、CREATE RULE、CREATE SCHEMA、CREATE TRIGGER 和 CREATE VIEW 语句不能在批处理中与其他语句组合使用。批处理必须以 CREATE 语句开始。所有跟在该批处理后的其他语句将被解释为第一个 CREATE 语句定义的一部分。
- 不能在同一个批处理中更改表，然后引用新列。
- 如果 EXECUTE 语句是批处理中的第一句，则不需要 EXECUTE 关键字。如果 EXECUTE 语句不是批处理中的第一条语句，则需要 EXECUTE 关键字。

脚本是存储在文件中的一系列 T-SQL 语句。T-SQL 脚本包含一个或多个批处理。T-SQL 脚本主要有以下用途：

- 在服务器上保存用来创建和填充数据库的步骤的永久副本，作为一种备份机制。
- 必要时将语句从一台计算机传输到另一台计算机。
- 通过让新员工发现代码中的问题、了解代码或更改代码，从而快速对其进行培训。

脚本可以看作一个单元，以文本文件的形式存储在系统中。在脚本中，可以使用系统函数和局部变量。例如，某个脚本中包含了如下代码：

```
USE test_db
GO
DECLARE @mycount int
CREATE TABLE person
(
  id     INT NOT NULL PRIMARY KEY,
  name   VARCHAR(40) NOT NULL DEFAULT '',
  age    INT NOT NULL DEFAULT 0,
  info   VARCHAR(50) NULL
);
INSERT INTO person (id ,name, age ) VALUES (1,'Green', 21);
INSERT INTO person (age ,name, id , info) VALUES (22, 'Suse', 2, 'dancer');
SET @mycount =(SELECT COUNT(*) FROM person)
GO
```

该脚本中使用了 6 条语句，分别包含了 USE 语句、局部变量的定义、CREATE 语句、INSERT 语句、SELECT 语句以及 SET 赋值语句，所有的这些语句在一起完成了 person 数据表的创建、插入数据并统计插入的记录总数的工作。

USE 语句用来设置当前使用的数据库，可以看到，因为使用了 USE 语句，所以在执行 INSERT 和 SELECT 语句时，它们将在指定的数据库（test_db）中进行操作。

3.4　运算符和表达式

在 SQL Server 2017 中，运算符主要有以下 6 大类：算术运算符、赋值运算符、比较运算符、逻辑运算符、连接运算符以及按位运算符。表达式在 SQL Server 2017 中也有非常重要的作用，SQL 语言中的许多重要操作都需要使用表达式来完成。

3.4.1　算术运算符

算术运算符可以在两个表达式上执行数学运算，这两个表达式可以是任何数值数据类型。T-SQL 中的算术运算符如表 3-4 所示。

表 3-4　T-SQL 中的算术运算符

运　算　符	作　用
+	加法运算
-	减法运算
*	乘法运算
/	除法运算，返回商
%	求余运算，返回余数

加法和减法运算符也可以对 datetime 和 smalldatetime 类型的数据执行算术运算。求余运算即返回一个除法运算的整数余数，例如表达式 14%3 的结果等于 2。

3.4.2　比较运算符

比较运算符用来比较两个表达式的大小，表达式可以是字符、数字或日期数据，其比较结果是布尔值。

比较运算符测试两个表达式是否相同。除了 text、ntext 或 image 数据类型的表达式外，比较运算符可以用于所有的表达式。表 3-5 列出了 Transact-SQL 中的比较运算符。

表 3-5　Transact-SQL 中的比较运算符

运　算　符	含　义
=	等于
>	大于
<	小于
>=	大于等于
<=	小于等于
<>	不等于
!=	不等于（非 ISO 标准）

(续表)

运　算　符	含　义
!<	不小于（非 ISO 标准）
!>	不大于（非 ISO 标准）

3.4.3　逻辑运算符

逻辑运算符可以把多个逻辑表达式连接起来测试，以获得真实情况。返回带有 TRUE、FALSE 或 UNKNOWN 值的 Boolean 数据类型。

Transact-SQL 中包含如下一些逻辑运算符：

- ALL：如果一组的比较都为 TRUE，就为 TRUE。
- AND：如果两个布尔表达式都为 TRUE，就为 TRUE。
- ANY：如果一组的比较中任何一个为 TRUE，就为 TRUE。
- BETWEEN：如果操作数在某个范围之内，就为 TRUE。
- EXISTS：如果子查询包含一些行，就为 TRUE。
- IN：如果操作数等于表达式列表中的一个，就为 TRUE。
- LIKE：如果操作数与一种模式相匹配，就为 TRUE。
- NOT：对任何其他布尔运算符的值取反。
- OR：如果两个布尔表达式中的一个为 TRUE，就为 TRUE。
- SOME：如果在一组比较中，有些为 TRUE，就为 TRUE。

3.4.4　连接运算符

加号（+）是字符串串联运算符，可以将两个或两个以上字符串合并成一个字符串。其他所有字符串操作都使用字符串函数（如 SUBSTRING）进行处理。

默认情况下，对于 varchar 数据类型的数据，在 INSERT 或赋值语句中，空的字符串将被解释为空字符串。在串联 varchar、char 或 text 数据类型的数据时，空的字符串被解释为空字符串。例如，'abc' + '' + 'def'被存储为'abcdef'。

3.4.5　按位运算符

按位运算符在两个表达式之间执行位操作，这两个表达式可以为整数数据类型类别中的任何数据类型。Transact-SQL 中的按位运算符如表 3-6 所示。

表 3-6　按位运算符

运　算　符	含　义
&	位与
|	位或
^	位异或
~	返回数字的非

3.4.6　运算符的优先级

当一个复杂的表达式有多个运算符时，运算符优先级决定执行运算的先后次序。执行的顺序可能严重地影响所得到的值。

运算符的优先级如表 3-7 所示。在较低级别的运算符之前先对较高级别的运算符进行求值。表 3-7 按运算符从高到低的顺序列出了 SQL Server 中的运算符优先级别。

表 3-7　SQL Server 运算符的优先级

级　　别	运　算　符
1	~（位非）
2	*（乘）、/（除）、%（取模）
3	+（正）、-（负）、+（加）、+（连接）、-（减）、&（位与）、^（位异或）、|（位或）
4	=、>、<、>=、<=、<>、!=、!>、!<（比较运算符）
5	NOT
6	AND
7	ALL、ANY、BETWEEN、IN、LIKE、OR、SOME
8	=（赋值）

当一个表达式中的两个运算符有相同的运算符优先级别时，将按照它们在表达式中的位置对其从左到右进行求值。当然，在无法确定优先级的情况下，可以使用圆括号（）来改变优先级，并且这样会使计算过程更加清晰。

3.4.7　什么是表达式

表达式是指用运算符和圆括号把变量、常量和函数等运算成分连接起来的有意义的式子，即使单个的常量、变量和函数也可以看成是一个表达式。表达式有多方面的用途，如执行计算、提供查询记录条件等。

3.4.8　表达式的分类

根据连接表达式的运算符进行分类，可以将表达式分为算术表达式、比较表达式、逻辑表达式、按位表达式和混合表达式等；根据表达式的作用进行分类，可以将表达式分为字段名表达式、目标表达式和条件表达式。

1. 字段名表达式

字段名表达式可以是单一的字段名或几个字段的组合，还可以是由字段、作用于字段的集合函数和常量的任意算术运算（+、-、*、/）组成的运算表达式，主要包括数值表达式、字符表达式、逻辑表达式和日期表达式 4 种。

2. 目标表达式

目标表达式有 4 种构成方式。

（1）*：表示选择相应基表和视图的所有字段。

（2）<表名>.*：表示选择指定的基表和视图的所有字段。

（3）集函数()：表示在相应的表中按集函数操作和运算。

（4）[<表名>.]字段名表达式[, [<表名>.]<字段名表达式>]……：表示按字段名表达式在多个指定的表中选择。

3. 条件表达式

常用的条件表达式有以下 6 种：

（1）比较大小——应用比较运算符构成表达式，主要的比较运算符有"="">"">="""<"
"<="""!="""<>"""!>"（不大于）"!<"（不小于）、NOT（与比较运算符相同，对条件求非）。

（2）指定范围——（NOT）BETWEEN…AND…运算符查找字段值在或者不在指定范围内的记录。BETWEEN 后面指定范围的最小值，AND 后面指定范围的最大值。

（3）集合（NOT）IN——查询字段值属于或者不属于指定集合内的记录。

（4）字符匹配——（NOT）LIKE '<匹配字符串>'[ESCAPE '<换码字符>'] 查找字段值满足<匹配字符串>中指定的匹配条件的记录。<匹配字符串>可以是一个完整的字符串，也可以包含通配符"_"和"%"，"_"代表任意单个字符，"%"代表任意长度的字符串。

（5）空值 IS（NOT）NULL——查找字段值为空（不为空）的记录。NULL 不能用来表示无形值、默认值、不可用值以及取最低值或取最高值。SQL 规定，在含有运算符"+""-"
"*""/"的算术表达式中，若有一个值是空值，则该算术表达式的值也是空值；任何一个含有 NULL 比较操作结果的取值都为 FALSE。

（6）多重条件 AND 和 OR——AND 表达式用来查找字段值同时满足 AND 相连接的查询条件的记录。OR 表达式用来查询字段值满足 OR 连接的查询条件中任意一个的记录。AND 运算符的优先级高于 OR 运算符。

3.5 Transact-SQL 语言中的通配符

查询时，有时无法指定一个清楚的查询条件，此时可以使用 SQL 通配符。通配符用来代替一个或多个字符，在使用通配符时，要与 LIKE 运算符一起使用。Transact-SQL 中常用的通配符如表 3-8 所示。

表 3-8 Transact-SQL 中的通配符

通 配 符	说 明	例 子	匹配值示例
%	匹配任意长度的字符，甚至包括零字符	'f%n'匹配字符 n 前面有任意个字符 f	fn、fan、faan、abcn
_	匹配任意单个字符	'b_ '匹配以 b 开头长度为两个字符的值	ba、by、bx、bp

（续表）

通 配 符	说　　明	例　　子	匹配值示例
[字符集合]	匹配字符集合中的任何一个字符	'[xz]' 匹配 x 或者 z	dizzy、zebra、x-ray、extra
[^]或[!]	匹配不在括号中的任何字符	'[^abc]'匹配任何不包含 a、b 或 c 的字符串	desk、fox、f8ke

3.6　Transact-SQL 语言中的注释

注释中包含对 SQL 代码的解释说明性文字，这些文字可以插入单独行中、嵌套在 Transact-SQL 命令行的结尾或嵌套在 Transact-SQL 语句中。服务器不会执行注释。对 SQL 代码添加注释可以增强代码的可读性和清晰度，而对于团队开发时，使用注释更能够加强同伴之间的沟通，提高工作效率。

SQL 中的注释分为以下两种：

1. 单行注释

单行注释以两个连字符 "--" 开始，作用范围是从注释符号开始到一行的结束。例如：

```
--CREATE TABLE temp
--( id INT PRIMAYR KEY, hobby VARCHAR(100) NULL)
```

该段代码表示创建一个数据表，但是因为加了注释符号 "--"，所以该段代码是不会被执行的。

```
--查找表中的所有记录
SELECT * FROM member WHERE id=1
```

该段代码中的第二行将被 SQL 解释器执行，而第一行作为第二行语句的解释说明性文字，不会被执行。

2. 多行注释

多行注释作用于某一代码块，该种注释使用斜杠星型（/**/），使用这种注释时，编译器将忽略从（/*）开始后面的所有内容，直到遇到（*/）为止。例如：

```
/*CREATE TABLE temp
--( id INT PRIMAYR KEY, hobby VARCHAR(100) NULL)*/
```

该段代码被当作注释内容，不会被解释器执行。

3.7 疑难解惑

1. 字符串连接时要保证数据类型可转换吗？

字符串连接时，多个表达式必须具有相同的数据类型，或者其中一个表达式必须能够隐式地转换为另一表达式的数据类型，若要连接两个数值，这两个数值都必须显示转换为某种字符串数据类型。

2. 使用比较运算符要保证数据类型的一致吗？

在 SQL Server 2017 中，比较运算符几乎可以连接所有的数据类型，但是比较运算符两边的数据类型必须保持一致。如果连接的数据类型不是数字值时，必须用单引号将比较运算符后面的数据括起来。

3.8 经典习题

1. SQL Server 系统数据类型都有哪些？各种类型数据都有什么特点？
2. 局部变量和全局变量有什么区别？
3. SQL Server 运算符有哪几类，每一种运算符的使用方法和特点是什么？

第 4 章
Transact-SQL语句的应用

学习目标! Objective

　　Transact-SQL 是标准 SQL 的增强版，是应用程序与 SQL Server 沟通的主要语言，本章就来介绍 Transact-SQL 语句的应用，主要内容包括数据定义语句、数据操作语句、数据控制语句、其他基本语句、流程控制语句和批处理语句等。

内容导航! Naviaation

- 掌握数据定义语句（DDL）的使用方法
- 掌握数据操作语句（DML）的使用方法
- 掌握数据控制语句（DCL）的使用方法
- 掌握其他基本语句的使用方法
- 掌握流程控制语句的使用方法
- 掌握批处理语句的使用方法

4.1　数据定义语句

　　数据定义语句（DDL）是用于描述数据库中要存储的现实世界实体的语言。作为数据库管理系统的一部分，DDL 用于定义数据库的所有特性和属性，例如行布局、字段定义、文件位置，常见的数据定义语句有 CREATE DATABASE、CREATE TABLE、CREATE VIEW、DROP VIEW、ALTER TABLE 等。下面将分别介绍各种数据定义语句。

4.1.1　创建对象 CREATE 语句

　　作为数据库操作语言中非常重要的部分，CREATE 用于创建数据库、数据表以及约束等，下面将详细介绍 CREATE 的具体应用。

1. 创建数据库

创建数据库是在系统磁盘上划分一块区域用于数据的存储和管理。创建数据库时需要指定数据库的名称、文件名称、数据文件大小、初始大小、是否自动增长等内容。SQL Server 中可以使用 CREATE DATABASE 语句，或者通过对象资源管理创建数据库。这里主要介绍 CREATE DATABASE 的用法。CREAETE DATABASE 语句的基本语法格式如下：

```
CREATE DATABASE database_name
[ ON [ PRIMARY ]
NAME = logical_file_name
    [ , NEWNAME = new_logical_name ]
    [ , FILENAME = {'os_file_name' | 'filestream_path' } ]
    [ , SIZE = size [ KB | MB | GB | TB ] ]
    [ , MAXSIZE = { max_size [ KB | MB | GB | TB ] | UNLIMITED } ]
    [ , FILEGROWTH = growth_increment [ KB | MB | GB | TB| % ] ]
] [ ,...n ]
```

主要参数介绍如下：

- database_name：数据库名称，不能与 SQL Server 中现有的数据库实例名称相冲突，最多可以包含 128 个字符。
- ON：指定显示定义用来存储数据库中数据的磁盘文件。
- PRIMARY：指定关联的<filespec>列表定义的主文件，在主文件组<filespec>项中指定的第一个文件将生成主文件，一个数据库只能有一个主文件。如果没有指定 PRIMARY，那么 CREATE DATABASE 语句中列出的第一个文件将成为主文件。
- LOG ON：指定用来存储数据库日志的日志文件。LOG ON 后跟以逗号分隔的用以定义日志文件的 <filespec> 项列表。如果没有指定 LOG ON，将自动创建一个日志文件，其大小为该数据库的所有数据文件大小总和的 25%或 512KB，取两者之中的较大者。
- NAME：指定文件的逻辑名称，引用文件时在 SQL Server 中使用的逻辑名称。
- FILENAME：指定创建文件时由操作系统使用的路径和文件名，执行 CREATE DATABASE 语句前，指定路径必须存在。
- SIZE：指定数据库文件的初始大小，如果没有为主文件提供 size，数据库引擎将使用 model 数据库中主文件的大小。
- MAXSIZE：指定文件可增大到的最大大小，可以使用 KB、MB、GB 和 TB 做后缀，默认值为 MB。max_size 是整数值。如果不指定 max_size，则文件将不断增长直至磁盘被占满。UNLIMITED 表示文件一直增长到磁盘充满。
- FILEGROWTH：指定文件的自动增量。文件的 FILEGROWTH 设置不能超过 MAXSIZE 设置。该值可以 MB、KB、GB、TB 或百分比（%）为单位指定。默认值为 MB。如果指定%，则增量大小为发生增长时文件大小的指定百分比。值为 0 时表明自动增长被设置为关闭，不允许增加空间。

【例 4.1】创建名称为 test_db 数据库，输入语句如下：

```
CREATE DATABASE test_db ON  PRIMARY
(
NAME = test_db_data1,          --数据库逻辑文件名称
FILENAME ='C:\SQL Server 2017\test_db_data.mdf',    --主数据文件存储位置
SIZE = 5120KB ,       --主数据文件大小
MAXSIZE =20,      --主数据文件最大增长空间为20MB
FILEGROWTH =1       --文件增长大小设置为1MB
)
```

该段代码创建一个名称为 test_db 的数据库，设定数据库的主数据文件名称为 test_db_data1、主数据文件大小为 5MB、增长大小为 1MB。注意，该段代码没有指定创建事务日志文件，但是系统默认会创建一个数据库名称加上 _log 的日志文件，该日志文件的大小为系统默认值 2MB，增量为 10%，因为没有设置增长限制，所以事务日志文件的最大增长空间将是指定磁盘上所有剩余可用空间。

2. 创建数据表

在创建完数据库之后，接下来的工作就是创建数据表。所谓创建数据表，指的是在已经创建好了的数据库中建立新表。创建数据表的过程是规定数据列的属性的过程，同时也是实施数据完整性约束的过程。创建数据表使用 CREATE TABLE 语句。CREATE TABLE 语句的基本语法格式如下：

```
CREATE TABLE  [database_name.[ schema_name ].] table_name
{column_name <data_type>
[ NULL | NOT NULL ] | [ DEFAULT constant_expression ] | [ ROWGUIDCOL ]
{ PRIMARY KEY | UNIQUE } [CLUSTERED | NONCLUSTERED]
 [ ASC | DESC ]
}[ ,...n ]
```

主要参数介绍如下：

- database_name：要在其中创建表的数据库名称，不指定数据库名称时，则默认使用当前数据库。
- schema_name：新表所属架构的名称，若此项为空，则默认为新表的创建者在当前架构。
- table_name：创建的数据表的名称。
- column_name：数据表中的各个列的名称，列名称必须唯一。
- data_type：指定字段列的数据类型，可以是系统数据类型，也可以是用户定义数据类型。
- NULL | NOT NULL：确定列中是否允许使用空值。
- DEFAULT：用于指定列的默认值。
- ROWGUIDCOL：指示新列是行 GUID 列。对于每个表，只能将其中的一个 uniqueidentifier 列指定为 ROWGUIDCOL 列。

- PRIMARY KEY：主键约束，通过唯一索引对给定的一列或多列强制实体完整性的约束。每个表只能创建一个 PRIMARY KEY 约束。PRIMARY KEY 约束中定义的所有列都必须定义为 NOT NULL。
- UNIQUE：唯一性约束，该约束通过唯一索引为一个或多个指定列提供实体完整性。一个表可以有多个 UNIQUE 约束。
- CLUSTERED | NONCLUSTERED：指示为 PRIMARY KEY 或 UNIQUE 约束创建聚集索引还是非聚集索引。PRIMARY KEY 约束默认为 CLUSTERED，UNIQUE 约束默认为 NONCLUSTERED。在 CREATE TABLE 语句中，可只为一个约束指定 CLUSTERED。如果在为 UNIQUE 约束指定 CLUSTERED 的同时又指定了 RIMARY KEY 约束，则 PRIMARY KEY 将默认为 NONCLUSTERED。
- [ASC | DESC]：指定加入到表约束中的一列或多列的排序顺序，ASC 为升序排列，DESC 为降序排列，默认值为 ASC。

【例 4.2】在 test_db 数据库中创建员工表 tb_emp1，结构如表 4-1 所示。

表 4-1   tb_emp1 表结构

字段名称	数据类型	备　　注
id	INT(11)	员工编号
name	VARCHAR(25)	员工名称
deptId	CHAR(2)	所在部门编号
salary	SMALLMONEY	工资

输入语句如下：

```
USE test_db
CREATE TABLE tb_emp1
(
id      INT PRIMARY KEY,
name    VARCHAR(25) NOT NULL,
deptId  CHAR(2) NOT NULL,
salary  SMALLMONEY NULL
);
```

该段代码将在 test_db 数据库中添加一个名称为 tb_emp1 的数据表。读者可以打开表的设计窗口，看到该表的结构，如图 4-1 所示。

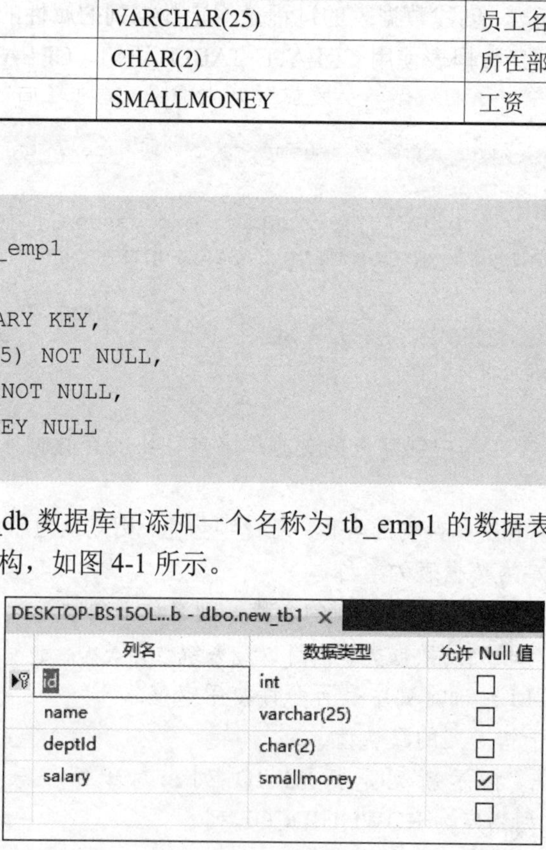

图 4-1   tb_emp1 表结构

4.1.2　删除对象 DROP 语句

既然能够创建数据库和数据表，那么也能将其删除。DROP 语句可以轻松地删除数据库和表。下面介绍如何使用 DROP 语句。

1. 删除数据表

删除数据表是将数据库中已经存在的表从数据库中删除。注意，删除表的同时，表的定义和表中数据、索引和视图也会被删除，因此，在删除操作前，最好对表中的数据做个备份，以免造成无法挽回的后果（如果要删除的表是其他表的参照表，此表将无法删除，需要先删除表中的外键约束或者将其他表删除）。删除表的语法格式如下：

```
DROP TABLE table_name
```

table_name 为要删除的数据表的名称。

【例 4.3】删除 test_db 数据库中的 table_emp 表，输入语句如下。

```
USE test_db
GO
DROP TABLE dbo.table_emp
```

2. 删除数据库

删除数据库是将已经存在的数据库从磁盘空间上清除，清除之后，数据库中的所有数据也将一同被删除，删除数据库的基本语法格式为：

```
DROP DATABASE database_name
```

database_name 为要删除的数据库的名称。

【例 4.4】删除 test_db 数据库，输入语句如下。

```
DROP DATABASE test_db
```

4.1.3　修改对象 ALTER 语句

当数据库结构无法满足需求或者存储空间已经填满时，可以使用 ALTER 语句对数据库和数据表进行修改。下面将介绍如何使用 ALTER 语句修改数据库和数据表。

1. 修改数据库

修改数据库可以使用 ALTER DATABASE 语句，其基本语法格式如下：

```
ALTER DATABASE database_name
{
  ADD FILE <filespec> [ ,...n ] [ TO FILEGROUP { filegroup_name } ]
  | ADD LOG FILE <filespec> [ ,...n ]
  | REMOVE FILE logical_file_name
  | MODIFY FILE <filespec>
```

```
| MODIFY NAME = new_database_name
| ADD FILEGROUP filegroup_name
| REMOVE FILEGROUP filegroup_name
| MODIFY FILEGROUP filegroup_name
}
<filespec>::=
(
NAME = logical_file_name
[ , NEWNAME = new_logical_name ]
[ , FILENAME = {'os_file_name' | 'filestream_path' } ]
 [ , SIZE = size [ KB | MB | GB | TB ] ]
[ , MAXSIZE = { max_size [ KB | MB | GB | TB ] | UNLIMITED } ]
[ , FILEGROWTH = growth_increment [ KB | MB | GB | TB| % ] ]
[ , OFFLINE ]
)
```

主要参数介绍如下：

- database_name: 要修改的数据库的名称。
- ADD FILE……TO FILEGROUP: 添加新数据库文件到指定的文件组中。
- ADD LOG FILE: 添加日志文件。
- REMOVE FILE: 从 SQL Server 的实例中删除逻辑文件说明并删除物理文件。除非文件为空，否则无法删除文件。
- MODIFY FILE: 指定应修改的文件。一次只能更改一个 <filespec> 属性。必须在 <filespec> 中指定 NAME，以标识要修改的文件。如果指定了 SIZE，那么新大小必须比文件当前大小要大。
- MODIFY NAME: 使用指定的名称重命名数据库。
- ADD FILEGROUP: 向数据库中添加文件组。
- REMOVE FILEGROUP: 从数据库中删除文件组。除非文件组为空，否则无法将其删除。
- MODIFY FILEGROUP: 通过将状态设置为 READ_ONLY 或 READ_WRITE，将文件组设置为数据库的默认文件组或者更改文件组名称来修改文件组。

【例 4.5】将 test_db 数据库的名称修改为 company，输入语句如下。

```
ALTER DATABASE test_db
MODIFY NAME=company
```

2. 修改表

修改表结构可以在已经定义的表中增加新的字段列或删除多余的字段。实现这些操作可以使用 ALTER TABLE 语句，其基本语法格式如下：

```
ALTER TABLE [ database_name . [ schema_name ] . ] table_name
{
ALTER
{
```

```
[COLUMN  column_name type_name  [column_constraints] ] [,……n]
}
| ADD
{
[ column_name1 typename [column_constraints],[table_constraint] ] [, ……n]
}
| DROP
{
[COLUMN column_name1] [, ……n]
}
}
```

主要参数介绍如下：

- ALTER：修改字段属性。
- ADD：表示向表中添加新的字段列，后面可以跟多个字段的定义信息，多个字段之间使用逗号隔开。
- DROP：删除表中的字段，可以同时删除多个字段，多个字段之间使用逗号分隔开。

【例 4.6】在更改过名称的 company 数据库中，向 tb_emp1 数据表中添加名称为 birth 的字段列，数据类型为 date，要求非空，输入语句如下。

```
USE company
GO
ALTER TABLE tb_emp1
ADD  birth DATE NOT NULL
```

【例 4.7】删除 tb_emp1 表中的 birth 字段列，输入语句如下：

```
USE company
GO
ALTER TABLE tb_emp1
DROP COLUMN birth
```

4.2　数据操作语句

数据操作语句（Data Manipulation Language，DML）是使用户能够查询数据库及操作已有数据库中数据的语句，其中包括数据库插入语句、数据更改语句、数据删除语句和数据查询语句等。本节将介绍这些内容。

4.2.1 数据插入 INSERT 语句

向已创建好的数据表中插入记录,可以一次插入一条记录,也可以一次插入多条记录。插入表中的记录中的值必须符合各个字段值数据类型及相应的约束。INSERT 语句基本语法格式如下:

```
INSERT INTO table_name ( column_list )
VALUES (value_list);
```

主要参数介绍如下:

- table_name: 指定要插入数据的表名。
- column_list: 指定要插入数据的那些列。
- value_list: 指定每个列对应插入的数据。

 提示 使用该语句时字段列和数据值的数量必须相同, value_list 中的这些值可以是 DEFAULT、NULL 或者是表达式。DEFAULT 表示插入该列在定义时的默认值; NULL 表示插入空值; 表达式将插入表达式计算之后的结果。

在演示插入操作之前,将数据库的名称 company 重新修改为 test_db,语句如下:

```
ALTER DATABASE company
MODIFY NAME= test_db
```

准备一张数据表,这里定义名称为 teacher 的表,可以在 test_db 数据库中创建该数据表,创建表的语句如下:

```
CREATE  TABLE  teacher
(
id      INT  NOT NULL PRIMARY KEY,
name    VARCHAR(20)  NOT NULL ,
birthday  DATE ,
sex     VARCHAR(4) ,
cellphone VARCHAR(18)
);
```

执行操作后刷新表节点,即可看到新添加的 teacher 表,如图 4-2 所示。

【例 4.8】向 teacher 表中插入一条新记录,输入语句如下。

```
INSERT INTO teacher VALUES(1,'张三','1978-02-14',
'男', '0018611')  --插入一条记录
SELECT * FROM teacher
```

执行语句后,结果如图 4-3 所示。

插入操作成功,可以从 teacher 表中查询出一条记录。

图 4-2 添加 teacher 表

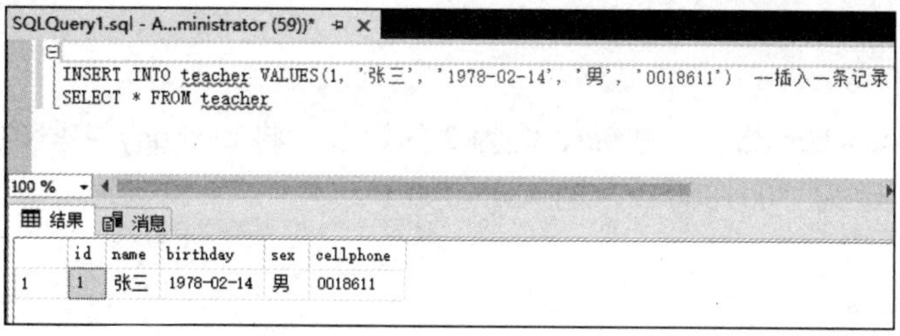

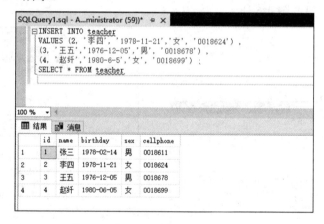

图 4-3　向 teacher 表中插入一条记录

【例 4.9】向 teacher 表中插入多条新记录，T-SQL 代码如下。

```
SELECT * FROM teacher
INSERT INTO teacher
VALUES (2, '李四', '1978-11-21','女', '0018624') ,
(3, '王五','1976-12-05','男', '0018678') ,
(4, '赵纤','1980-6-5','女', '0018699') ;
SELECT * FROM teacher
```

执行结果如图 4-4 所示。

图 4-4　向 teacher 表中插入多条记录

对比插入前后的查询结果，可以看到现在表中已经多了 3 条记录，插入操作成功。

4.2.2　数据修改 UPDATE 语句

表中有数据之后，接下来可以对数据进行更新操作。SQL Server 使用 UPDATE 语句更新表中的记录，可以更新特定的行或者同时更新所有的行。UPDATE 语句的基本语法结构如下：

```
UPDATE table_name
SET column_name1 = value1,column_name2=value2,……,column_nameN=valueN
WHERE search_condition
```

column_name1,column_name2,……,column_nameN　为指定更新的字段的名称；value1,value2,……,valueN 为相对应的指定字段的更新值；condition 指定更新的记录需要满足的条件。更新多个列时，每个"列=值"对之间用逗号隔开，最后一列之后不需要逗号。

1. 指定条件修改

【例 4.10】在 teacher 表中，更新 id 值为 2 的记录，将 birthday 字段值改为 '1980-8-8'，将 cellphone 字段值改为 '0018600'，输入语句如下。

```
SELECT * FROM teacher WHERE id =1;
UPDATE teacher
SET birthday = '1980-8-8',cellphone='0018600' WHERE id = 1;
SELECT * FROM teacher WHERE id =1;
```

执行前后的结果如图 4-5 所示。对比前后的查询结果，可以看到更新指定记录成功。

2. 修改表中所有记录

【例 4.11】在 teacher 表中，将所有老师的电话都修改为 '01008611'，输入语句如下。

```
SELECT * FROM teacher;
UPDATE teacher SET cellphone='01008611';
SELECT * FROM teacher;
```

代码执行后的结果如图 4-6 所示。

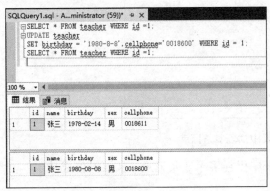
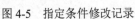
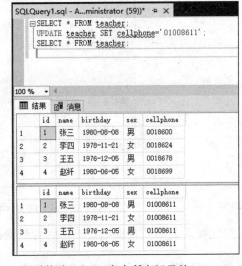

图 4-5　指定条件修改记录　　　　　图 4-6　同时修改 teacher 表中所有记录的 cellphone 字段

由结果可以看到，现在表中所有记录的 cellphone 字段都有相同的值，修改操作成功。

4.2.3　数据删除 DELETE 语句

数据的删除将删除表的部分或全部记录，删除时可以指定删除条件，从而删除一条或多条记录；如果不指定删除条件，DELETE 语句将删除表中所有的记录，清空数据表。DELETE 语句的基本语法格式如下：

```
DELETE FROM table_name
[WHERE condition]
```

主要参数介绍如下：

- table_name：执行删除操作的数据表。
- WHERE：子句指定删除的记录要满足的条件。
- condition：条件表达式。

1. 按指定条件删除一条或多条记录

【例 4.12】删除 teacher 表中 id 等于 1 的记录，输入语句如下。

```
DELETE FROM teacher WHERE id=1;
SELECT * FROM teacher WHERE id=1;
```

执行结果如图 4-7 所示。

由结果可以看到，代码执行之后，SELECT 语句的查询结果为空，删除记录成功。

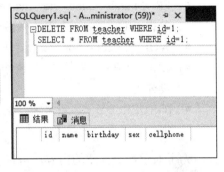

图 4-7　按指定条件删除一条记录

2. 删除表中所有记录

使用不带 WHERE 子句的 DELETE 语句，可以删除表中的所有记录。

【例 4.13】删除 teacher 表中所有记录，输入语句如下。

```
SELECT * FROM teacher;
DELETE FROM teacher;
SELECT * FROM teacher;
```

执行结果如图 4-8 所示。

对比删除前后的查询结果，可以看到，执行 DELETE 语句之后，表中的记录被全部删除，所以第二条 SELECT 语句的查询结果为空。

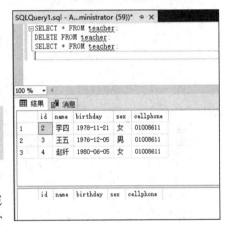

图 4-8　删除表中所有记录

4.2.4　数据查询 SELECT 语句

对于数据库管理系统来说，数据查询是执行频率最高的操作，是数据库中非常重要的部分。T-SQL 中使用 SELECT 语句进行数据查询，SELECT 语句的基本语法结构如下：

```
SELECT [ALL | DISTINCT] {* | <字段列表>}
FROM  table_name | view_name
[WHERE <condition>]
[GROUP BY <字段名>] [HAVING <expression> ]
[ORDER BY <字段名>] [ASC | DESC]
```

主要参数介绍如下：

- ALL：指定在结果集中可以包含重复行。

- DISTINCT: 指定在结果集中只能包含唯一行。对于 DISTINCT 关键字来说，NULL 值是相等的。
- {* | <字段列表>}: 包含星号通配符和选字段列表，"*"表示查询所有的字段，"字段列表"表示查询指定的字段，字段列至少包含一个字段名称，如果要查询多个字段，多个字段之间用逗号隔开，最后一个字段后不要加逗号。
- FROM table_name | view_name: 表示查询数据的来源。table_name 表示从数据表中查询数据，view_name 表示从视图中查询。对于表和视图，在查询时均可指定单个或者多个。
- WHERE <condition>: 指定查询结果需要满足的条件。
- GROUP BY <字段名>: 该子句告诉 SQL Server 显示查询出来的数据时按照指定的字段分组。
- [ORDER BY <字段名>]: 该子句告诉 SQL Server 按什么样的顺序显示查询出来的数据，可以进行的排序有升序（ASC）、降序（DESC）。

为了演示本节介绍的内容，可以在指定的数据库中建立下面的数据表，并插入记录数据。

```sql
CREATE TABLE stu_info
(
 s_id     INT PRIMARY KEY,
 s_name  VARCHAR(40),
 s_score  INT,
 s_sex   CHAR(2) ,
 s_age   VARCHAR(90)
);
INSERT INTO stu_info
VALUES(1,'许三',98,'男',18),
(2,'张靓',70, '女',19),
(3,'王宝',25, '男',18),
(4,'马华',10, '男',20),
(5,'李岩',65, '女',18),
(6,'刘杰',88, '男',19);
```

执行语句后，查看 stu_info 表的数据，结果如图 4-9 所示。

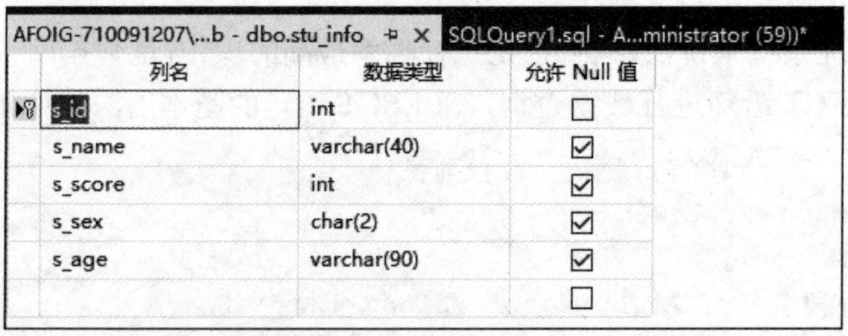

列名	数据类型	允许 Null 值
s_id	int	☐
s_name	varchar(40)	☑
s_score	int	☑
s_sex	char(2)	☑
s_age	varchar(90)	☑
		☐

图 4-9　创建 stu_info 表

【例 4.14】查询 stu_info 表中的所有学生信息，输入语句如下。

```sql
SELECT * FROM stu_info;
```

执行结果如图 4-10 所示。可以看到,使用星号(*)通配符时,将返回所有列,列按照定义表时的顺序显示。

有时候,并不需要数据表中的所有字段值,此时可以指定需要查询的字段名称,这样不但显示的结果更清晰,而且能提高查询的效率。

【例 4.15】查询 stu_info 数据表中学生的姓名和成绩,输入语句如下。

```
SELECT s_name, s_score FROM stu_info;
```

代码执行结果如图 4-11 所示。

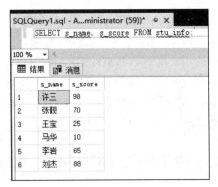

图 4-10 查询 stu_info 表中所有学生信息   图 4-11 查询 stu_info 数据表中学生的姓名和成绩字段

4.3 数据控制语句

数据控制语句(DCL)用来设置、更改用户或角色权限,包括 GRANT、DENY、REVOKE 等语句。GRANT 语句用来对用户授予权限,REVOKE 语句用于删除已授予的权限,DENY 语句用于防止主体通过 GRANT 获得特定权限。默认状态下,只有 sysadmin、dbcreater、db_owner、db_securityadmin 等成员有权执行数据控制语言。

4.3.1 授予权限 GRANT 语句

利用 SQL 的 GRANT 语句可向用户授予操作权限,当用该语句向用户授予操作权限时,若允许用户将获得的权限再授予其他用户,应在该语句中使用 WITH GRANT OPTION 短语。

授予语句权限的语法形式为:

```
GRANT {ALL | statement[,...n]} TO security_account [ ,...n ]
```

授予对象权限的语法形式为:

```
GRANT{ ALL [ PRIVILEGES ] | permission [ ,...n ] }{[ ( column [ ,...n ] ) ]ON
{ table | view }| ON { table | view } [ ( column [ ,...n ] ) ]| ON {stored_procedure
| extended_procedure }| ON { user_defined_function } }TO security_account [ ,...n ]
[ WITH GRANT OPTION ] [ AS { group | role} ]
```

【例 4.16】对名称为 guest 的用户进行授权，允许其对 fruit 数据表执行更新和删除的操作权限，在【查询编辑器】窗口中输入如下 T-SQL 语句：

```
USE mydb
GRANT UPDATE,DELETE ON fruit
TO guest WITH GRANT OPTION
```

单击【执行】按钮，即可完成用户授权操作，并在【消息】窗格中显示命令已成功完成的信息提示，如图 4-12 所示。

上述代码中，UPDATE 和 DELETE 为允许被授予的操作权限，fruit 为权限执行对象，guest 为被授予权限的用户名称，WITH GRANT OPTION 表示该用户还可以向其他用户授予其自身所拥有的权限。这里只是对 GRANT 语句有一个大概的了解，在后面章节中会详细介绍该语句的用法。

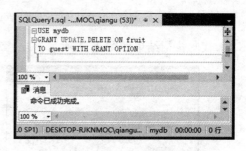

图 4-12　授予用户操作权限

4.3.2　收回权限 REVOKE 语句

REVOKE 语句是与 GRANT 语句相反的语句，能够将以前在当前数据库内的用户或者角色上授予或拒绝的权限删除，但是该语句并不影响用户或者角色从其他角色中作为成员继承过来的权限。

收回语句权限的语法形式为：

```
REVOKE { ALL | statement [ ,...n ] } FROM security_account [ ,...n ]
```

收回对象权限的语法形式为：

```
REVOKE { ALL [ PRIVILEGES ] | permission [ ,...n ] } { [ ( column [ ,...n ] ) ]
ON { table | view } | ON { table | view } [ (column [ ,...n ] ) ] | ON { stored_procedure
| extended_procedure } |ON { user_defined_function } } { TO | FROM } security_account
[ ,...n ] [ CASCADE ] [ AS { group | role } ]
```

【例 4.17】收回 guest 用户对 fruit 表的删除权限，在【查询编辑器】窗口中输入如下 T-SQL 语句。

```
USE mydb
REVOKE DELETE ON fruit FROM guest CASCADE;
```

单击【执行】按钮，即可完成用户删除授权的操作，并在【消息】窗格中显示命令已成功完成的信息提示，如图 4-13 所示。

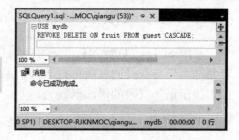

图 4-13　删除用户操作权限

4.3.3　禁止权限 DENY 语句

出于某些安全性的考虑，可能不太希望让一些人来查看特定的表，此时可以使用 DENY

语句来禁止对指定表的查询操作，DENY 可以被管理员用来禁止某个用户对一个对象的所有访问权限。

禁止语句权限的语法形式为：

```
DENY { ALL | statement [ ,...n ] } FROM security_account [ ,...n ]
```

禁止对象权限的语法形式为：

```
DENY { ALL [ PRIVILEGES ] | permission [ ,...n ] } { [( column [ ,...n ] ) ]
ON { table | view } | ON { table | view } [ (column [ ,...n ] ) ] | ON { stored_procedure
| extended_procedure } |ON { user_defined_function } } { TO | FROM } security_account
[ ,...n ][ CASCADE ] [ AS { group | role } ]
```

【例 4.18】禁止 guest 用户对 fruit 表的操作更新权限，在【查询编辑器】窗口中输入如下 T-SQL 语句：

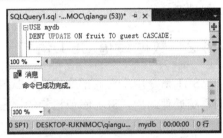

```
USE mydb
DENY UPDATE ON fruit TO guest CASCADE;
```

单击【执行】按钮，即可完成禁止用户更新授权的操作，并在【消息】窗格中显示命令已成功完成的信息提示，如图 4-14 所示。

图 4-14　禁止用户操作权限

4.4　其他基本语句

T-SQL 中除了这些重要的数据定义、数据操作和数据控制语句之外，还提供了一些其他的基本语句，以此来丰富 T-SQL 语句的功能。本节将介绍数据声明、数据赋值和数据输出语句。

4.4.1　数据声明 DECLARE 语句

数据声明语句可以声明局部变量、游标变量、函数和存储过程等，除非在声明中提供值，否则声明之后所有变量将初始化为 NULL。可以使用 SET 或 SELECT 语句对声明的变量赋值。DECLARE 语句声明变量的基本语法格式如下：

```
DECLARE
{{ @local_variable [AS] data_type } | [ = value ] }[,...n]
```

- @ local_variable：变量的名称。变量名必须以 at 符号（@）开头。
- data_type：系统提供数据类型或是用户定义的表类型或别名数据类型。变量的数据类型不能是 text、ntext 或 image。AS 指定变量的数据类型，为可选关键字。
- = value：声明的同时为变量赋值。值可以是常量或表达式，但它必须与变量声明类型匹配，或者可隐式转换为该类型。

【例 4.19】声明两个局部变量，名称为 username 和 pwd，并为这两个变量赋值，输入语句如下。

```
DECLARE @username VARCHAR(20)
DECLARE @pwd VARCHAR(20)
SET    @username = 'newadmin'
SELECT @pwd = 'newpwd'
SELECT '用户名：'+@username +'  密码：'+@pwd
```

这里定义了两个变量，其中保存了用户名和验证密码。

代码中第一个 SELECT 语句用来对定义的局部变量@pwd 赋值，第二个 SELECT 语句显示局部变量的值。

4.4.2 数据赋值 SET 语句

SET 命令用于对局部变量进行赋值，也可以用于用户执行 SQL 命令时设定 SQL Server 中的系统处理选项，SET 赋值语句的语法格式如下：

```
SET {@local_variable = value | expression}
SET 选项 {ON | OFF}
```

第一条 SET 语句表示对局部变量赋值，value 是一个具体的值，expression 是一个表达式；第二条语句表示对执行 SQL 命令时的选项赋值，ON 表示打开选项功能，OFF 表示关闭选项功能。

SET 语句可以同时对一个或多个局部变量赋值。

SELECT 语句也可以为变量赋值，其语法格式与 SET 语句格式相似。

```
SELECT {@local_variable = value | expression}
```

提示

在 SELECT 赋值语句中，当 expression 为字段名时，SELECT 语句可以使用其查询功能返回多个值，但是变量保存的是最后一个值；如果 SELECT 语句没有返回值，则变量值不变。

【例 4.20】查询 stu_info 表中的学生成绩，并将其保存到局部变量 stuScore 中，输入语句如下。

```
DECLARE @stuScore INT
SELECT  s_score FROM stu_info
SELECT  @stuScore = s_score FROM stu_info
SELECT  @stuScore AS Lastscore
```

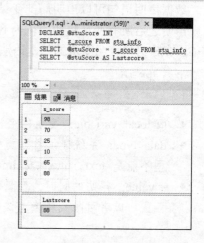

代码执行结果如图 4-15 所示。

由图 4-15 可以看到，SELECT 语句查询的结果中最后一条记录的 s_score 字段值为 88，给 stuScore 赋值之后，其显示值为 88。

图 4-15 使用 SELECT 语句为变量赋值

4.4.3 数据输出 PRINT 语句

PRINT 语句可以向客户端返回用户定义信息，可以显示局部或全局变量的字符串值。其语法格式如下。

```
PRINT msg_str | @local_variable | string_expr
```

- msg_str: 一个字符串或 Unicode 字符串常量。
- @local_variable: 任何有效的字符数据类型的变量。它的数据类型必须为 char 或 varchar，或者必须能够隐式转换为这些数据类型。
- string_expr: 字符串的表达式，可包括串联的文字值、函数和变量。

【例 4.21】定义字符串变量 name 和整数变量 age，使用 PRINT 输出变量和字符串表达式值，输入语句如下。

```
DECLARE @name VARCHAR(10)='小明'
DECLARE @age INT = 21
PRINT '姓名    年龄'
PRINT @name+'        '+CONVERT(VARCHAR(20),
@age)
```

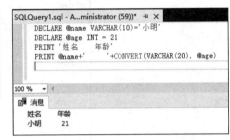

图 4-16 使用 PRINT 输出变量结果

代码执行结果如图 4-16 所示。

代码中第 3 行输出字符串常量值，第 4 行 PRINT 的输出参数为一个字符串串联表达式。

4.5 流程控制语句

通过 T-SQL 中的流程控制语句，可以根据业务的需要改变代码的执行顺序，T-SQL 中可以用来编写流程控制模块的语句有 BEGIN…END 语句、IF…ELSE 语句、CASE 语句、WHILE 语句、GOTO 语句、BREAKE 语句、WAITFOR 语句和 RETURN 语句。

4.5.1 BEGIN…END 语句

语句块是多条 T-SQL 语句组成的代码段，从而可以执行一组 T-SQL 语句。BEGIN 和 END 是控制流语言的关键字。BEGIN…END 语句块通常包含在其他控制流程中，用来完成不同流程中有差异的代码功能。例如，对于 IF…ELSE 语句或执行重复语句的 WHILE 语句，如果不是有语句块，这些语句中只能包含一条语句，但是实际的情况可能需要复杂的处理过程。BEGIN…END 语句块允许嵌套。

【例 4.22】定义局部变量@count，如果@count 值小于 10，执行 WHILE 循环操作中的语句块，输入语句如下。

```
DECLARE @count INT;
SELECT @count=0;
WHILE @count < 10
BEGIN
    PRINT 'count = ' + CONVERT(VARCHAR(8), @count)
    SELECT @count= @count +1
END
PRINT 'loop over count = ' + CONVERT(VARCHAR(8), @count);
```

代码执行结果如图 4-17 所示。

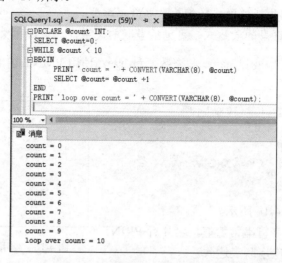

图 4-17　BEGIN...END 语句块

该段代码执行了一个循环过程，当局部变量@count 值小于 10 的时候，执行 WHILE 循环内的 PRINT 语句打印输出当前@count 变量的值，对@count 执行加 1 操作之后回到 WHILE 语句的开始重复执行 BEGIN...END 语句块中的内容。直到@count 的值大于等于 10，此时 WHILE 后面的表达式不成立，将不再执行循环。最后打印输出当前的@count 值，结果为 10。

4.5.2　IF...ELSE 语句

IF...ELSE 语句用于在执行一组代码之前进行条件判断，根据判断的结果执行不同的代码。IF...ELSE 语句对布尔表达式进行判断，如果布尔表达式返回 TRUE，就执行 IF 关键字后面的语句块；如果布尔表达式返回 FALSE，就执行 ELSE 关键字后面的语句块。语法格式如下。

```
IF Boolean_expression
{ sql_statement | statement_block }
[ ELSE
{ sql_statement | statement_block } ]
```

Boolean_expression 是一个表达式，表达式计算的结果为逻辑真值（TRUE）或假值（FALSE）。当条件成立时，执行某段程序；条件不成立时，执行另一段程序。IF...ELSE 语句可以嵌套使用。

【例 4.23】IF...ELSE 流程控制语句的使用，输入语句如下。

```
DECLARE @age INT;
SELECT @age=40
IF  @age <30
    PRINT 'This is a young man!'
ELSE
    PRINT 'This is an old man!'
```

代码执行结果如图 4-18 所示。

由结果可以看到，变量@age 值为 40，大于 30，因此表达式@age<30 不成立，返回结果为逻辑假值（FALSE），所以执行第 6 行的 PRINT 语句，输出结果为字符串"This is an old man!"。

图 4-18　IF...ELSE 流程控制语句

4.5.3　CASE 语句

CASE 是多条件分支语句，相比 IF...ELSE 语句，CASE 语句进行分支流程控制可以使代码更加清晰，易于理解。CASE 语句也根据表达式逻辑值的真假来决定执行的代码流程，CASE 语句有两种格式。

1. 格式 1

```
CASE input_expression
    WHEN when_expression1 THEN result_expression1
    WHEN when_expression2 THEN result_expression2
    [ ...n ]
    [   ELSE else_result_expression   ]
END
```

在第一种格式中，CASE 语句在执行时，将 CASE 后的表达式的值与各 WHEN 子句的表达式值比较，如果相等，就执行 THEN 后面的表达式或语句，然后跳出 CASE 语句；否则，返回 ELSE 后面的表达式。

【例 4.24】使用 CASE 语句根据学生姓名判断各个学生在班级的职位，输入语句如下。

```
USE test_db
SELECT s_id,s_name,
CASE s_name
    WHEN '马华' THEN '班长'
    WHEN '许三' THEN '学习委员'
    WHEN '刘杰' THEN '体育委员'
    ELSE '无'
END
AS '职位'
FROM stu_info
```

代码执行结果如图 4-19 所示。

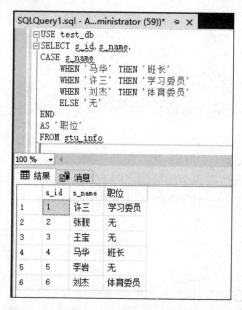

图 4-19　使用 CASE 语句对学生职位进行判断

2. 格式 2

```
CASE
    WHEN Boolean_expression1 THEN result_expression1
    WHEN Boolean_expression2 THEN result_expression2
    [ ...n ]
    [   ELSE else_result_expression      ]
END
```

在第二种格式中，CASE 关键字后面没有表达式，多个 WHEN 子句中的表达式依次执行，如果表达式结果为真，就执行相应 THEN 关键字后面的表达式或语句，执行完毕之后跳出 CASE 语句。如果所有 WHEN 语句都为 FALSE，则执行 ELSE 子句中的语句。

【例 4.25】使用 CASE 语句对考试成绩进行评定，输入语句如下。

```
SELECT s_id,s_name,s_score,
CASE
    WHEN s_score > 90 THEN '优秀'
    WHEN s_score > 80 THEN '良好'
    WHEN s_score > 70 THEN '一般'
    WHEN s_score > 60 THEN '及格'
    ELSE '不及格'
END
AS '评价'
FROM stu_info
```

代码执行结果如图 4-20 所示。

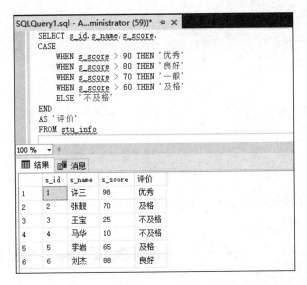

图 4-20 使用 CASE 语句对考试成绩进行评价

4.5.4 WHILE 语句

WHILE 语句根据条件重复执行一条或多条 T-SQL 代码，只要条件表达式为真，就循环执行语句。在 WHILE 语句中，可以通过 CONTINUE 或者 BREAK 语句跳出循环。WHILE 语句的基本语法格式如下。

```
WHILE Boolean_expression
{ sql_statement | statement_block }
[ BREAK | CONTINUE ]
```

主要参数介绍如下：

- Boolean_expression: 返回 TRUE 或 FALSE 的表达式。如果布尔表达式中含有 SELECT 语句，就必须用括号将 SELECT 语句括起来。
- {sql_statement | statement_block}: Transact-SQL 语句或用语句块定义的语句分组。若要定义语句块，则需要使用控制流关键字 BEGIN 和 END。
- BREAK: 导致从最内层的 WHILE 循环中退出，将执行出现在 END 关键字（循环结束的标记）后面的任何语句。
- CONTINUE: 使 WHILE 循环重新开始执行,忽略 CONTINUE 关键字后面的任何语句。

【例 4.26】WHILE 循环语句的使用，输入语句如下。

```
DECLARE @num INT;
SELECT @num=10;
WHILE @num > -1
BEGIN
    If @num > 5
      BEGIN
        PRINT '@num 等于' +CONVERT(VARCHAR(4), @num)+ '大于 5 循环继续执行';
```

```
            SELECT @num = @num - 1;
            CONTINUE;
        END
    else
        BEGIN
            PRINT '@num 等于'+ CONVERT(VARCHAR(4), @num);
            BREAK;
        END
END

PRINT '循环终止之后@num 等于' + CONVERT(VARCHAR(4), @num);
```

该段代码执行过程如图 4-21 所示。

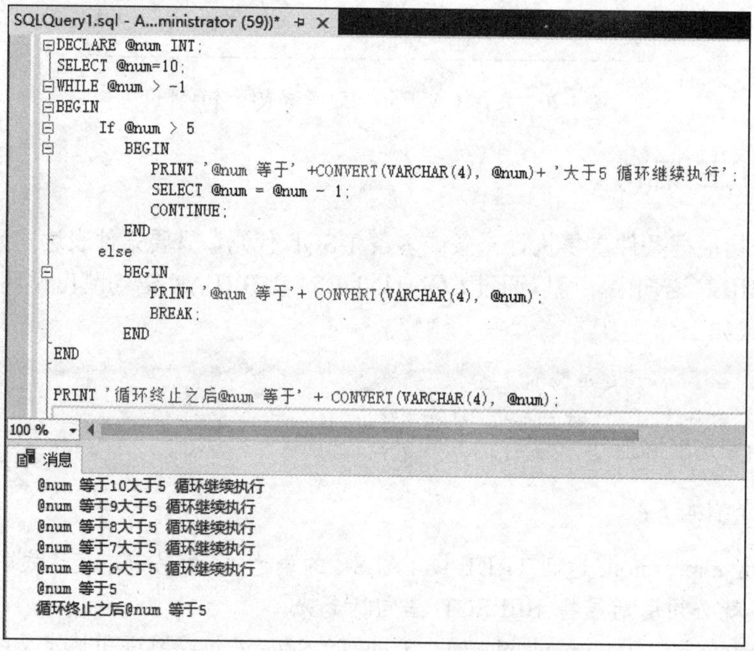

图 4-21   WHILE 循环语句中的语句块嵌套

4.5.5　GOTO 语句

GOTO 语句表示将执行流更改到标签处。跳过 GOTO 后面的 Transact-SQL 语句，并从标签位置继续处理。GOTO 语句和标签可在过程、批处理或语句块中的任何位置使用。GOTO语句的语法格式如下。

定义标签名称，使用 GOTO 语句跳转时要指定跳转标签名称。

```
label :
```

使用 GOTO 语句跳转到标签处。

```
GOTO label
```

76

【例 4.27】GOTO 语句的使用，输入语句如下。

```
USE test_db;
BEGIN
SELECT s_name FROM stu_info;
GOTO jump
SELECT s_score FROM stu_info;
jump:
PRINT '第二条 SELECT 语句没有执行';
END
```

代码执行结果如图 4-22 所示。

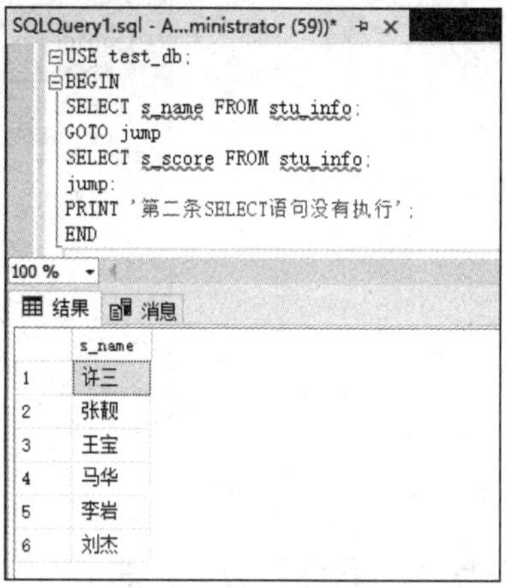

图 4-22　GOTO 语句

4.5.6　WAITFOR 语句

WAITFOR 语句用来暂时停止程序的执行，直到所设定的等待时间已过或所设定的时刻快到才继续往下执行。延迟时间和时刻的格式为"HH:MM:SS"。在 WAITFOR 语句中不能指定日期，并且时间长度不能超过 24 小时。WAITFOR 语句的语法格式如下。

```
WAITFOR
{
    DELAY 'time_to_pass'
 | TIME 'time_to_execute'
 | [ ( receive_statement ) | ( get_conversation_group_statement ) ]
    [ , TIMEOUT timeout ]
}
```

主要参数介绍如下：

- DELAY：指定可以继续执行批处理、存储过程或事务之前必须经过的指定时段，最长可为 24 小时。
- TIME：指定运行批处理、存储过程或事务的时间点。只能使用 24 小时制的时间值，最大延迟为一天。

【例 4.28】10s 的延迟后执行 SET 语句，输入语句如下。

```
DECLARE @name VARCHAR(50);
SET @name='admin';
BEGIN
WAITFOR DELAY '00:00:10';
PRINT @name;
END;
```

代码执行结果如图 4-23 所示。

该段代码为@name 赋值后，并不能立刻显示该变量的值，延迟 10 秒钟后将看到输出结果。

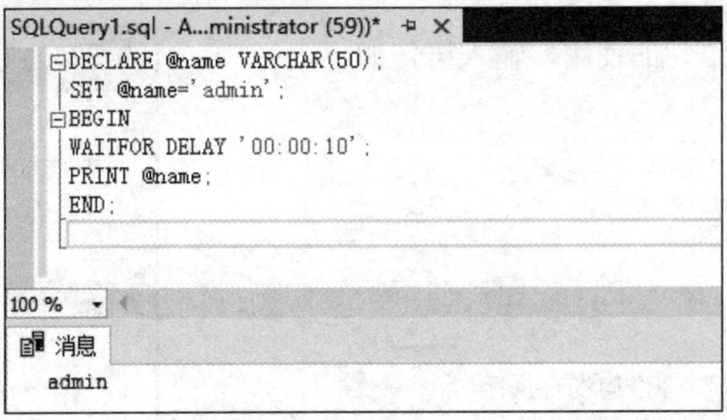

```
SQLQuery1.sql - A...ministrator (59))*  ╪ ×
  DECLARE @name VARCHAR(50);
   SET @name='admin';
  BEGIN
   WAITFOR DELAY '00:00:10';
   PRINT @name;
   END;

100 %  ▾  ◂
 消息
   admin
```

图 4-23　WAITFOR 语句

4.5.7　RETURN 语句

RETURN 表示从查询或过程中无条件退出。RETURN 的执行是即时且完全的，可在任何时候用于从过程、批处理或语句块中退出。RETURN 之后的语句是不执行的。语法格式如下：

```
RETURN [ integer_expression ]
```

integer_expression 为返回的整数值。存储过程可向执行调用的过程或应用程序返回一个整数值。

除非另有说明，所有系统存储过程均返回 0 值。此值表示成功，而非零值则表示失败。RETURN 语句不能返回空值。

4.6　批处理语句

批处理是从应用程序发送到 SQL Server 并得以执行的一条或多条 T-SQL 语句。使用批处理时，有下面一些注意事项。

- 一个批处理中只要存在一处语法错误，整个批处理都无法通过编译。
- 批处理中可以包含多个存储过程，但除第一个过程外，其他存储过程前面都必须使用 EXECUTE 关键字。
- 某些特殊的 SQL 指令不能和别的 SQL 语句共存在一个批处理中，如 CREATE TABLE 和 CREATE VIEW 语句。这些语句只能独自存在于一个单独的存储过程中。
- 所有的批处理使用 GO 作为结束的标志，当编译器读到 GO 的时候就把 GO 前面的所有语句当成一个批处理，然后打包成一个数据包发给服务器。
- GO 本身不是 T-SQL 的组成部分，只是一个用于表示批处理结束的前端指令。
- 不能在删除一个对象之后，在同一批处理。

- CREATE DEFAULT、CREATE FUNCTION、CREATE PROCEDURE、CREATE RULE、CREATE SCHEMA、CREATE TRIGGER 和 CREATE VIEW 语句不能在批处理中与其他语句组合使用。批处理必须以 CREATE 语句开头，所有跟在该批处理后的其他语句将被解释为第一个 CREATE 语句定义的一部分。
- 如果 EXECUTE 语句是批处理中的第一句，则不需要 EXECUTE 关键字。如果 EXECUTE 语句不是批处理中的第一条语句，则需要 EXECUTE 关键字。
- 不能在定义一个 CHECK 约束之后，在同一个批处理中使用。
- 不能在修改表的一个字段之后，立即在同一个批处理中引用这个字段。
- 使用 SET 语句设置的某些选项值不能应用于同一个批处理中的查询。

在编写批处理程序时，最好能够以分号结束相关的语句。数据库虽然不强制要求，但是笔者还是强烈建议如此处理。一方面是有利于提高批处理程序的可读性。批处理程序往往用来完成一些比较复杂的成套的功能，而每条语句则完成一项独立的功能。此时为了提高其可读性，最好能够利用分号来进行语句与语句之间的分隔。另一方面是与未来版本的兼容性。SQL Server 数据库在设计的时候，一开始这方面就把关不严。现在大部分的标准程序编辑器都实现了类似的强制控制。根据现在微软官方提供的资料来看，在以后的 SQL Server 数据库版本中，这个规则可能会成为一个强制执行的规则，即必须在每条语句后面利用分号来进行分隔。为了能够跟后续的 SQL Server 数据库版本进行兼容，最好从现在开始就采用分号来分隔批处理程序中的每条语句。

SQL Server 提供了语句级重新编译功能。也就是说，如果一条语句触发了重新编译，则只重新编译该语句而不是整个批处理。此行为与 SQL Server 2000 不同。考虑下面的例子，其中在同一批处理中包含 1 条 CREATE TABLE 语句和 3 条 INSERT 语句。

```
CREATE TABLE dbo.t3(a int) ;
INSERT INTO dbo.t3 VALUES (1) ;
INSERT INTO dbo.t3 VALUES (1,1) ;
INSERT INTO dbo.t3 VALUES (3) ;
GO
SELECT * FROM dbo.t3 ;
```

在 SQL Server 中，首先对批处理进行编译。对 CREATE TABLE 语句进行编译，但由于表 dbo.t3 尚不存在，因此未编译 INSERT 语句。然后，批处理开始执行。表已创建。编译第一条 INSERT 语句，然后立即执行。表现在有一行。然后，编译第二条 INSERT 语句。编译失败，批处理终止。SELECT 语句返回一行。

在 SQL Server 2017 中，批处理开始执行，同时创建了表。逐一编译 3 条 INSERT 语句，但不执行。因为第二条 INSERT 语句导致一个编译错误，所以整个批处理都将终止。SELECT 语句未返回任何行。

4.7 疑难解惑

1. 如何在 SQL Server 中学习 SQL 语句?

SQL 语句是 SQL Server 的核心,是进行 SQL Server 2017 数据库编程的基础。SQL 是一种面向集合的说明式语言,与常见的过程式编程语言在思维上有明显不同。所以开始学习 SQL 时,最好先对各种数据库对象和 SQL 的查询有个基本理解,再开始写 SQL 代码。

2. 如何选择不包含姓"刘"的学生?

可以使用 NOT LIKE 语句实现上述效果,语句如下。

```
SELECT * FROM 表名
WHERE 字段名 NOT LIKE '%刘%'
```

4.8 经典习题

1. Transact-SQL 语句包含哪些具体内容?
2. 使用 T-SQL 语句创建名称为 zooDB 的数据库,指定数据库参数如下:

- 逻辑文件名称: zooDB_data。
- 主文件大小: 5MB。
- 最大增长空间: 15MB。
- 文件增长大小为: 5%。

3. 使用 T-SQL 语句删除数据库 zooDB。
4. 声明整数变量@var,使用 CASE 流程控制语句判断@var 值等于 1、等于 2,或者两者都不等。当@var 值为 1 时,输出字符串"var is 1";当@var 值为 2 时,输出字符串"var is 2",否则输出字符串"var is not 1 or 2"。

第 5 章
数据库的创建与管理

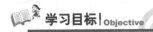 学习目标|Objective

　　数据的操作只有在创建了数据库和数据表之后才能进行，本章就来介绍数据库的基本操作，主要内容包括认识数据库的组成、什么是系统数据库、创建数据库的方法以及如何管理数据库。

内容导航|Navigation

- 了解数据库的组成元素
- 熟悉 SQL Server 2017 的系统数据库
- 掌握创建数据库的各种方法
- 掌握管理数据库的基本方法

5.1　数据库组成

　　对于数据库的概念，没有一个完全固定的定义，随着数据库历史的发展，定义的内容也有很大的差异，其中一种比较普遍的观点认为，数据库（DataBase，DB）是一个长期存储在计算机内的、有组织的、有共享的、统一管理的数据集合。它是一个按数据结构来存储和管理数据的计算机软件系统。即数据库包含两层含义：（1）保管数据的"仓库"；（2）数据管理的方法和技术。

　　随着计算机网络的普及与发展，SQL Server 等远程数据库也得到了普遍的应用。数据库的存储结构分为逻辑存储结构和物理存储结构。

- 逻辑存储结构：说明数据库是由哪些性质的信息所组成的。SQL Server 的数据库不仅仅只是数据的存储，所有与数据处理操作相关的信息都存储在数据库中。

- 物理存储结构：讨论数据库文件在磁盘中是如何存储的。数据库在磁盘上是以文件为单位存储的，由数据库文件和事务日志文件组成，一个数据库至少应该包含一个数据库文件和一个事务日志文件。

SQL Server 数据库管理系统中的数据库文件是由数据文件和日志文件组成的，数据文件以盘区为单位存储在存储器中。

5.1.1　数据文件

数据库文件是指数据库中用来存放数据库数据和数据库对象的文件，一个数据库可以有一个或多个数据库文件，一个数据库文件只能属于一个数据库。当有多个数据库文件时，有一个文件被定为主数据库文件，用来存储数据库的启动信息和部分或者全部数据。一个数据库只能有一个主数据库文件。数据文件则划分为不同的页面和区域，页是 SQL Server 存储数据的基本单位。

主数据文件是数据库的起点，指向数据库文件的其他部分，扩展名为.mdf。每个数据库都有一个主数据文件。

次数据文件包含除主数据库文件外的所有数据文件，扩展名为.ndf。一个数据库可以没有次数据文件，也可以有多个次数据文件。

5.1.2　日志文件

SQL Server 的日志文件是由一系列日志记录组成的。日志文件中记录了存储数据库的更新情况等事务日志信息，用户对数据库进行的插入、删除和更新等操作也都会记录在日志文件中。当数据库发生损坏时，可以根据日志文件来分析出错的原因，或者数据丢失时，还可以使用事务日志恢复数据库。每一个数据库至少必须拥有一个事务日志文件，而且允许拥有多个日志文件。

SQL Server 2017 不强制使用.mdf、.ndf 或者.ldf 作为文件的扩展名，但建议使用这些扩展名帮助标识文件的用途。SQL Server 2017 中某个数据库中的所有文件的位置都记录在 master 数据库和该数据库的主数据文件中。

5.2　系统数据库

SQL Server 服务器安装完成之后，打开 SSMS 工具，在【对象资源管理器】中的【数据库】节点下面的【系统数据库】节点可以看到几个已经存在的数据库，这些数据库在 SQL Server 安装到系统中之后就创建好了。

5.2.1　master 数据库

master 是 SQL Server 2017 中最重要的数据库，是整个数据库服务器的核心。用户不能直接修改该数据库，如果损坏了 master 数据库，那么整个 SQL Server 服务器将不能工作。

master 数据库中包含下面一些内容：所有用户的登录信息、用户所在的组、所有系统的配置选项、服务器中本地数据库的名称和信息、SQL Server 的初始化方式等。作为一个数据库管理员，应该定期备份 master 数据库。

5.2.2　model 数据库

model 数据库是 SQL Server 2017 中创建数据库的模板，如果用户希望创建的数据库有相同的初始化文件大小，则可以在 model 数据库中保存文件大小的信息；希望所有的数据库中都有一个相同的数据表，同样也可以将该数据表保存在 model 数据库中。因为将来创建的数据库以 model 数据库中的数据为模板，因此在修改 model 数据库之前要考虑到，任何对 model 数据库中数据的修改都将影响所有使用模板创建的数据库。

5.2.3　msdb 数据库

msdb 提供运行 SQL Server Agent 工作的信息，SQL Server Agent 是 SQL Server 中的一个 Windows 服务，该服务用来运行制定的计划任务。计划任务是在 SQL Server 中定义的一个程序，该程序不需要干预即可自动开始执行。

与 tempdb 和 model 数据库一样，各位读者在使用 SQL Server 时也不要直接修改 msdb 数据库，SQL Server 中的其他一些程序会自动使用该数据库。例如，当用户对数据进行存储或者备份的时候，msdb 数据库会记录与执行这些任务相关的一些信息。

5.2.4　tempdb 数据库

tempdb 是 SQL Server 中的一个临时数据库，用于存放临时对象或中间结果，SQL Server 关闭后，该数据库中的内容被清空，每次重新启动服务器之后，tempdb 数据库将被重建。

5.3　创建数据库

数据库的创建过程实际上就是数据库的逻辑设计到物理实现过程。在 SQL Server 中创建数据库有两种方法：在 SQL Server 管理器（SSMS）中使用对象资源管理器创建和使用 T-SQL 代码创建。这两种方法在创建数据库的时候有各自的优缺点，可以根据自己的喜好，灵活选择使用不同的方法，对于不熟悉 T-SQL 语句命令的用户来说，可以使用 SQL Server 管理器提供的生成向导来创建。

5.3.1 使用 SSMS 创建数据库

在使用对象资源管理器创建之前，首先要启动 SSMS，然后使用账户登录到数据库服务器。SQL Server 安装成功之后，默认情况下数据库服务器会随着系统自动启动；如果没有启动，则用户在连接时服务器也会自动启动。

数据库连接成功之后，在左侧的【对象资源管理器】窗口中打开【数据库】节点，可以看到服务器中的【系统数据库】节点，如图 5-1 所示。

在创建数据库时，用户要提供与数据库有关的信息，如数据库名称、数据存储方式、数据库大小、数据库的存储路径和包含数据库存储信息的文件名称等。

使用对象资源管理器创建数据库的具体操作步骤如下：

步骤01 右击【数据库】节点文件夹，在弹出的快捷菜单中选择【新建数据库】菜单命令，如图 5-2 所示。

图 5-1 【数据库】节点

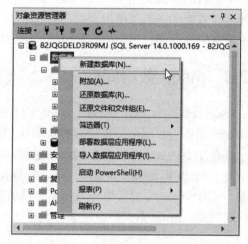

图 5-2 【新建数据库】菜单命令

步骤02 打开【新建数据库】窗口，在该窗口中左侧的【选择页】中有 3 个选项，默认选择的是【常规】选项，右侧列出了【常规】选项卡中数据库的创建参数，输入数据库的名称和初始大小等参数，如图 5-3 所示。

- 数据库名称：mytest 为输入的数据库名称。
- 所有者：这里可以指定任何一个拥有创建数据库权限的账户。此处为默认账户（default），即当前登录到 SQL Server 的账户。用户也可以修改此处的值，如果使用 Windows 系统身份验证登录，这里的值将会是系统用户 ID；如果使用 SQL Server 身份验证登录，这里的值将会是连接到服务器的 ID。
- 使用全文索引：如果想让数据库具有搜索特定内容的字段，需要选择此选项。
- 逻辑名称：引用文件时使用的文件名称。
- 文件类型：表示该文件存放的内容，行数据表示这是一个数据库文件，其中存储了数据库中的数据；日志文件中记录的是用户对数据进行的操作。

图 5-3 【新建数据库】窗口

- 文件组：为数据库中的文件指定文件组，可以指定的值有 PRIMARY 和 SECOND，数据库中必须有一个主文件组（PRIMARY）。
- 初始大小：该列下的两个值分别表示数据库文件和日志文件的初始大小。
- 自动增长/最大大小：当数据库文件超过初始大小时，可以设置文件大小增加的速度和日志文件每次增加的大小；默认情况下，在增长时不限制文件的增长极限，即不限制文件增长，这样可以不必担心数据库的维护，但在数据库出现问题时磁盘空间可能会被完全占满。因此在应用时，要根据需要设置一个合理的文件增长的最大值。
- 路径：数据库文件和日志文件的保存位置，默认的路径值为 G:\Program Files\Microsoft SQL Server\MSSQL12.MSSQLSERVER\MSSQL\DATA。如果要修改路径，单击路径右边带省略号的按钮，打开一个【定位文件夹】的对话框，读者选择想要保存数据的路径之后，单击【确认】按钮返回。
- 文件名：将滚动条向右拉到最后，该值用来存储数据库中数据的物理文件名称，默认情况下，SQL Server 使用数据库名称加上_Data 后缀来创建物理文件名，例如这里是 test_Data。
- 添加：添加多个数据文件或者日志文件，在单击【添加】按钮之后，将新增一行，在新增行的【文件类型】列的下拉列表中可以选择文件类型，分别是【行数据】或者【日志】。
- 删除：删除指定的数据文件和日志文件。用鼠标选定想要删除的行，然后单击【删除】按钮，注意主数据文件不能被删除。

提 示

文件类型为【日志】的行与【行数据】的行所包含的信息基本相同，对于日志文件，【文件名】列的值是通过在数据库名称后面加_log 后缀而得到的，并且不能修改【文件组】列的值。

数据库名称中不能包含以下 Windows 不允许使用的非法字符：""" "'" "*" "/" "?" ":" "\" "<" ">" "-"。

步骤 03 在【选择页】列表中选择【选项】选项，【选项】选项卡可以设置的内容如图5-4所示。

图5-4 【选项】选项卡

（1）恢复模式

- 完整：允许发生错误时恢复数据库，在发生错误时，可以即时使用事务日志恢复数据库。
- 大容量日志：当执行操作的数据量比较大时，只记录该操作事件，并不记录插入的细节。例如，向数据库插入上万条记录数据，此时只记录了该插入操作，而对于每一行插入的内容并不记录。这种方式可以在执行某些操作时提高系统性能，但是当服务器出现问题时，只能恢复到最后一次备份的日志中的内容。
- 简单：每次备份数据库时清除事务日志，该选项表示根据最后一次对数据库的备份进行恢复。

（2）兼容性级别

兼容性级别：是否允许建立一个兼容早期版本的数据库，如要兼容早期版本的 SQL Server，则新版本中的一些功能将不能使用。

下面的【其他选项】中还有许多其他可设置参数，这里直接使用默认值即可。在 SQL Server 的学习过程中，读者会逐步理解这些值的作用。

步骤 04 在【文件组】选项卡中，可以设置或添加数据库文件和文件组的属性，例如是否为只读、是否有默认值，如图5-5所示。

步骤 05 设置完上面的参数，单击【确定】按钮，开始创建数据库的工作。SQL Server 2017 在执行创建过程中将对数据库进行检验，如果存在一个相同名称的数据库，则创建操作失败，并提示错误信息。创建成功之后，回到 SSMS 窗口中，在【对象资源管理器】看到新建立的名称为 mytest 的数据库，如图5-6所示。

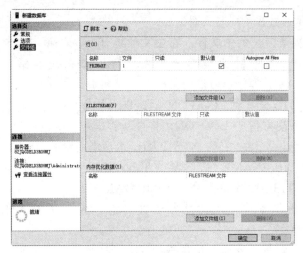

图 5-5　【文件组】选项卡

图 5-6　创建的数据库

5.3.2　使用 T-SQL 语句创建数据库

企业管理器（SSMS）是一个非常实用、方便的图形化（GUI）管理工具，实际上前面进行的创建数据库的操作，SSMS 执行的就是 T-SQL 语言脚本，根据设定的各个选项的值在脚本中执行创建操作的过程。接下来的内容，将向读者介绍实现创建数据库对象的 T-SQL 语句。在 SQL Server 中创建一个新数据库，以及存储该数据库文件的基本 Transact-SQL 语法格式如下：

```
CREATE DATABASE database_name
[ ON
       [ PRIMARY ] [<filespec> [ ,...n ]]
]
[ LOG ON
[<filespec> [ ,...n ]]
];


<filespec>::=
(
   NAME = logical_file_name
   [ , NEWNAME = new_logical_name ]
   [ , FILENAME = {'os_file_name' | 'filestream_path' } ]
   [ , SIZE = size [ KB | MB | GB | TB ] ]
   [ , MAXSIZE = { max_size [ KB | MB | GB | TB ] | UNLIMITED } ]
   [ , FILEGROWTH = growth_increment [ KB | MB | GB | TB| % ] ]
);
```

上述语句分析如下：

- database_name：数据库名称，不能与 SQL Server 中现有的数据库实例名称相冲突，最多可以包含 128 个字符。

- **ON**：指定显示定义用来存储数据库中数据的磁盘文件。
- **PRIMARY**：指定关联的<filespec>列表定义的主文件，在主文件组<filespec>项中指定的第一个文件将生成主文件，一个数据库只能有一个主文件。如果没有指定 PRIMARY，那么 CREATE DATABASE 语句中列出的第一个文件将成为主文件。
- **LOG ON**：指定用来存储数据库日志的日志文件。LOG ON 后跟以逗号分隔的用以定义日志文件的 <filespec> 项列表。如果没有指定 LOG ON，将自动创建一个日志文件，其大小为该数据库的所有数据文件大小总和的 25% 或 512 KB，取两者之中的较大者。
- **NAME**：指定文件的逻辑名称。指定 FILENAME 时，需要使用 NAME，除非指定 FOR ATTACH 子句之一。无法将 FILESTREAM 文件组命名为 PRIMARY。
- **FILENAME**：指定创建文件时由操作系统使用的路径和文件名，执行 CREATE DATABASE 语句前，指定路径必须存在。
- **SIZE**：指定数据库文件的初始大小，如果没有为主文件提供 size，数据库引擎将使用 model 数据库中主文件的大小。
- **MAXSIZE max_size**：指定文件可增大到的最大大小。可以使用 KB、MB、GB 和 TB 做后缀，默认值为 MB。max_size 是整数值。如果不指定 max_size，则文件将不断增长，直至磁盘被占满。UNLIMITED 表示文件一直增长到磁盘装满。
- **FILEGROWTH**：指定文件的自动增量。文件的 FILEGROWTH 设置不能超过 MAXSIZE 设置。该值可以 MB、KB、GB、TB 或百分比（%）为单位指定，默认值为 MB。如果指定 %，则增量大小为发生增长时文件大小的指定百分比。值为 0 时表明自动增长被设置为关闭，不允许增加空间。

【例 5.1】创建一个数据库 sample_db，该数据库的主数据文件逻辑名为 sample_db，物理文件名称为 sample.mdf，初始大小为 5MB，最大尺寸为 30MB，增长速度为 5%；数据库日志文件的逻辑名称为 sample_log，保存日志的物理文件名称为 sample.ldf，初始大小为 1MB，最大尺寸为 8MB，增长速度为 128KB。具体操作步骤如下。

步骤 01 启动 SSMS，选择【文件】→【新建】→【使用当前连接的查询】菜单命令，如图 5-7 所示。

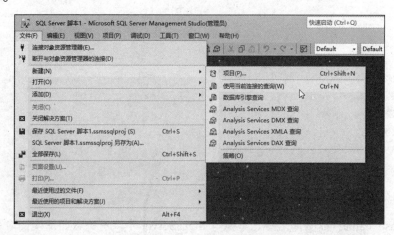

图 5-7 【使用当前连接的查询】菜单命令

步骤 **02**　在查询编辑器窗口中打开一个空的.sql 文件，将下面的 T-SQL 语句输入到空白文档中，如图 5-8 所示。

```
CREATE DATABASE [sample_db] ON  PRIMARY
(
NAME = 'sample_db',
FILENAME = 'C:\SQL Server 2017\sample.mdf',
SIZE = 5120KB ,
MAXSIZE =30MB,
FILEGROWTH = 5%
)
LOG ON
(
NAME = 'sample_log',
FILENAME = 'C:\SQL Server 2017\sample_log.ldf',
SIZE = 1024KB ,
MAXSIZE = 8192KB ,
FILEGROWTH = 10%
)
GO
```

步骤 **03**　输入完成之后，单击【执行】命令 执行(X) 。命令执行成功之后，刷新 SQL Server 2017 中的数据库节点，可以在子节点中看到新创建的名称为 sample_db 的数据库，如图 5-9 所示。

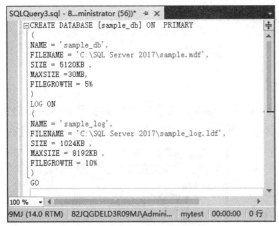

图 5-8　输入相应的语句

图 5-9　新创建 sample 数据库

如果刷新 SQL Server 2017 中的数据库节点后仍然看不到新建的数据库，重新连接对象资源管理器，即可看到新建的数据库。

步骤 **04**　选择新建的数据库后右击，在弹出的快捷菜单中选择【属性】菜单命令，打开【数据库属性】窗口，选择【文件】选项，即可查看数据库的相关信息。可以看到，这里各个参数值与 T-SQL 代码中指定的值完全相同，说明使用 T-SQL 代码创建数据库成功，如图 5-10 所示。

图 5-10　【数据库属性】窗口

5.4 使用 SSMS 管理数据库

数据库的管理主要包括修改数据库、查看数据库信息、数据库更名和删除数据库。本节将介绍 SQL Server 中数据库管理的内容。

5.4.1 修改数据库的方法

数据库创建以后，可能会发现有些属性不符合实际的要求，这就需要对数据库的某些属性进行修改。用户可以在 SSMS 的对象资源管理器中对数据库的属性进行修改，以更改创建时的某些设置和创建时无法设置的属性。

在 SSMS 中对数据库进行修改的步骤如下：

步骤 01 打开【数据库】节点，右击需要修改的数据库名称，选择弹出菜单中的【属性】命令，如图 5-11 所示。

步骤 02 打开指定数据库的【数据库属性】窗口，该窗口与在 SSMS 中创建数据库时打开的窗口相似，不过这里多了几个选项，即更改跟踪、权限、扩展属性、镜像和事务日志传送，如图 5-12 所示。读者可以根据需要，分别对不同的选项卡中的内容进行设置。

图 5-11　选择【属性】命令

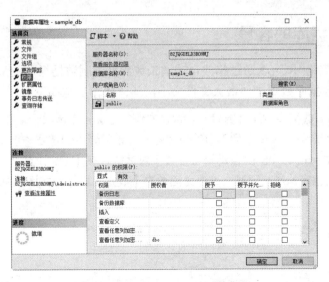

图 5-12　对数据库属性进行设置

5.4.2　修改数据库的初始大小

创建一个名称为 sample_db 的数据库，数据文件的初始大小为 5MB。下面介绍在 SSMS 中修改该数据库的数据文件大小的方法，具体操作步骤如下：

步骤 01 选择需要修改的数据库并右击，在弹出的快捷菜单中选择【属性】菜单命令，打开【数据库属性】窗口，选择【文件】选项卡，单击 sample_db 行的初始大小列下的文本框，重新输入一个新值，这里输入 15，如图 5-13 所示。

提示　也可以单击旁边的两个小箭头按钮，增大或者减小值。

步骤 02 修改完成之后，单击【确定】按钮，即可完成修改 sample_db 数据库中数据文件的大小，用户可以重新打开 sample_db 数据库的属性窗口，查看修改结果，如图 5-14 所示。

图 5-13　设置行数据的初始大小

图 5-14　修改数据库大小后的效果

5.4.3 增加数据库的容量

在增加数据库容量时,可以通过修改自动增长数额来限制数据增加的最大限制, 在 SSMS 中修改 sample_db 数据库数据文件最大文件大小,具体操作步骤如下。

步骤01 在 sample_db 数据库的属性窗口中,选择左侧的【文件】选项卡,在 sample_db 行中,单击【自动增长/最大大小】列下面的值(有一个带省略号的按钮 **...**),如图 5-15 所示。

步骤02 弹出【更改 sample_db 的自动增长设置】对话框,在【最大文件大小】文本框中输入值 40,增加数据库的增长限制,修改之后单击【确定】按钮,如图 5-16 所示。

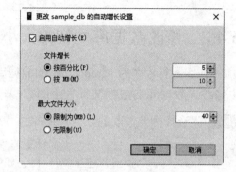

图 5-15　sample_db 的属性窗口　　　　图 5-16　【更改数据库自动增长设置】对话框

步骤03 返回到【数据库属性】窗口,即可看到修改后的结果,单击【确定】按钮完成修改,如图 5-17 所示。

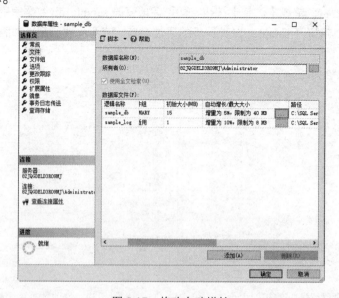

图 5-17　修改自动增长

5.4.4 缩减数据库的容量

缩减数据库容量可以减小数据增长的最大限制，修改方法与增加数据库容量的方法相同，在 SSMS 中缩减 sample_db 数据库中数据文件最大文件大小。

具体操作步骤如下：

步骤 01 打开【更改 sample_db 的自动增长设置】对话框，在第 2 个可修改文本框中输入一个比当前值小的数值，以缩减数据库的增长限制，这里输入 10，如图 5-18 所示。

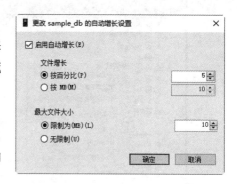

图 5-18 修改参数

步骤 02 修改之后，单击【确定】按钮，在返回的【数据库属性】窗口中再次单击【确定】按钮，即可完成缩减数据库自动增长数额的操作。用户可以重新打开 sample_db 数据库的属性窗口，查看修改结果，如图 5-19 所示。

图 5-19 查看修改结果

5.4.5 修改数据库的名称

使用 SSMS 可以修改数据库的名称。例如，将 sample_db 数据库的名称修改为 sample_db2，具体操作步骤如下：

步骤 01 在 sample_db 数据库节点上右击，在弹出的快捷菜单中选择【重命名】菜单命令，如图 5-20 所示。

步骤 02 在显示的文本框中输入新的数据库名称 sample_db2，如图 5-21 所示。

步骤 03 输入完成之后按 Enter 键确认或者在对象资源管理器中的空白处单击，修改名称成功。

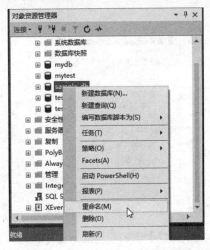 

图 5-20 选择【重命名】菜单命令　　　　　　　图 5-21 修改数据库名称

5.5 使用 T-SQL 管理数据库

对于数据库的操作，除了可以在 SSMS 中进行，还可以使用 T-SQL 语句来修改数据库。本节就来介绍使用 T-SQL 语句修改数据库的方法。

5.5.1 ALTER DATABASE 的语法结构

使用 ALTER DATABASE 语句可以修改数据库。修改的内容包括增加或删除数据文件、改变数据文件或日志文件的大小和增长方式、增加或者删除日志文件和文件组。ALTER DATABASE 语句的基本语法格式如下：

```
ALTER DATABASE database_name
{
  MODIFY NAME = new_database_name
 | ADD FILE <filespec> [ ,...n ] [ TO FILEGROUP { filegroup_name } ]
 | ADD LOG FILE <filespec> [ ,...n ]
 | REMOVE FILE logical_file_name
 | MODIFY FILE <filespec>
}
<filespec>::=
(
  NAME = logical_file_name
  [ , NEWNAME = new_logical_name ]
  [ , FILENAME = {'os_file_name' | 'filestream_path' } ]
  [ , SIZE = size [ KB | MB | GB | TB ] ]
  [ , MAXSIZE = { max_size [ KB | MB | GB | TB ] | UNLIMITED } ]
```

```
    [ , FILEGROWTH = growth_increment [ KB | MB | GB | TB| % ] ]
    [ , OFFLINE ]
);
```

上述语句分析如下：

- database_name：要修改的数据库的名称。
- MODIFY NAME：指定新的数据库名称。
- ADD FILE：向数据库中添加文件。
- TO FILEGROUP { filegroup_name }：将指定文件添加到的文件组。filegroup_name 为文件组名称。
- ADD LOG FILE：将要添加的日志文件添加到指定的数据库。
- REMOVE FILE logical_file_name：从 SQL Server 的实例中删除逻辑文件并删除物理文件。除非文件为空，否则无法删除文件。logical_file_name 是在 SQL Server 中引用文件时所用的逻辑名称。
- MODIFY FILE：指定应修改的文件。一次只能更改一个<filespec>属性。必须在<filespec>中指定 NAME，以标识要修改的文件。如果指定了 SIZE，那么新大小必须比文件当前大小要大。

5.5.2　修改数据库数据文件的初始大小

【例 5.2】将 sample_db 数据库中的主数据文件的初始大小修改为 15MB（见图 5-22），输入语句如下。

```
ALTER DATABASE sample_db
MODIFY FILE
(
    NAME=sample_db,
    SIZE=15MB
);
GO
```

选择【文件】→【新建】→【使用当前连接查询】菜单命令，代码执行成功后，sample_db 的初始大小将被修改为 15MB。

修改数据文件的初始大小时，指定的 SIZE 的大小必须大于或等于当前大小，如果小于，代码将不能被执行。

图 5-22　修改数据文件的初始大小

5.5.3　使用 T-SQL 语句增加数据库容量

【例 5.3】增加 sample_db 数据库容量，输入语句如下。

```
ALTER DATABASE sample_db
MODIFY FILE
(
    NAME=sample_db,
    MAXSIZE=50MB
);
GO
```

打开查询编辑器，在其中输入上面的代码，输入完成之后单击【执行】按钮，代码执行成功，如图 5-23 所示。

打开【数据库属性】对话框，可以看到 sample_db 的增长最大限制值增加到 50MB，如图 5-24 所示。

图 5-23　代码执行成功

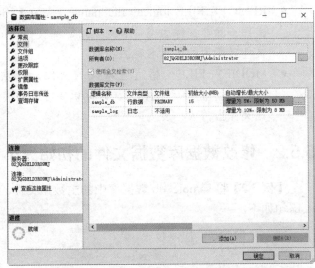

图 5-24　修改最大增长限制

5.5.4　使用 T-SQL 语句缩减数据库容量

【例 5.4】缩减 sample_db 数据库容量，输入如下语句。

```
ALTER DATABASE sample_db
MODIFY FILE
(
    NAME=sample_db,
    MAXSIZE=25MB
);
GO
```

打开查询编辑器，在其中输入上面的代码，输入完成之后单击【执行】按钮，代码执行成功，如图 5-25 所示。

打开【数据库属性】对话框，可以看到 sample_db 的增长最大限制值缩减为 25MB，如图 5-26 所示。

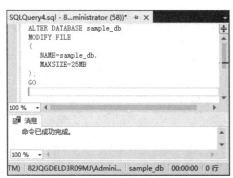

图 5-25　执行代码　　　　　　　　　　图 5-26　缩减数据库容量

5.5.5　使用 T-SQL 语句修改数据库名称

使用 ALTER DATABASE 语句可以修改数据库名称，其语法格式如下：

```
ALTER DATABASE old_database_name
 MODIFY NAME = new_database_name
```

【例 5.5】将数据库 sample_db 的名称修改为 sample_db2，输入如下语句。

```
ALTER DATABASE sample_db
  MODIFY NAME = sample_db2;
GO
```

打开查询编辑器，在其中输入上面的代码，输入完成之后单击【执行】按钮，代码执行成功，如图 5-27 所示。

代码执行成功之后，sample_db 数据库的名称被修改为 sample_db2。刷新数据库节点，可以看到修改后的新数据库名称，如图 5-28 所示。

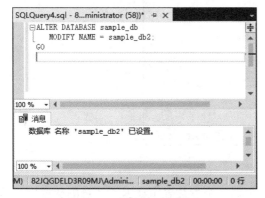

图 5-27　修改数据库名称　　　　　　　图 5-28　修改数据库名称后的效果

5.6 查看数据库信息

SQL Server 中可以使用多种方式查看数据库信息，例如使用目录视图、函数、存储过程等。

5.6.1 使用目录视图

使用目录视图可以查看数据库的基本信息，具体的方法如下：

- 使用 sys.database_files 查看有关数据库文件的信息。
- 使用 sys.filegroups 查看有关数据库组的信息。
- 使用 sys.master_files 查看数据库文件的基本信息和状态信息。
- 使用 sys.databases 数据库和文件目录视图查看有关数据库的基本信息。

5.6.2 使用函数查看数据库信息

如果要查看指定数据库中的指定选项信息时，可以使用 DATABASEPROPERTYEX()函数，该函数每次只返回一个选项的信息。

【例 5.6】查看 test 数据库的状态信息，输入如下语句。

```
USE test
GO
SELECT DATABASEPROPERTYEX('test', 'Status')
AS 'test 数据库状态'
```

打开查询编辑器，在其中输入上面的代码，输入完成之后单击【执行】按钮，代码执行成功后的结果如图 5-29 所示。

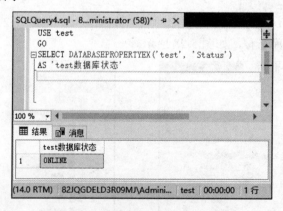

图 5-29　查看数据库 Status 状态信息

上述代码中 DATABASEPROPERTYEX 语句中第一个参数表示要返回信息的数据库，第二个参数则表示要返回数据库的属性表达式，其他的可查看的属性参数值如表 5-1 所示。

表 5-1 DATABASEPROPERTYEX 可用属性值

属　　性	说　　明
Collation	数据库的默认排序规则名称
ComparisonStyle	排序规则的 Windows 比较样式
IsAnsiNullDefault	数据库遵循 ISO 规则，允许 Null 值
IsAnsiNullsEnabled	所有与 Null 的比较将取值为未知
IsAnsiPaddingEnabled	在比较或插入前，字符串将被填充到相同长度
IsAnsiWarningsEnabled	如果发生了标准错误条件，将发出错误消息或警告消息
IsArithmeticAbortEnabled	如果执行查询时发生溢出或被零除错误，则将结束查询
IsAutoClose	数据库在最后一名用户退出后完全关闭并释放资源
IsAutoCreatestatistics	在查询优化期间自动生成优化查询所需的缺失统计信息
IsAutoShrink	数据库文件可以自动定期收缩
IsAutoUpdatestatistics	如果表中数据更改造成统计信息过期，则自动更新现有统计信息
IsCloseCursorsOnCommitEnabled	提交事务时打开的游标已关闭
IsFulltextEnabled	数据库已启用全文功能
IsInStandBy	数据库以只读方式联机，并允许还原日志
IsLocalCursorsDefault	游标声明默认为 LOCAL
IsMergePublished	如果安装了复制，则可以发布数据库表供合并复制
IsNullConcat	Null 串联操作数产生 NULL
IsNumericRoundAbortEnabled	表达式中缺少精度时将产生错误
IsParameterizationForced	PARAMETERIZATION 数据库 SET 选项为 FORCED
IsQuotedIdentifiersEnabled	可对标识符使用英文双引号
IsPublished	如果安装了复制，可以发布数据库表供快照复制或事务复制
IsRecursiveTriggersEnabled	已启用触发器递归触发
IsSubscribed	数据库已订阅发布
IsSyncWithBackup	数据库为发布数据库或分发数据库，并且在还原时不用中断事务复制
IsTornPageDetectionEnabled	SQL Server 数据库引擎检测到因电力故障或其他系统故障造成的不完全 I/O 操作
LCID	排序规则的 Windows 区域设置标识符
Recovery	数据库的恢复模式
SQLSortOrder	SQL Server 早期版本中支持的 SQL Server 排序顺序 ID
Status	数据库状态
Updateability	指示是否可修改数据
UserAccess	指示哪些用户可以访问数据库
Version	用于创建数据库的 SQL Server 代码的内部版本号，标识为仅供参考，不提供支持，不保证以后的兼容性

5.6.3　使用系统存储过程

除了使用目录视图和函数查看数据库信息外，还可以使用存储过程 sp_spaceused 显示数据库使用和保留的空间，打开查询编辑器，在其中输入 sp_spaceused 语句，输入完成之后单击【执行】按钮，执行代码后效果如图 5-30 所示。

使用 sp_helpdb 存储过程可以查看所有数据库的基本信息，打开查询编辑器，在其中输入 sp_helpdb 语句，输入完成之后单击【执行】按钮，执行代码后效果如图 5-31 所示。

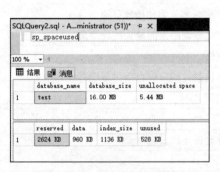

图 5-30　使用存储过程 sp_spaceused

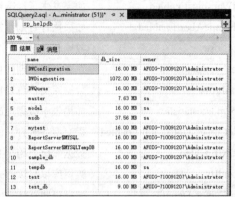

图 5-31　使用存储过程 sp_helpdb

5.6.4　使用 SSMS 查看数据库信息

用户可以在 SSMS 中以图形化的方式查看数据库信息。打开 SSMS 窗口之后，在【对象资源管理器】窗口中选择要查看信息的数据库节点，然后右击鼠标，在弹出的快捷菜单中选择【属性】菜单命令，在弹出的【数据库属性】窗口中即可查看数据库的基本信息、文件信息、文件组信息和权限信息等，如图 5-32 所示。

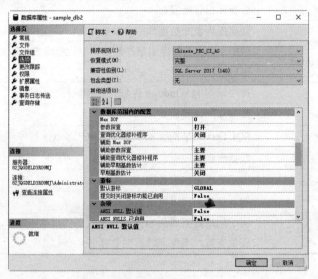

图 5-32　查看数据库基本信息

5.7　删除数据库

当数据库不再需要时，为了节省磁盘空间，可以将它们从系统中删除，同样这里有两种方法。

5.7.1　使用 SSMS 删除数据库

在 SSMS 中可以以图形化的方式删除数据库，具体操作步骤如下：

步骤 01 在对象资源管理器中，选择要删除的数据库 test，右击鼠标，从弹出的快捷菜单中选择【删除】菜单命令或直接按下键盘上的 Delete 键，如图 5-33 所示。

步骤 02 打开【删除对象】窗口，用来确认删除的目标数据库对象，在该窗口中也可以选择是否要【删除数据库备份和还原历史记录信息】和【关闭现有连接】，单击【确定】按钮，之后将执行数据库的删除操作，如图 5-34 所示。

图 5-33　【删除】菜单命令

图 5-34　【删除对象】窗口

删除数据库时一定要慎重，因为系统无法轻易恢复被删除的数据，除非做过数据库的备份。每次删除时，只能删除一个数据库。

5.7.2 使用 T-SQL 语句删除数据库

在 T-SQL 中使用 DROP 语句删除数据库，DROP 语句可以从 SQL Server 中一次删除一个或多个数据库。该语句的用法比较简单，基本语法格式如下：

```
DROP DATABASE database_name[, …n];
```

【例 5.7】删除 mytest 数据库，输入如下语句。

```
DROP DATABASE mytest;
```

打开查询编辑器，在其中输入上面的代码，输入完成之后单击【执行】按钮，代码执行成功，test 数据库被删除，如图 5-35 所示。

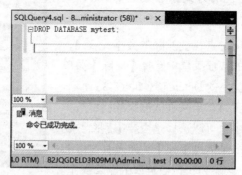

图 5-35　test 数据库被删除

并不是所有的数据库在任何时候都可以被删除，只有处于正常状态下的数据库，才能使用 DROP 语句删除。当数据库处于以下状态时不能被删除：数据库正在使用；数据库正在恢复；数据库包含用于复制的对象。

5.8　疑难解惑

1. 为什么要用辅助文件？

答：数据库中可以使用辅助数据文件，这样如果数据库中的数据超过了单个 Windows 文件的最大限制时，可以继续增长。

2. 数据库可以不用自动增长吗？

答：如果数据库的大小不断增长，则可以指定其增长方式；如果数据的大小基本不变，为了提高数据库的使用效率，通常不指定其有自动增长方式。

3. 使用 DROP 语句要注意什么问题？

答：使用图形化管理工具删除数据库时会有确认删除的提示窗口，但是使用 DROP 语句删除数据库时不会出现确认信息，所以使用 T-SQL 语句删除数据库时要小心谨慎。另外需要注意的是，千万不能删除系统数据库，否则会导致 SQL Server 2017 服务器无法使用。

5.9　经典习题

1. 简述各个系统数据库的作用。
2. 使用 T-SQL 语句创建名称为 newDB 的新数据库，数据库的参数如下：

- 逻辑数据文件名：newDBdata。
- 操作系统数据文件名：D:\newDBdata.mdf。
- 数据文件的初始大小：2MB。
- 数据文件的最大大小：20MB。
- 数据文件增长幅度：10%。
- 日志逻辑文件名：newDBlog。
- 操作系统日志文件名：D:\newDBlog.ldf。
- 日志文件初始大小：1MB。
- 日志文件增长幅度：5%。

第 6 章
数据表的创建与管理

学习目标 Objective

在数据库中，数据表是最重要、最基本的操作对象，是数据存储的基本单位。数据表被定义为列的集合。数据在表中是按照行和列的格式来存储的：每一行代表一条唯一的记录，每一列代表记录中的一个域。本章就来介绍数据表的操作，主要包括创建数据表、修改表字段、修改表约束、查看表结构等。

内容导航 Navigation

- 了解 SQL Server 2017 的数据库对象
- 掌握创建数据表的方法
- 掌握管理数据表的方法
- 掌握删除数据表的方法

6.1　认识数据库对象

数据库对象是数据库的组成部分，如数据表、视图、索引、存储过程以及触发器等都是数据库对象。

6.1.1　数据表

数据库的主要对象是数据表。数据表是一系列二维数组的集合，用于存储各种各样的信息。数据库中的表同日常工作中使用的表格类似，由纵向的列和横向的行组成。列由同类的信息组成，每列又称为一个字段，每列的标题称为字段名，都有相应的描述信息，如数据类型、数据宽度等；一行数据称为一条记录，是数据的组织单位，包括了若干列信息项。表是由若干条记录组成的，没有记录的表称为空表。每个表通常有一个主关键字，用于唯一确定一个记录。

例如，一个有关作者信息的名为 authors 的表中，每个列包含的是所有作者的某个特定类型的信息（比如姓名），而每行则包含了某个特定作者的所有信息，如编号、姓名、性别、专业，这些信息构成一条记录，如表 6-1 所示。

表 6-1　authors 表结构与记录

编　号	姓　名	性　别	专　业
100	张三	f	计算机
101	李芬	m	会计
102	岳阳	f	园林

6.1.2　视图

视图表面上与数据表几乎一样，也具有一组命名的字段和数据项，但它其实上是一个虚构的表，是通过查询数据库中表的数据后产生的，它限制了用户能看到和修改的数据。因此可以用视图来控制用户对数据的访问，简化数据的显示。在视图中用户可以使用 SELECT 语句查询数据，以及使用 INSERT、UPDATE 和 DELETE 语句修改记录。

6.1.3　索引

索引是对数据库表中一列或多列的值进行排序的一种结构，提供了快速访问数据的途径。使用索引不仅可以提高数据库中特定数据的查询速度，并且能保证索引所指的列中的数据不重复。

6.1.4　存储过程

存储过程是为完成特定的功能而汇集在一起的一条或者多条 SQL 语句的集合，是经编译后存储在数据库中的 SQL 程序。

6.1.5　触发器

触发器和存储过程一样，都是用户定义的 SQL 命令的集合。触发器由事件来触发某个操作，这些事件包括 INSERT、UPDATAE 和 DELETE 语句。如果定义了触发程序，当数据库执行这些语句的时候就会激活触发器执行相应的操作，触发程序是与表有关的命名数据库对象，当表上出现特定事件时，将激活该对象。

6.2 数据类型

数据类型是一种属性,用于指定对象可保存的数据类型。SQL Server 2017 中支持多种数据类型,包括字符类型、数值类型以及日期时间类型等基本数据类型,还包括用户自定义数据类型。

6.2.1 基本数据类型

SQL Server 2017 提供的基本数据类型按照数据的表现方式及存储方式的不同可以分为整数数据类型、货币数据类型、浮点数据类型等。通过使用这些数据类型,在创建数据表的过程中,SQL Server 会自动限制每个系统数据类型的值的范围,当插入数据库中的值超过了数据类型允许的范围时,SQL Server 就会报错。

1. 整数数据类型

整数数据类型是常用的一种数据类型,主要用于存储整数,可以直接进行数据运算而不必使用函数转换,如表 6-2 所示。

表 6-2 整数数据类型

数据类型	描　　述	存　　储
bigint	允许介于-9223372036854775808 与 9223372036854775807 之间的所有数字	8 字节
int	允许介于-2147483648 与 2147483647 的所有数字	4 字节
smallint	允许介于-32768 与 32767 的所有数字	2 字节
tinyint	允许从 0 到 255 的所有数字	1 字节

2. 浮点数据类型

浮点数据类型用于存储十进制小数。浮点数据为近似值,浮点数值的数据在 SQL Server 中采用只入不舍的方式进行存储,即当且仅当要舍入的数是一个非零数时,对其保留数字部分的最低有效位上的数值加 1,并进行必要的进位,如表 6-3 所示。

表 6-3 浮点数据类型

数据类型	描　　述	存　　储
real	从-3.40E+38 到 3.40E+38 的浮动精度数字数据	4 字节
float(n)	从-1.79E+308 到 1.79E+308 的浮动精度数字数据 n 参数指示该字段保存 4 字节还是 8 字节。float(24)保存 4 字节,而 float(53)保存 8 字节。n 的默认值是 53	4 或 8 字节

（续表）

数据类型	描　述	存　储
decimal(p,s)	固定精度和比例的数字 允许从-10^38+1 到 10^38-1 之间的数字 p 参数指示可以存储的最大位数（小数点左侧和右侧），必须是 1 到 38 之间的值，默认是 18 s 参数指示小数点右侧存储的最大位数，必须是 0 到 p 之间的值，默认是 0	5~17 字节
numeric(p,s)	固定精度和比例的数字 允许从-10^38+1 到 10^38 -1 之间的数字 p 参数指示可以存储的最大位数（小数点左侧和右侧），必须是 1 到 38 之间的值，默认是 18 s 参数指示小数点右侧存储的最大位数，必须是 0 到 p 之间的值，默认是 0	5~17 字节

3. 字符数据类型

字符数据类型也是 SQL Server 中最常用的数据类型之一，用来存储各种字母、数字符号和特殊符号。在使用字符数据类型时，需要在其前后加上英文单引号或者双引号，如表 6-4 所示。

表 6-4　字符数据类型

数据类型	描　述	存　储
char(n)	固定长度的字符串，最多 8000 个字符	n 字节，n 为输入数据的实际长度
varchar(n)	可变长度的字符串，最多 8000 个字符	n+2 个字节，n 为输入数据的实际长度
varchar(max)	可变长度的字符串，最多 1073741824 个字符	n+2 个字节，n 为输入数据的实际长度
nchar	固定长度的 Unicode 字符串，最多 4000 个字符	2n 个字节，n 为输入数据的实际长度
nvarchar	可变长度的 Unicode 字符串，最多 4000 个字符	
nvarchar(max)	可变长度的 Unicode 字符串，最多 536870912 个字符	

4. 日期和时间数据类型

日期和时间数据类型用于存储日期类型和时间类型的组合数据，如表 6-5 所示。

表 6-5　日期和时间数据类型

数据类型	描　述	存　储
datetime	从 1753 年 1 月 1 日到 9999 年 12 月 31 日，精度为 3.33 毫秒	8 字节
datetime2	从 1753 年 1 月 1 日到 9999 年 12 月 31 日，精度为 100 纳秒	6~8 字节
smalldatetime	从 1900 年 1 月 1 日到 2079 年 6 月 6 日，精度为 1 分钟	4 字节
date	仅存储日期，从 0001 年 1 月 1 日到 9999 年 12 月 31 日	3 字节
time	仅存储时间，精度为 100 纳秒	3~5 字节

（续表）

数据类型	描　述	存　储
datetimeoffset	与 datetime2 相同，外加时区偏移	8~10 字节
timestamp	存储唯一的数字，每当创建或修改某行时，该数字会更新。timestamp 值基于内部时钟，不对应真实时间。每个表只能有一个 timestamp 变量	

5. 图像和文本数据类型

图像和文本数据类型用于存储大量的字符及二进制数据，如表 6-6 所示。

表 6-6　图像和文本数据类型

数据类型	描　述	存　储
text	可变长度的字符串，最多 2GB 文本数据	n+4 字节，n 为输入数据的实际长度
ntext	可变长度的字符串，最多 2GB 文本数据	2n 字节，n 为输入数据的实际长度
image	可变长度的二进制字符串，最多 2GB	

6. 货币数据类型

货币数据类型用于存储货币值，使用时在数据前加上货币符号，不加货币符号的情况下默认为"￥"，如表 6-7 所示。

表 6-7　货币数据类型

数据类型	描　述	存　储
money	介于-922337203685477.5808 与 922337203685477.5807 之间的货币数据	8 字节
smallmoney	介于-214748.3648 与 214748.3647 之间的货币数据	4 字节

7. 二进制数据类型

二进制数据类型用于存储二进制数，如表 6-8 所示。

表 6-8　二进制数据类型

数据类型	描　述	存　储
binary(n)	固定长度的二进制字符串，最多 8000 字节	n 字节
varbinary	可变长度的二进制字符串，最多 8000 字节	n+2 字节，n 为输入数据的实际长度
varbinary(max)	可变长度的二进制字符串，最多 2GB	n+2 字节，n 为输入数据的实际长度

8. 其他数据类型

除上述介绍的数据类型外，SQL Server 还提供有大量其他数据类型供用户进行选择，常用的其他数据类型如表 6-9 所示。

表 6-9　其他数据类型

数据类型	描　述
bit	位数据类型，只取 0 或 1，长度为 1 字节。bit 值经常当作逻辑值用于判断 TRUE（1）和 FALSE（0），输入非零值时系统将其转换为 1

（续表）

数据类型	描　述
timestamp	时间戳数据类型，timestamp 的数据类型为 rowversion 数据类型的同义词，提供数据库范围内的唯一值，反映数据修改的相对顺序，是一个单调上升的计数器，此列的值被自动更新
sql_variant	用于存储除文本、图形数据和 timestamp 数据外的其他任何合法的 SQL Server 数据，可以方便 SQL Server 的开发工作
uniqueidentifier	存储全局唯一标识符（GUID）
xml	存储 xml 数据的数据类型。可以在列中或者 xml 类型的变量中存储 xml 实例。存储的 xml 数据类型表示实例大小不能超过 2 GB
cursor	游标数据类型，该类型类似于数据表，其保存的数据中包含行和列值，但是没有索引，游标用来建立一个数据的数据集，每次处理一行数据
table	用于存储对表或者视图处理后的结果集。这种新的数据类型使得变量可以存储一个表，从而使函数或过程返回查询结果更加方便、快捷

6.2.2　自定义数据类型

SQL Server 2017 为用户提供了两种创建自定义数据类型的方法：一种是使用对象资源管理器，一种是使用 T-SQL 语句。

1. 使用对象资源管理器创建

自定义数据类型与具体的数据库有关，因此，在创建自定义数据类型之前首先需要选择要创建数据类型所在的数据库，具体操作步骤如下：

步骤 01　打开 SSMS 工作界面，在【对象资源管理器】窗格中选择需要创建自定义数据类型的数据库，如图 6-1 所示。

步骤 02　依次打开【mydb】→【可编程性】→【类型】节点，右击【用户定义数据类型】节点，在弹出的快捷菜单中选择【新建用户定义数据类型】菜单命令，如图 6-2 所示。

图 6-1　选择数据库

图 6-2　【新建用户定义数据类型】命令

步骤 03　打开【新建用户定义数据类型】窗口，在【名称】文本框中输入需要定义的数据类型的名称，这里输入新数据类型的名称为"address"，表示存储一个地址数据值，在【数据类型】下拉列表框中选择 char 的系统数据类型，【长度】指定为 8000，如果用户希望该类型的字段值为空，可以选择【允许 NULL 值】复选框，其他参数不做更改，如图 6-3 所示。

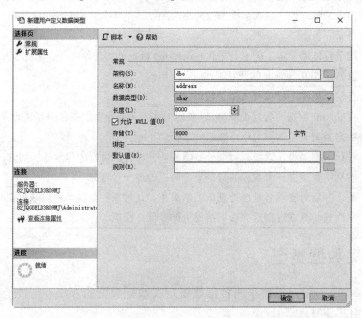

图 6-3　【新建用户定义数据类型】窗口

步骤 04　单击【确定】按钮，完成用户定义数据类型的创建，即可看到新创建的自定义数据类型，如图 6-4 所示。

2. 使用 T-SQL 语句创建

在 SQL Server 2017 中，除了使用图形界面创建自定义数据类型外，还可以使用系统数据类型 sp_addtype 来创建用户自定义数据类型。其语法格式如下：

图 6-4　新创建的自定义数据类型

```
sp_addtype [@typename=] type,
[@phystype=] system_data_type
[, [@nulltype=] 'null_type']
```

各个参数的含义如下：

- type: 用于指定用户定义的数据类型的名称。
- system_data_type: 用于指定相应的系统提供的数据类型的名称及定义。注意，未能使用 timestamp 数据类型，当所使用的系统数据类型有额外说明时，需要用引号将其括起来。
- null_type: 用于指定用户自定义的数据类型的 null 属性，其值可以为"null""not null"或"nonull"。默认时与系统默认的 null 属性相同。用户自定义的数据类型的名称在数据库中应该是唯一的。

【例 6.1】在 mydb 创建数据库中，创建用来存储邮政编号信息的"postcode"用户自定义数据类型。打开【查询编辑器】窗口，在其中输入创建用户自定义数据类型的 T-SQL 语句：

```
sp_addtype postcode,'char(128)','not null'
```

单击【执行】按钮，即可完成用户定义数据类型的创建，并在【消息】窗格中显示命令已成功完成的信息提示，如图 6-5 所示。

执行完成之后，刷新【用户定义数据类型】节点，将会看到新增的数据类型，如图 6-6 所示。

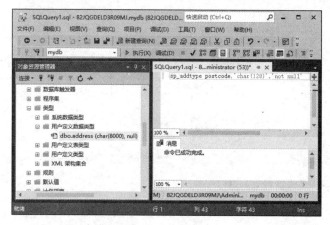

图 6-5　使用系统存储过程创建用户定义数据类型

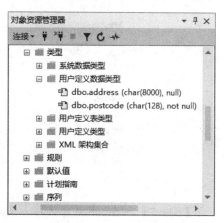

图 6-6　新建用户定义数据类型

6.2.3　删除自定义数据类型

当不再需要用户自定义的数据类型时，可以将其删除。删除的方法有两种：一种是在对象资源管理器中删除，一种是使用系统存储过程 sp_droptype 来删除。

1. 在对象资源管理器中删除

具体操作步骤如下：

步骤01 在对象资源管理器中选择需要删除的数据类型，然后右击鼠标，在弹出的快捷菜单中选择【删除】菜单命令，如图 6-7 所示。

步骤02 打开【删除对象】窗口，单击【确定】按钮，即可删除自定义数据类型，如图 6-8 所示。

图 6-7　选择【删除】菜单命令

2. 使用 T-SQL 语句来删除

使用 sp_droptype 来删除自定义数据类型，该存储过程从 systypes 删除别名数据类型，语法格式如下：

```
sp_droptype type
```

type 为用户定义的数据类型。

111

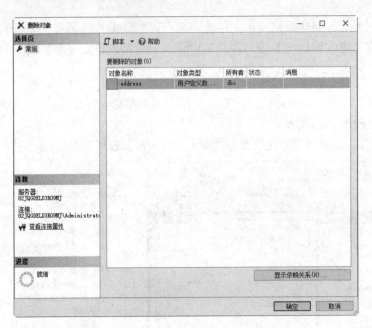

图 6-8　【删除对象】窗口

【例 6.2】在 mydb 数据库中，删除 address 自定义数据类型。打开【查询编辑器】窗口，在其中输入删除用户自定义数据类型的 T-SQL 语句：

```
sp_droptype address
```

单击【执行】按钮，即可完成删除操作，并在【消息】窗格中显示命令已成功完成的信息提示，如图 6-9 所示。

执行完成之后，刷新【用户定义数据类型】节点，将会看到删除的数据类型消失，如图 6-10 所示。

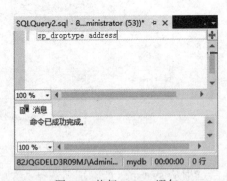

图 6-9　执行 T-SQL 语句

图 6-10　【对象资源管理器】窗口

注　意　数据库中正在使用的用户定义数据类型，不能被删除。

6.3　创建数据表

数据表是用来存储数据和操作数据的逻辑结构，用来组织和存储数据。SQL Server 2017 中提供了两种创建数据表的方法：一种是通过对象资源管理器创建，另一种是通过 T-SQL 语句进行创建。

6.3.1　在 SSMS 中创建数据表

在 SSMS 中创建数据表需要启动 SQL Server Management Studio，具体操作步骤如下：

步骤 01　启动 SQL Server Management Studio，在【对象资源管理器】中，展开【数据库】节点下面的【test】数据库。右击【表】节点，在弹出的快捷菜单中选择【新建】→【表】菜单命令，如图 6-11 所示。

步骤 02　打开【表设计】窗口，在该窗口中创建表中各个字段的字段名和数据类型，这里定义一个名称为 member 的表，其结构如下：

```
member
(
    id          INT,
    FirstName    VARCHAR(50),
    LastName     VARCHAR(50),
    birth        DATETIME,
    info         VARCHAR(255)  NULL
);
```

根据 member 表结构，分别指定各个字段的名称和数据类型，如图 6-12 所示。

图 6-11　选择【新建】→【表】菜单命令

图 6-12　【表设计】窗口

步骤 03　表设计完成之后，单击【保存】或者【关闭】按钮，在弹出的【选择名称】对话框中输入表名称 member，单击【确定】按钮，完成表的创建，如图 6-13 所示。

步骤 04　单击【对象资源管理器】窗口中的【刷新】按钮，即可看到新增加的表，如图 6-14 所示。

图 6-13 【选择名称】对话框

图 6-14 新增加的表

6.3.2 使用 T-SQL 创建数据表

在 T-SQL 中，使用 CREATE TABLE 语句创建数据表，该语句非常灵活，其基本语法格式如下：

```
CREATE TABLE [database_name. [ schema_name ].] table_name
[column_name <data_type>
[ NULL | NOT NULL ] | [ DEFAULT constant_expression ] | [ ROWGUIDCOL
{ PRIMARY KEY | UNIQUE } [CLUSTERED | NONCLUSTERED]
 [ ASC | DESC ]
] [ ,...n ]
```

其中，各参数说明如下：

- database_name：指定要在其中创建表的数据库名称，不指定数据库名称，则默认使用当前数据库。
- schema_name：指定新表所属架构的名称，若此项为空，则默认为新表创建者所在的当前架构。
- table_name：指定创建的数据表的名称。
- column_name：指定数据表中各个列的名称，列名称必须唯一。
- data_type：指定字段列的数据类型，可以是系统数据类型，也可以是用户定义数据类型。
- NULL | NOT NULL：表示确定列中是否允许使用空值。
- DEFAULT：用于指定列的默认值。
- ROWGUIDCOL：指示新列是行 GUID 列。对于每个表，只能将其中的一个 uniqueidentifier 列指定为 ROWGUIDCOL 列。
- PRIMARY KEY：主键约束，通过唯一索引对给定的一列或多列强制实体完整性的约束。每个表只能创建一个 PRIMARY KEY 约束。PRIMARY KEY 约束中的所有列都必须定义为 NOT NULL。
- UNIQUE：唯一性约束，该约束通过唯一索引为一个或多个指定列提供实体完整性。一个表可以有多个 UNIQUE 约束。

- CLUSTERED | NONCLUSTERED：表示为 PRIMARY KEY 或 UNIQUE 约束创建聚集索引还是非聚集索引。PRIMARY KEY 约束默认为 CLUSTERED，UNIQUE 约束默认为 NONCLUSTERED。在 CREATE TABLE 语句中，可只为一个约束指定 CLUSTERED。如果在为 UNIQUE 约束指定 CLUSTERED 的同时又指定了 RIMARY KEY 约束，则 PRIMARY KEY 将默认为 NONCLUSTERED。
- [ASC | DESC]：指定加入到表约束中的一列或多列的排序顺序，ASC 为升序排列，DESC 为降序排列，默认值为 ASC。

介绍完 T-SQL 中创建数据表的语句，下面举例说明。

【例 6.3】使用 T-SQL 语句创建数据表 authors，打开【查询编辑器】窗口，在其中输入创建数据表的 T-SQL 语句：

```
CREATE TABLE authors
(
 auth_id    int PRIMARY KEY,              --数据表主键
 auth_name  VARCHAR(20) NOT NULL unique,  --作者名称，不能为空
 auth_gender tinyint NOT NULL DEFAULT(1)   --作者性别：男（1），女（0）
);
```

单击【执行】按钮，即可完成创建数据表的操作，并在【消息】窗格中显示命令已成功完成的信息提示，如图 6-15 所示。

执行完成之后，刷新数据库列表，将会看到新创建的数据表，如图 6-16 所示。

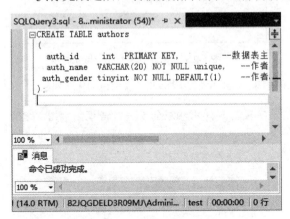

图 6-15　输入语句代码

图 6-16　新增加的表

6.4　管理数据表

数据表创建完成之后，可以根据需要改变表中已经定义的许多选项，如用户可以对字段进行增加、删除和修改操作，还可以删除和修改表中的约束等。

115

6.4.1　增加表字段

增加数据表字段的常见方法有两种：一种是在对象资源管理器中增加字段，另一种是使用 T-SQL 语句增加字段。

1. 使用对象资源管理器添加字段

例如，在 authors 数据表中，增加一个新的字段，名称为 phone，数据类型为 varchar(24)，允许空值，具体操作步骤如下：

步骤01 在 authors 表上右击，在弹出的快捷菜单中选择【设计】菜单命令，如图 6-17 所示。

步骤02 弹出表设计窗口，在其中添加新字段 auth_phone，并设置字段数据类型为 varchar(24)，允许空值，如图 6-18 所示。

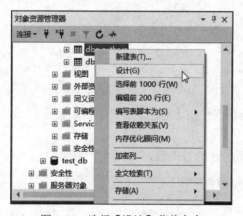

图 6-17　选择【设计】菜单命令

图 6-18　增加字段 auth_phone

步骤03 修改完成之后，单击【保存】按钮，保存结果，增加新字段成功，如图 6-19 所示。

注意　在保存的过程中，如果无法保存增加的表字段，则弹出相应的警告对话框，如图 6-20 所示。

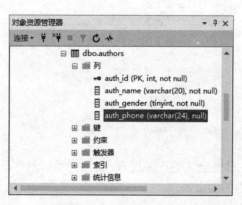

图 6-19　增加的新字段

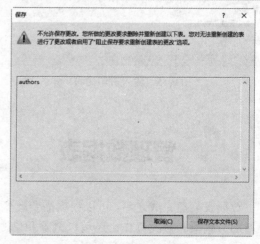

图 6-20　警告对话框

解决这一问题的操作步骤如下：

步骤 **01** 选择【工具】→【选项】菜单命令，如图 6-21 所示。

步骤 **02** 打开【选项】对话框，选择【设计器】选项，在右侧面板中取消【阻止保存要求重新创建表的更改】复选框，单击【确定】按钮即可，如图 6-22 所示。

图 6-21　选择【选项】菜单命令

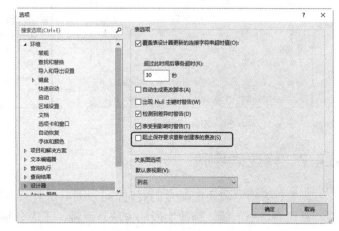

图 6-22　【选项】对话框

2. 使用 T-SQL 语句添加字段

在 T-SQL 中使用 ALTER TABLE 语句在数据表中添加字段，基本语法格式如下：

```
ALTER TABLE [ database_name. schema_name . ] table_name
{
ADD  column_name type_name
[ NULL | NOT NULL ] | [ DEFAULT constant_expression ] | [ ROWGUIDCOL ]
{ PRIMARY KEY | UNIQUE } [CLUSTERED | NONCLUSTERED]
}
```

其中，各参数含义如下：

- table_name：新增加字段的数据表名称。
- column_name：新增加字段的名称。
- type_name：新增加字段的数据类型。

提 示　其他参数的含义，用户可以参考使用 T-SQL 创建数据表的内容。

【例 6.4】在 authors 表中添加名称为 auth_age 的新字段，字段数据类型为 int，允许空值。打开【查询编辑器】窗口，在其中输入添加数据表字段的 T-SQL 语句：

```
ALTER TABLE authors
ADD  auth_age  int  NULL
```

单击【执行】按钮，即可完成数据表字段的添加操作，并在【消息】窗格中显示命令已成功完成的信息提示，如图 6-23 所示。

执行完成之后，重新打开 authors 的表设计窗口，将会看到新添加的数据表字段，如图 6-24 所示。

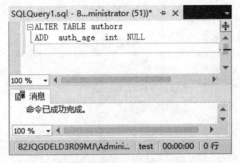

图 6-23　添加字段 age

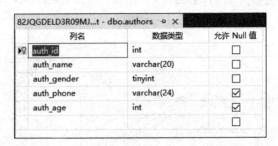

图 6-24　添加字段后的表结构

6.4.2　修改表字段

当数据表中字段不能满足需要时，可以对其进行修改，修改的内容包括改变字段的数据类型、是否允许空值等。修改字段的方法有两种，下面分别进行介绍。

1. 使用对象资源管理器修改字段

具体操作步骤如下：

步骤 01 在数据表设计窗口中，选择要修改的字段名称，单击数据类型，在弹出的下拉列表框中可以更改字段的数据类型。例如，将 auth_phone 字段的数据类型由 varchar(24)修改为 varbinary(50)，不允许空值，如图 6-25 所示。

步骤 02 单击【保存】按钮，保存修改的内容，然后刷新数据库，即可在【对象资源管理器】窗格中看到修改之后的字段信息，如图 6-26 所示。

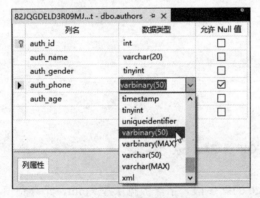

图 6-25　选择字段的数据类型

图 6-26　修改字段

2. 使用 T-SQL 语句在数据表中修改字段

在 T-SQL 中使用 ALTER TABLE 语句在数据表中修改字段，基本语法格式如下：

```
ALTER TABLE [ database_name. schema_name . ] table_name
{
```

```
ALTER COLUMN column_name  new_type_name
 [ NULL | NOT NULL ] | [ DEFAULT constant_expression ] | [ ROWGUIDCOL ]
{ PRIMARY KEY | UNIQUE } [CLUSTERED | NONCLUSTERED]
}
```

其中，各参数的含义如下。

- table_name：要修改字段的数据表名称。
- column_name：要修改的字段名称。
- new_type_name：要修改的字段的新数据类型。

其他参数的含义，用户可以参考前面的内容。

【例 6.5】在 authors 表中修改名称为 auth_phone 的字段，将数据类型改为 varchar(11)。

打开【查询编辑器】窗口，在其中输入修改数据表字段的 T-SQL 语句：

```
ALTER TABLE authors
ALTER COLUMN  auth_phone  VARCHAR(11)
GO
```

单击【执行】按钮，即可完成数据表字段的修改操作，并在【消息】窗格中显示命令已成功完成的信息提示，如图 6-27 所示。

执行完成之后，重新打开 authors 的表设计窗口，将会看到修改之后的数据表字段，如图 6-28 所示。

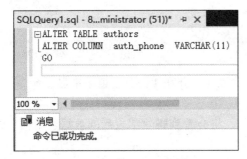

图 6-27　指定 T-SQL 语句　　　　　　　　　图 6-28　authors 表结构

6.4.3　删除表字段

数据表中的字段可以被删除。删除字段的常用方法有两种，下面分别进行介绍。

1. 使用对象资源管理器删除字段

在表的设计窗口中，每次可以删除表中的一个字段，操作过程比较简单，操作步骤如下：

步骤 01　打开表设计窗口之后，选中要删除的字段，右击鼠标，在弹出的快捷菜单中选择【删除列】菜单命令。例如，这里删除 authors 表中的 auth_phone 字段，如图 6-29 所示。

步骤 02　删除字段操作成功后，数据表的结构如图 6-30 所示。

图 6-29　【删除列】菜单命令 　　　　　　　　　图 6-30　删除字段后的效果

2. 使用 T-SQL 语句删除数据表中的字段

在 T-SQL 中使用 ALTER TABLE 语句删除数据表中的字段，基本语法格式如下：

```
ALTER TABLE [ database_name. schema_name . ] table_name
{
    DROP COLUMN column_name
}
```

其中，各参数的含义如下：

- table_name：删除字段所在数据表的名称。
- column_name：要删除的字段的名称。

【例 6.6】删除 authors 表中的 auth_age 字段。打开【查询编辑器】窗口，在其中输入删除数据表字段的 T-SQL 语句：

```
ALTER TABLE authors
DROP  COLUMN  auth_age
```

单击【执行】按钮，即可完成数据表字段的删除操作，并在【消息】窗格中显示命令已成功完成的信息提示，如图 6-31 所示。

执行完成之后，重新打开 authors 的表设计窗口，将会看到删除字段后的数据表结构，age 字段已经不存在了，如图 6-32 所示。

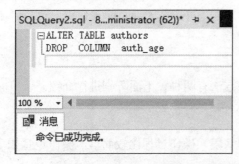

图 6-31　执行 T-SQL 语句 　　　　　　　　　　图 6-32　删除字段后的表效果

6.5 查看数据表

数据表创建完成后，用户可以查看数据表的结构、数据表的信息、数据表的数据以及数据表的关系等。

6.5.1 查看表结构

数据表的结构一般包括列名、数据类型、允许 NULL 值，通过查看表结构，可以从整体上了解当前数据表的大致内容。

具体操作步骤如下：

步骤 01 展开数据库，选择需要查看表结构的数据表，这里选择 test 数据库中的 member 表，右击鼠标，在弹出的快捷菜单中选择【设计】菜单命令，如图 6-33 所示。

步骤 02 打开表设计窗口，即可在该窗口中查看当前表的结构，如图 6-34 所示。

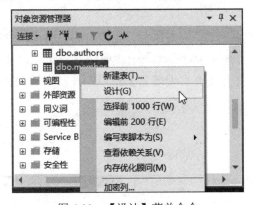

图 6-33 【设计】菜单命令

图 6-34 当前表结构

6.5.2 查看表信息

数据表的信息包括当前连接参数、表创建的时间等。查看表信息的操作步骤如下：

步骤 01 展开数据库，选择需要查看表信息的数据表，这里选择 test 数据库中的 member 表，如图 6-35 所示。

步骤 02 右击鼠标，在弹出的快捷菜单中选择【属性】菜单命令，即可打开【表属性】窗口，在【常规】选项卡中显示了该表所在数据库名称、当前连接到服务器的用户名称、表的创建时间和架构等属性，这里显示的属性不能修改，如图 6-36 所示。

图 6-35 选择要查看的表

图 6-36 【表属性】窗口

6.5.3 查看表数据

查看表数据的操作比较简单：选择需要查看数据的表，右击鼠标，在弹出的快捷菜单中选择【编辑前 200 行】菜单命令，如图 6-37 所示；将显示 member 表中的前 200 条记录，并允许用户编辑这些数据，如图 6-38 所示。

图 6-37 【编辑前 200 行】菜单命令

图 6-38 查看的表数据

6.5.4 查看表关系

有些数据表会与其他数据对象产生依赖关系。用户可以查看表的依赖关系，具体方法为：在要查看关系的表上右击，在弹出的快捷菜单中选择【查看依赖关系】菜单命令，如图 6-39 所示。打开【对象依赖关系】窗口，该窗口中显示了表和其他数据对象的依赖关系，如图 6-40 所示。

提 示

如果某个存储过程中使用了该表，该表的主键是被其他表的外键约束所依赖或者该表依赖其他数据对象时，那么这里会列出相关的信息。

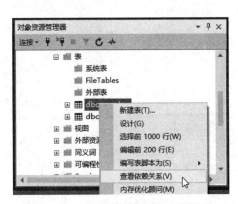

<table>
<tr><td>图 6-39　【查看依赖关系】菜单命令</td><td>图 6-40　【对象依赖关系】窗口</td></tr>
</table>

6.6　删除数据表

当数据表不再使用时，可以将其删除。删除数据表有两种方法：一种是以界面方式删除数据表，另一种是使用 T-SQL 语句删除数据表。

6.6.1　以界面方式删除数据表

在对象资源管理器中，展开指定的数据库和表，选择需要删除的表，如图 6-41 所示。右击鼠标，在弹出的快捷菜单中选择【删除】菜单命令，弹出【删除对象】窗口，然后单击【确定】按钮，即可删除表，如图 6-42 所示。

<table>
<tr><td>图 6-41　选择要删除的表</td><td>图 6-42　【删除对象】窗口</td></tr>
</table>

注 意

当有对象依赖于该表时，该表不能被删除，单击【显示依赖关系】按钮，可以查看依赖于该表和该表依赖的对象，如图 6-43 所示。

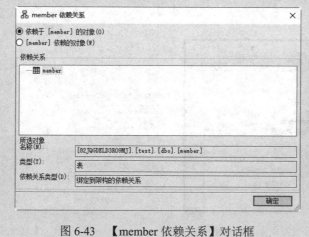

图 6-43 【member 依赖关系】对话框

6.6.2 使用 T-SQL 语句删除数据表

T-SQL 语言中可以使用 DROP TABLE 语句删除指定的数据表，基本语法格式如下：

```
DROP TABLE table_name
```

table_name 是等待删除的表名称。

【例 6.7】删除 test 数据库中的 authors 表。打开【查询编辑器】窗口，在其中输入删除数据表的 T-SQL 语句：

```
USE test
GO
DROP TABLE authors
```

单击【执行】按钮，即可完成删除数据表的操作，并在【消息】窗格中显示命令已成功完成的信息提示，如图 6-44 所示。

执行完成之后，刷新数据库列表，将会看到选择的数据表不存在了，如图 6-45 所示。

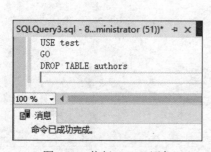

图 6-44 执行 T-SQL 语句

图 6-45 【对象资源管理器】窗口

6.7　疑难解惑

1．如何快速地为多个列定义完整性？

如果完整性约束涉及数据表中的多个列，可以将其定义在列级别上，也可以将其定义在表级别上，这样可以简化定义的过程。

2．删除用户定义数据类型时要注意的问题是什么？

当表中的列还在使用用户定义的数据类型或者在其上面还绑定有默认规则时，用户定义的数据类型不能删除。

3．删除表时要注意的问题是什么？

在对表进行修改时，首先要查看该表是否和其他表存在依赖关系。如果存在依赖关系，应先解除该表的依赖关系后再进行删除操作，否则会导致其他表出错。

4．删除规则时要注意的问题是什么？

在删除规则时，必须确保已经解除规则与数据列或用户定义的数据类型的绑定，否则在执行删除语句时会出错。

6.8　经典习题

1．创建数据库 Market。在 Market 中创建数据表 customers，表结构如表 6-10 所示。按以下要求进行操作。

表 6-10　customers 表结构

字 段 名	数据类型	主　键	非　空	唯　一
c_id	INT	是	是	是
c_name	VARCHAR(50)	否	否	否
c_contact	VARCHAR(50)	否	否	否
c_city	VARCHAR(50)	否	否	否
c_birth	DATETIME	否	是	否

（1）创建数据库 Market。

（2）创建数据表 customers，在 c_id 字段上添加主键约束，在 c_birth 字段上添加非空约束。

（3）将 c_name 字段数据类型改为 VARCHAR(70)。

（4）将 c_contact 字段改名为 c_phone。

（5）增加 c_gender 字段，数据类型为 CHAR(1)。

（6）将表名修改为 customers_info。

（7）删除字段 c_city。

2. 在 Market 中创建数据表 orders，表结构如表 6-11 所示。按以下要求进行操作。

表 6-11　orders 表结构

字段名	数据类型	主　　键	非　　空	唯　　一
o_num	INT(11)	是	是	是
o_date	DATE	否	否	否
c_id	VARCHAR(50)	否	否	否

（1）创建数据表 orders；在 o_num 字段上添加主键约束；在 c_id 字段上添加外键约束，关联 customers 表中的主键 c_id。

（2）删除 orders 表的外键约束，然后删除表 customers。

第 7 章
约束数据表中的数据

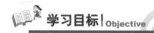
学习目标 | Objective

约束是 SQL Server 中提供的自动保持数据完整性的一种方法，通过对数据库中的数据设置某种约束条件来保证数据的完整性。本章就来介绍约束表中数据的方法，主要内容包括认识数据表的约束、主键约束、外键约束、默认值约束、检查约束、唯一性约束等。

内容导航 | Navigation

- 了解数据表的约束
- 掌握主键约束的使用方法
- 掌握外键约束的使用方法
- 掌握默认值约束的使用方法
- 掌握检查约束的使用方法
- 掌握唯一性约束的使用方法
- 掌握非空约束的使用方法

7.1 认识数据表中的约束

在数据库中添加约束的主要原因是保证数据的完整性（正确性）。简单地说，约束是用来保证数据库完整性的一种方法，设计表时，需要定义列的有效值并通过限制字段中数据、记录中数据和表之间的数据来保证数据的完整性。

在 SQL Server 2017 中，常用的约束有 6 种，分别是：主键约束（primary key constraint）、外键约束（foreign key constraint）、默认值约束（default constraint）、检查约束（check constraint）、唯一性约束（unique constraint）和非空约束。

在数据库中添加这 6 种约束的好处如下：

（1）主键约束：主键约束可以在表中定义一个主键值，以唯一确定表中每一条记录，是最重要的一种约束。另外，设置主键约束的列不能为空。主键约束的列可以由 1 列或多列来组成，由多列组成的主键被称为联合主键。有了主键约束，在数据表中就不用担心出现重复的行了。

（2）唯一性约束：唯一性约束（UNIQUE）确保在非主键列中不输入重复的值，用于指定一个或者多个列的组合值具有唯一性，以防止在列中输入重复的值。用户可以对一个表定义多个 UNIQUE 约束，但只能定义一个 PRIMARY KEY 约束。UNIQUE 约束允许空值，但是当和参与 UNIQUE 约束的任何值一起使用时，每列只允许一个空值。

（3）检查约束：检查约束对输入列或者整个表中的值设置检查条件，以限制输入值，保证数据库数据的完整性。检查约束通过数据的逻辑表达式确定有效值，一张表中可以设置多个检查约束。

（4）默认值约束：默认值约束指定在插入操作中如果没有提供输入值时，系统自动指定插入值，即使该值是 NULL。当必须向表中加载一行数据但不知道某一列的值或该值尚不存在时，可以使用默认值约束。默认值约束可以包括常量、函数、不带变元的内建函数或者空值。

（5）外键约束：外键约束用于强制参照完整性，提供单个字段或者多个字段的参照完整性。定义时，该约束参考同一个表或者另外一个表中主键约束字段或者唯一性约束字段，而且外键表中的字段数目和每个字段指定的数据类型都必须和 REFERENCES 表中的字段相匹配。

（6）非空约束：一张表中可以设置多个非空约束，主要用来规定某一列必须要输入值。有了非空约束，就可以避免表中出现空值了。

7.2 主键约束

主键约束用于强制表的实体完整性，用户可以通过定义 PRIMARY KEY 约束来添加主键约束。一个表中只能有一个 PRIMARY KEY 约束，并且 PRIMARY KEY 约束的列不能接受空值。由于 PRIMARY KEY 约束可保证数据的唯一性，因此经常对标识列定义主键约束。

7.2.1 在创建表时添加主键约束

在创建表时，很容易为数据表添加主键约束，但是主键约束在每张数据表中只有一个。创建表时添加主键约束的语法格式有两种。下面进行介绍：

1. 添加列级主键约束

列级主键约束就是在数据列的后面直接使用关键字 PRIMARY KEY 来添加主键约束，并不指明主键约束的名字，这时的主键约束名字由数据库系统自动生成，具体的语法格式如下：

```
CREATE TABLE table_name
(
COLUMN_NAME1  DATATYPE PRIMARY KEY,
```

```
COLUMN_NAME2  DATATYPE,
COLUMN_NAME3  DATATYPE
......
);
```

【例 7.1】在 test 数据库中定义数据表 persons，为 id 添加主键约束。打开【查询编辑器】窗口，在其中输入 T-SQL 语句：

```
CREATE TABLE persons
(
id      INT          PRIMARY KEY,
name    VARCHAR(25)  NOT NULL,
deptId  CHAR(20)      NOT NULL,
salary  FLOAT         NOT NULL
);
```

单击【执行】按钮，即可完成创建数据表并添加主键约束的操作，并在【消息】窗格中显示命令已成功完成的信息提示，如图 7-1 所示。

执行完成之后，选择新创建的数据表，然后打开该数据表的设计图，即可看到该数据表的结构，其中前面带钥匙标志的列被定义为主键约束，如图 7-2 所示。

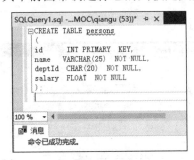

图 7-1　执行 T-SQL 语句

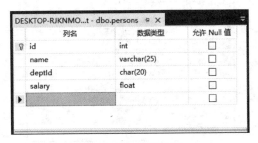

图 7-2　表设计界面

2. 添加表级主键约束

表级主键约束也是在创建表时添加，但是需要指定主键约束的名字。另外，设置表级主键约束可以设置联合主键，具体的语法格式如下：

```
CREATE TABLE table_name
(
COLUMN_NAME1  DATATYPE,
COLUMN_NAME2  DATATYPE,
COLUMN_NAME3  DATATYPE
......
[CONSTRAINT constraint_name] PRIMARY KEY(column_name1, column_name2,…)
);
```

主要参数介绍如下：

● constraint_name：为主键约束的名字，可以省略。省略后，由数据库系统自动生成。

129

- COLUMN_NAME1：数据表的列名。

【例 7.2】在 test 数据库中定义数据表 persons1，为 id 添加主键约束。打开【查询编辑器】窗口，在其中输入 T-SQL 语句：

```
CREATE TABLE persons1
(
id      INT   NOT NULL,
name    VARCHAR(25) NOT NULL,
deptId   CHAR(20) NOT NULL,
salary  FLOAT NOT NULL
CONSTRAINT 人员编号
PRIMARY  KEY(id)
);
```

单击【执行】按钮，即可完成创建数据表操作，并在【消息】窗格中显示命令已成功完成的信息提示，如图 7-3 所示。

执行完成之后，选择新创建的数据表，然后打开该数据表的设计图，即可看到该数据表的结构，其中前面带钥匙标志的列被定义为主键，如图 7-4 所示。

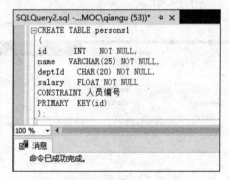

图 7-3　执行 T-SQL 语句

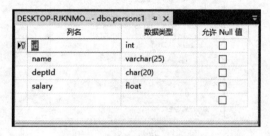

图 7-4　为 id 列添加主键约束

上述两个实例执行后的结果是一样的，都会在 id 字段上设置主键约束，第二条 CREATE 语句同时还设置了约束的名称为"人员编号"。

7.2.2　在现有表中添加主键约束

数据表创建完成后，如果需要为数据表添加主键约束，此时不需要重新创建数据表，可以使用 ALTER 语句在现有数据表中添加主键约束，语法格式如下：

```
ALTER TABLE table_name
ADD CONSTRAINT pk_name PRIMARY KEY (column_name1, column_name2,…)
```

主要参数介绍如下：

- CONSTRAINT：添加约束的关键字。
- pk_name：设置主键约束的名称。
- PRIMARY KEY：表示所添加约束的类型为主键约束。

【例 7.3】在 test 数据库中定义数据表 tb_emp1，创建完成之后，在该表中的 id 字段上添加主键约束。打开【查询编辑器】窗口，在其中输入 T-SQL 语句：

```
CREATE TABLE tb_emp1
(
id    INT NOT NULL,
name   VARCHAR(25) NOT NULL,
deptId CHAR(20) NOT NULL,
salary FLOAT NOT NULL
);
```

单击【执行】按钮，即可完成创建数据表操作，并在【消息】窗格中显示命令已成功完成的信息提示，如图 7-5 所示。

执行完成之后，选择新创建的数据表，然后打开该数据表的设计图，即可看到该数据表的结构，在其中未定义数据表的主键，如图 7-6 所示。

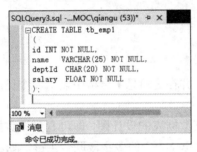

图 7-5 创建数据表 tb_emp1

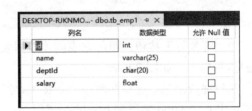

图 7-6 tb_emp1 表设计界面

下面定义数据表的主键。打开【查询编辑器】窗口，在其中输入添加主键的 T-SQL 语句：

```
GO
ALTER TABLE tb_emp1
ADD
CONSTRAINT 员工编号
PRIMARY KEY(id)
```

单击【执行】按钮，即可完成添加主键的操作，并在【消息】窗格中显示命令已成功完成的信息提示，如图 7-7 所示。

执行完成之后，选择添加主键的数据表，然后打开该数据表的设计图，即可看到该数据表的结构，其中前面带钥匙标志的列被定义为主键，如图 7-8 所示。

图 7-7 执行 T-SQL 语句

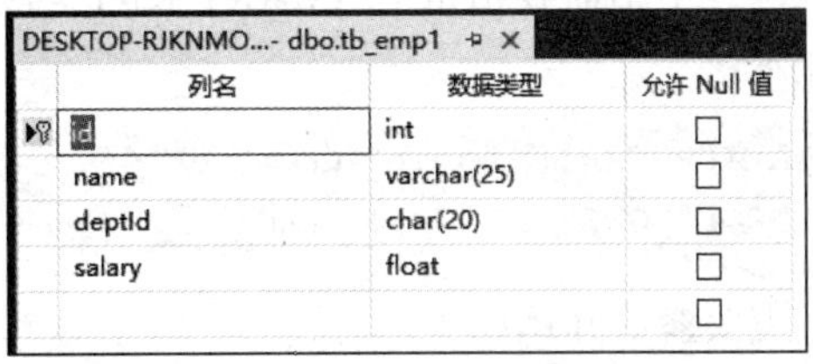

图 7-8 为 id 列添加主键约束

7.2.3　定义多字段联合主键约束

在数据表中，可以定义多个字段为联合主键约束，如果对多字段定义了 PRIMARY KEY 约束，则一列中的值可能会重复，但来自 PRIMARY KEY 约束定义中所有列的任何值组合必须唯一。

【例 7.4】在 test 数据库中，定义数据表 tb_emp2，假设表中没有主键 id，为了唯一确定一个人员信息，可以把 name、deptId 联合起来作为主键。打开【查询编辑器】窗口，在其中输入添加主键的 T-SQL 语句：

```
CREATE TABLE tb_emp2
(
name    VARCHAR(25),
deptId   INT,
salary   FLOAT,
CONSTRAINT 姓名部门约束
PRIMARY KEY(name,deptId)
);
```

单击【执行】按钮，即可完成创建数据表的操作，并在【消息】窗格中显示命令已成功完成的信息提示，如图 7-9 所示。

执行完成之后，选择新创建的数据表，然后打开该数据表的设计图，即可看到该数据表的结构，其中，name 字段和 deptId 字段组合在一起成为 tb_emp2 的多字段联合主键，如图 7-10 所示。

图 7-9　执行 T-SQL 语句

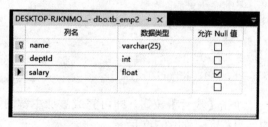

图 7-10　为表添加联合主键约束

7.2.4　删除主键约束

当表中不需要指定 PRIMARY KEY 约束时，可以通过 DROP 语句将其删除，具体语法格式如下：

```
ALTER TABLE table_name
DROP CONSTRAINT pk_name
```

主要参数介绍如下：

- table_name：要去除主键约束的表名。

- pk_name: 主键约束的名字。

【例 7.5】在 test 数据库中，删除 tb_emp2 表中定义的联合主键。打开【查询编辑器】窗口，在其中输入删除主键的 T-SQL 语句：

```
ALTER TABLE tb_emp2
DROP
CONSTRAINT 姓名部门约束
```

单击【执行】按钮，即可完成删除主键约束的操作，并在【消息】窗格中显示命令已成功完成的信息提示，如图 7-11 所示。

执行完成之后，选择删除主键操作的数据表，然后打开该数据表的设计图，即可看到该数据表的结构，其中，name 字段和 deptId 字段组合在一起的多字段联合主键消失，如图 7-12 所示。

图 7-11　执行删除主键约束 T-SQL 语句

图 7-12　联合主键约束被删除

7.3　外键约束

外键约束用来在两个表的数据之间建立连接，可以是一列或者多列。一个表可以有一个或多个外键。外键对应的是参照完整性，一个表的外键可以为空值，若不为空值，则每一个外键值必须等于另一个表中主键的某个值。

7.3.1　在创建表时添加外键约束

外键约束的主要作用是保证数据引用的完整性，定义外键后，不允许删除在另一个表中具有关联的行。添加外键约束的语法规则如下：

```
CREATE TABLE table_name
(
col_name1  datatype,
col_name2  datatype,
col_name3  datatype
……
CONSTRAINT fk_name FOREIGN KEY(col_name1, col_name2,…) REFERENCES
referenced_table_name(ref_col_name1, ref_col_name1,…)
);
```

- fk_name：定义的外键约束的名称，一个表中不能有相同名称的外键。
- col_name1：表示从表需要添加外键约束的字段列，可以由多个列组成。
- referenced_table_name：被从表外键所依赖的表的名称。
- ref_col_name1：被应用的表中的列名，也可以由多个列组成。

【例 7.6】在 test 数据库中，定义数据表 tb_emp3，并在 tb_emp3 表上添加外键约束。

首先创建一个部门表 tb_dept1，表结构如表 7-1 所示。打开【查询编辑器】窗口，在其中输入 T-SQL 语句：

```
CREATE TABLE tb_dept1
(
id       INT PRIMARY KEY,
name     VARCHAR(22)  NOT NULL,
location VARCHAR(50)  NULL
);
```

表 7-1　tb_dept1 表结构

字段名称	数据类型	备　注
id	INT	部门编号
name	VARCHAR(22)	部门名称
location	VARCHAR(50)	部门位置

单击【执行】按钮，即可完成创建数据表的操作，并在【消息】窗格中显示命令已成功完成的信息提示，如图 7-13 所示。

执行完成之后，选择创建的数据表，然后打开该数据表的设计图，即可看到该数据表的结构，如图 7-14 所示。

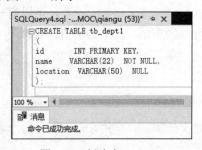

图 7-13　创建表 tb_dept1

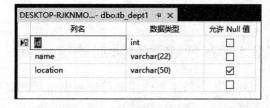

图 7-14　tb_dept1 表的设计图

下面定义数据表 tb_emp3，让它的键 deptId 作为外键关联到 tb_dept1 的主键 id。打开【查询编辑器】窗口，在其中输入 T-SQL 语句：

```
CREATE TABLE tb_emp3
(
id       INT  PRIMARY KEY,
name     VARCHAR(25),
deptId   INT,
salary   FLOAT,
```

```
CONSTRAINT fk_员工部门编号 FOREIGN KEY(deptId) REFERENCES tb_dept1(id)
);
```

单击【执行】按钮，即可完成在创建数据表时添加外键约束的操作，并在【消息】窗格中显示命令已成功完成的信息提示，如图 7-15 所示。

执行完成之后，选择创建的数据表 tb_emp3；然后打开该数据表的设计图，即可看到该数据表的结构，如图 7-16 所示。

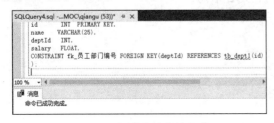

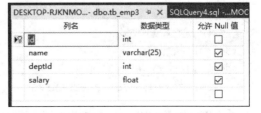

图 7-15　创建表的外键约束　　　　　　　　　图 7-16　tb_emp3 表的设计图

最后，在添加完外键约束之后，查看添加的外键约束，方法是：选择要查看的数据表节点，例如这里选择 tb_dept1 表，右击该节点，在弹出的快捷菜单中选择【查看依赖关系】菜单命令，打开【对象依赖关系】窗口，将显示与外键约束相关的信息，如图 7-17 所示。

图 7-17　【对象依赖关系】窗口

外键一般不需要与相应的主键名称相同，但是，为了便于识别，当外键与相应主键在不同的数据表中时通常使用相同的名称。另外，外键不一定要与相应的主键在不同的数据表中，也可以是同一个数据表。

7.3.2　在现有表中添加外键约束

如果创建数据表时没有添加外键约束，可以使用 ALTER 语句将 FOREIGN KEY 约束添加到该表中。添加外键约束的语法格式如下：

```
ALTER TABLE table_name
ADD CONSTRAINT fk_name FOREIGN KEY(col_name1, col_name2,…) REFERENCES
referenced_table_name(ref_col_name1, ref_col_name1,…);
```

主要参数含义参照上一节的介绍。

【例 7.7】假设在 test 数据库中创建 **tb_emp3** 数据表时没有设置外键约束，如果想要添加外键约束，需要在【查询编辑器】窗口中输入如下 T-SQL 语句：

```
GO
ALTER TABLE tb_emp3
ADD
CONSTRAINT fk_员工部门编号
FOREIGN KEY(deptId) REFERENCES tb_dept1(id)
```

单击【执行】按钮，即可完成在创建数据表后添加外键约束的操作，并在【消息】窗格中显示命令已成功完成的信息提示，如图 7-18 所示。

在添加完外键约束之后，可以查看添加的外键约束，这里选择 tb_dept1 表，右击该节点，在弹出的快捷菜单中选择【查看依赖关系】菜单命令，打开【对象依赖关系】窗口，将显示与外键约束相关的信息，如图 7-19 所示。该语句执行之后的结果与创建数据表时添加外键约束的结果是一样的。

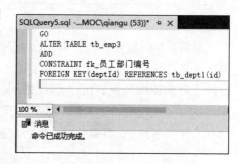

图 7-18　执行 T-SQL 语句

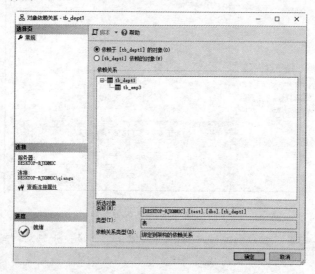

图 7-19　【对象依赖关系】窗口

7.3.3　删除外键约束

当数据表中不需要使用外键约束时，可以将其删除。删除外键约束的方法和删除主键约束的方法相同，删除时要指定外键约束名称，具体的语法格式如下：

```
ALTER TABLE table_name
DROP CONSTRAINT fk_name
```

主要参数介绍如下：

- table_name：要去除外键约束的表名。
- fk_name：外键约束的名字。

【例 7.8】在 test 数据库中，删除 tb_emp3 表中添加的
"fk_员工部门编号"外键约束，在【查询编辑器】窗口中
输入如下 T-SQL 语句：

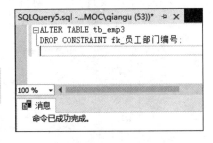

```
ALTER TABLE tb_emp3
DROP CONSTRAINT fk_员工部门编号;
```

单击【执行】按钮，即可完成删除外键约束的操作，
并在【消息】窗格中显示命令已成功完成的信息提示，如
图 7-20 所示。

图 7-20　删除外键约束

再次打开该表与其他依赖关系的窗口，可以看到依赖关系消失，确认外键约束删除成功，
如图 7-21 所示。

图 7-21　【对象依赖关系】窗口

7.4　默认值约束

默认值约束 DEFAULT 是表定义的一个组成部分，通过默认值约束 DEFAULT，可以在创
建或修改表时添加数据表某列的默认值。SQL Server 数据表的默认值可以是计算结果为常量的
任何值，如常量、内置函数或数学表达式等。

7.4.1　在创建表时添加默认值约束

数据表的默认值约束可以在创建表时添加,一般添加默认值约束的字段有两种比较常见的情况:一种是该字段不能为空,另一种是该字段添加的值总是某一个固定值。例如,当用户注册信息时,数据库中会有一个字段来存放用户注册时间,其实这个注册时间就是当前时间,因此可以为该字段设置一个当前时间为默认值。

定义默认值约束的语法格式如下:

```
CREATE TABLE table_name
(
COLUMN_NAME1  DATATYPE DEFAULT constant_expression,
COLUMN_NAME2  DATATYPE,
COLUMN_NAME3  DATATYPE
......
);
```

主要参数介绍如下:

- DEFAULT: 默认值约束的关键字,通常放在字段的数据类型之后。
- constant_expression: 常量表达式,既可以直接是一个具体的值,也可以是通过表达式得到一个值,但是这个值必须与该字段的数据类型相匹配。

 除了可以为表中的一个字段设置默认值约束,还可以为表中的多个字段同时设置默认值约束,不过每一个字段只能设置一个默认值约束。

【例 7.9】在创建蔬菜信息表时,为蔬菜产地列添加一个默认值"上海"。蔬菜信息表的结构如表 7-2 所示。

表 7-2　蔬菜信息表结构

字段名称	数据类型	备　注
id	INT	编号
name	VARCHAR(20)	名称
price	DECIMAL(6, 2)	价格
origin	VARCHAR(20)	产地
tel	VARCHAR(20)	电话
remark	VARCHAR(200)	备注说明

在【查询编辑器】窗口中输入如下 T-SQL 语句:

```
CREATE TABLE vegetables
(
id      INT     PRIMARY KEY,
name    VARCHAR(20),
price   DECIMAL(6,2),
```

```
origin     VARCHAR(20)  DEFAULT '上海',
tel        VARCHAR(20) ,
remark     VARCHAR(200),
);
```

单击【执行】按钮，即可完成添加默认值约束的操作，并在【消息】窗格中显示命令已成功完成的信息提示，如图 7-22 所示。

打开蔬菜信息表的设计界面，选择添加默认值的列，即可在【列属性】列表中查看添加的默认值约束信息，如图 7-23 所示。

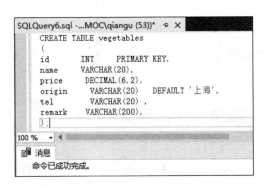

图 7-22 添加默认值约束

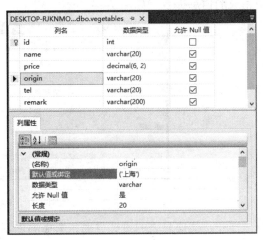

图 7-23 列属性界面

7.4.2 在现有表中添加默认值约束

默认值约束可以在创建好数据表之后再来添加，但是不能给已经添加了默认值约束的列再添加默认值约束了。在现有表中添加默认值约束可以通过 ALTER TABLE 语句来完成，具体的语法格式如下：

```
ALTER TABLE table_name
ADD CONSTRAINT default_name DEFAULT constant_expression FOR col_name;
```

主要参数介绍如下：

- table_name: 表名，是要添加默认值约束列所在的表名。
- default_name: 默认值约束的名字，可以省略，省略后系统将会为该默认值约束自动生成一个名字。系统自动生成的默认值约束名字通常是 "df_表名_列名_随机数" 这种格式的。
- DEFAULT: 默认值约束的关键字，如果省略默认值约束的名字，那么 DEFAULT 关键字直接放到 ADD 后面，同时去掉 CONSTRAINT。
- constant_expression: 常量表达式，可以直接是一个具体的值，也可以是通过表达式得到一个值，但是这个值必须与该字段的数据类型相匹配。
- col_name: 设置默认值约束的列名。

【例 7.10】蔬菜信息表创建完成后,下面给蔬菜的备注说明列添加默认值约束,将其默认值设置为"保质期为 2 天,请注意冷藏!"。

在【查询编辑器】窗口中输入如下 T-SQL 语句:

```
ALTER TABLE vegetables
ADD CONSTRAINT df_vegetables_remark DEFAULT '保质期为 2 天,请注意冷藏!' FOR
remark;
```

单击【执行】按钮,即可完成默认值约束的添加操作,并在【消息】窗格中显示命令已成功完成的信息提示,如图 7-24 所示。

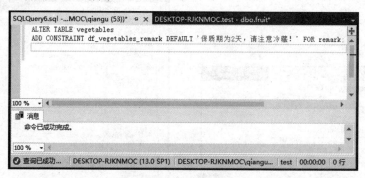

图 7-24　添加默认值约束

打开蔬菜信息表的设计界面,选择添加默认值的列,即可在【列属性】列表中查看添加的默认值约束信息,如图 7-25 所示。

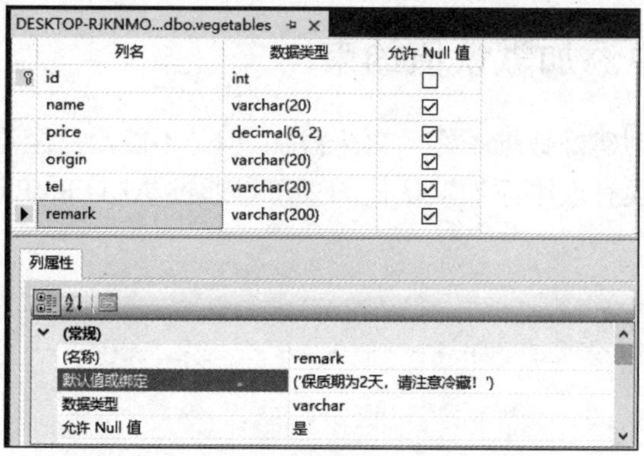

图 7-25　查看添加的默认值约束

【例 7.11】给蔬菜信息表的备注说明列再添加一个默认值约束,将其默认值设置为"保质期为 5 天"。

在【查询编辑器】窗口中输入如下 T-SQL 语句:

```
ALTER TABLE vegetables
ADD CONSTRAINT df_vegetables_remark DEFAULT '保质期为 5 天' FOR remark;
```

单击【执行】按钮,会在【消息】窗格中显示命令执行的结果,从结果可以看出无法再次添加默认值约束,说明给表中的每一个列只能添加一个默认值约束,如图 7-26 所示。

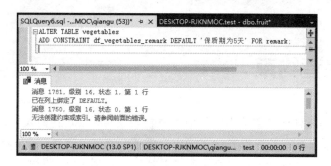

图 7-26　【消息】窗格

7.4.3　删除默认值约束

当表中的某个字段不再需要默认值时，可以将默认值约束删除，非常简单。删除默认值约束的语法格式如下：

```
ALTER TABLE table_name
DROP CONSTRAINT default_name;
```

参数介绍如下：

- table_name：表名，是要删除默认值约束列所在的表名。
- default_name：默认值约束的名字。

【例 7.12】将蔬菜信息表中添加的名称为 df_vegetables_remark 的默认值约束删除。

在【查询编辑器】窗口中输入如下 T-SQL 语句：

```
ALTER TABLE vegetables
DROP CONSTRAINT df_vegetables_remark;
```

单击【执行】按钮，即可完成在默认值约束的删除操作，并在【消息】窗格中显示命令已成功完成的信息提示，如图 7-27 所示。

打开蔬菜信息表的设计界面，选择删除默认值的列，即可在【列属性】列表中看到该列的默认值约束信息已经被删除，如图 7-28 所示。

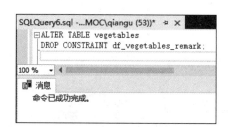

图 7-27　删除默认值约束

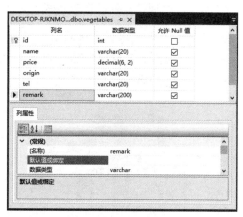

图 7-28　列属性工作界面

7.5 检查约束

检查约束是对输入列或者整个表中的值设置检查条件，以限制输入值，保证数据库数据的完整性。检查约束通过数据的逻辑表达式确定有效值。例如，定义一个 age 年龄字段，可以通过添加 CHECK 约束条件将 age 列中值的范围限制为从 0 到 100 之间的数据，这将防止输入的年龄值超出正常的年龄范围。

7.5.1 在创建表时添加检查约束

在一张数据表中，检查约束可以有多个，但是每一列只能设置一个检查约束。用户可以在创建表时添加检查约束。建表时添加检查约束的语法格式有以下两种。

1. 添加列级检查约束

添加列级检查约束的语法格式如下：

```
CREATE TABLE table_name
(
COLUMN_NAME1  DATATYPE CHECK(expression),
COLUMN_NAME2  DATATYPE,
COLUMN_NAME3  DATATYPE
……
);
```

主要参数介绍如下：

- CHECK：检查约束的关键字。
- expression：约束的表达式，可以是 1 个条件，也可以同时有多个条件。例如：设置该列的值大于 10，那么表达式可以写成 COLUMN_NAME1>10；如果设置该列的值在 10~20 之间，就可以将表达式写成 COLUMN_NAME1>10 and COLUMN_NAME1<20。

【例 7.13】在创建水果表时，给水果价格列添加检查约束，要求水果的价格大于 0 且小于 20。在【查询编辑器】窗口中输入如下 T-SQL 语句：

```
CREATE TABLE fruit
(
id        INT     PRIMARY KEY,
name     VARCHAR(20),
price     DECIMAL(6,2)  CHECK(price>0 and price<20),
origin    VARCHAR(20),
tel      VARCHAR(20) ,
remark   VARCHAR(200),
);
```

单击【执行】按钮，即可完成添加检查约束的操作，并在【消息】窗格中显示命令已成功完成的信息提示，如图 7-29 所示。

打开水果表的设计界面，选择添加检查约束的列，右击鼠标，在弹出的快捷菜单中选择【CHECK 约束】菜单命令，即可打开【CHECK 约束】对话框，在其中查看添加的检查约束，如图 7-30 所示。

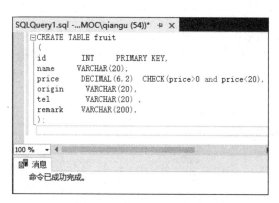

| 图 7-29　执行 T-SQL 语句 | 图 7-30　【CHECK 约束】对话框 |

2. 添加表级检查约束

添加表级检查约束的语法格式如下：

```
CREATE TABLE table_name
(
COLUMN_NAME1  DATATYPE,
COLUMN_NAME2  DATATYPE,
COLUMN_NAME3  DATATYPE,
……
CONSTRAINT ck_name CHECK(expression),
CONSTRAINT ck_name CHECK(expression),
…..
);
```

主要参数介绍如下：

- ck_name: 检查约束的名字，必须写在 CONSTRAINT 关键字的后面，并且检查约束的名字不能重复。检查约束的名字通常是以 ck_开头，如果 CONSTRAINT ck_name 部分省略，系统会自动为检查约束设置一个名字，命名规则为"ck_表名_列名_随机数"。
- CHECK(expression): 检查约束的条件。

【例 7.14】在创建员工信息表时，给员工工资列添加检查约束，要求员工的工资大于 1800 且小于 3000。在【查询编辑器】窗口中输入如下 T-SQL 语句：

```
CREATE TABLE tb_emp
(
  id      INT  PRIMARY KEY,
```

```
name       VARCHAR(25)    NOT NULL,
deptId     INT       NOT NULL,
salary     FLOAT   NOT NULL,
CHECK(salary > 1800 AND salary < 3000),
);
```

单击【执行】按钮，即可完成添加检查约束的操作，并在【消息】窗格中显示命令已成功完成的信息提示，如图 7-31 所示。

打开员工信息表的设计界面，选择添加检查约束的列，右击鼠标，在弹出的快捷菜单中选择【CHECK 约束】菜单命令，即可打开【CHECK 约束】对话框，在其中查看添加的检查约束，如图 7-32 所示。

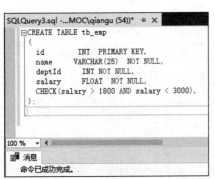

图 7-31　添加表级检查约束

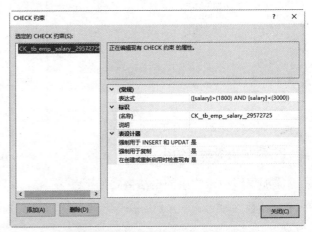

图 7-32　查看添加的表级检查约束

注　意

检查约束可以帮助数据表检查数据，确保数据的正确性，但是也不能给数据表中的每一列都设置检查约束，否则会影响数据表中数据操作的效果。因此，在给表设置检查约束前，也要尽可能地确保检查约束是否真的有必要。

7.5.2　在现有表中添加检查约束

如果在创建表时没有直接添加检查约束，这时可以在现有表中添加检查约束。在现有表中添加检查约束可以通过 ALTER TABLE 语句来完成，具体的语法格式如下：

```
ALTER TABLE table_name
ADD CONSTRAINT ck_name CHECK (expression);
```

主要参数介绍如下：

- table_name：表名，是要添加检查约束列所在的表名。
- CONSTRAINT ck_name：添加名为 ck_name 的约束。该语句可以省略，省略后系统会为添加的约束自动生成一个名字。
- CHECK (expression)：检查约束的定义，CHECK 是检查约束的关键字，expression 是检查约束的表达式。

【例 7.15】首先创建员工信息表，然后给员工工资列添加检查约束，要求员工的工资大于 1800 且小于 3000。在【查询编辑器】窗口中输入如下 T-SQL 语句：

```
ALTER TABLE tb_emp
ADD CHECK (salary > 1800 AND salary < 3000);
```

单击【执行】按钮，即可完成在添加检查约束的操作，并在【消息】窗格中显示命令已成功完成的信息提示，如图 7-33 所示。

打开员工信息表的设计界面，选择添加检查约束的列，右击鼠标，在弹出的快捷菜单中选择【CHECK 约束】菜单命令，即可打开【CHECK 约束】对话框，在其中查看添加的检查约束，如图 7-34 所示。

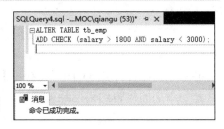

图 7-33　添加检查约束

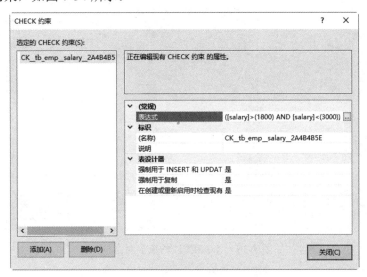

图 7-34　查看添加的检查约束

7.5.3　删除检查约束

当不再需要检查约束时，可以将其删除。删除检查约束的语法格式如下：

```
ALTER TABLE table_name
DROP CONSTRAINT ck_name;
```

主要参数介绍如下：

- table_name：表名。
- ck_name：检查约束的名字。

【例 7.16】删除员工信息表中添加的检查约束，检查约束的条件为员工的工资大于 1800 且小于 3000，名字为 "CK__tb_emp__salary__2A4B4B5E"。在【查询编辑器】窗口中输入如下 T-SQL 语句：

```
ALTER TABLE tb_emp
DROP CONSTRAINT·CK__tb_emp__salary__2A4B4B5E;
```

单击【执行】按钮，即可完成删除检查约束的操作，
并在【消息】窗格中显示命令已成功完成的信息提示，如
图 7-35 所示。

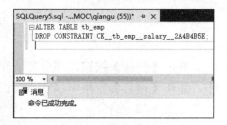

打开员工信息表的设计界面，选择删除检查约束的
列，右击鼠标，在弹出的快捷菜单中选择【CHECK 约束】
菜单命令，即可打开【CHECK 约束】对话框，在其中可
以看到添加的检查约束已经被删除，如图 7-36 所示。

图 7-35　删除检查约束

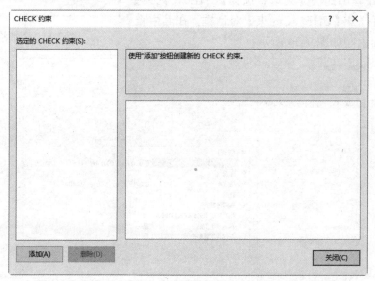

图 7-36　【CHECK 约束】对话框

7.6　唯一性约束

唯一性约束（UNIQUE）确保在非主键列中不输入重复的值。用于指定一个或者多个列的
组合值具有唯一性，以防止在列中输入重复的值。用户可以对一个表定义多个 UNIQUE 约束，
UNIQUE 约束允许 NULL 值，但是当和参与 UNIQUE 约束的任何值一起使用时，每列只允许
一个空值。

7.6.1　在创建表时添加唯一性约束

在 SQL Server 中，除了使用 PRIMARY KEY 可以提供唯一性约束之外，使用 UNIQUE 约
束也可以指定数据的唯一性。主键约束在一个表中只能有一个，如果想要给多个列设置唯一性，
就需要使用唯一性约束了。

1. 添加列级唯一性约束

添加列级唯一性约束比较简单，只需要在列的数据类型后面加上 UNIQUE 关键字就可以了，具体的语法格式如下：

```
CREATE TABLE table_name
(
COLUMN_NAME1  DATATYPE UNIQUE,
COLUMN_NAME2  DATATYPE,
COLUMN_NAME3  DATATYPE
……
);
```

主要参数介绍如下：

● UNIQUE：唯一性约束的关键字。

【例 7.17】定义数据表 tb_emp02，将员工名称列设置为唯一性约束。在【查询编辑器】窗口中输入如下 T-SQL 语句：

```
CREATE TABLE tb_emp02
(
id       INT    PRIMARY KEY,
name     VARCHAR(20)  UNIQUE,
tel       VARCHAR(20) ,
remark    VARCHAR(200),
);
```

单击【执行】按钮，即可完成添加唯一性约束的操作，并在【消息】窗格中显示命令已成功完成的信息提示，如图 7-37 所示。

打开数据表 tb_emp02 的设计界面，右击鼠标，在弹出的快捷菜单中选择【索引/键】菜单命令，即可打开【索引/键】对话框，在其中可以查看添加的唯一性约束，如图 7-38 所示。

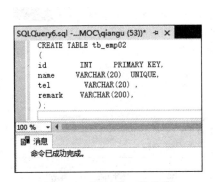

图 7-37　添加唯一性约束

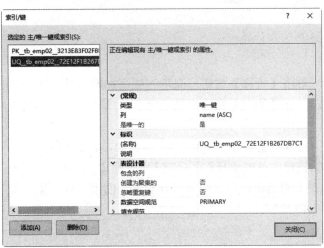

图 7-38　查看添加的唯一性约束

2. 添加表级唯一性约束

表级唯一性约束的添加要比列级唯一性约束复杂一些，具体的语法格式如下：

```
CREATE TABLE table_name
(
COLUMN_NAME1  DATATYPE,
COLUMN_NAME2  DATATYPE,
COLUMN_NAME3  DATATYPE,
......
CONSTRAINT uq_name UNIQUE(col_name1),
CONSTRAINT uq_name UNIQUE(col_name2),
…..
);
```

参数介绍如下：

- CONSTRAINT：在表中定义约束时的关键字。
- uq_name：唯一性约束的名字。唯一性约束的名字通常是以 uq_ 开头，如果 CONSTRAINT uq_name 部分省略，系统会自动为唯一性约束设置一个名字，命名规则为 "uq_表名_随机数"。
- UNIQUE(col_name)：UNIQUE 是定义唯一性约束的关键字，不可省略；col_name 为定义唯一性约束的列名。

【例 7.18】定义数据表 tb_emp03，将员工名称列设置为唯一性约束。在【查询编辑器】窗口中输入如下 T-SQL 语句：

```
CREATE TABLE tb_emp03
(
id       INT  PRIMARY KEY,
name     VARCHAR(20),
tel      VARCHAR(20) ,
remark   VARCHAR(200),
UNIQUE(name)
);
```

单击【执行】按钮，即可完成添加唯一性约束的操作，并在【消息】窗格中显示命令已成功完成的信息提示，如图 7-39 所示。

打开数据表 tb_emp03 的设计界面，右击鼠标，在弹出的快捷菜单中选择【索引/键】菜单命令，即可打开【索引/键】对话框，在其中可以查看添加的唯一性约束，如图 7-40 所示。

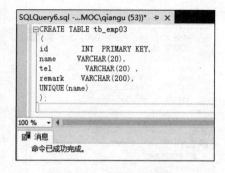

图 7-39　添加唯一性约束

图 7-40　查看添加的唯一性约束

注　意

UNIQUE 和 PRIMARY KEY 的区别：一个表中可以有多个字段声明为 UNIQUE，但只能有一个 PRIMARY KEY 声明；声明为 PRIMAY KEY 的列不允许有空值，但是声明为 UNIQUE 的字段允许空值（NULL）的存在。

7.6.2　在现有表中添加唯一性约束

在现有表中添加唯一性约束的方法只有一种，而且在添加唯一性约束时，需要保证添加唯一性约束的列中存放的值没有重复的。在现有表中添加唯一性约束的语法格式如下：

```
ALTER TABLE table_name
ADD CONSTRAINT uq_name UNIQUE(col_name);
```

主要参数介绍如下：

- table_name：表名，是要添加唯一性约束列所在的表名。
- CONSTRAINT uq_name：添加名为 uq_name 的约束。该语句可以省略，省略后系统会为添加的约束自动生成一个名字。
- UNIQUE(col_name)：唯一性约束的定义，UNIQUE 是唯一性约束的关键字，col_name 是唯一性约束的列名。如果想要同时为多个列设置唯一性约束，就要省略唯一性约束的名字，名字由系统自动生成。

【例 7.19】首先创建水果表 fruit，然后给水果表中的联系方式添加唯一性约束。在【查询编辑器】窗口中输入如下 T-SQL 语句：

```
ALTER TABLE fruit
ADD CONSTRAINT uq_fruit_tel UNIQUE(tel);
```

单击【执行】按钮，即可完成添加唯一性约束的操作，并在【消息】窗格中显示命令已成功完成的信息提示，如图 7-41 所示。

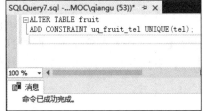

图 7-41　执行 T-SQL 语句

打开水果表的设计界面，右击鼠标，在弹出的快捷菜单中选择【索引/键】菜单命令，即可打开【索引/键】对话框，在其中可以查看添加的唯一性约束，如图 7-42 所示。

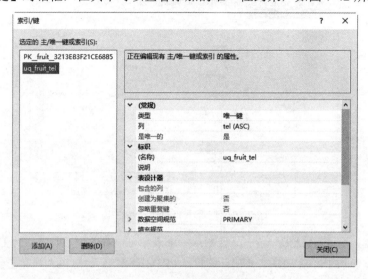

图 7-42　【索引/键】对话框

7.6.3　删除唯一性约束

任何一个约束都是可以被删除的。删除唯一性约束的方法很简单，具体的语法格式如下：

```
ALTER TABLE table_name
DROP CONSTRAINT uq_name;
```

主要参数介绍如下：

- table_name：表名。
- uq_name：唯一性约束的名字。

【例 7.20】删除水果表中联系方式的唯一性约束。在【查询编辑器】窗口中输入如下 T-SQL 语句：

```
ALTER TABLE fruit
DROP CONSTRAINT uq_fruit_tel;
```

单击【执行】按钮，即可完成删除唯一性约束的操作，并在【消息】窗格中显示命令已成功完成的信息提示，如图 7-43 所示。

打开水果表的设计界面，右击鼠标，在弹出的快捷菜单中选择【索引/键】菜单命令，即可打开【索引/键】对话框，在其中可以看到联系方式 tel 列的唯一性约束被删除，如图 7-44 所示。

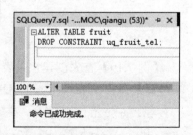

图 7-43　删除唯一性约束

图 7-44　删除 tel 列的唯一性约束

7.7　非空约束

非空约束主要用来确保列中必须要输入值，表示指定的列中不允许使用空值，插入时必须为该列提供具体的数据值，否则系统将提示错误。定义为主键的列，系统强制为非空约束。

7.7.1　在创建表时添加非空约束

非空约束通常都是在创建数据表时就添加了，操作很简单。添加非空约束的语法只有一种，并且在数据表中可以为同列设置唯一性约束。不过，对于设置了主键约束的列，就没有必要设置非空约束了。添加非空约束的语法格式如下：

```
CREATE TABLE table_name
(
COLUMN_NAME1  DATATYPE NOT NULL,
COLUMN_NAME2  DATATYPE NOT NULL,
COLUMN_NAME3  DATATYPE
……
);
```

简单来说，添加非空约束就是在列的数据类型后面加上 NOT NULL 关键字。

【例 7.21】定义数据表 students，将学生名称和出生年月列设置为非空约束。在【查询编辑器】窗口中输入如下 T-SQL 语句：

```
CREATE TABLE students
(
id      INT  PRIMARY KEY,
name    VARCHAR(25)  NOT NULL,
```

```
birth    DATETIME    NOT NULL,
class    VARCHAR(50),
info     VARCHAR(200),
);
```

单击【执行】按钮，即可完成添加非空约束的操作，并在【消息】窗格中显示命令已成功完成的信息提示，如图 7-45 所示。

打开学生信息表的设计界面，在其中可以看到 id、name 和 birth 列不允许为 NULL 值，如图 7-46 所示。

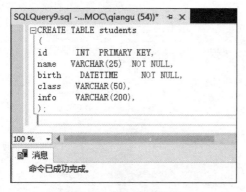

图 7-45　添加非空约束

图 7-46　查看添加的非空约束

7.7.2　在现有表中添加非空约束

当创建好数据表后，也可以为其添加非空约束，具体的语法格式如下：

```
ALTER TABLE table_name
ALTER COLUMN col_name datatype NOT NULL;
```

主要参数介绍如下：

- table_name：表名。
- col_name：列名，要为其添加非空约束的列名。
- datatype：列的数据类型，如果不修改数据类型，还要使用原来的数据类型。
- NOT NULL：非空约束的关键字。

【例 7.22】在现有数据表 students 中，为学生的班级信息添加非空约束。在【查询编辑器】窗口中输入如下 T-SQL 语句：

```
ALTER TABLE students
ALTER COLUMN class VARCHAR(50) NOT NULL;
```

单击【执行】按钮，即可完成添加非空约束的操作，并在【消息】窗格中显示命令已成功完成的信息提示，如图 7-47 所示。

打开学生信息表的设计界面，在其中可以看到 class 列不允许为 NULL 值，如图 7-48 所示。

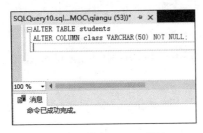

图 7-47　执行 T-SQL 语句　　　　　图 7-48　查看添加的非空约束

7.7.3　删除非空约束

非空约束的删除操作很简单，只需要将数据类型后的 NOT NULL 修改为 NULL 即可，具体的语法格式如下：

```
ALTER TABLE table_name
ALTER COLUMN col_name datatype NULL;
```

【例 7.23】在现有数据表 students 中，删除学生班级信息的非空约束。在【查询编辑器】窗口中输入如下 T-SQL 语句：

```
ALTER TABLE students
ALTER COLUMN class VARCHAR(50) NULL;
```

单击【执行】按钮，即可完成删除非空约束的操作，并在【消息】窗格中显示命令已成功完成的信息提示，如图 7-49 所示。

打开学生信息表的设计界面，在其中可以看到 class 列允许为 NULL 值，如图 7-50 所示。

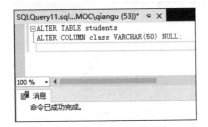
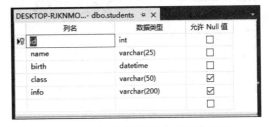

图 7-49　删除非空约束　　　　　图 7-50　查看删除非空约束后的效果

7.8　使用 SSMS 管理数据表中的约束

使用 SSMS 可以以界面方式管理数据表中的约束，如添加约束、删除约束等。

7.8.1　使用 SSMS 管理主键约束

使用对象资源管理器可以以界面方式管理主键约束，这里以 member 表为例，介绍添加与删除 PRIMARY KEY 约束的过程。

1. 添加 PRIMARY KEY 约束

使用对象资源管理器添加 PRIMARY KEY 约束，对 test 数据库中的 member 表中的 id 字段建立 PRIMARY KEY，具体操作步骤如下。

步骤 01 在【对象资源管理器】窗口中选择 test 数据库中的 member 表，然后右击鼠标，在弹出的快捷菜单中选择【设计】菜单命令，如图 7-51 所示。

步骤 02 打开表设计窗口，在其中选择【id】字段对应的行，右击鼠标，在弹出的快捷菜单中选择【设置主键】菜单命令，如图 7-52 所示。

图 7-51 选择【设计】菜单命令

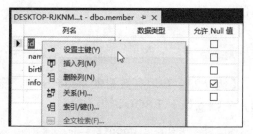

图 7-52 选择【设置主键】菜单命令

步骤 03 设置完成之后，id 所在行会有一个钥匙图标，表示这是主键列，如图 7-53 所示。

步骤 04 如果主键由多列组成，可以在选中某一列的同时按住 Ctrl 键选择多行，然后右击，在弹出的快捷菜单中选择【主键】菜单命令，将多列设为主键，如图 7-54 所示。

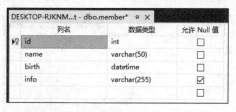

图 7-53 设置【主键】列

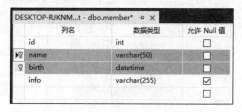

图 7-54 设置多列为主键

2. 删除 PRIMARY KEY 约束

当不再需要使用约束的时候，可以将其删除。在对象资源管理器中删除主键约束的具体操作步骤如下：

步骤 01 打开数据表 member 的表结构设计窗口，单击工具栏上的【删除主键】按钮，如图 7-55 所示。

步骤 02 表中的主键被删除，如图 7-56 所示。

另外，通过【索引/键】对话框也可以删除主键约束，操作步骤如下：

步骤 01 打开数据表 member 的表结构设计窗口，单击工具栏中的【管理索引和键】按钮或者右击鼠标，在弹出的快捷菜单中选择【索引/键】菜单命令，打开【索引/键】对话框，如图 7-57 所示。

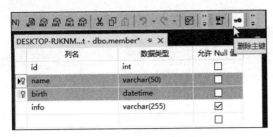

图 7-55 【删除主键】按钮

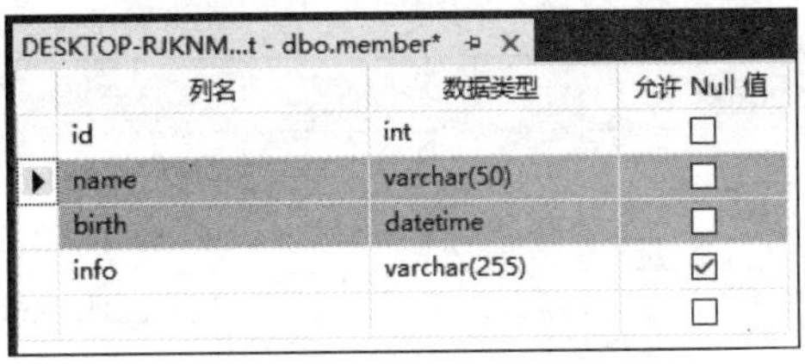

图 7-56 删除表中的多列主键

步骤 02 选择要删除的索引或键，单击【删除】按钮。用户在这里可以选择删除 member 表中的主键约束，如图 7-58 所示。

图 7-57 【索引/键】对话框

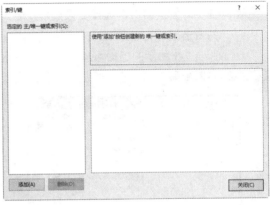

图 7-58 删除主键约束

步骤 03 删除完成之后，单击【关闭】按钮，删除主键约束操作成功。

7.8.2 使用 SSMS 管理外键约束

在 SSMS 工具操作界面中，设置数据表的外键约束要比设置主键约束复杂一些。这里以添加和删除外键约束为例来介绍使用 SSMS 管理外键约束的方法。这里以水果表（表 7-3 所示）与水果供应商表（表 7-4 所示）为例，介绍添加与删除外键约束的过程。

表 7-3 水果表结构

字段名称	数据类型	备 注
id	INT	编号
name	VARCHAR(20)	名称
price	DECIMAL(6, 2)	价格
origin	VARCHAR(50)	产地
supplierid	INT	供应商编号
remark	VARCHAR(200)	备注说明

表 7-4 水果供应商表结构

字段名称	数据类型	备　注
id	INT	编号
name	VARCHAR(20)	名称
tel	VARCHAR(15)	电话
remark	VARCHAR(200)	备注说明

1. 添加 FOREIGN KEY 约束

在资源管理器中，添加外键约束的操作步骤如下：

步骤 01 在资源管理器中，选择要添加水果表的数据库（这里选择 test 数据库）；然后展开表节点并右击鼠标，在弹出的快捷菜单中选择【新建】→【表】选项，即可进入表设计界面，按照表 7-3 所示的结构添加水果表，如图 7-59 所示。

步骤 02 参照步骤 1 的方法，添加水果供应商表，如图 7-60 所示。

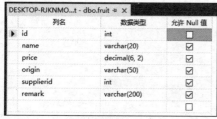

图 7-59　水果表设计界面　　　　　　　　　图 7-60　水果供应商表设计界面

步骤 03 选择水果表 fruit，在表设计界面中右击鼠标，在弹出的快捷菜单中选择【关系】选项，如图 7-61 所示。

步骤 04 打开【外键关系】对话框，在其中单击【添加】按钮，即可添加选定的关系，然后选择【表和列规范】选项，如图 7-62 所示。

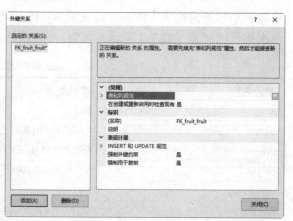

图 7-61　【关系】菜单命令　　　　　　　　图 7-62　【外键关系】对话框

步骤 05 单击【表和列规范】右侧的【...】按钮，打开【表和列】对话框，从中可以看到左侧是主键表，右侧是外键表，如图 7-63 所示。

步骤 06 这里要求给水果表添加外键约束，因此外键表是水果表、主键表是水果供应商表，根据要求设置主键表与外键表，如图 7-64 所示。

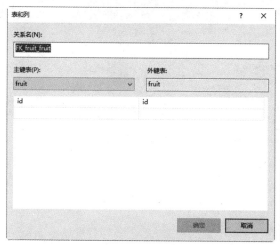

图 7-63 【表和列】对话框

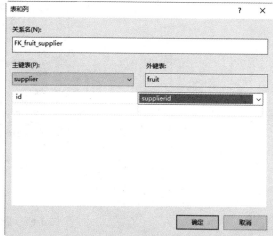

图 7-64 设置外键约束条件

步骤 07 设置完毕后，单击【确定】按钮，即可完成外键约束的添加操作。

注 意

在为数据表添加外键约束时，主键表与外键表必须添加相应的主键约束，否则在添加外键约束的过程中会弹出警告信息框，如图 7-65 所示。

图 7-65 警告信息框

2. 删除 FOREIGN KEY 约束

在 SSMS 工作界面中，删除外键约束的操作很简单，具体操作步骤如下：

步骤 01 打开添加有外键约束的数据表，这里打开水果表的设计页面，如图 7-66 所示。

步骤 02 在水果表中右击鼠标，在弹出的快捷菜单中选择【关系】菜单命令，打开【外键关系】对话框，如图 7-67 所示。

步骤 03 在【选定的关系】列表中选择要删除的外键约束，单击【删除】按钮，即可将外键约束删除。

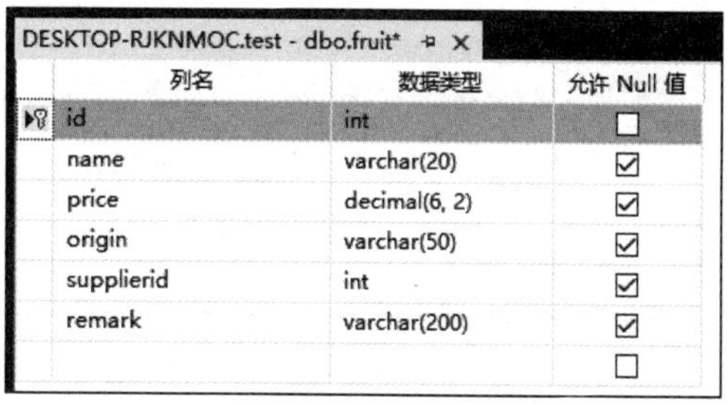

DESKTOP-RJKNMOC.test - dbo.fruit* 中 X		
列名	数据类型	允许 Null 值
▶️ id	int	☐
name	varchar(20)	☑
price	decimal(6, 2)	☑
origin	varchar(50)	☑
supplierid	int	☑
remark	varchar(200)	☑
		☐

图 7-66 水果表设计界面

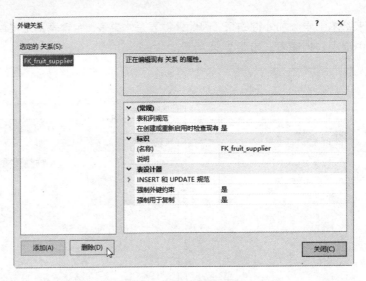

图 7-67　删除外键约束

7.8.3　使用 SSMS 管理默认值约束

在 SSMS 中添加和删除默认值约束非常简单。需要注意的是，给列添加默认值约束时要使默认值与列的数据类型相匹配，如果是字符类型，需要添加相应的单引号。

下面以创建水果信息表并添加默认值约束为例来介绍使用 SSMS 管理默认值约束的方法，具体操作步骤如下：

步骤 01 进入 SSMS 工作界面，在【对象资源管理器】窗格中展开要创建数据表的数据库节点，右击该数据库下的表节点，在弹出的快捷菜单中选择【新建】→【表】选项，进入新建表工作界面，如图 7-68 所示。

步骤 02 录入水果信息表的列信息，如图 7-69 所示。

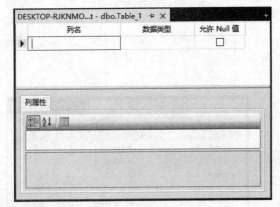

图 7-68　新建表设计界面

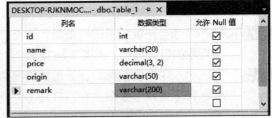

图 7-69　录入水果信息表字段内容

步骤 03 单击【保存】按钮，打开【选择名称】对话框，在其中输入表名为"fruitinfo"，单击【确定】按钮，即可保存创建的数据表，如图 7-70 所示。

步骤 04 选择需要添加默认值约束的列，这里选择【origin】列，展开列属性界面，如图 7-71 所示。

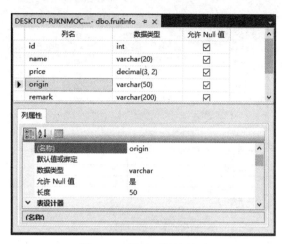

图 7-70　【选择名称】对话框　　　　　　　　图 7-71　展开列属性界面

步骤 05 选择【默认值或绑定】选项，在右侧的文本框中输入默认值约束的值，这里输入"海南"，如图 7-72 所示。

步骤 06 单击【保存】按钮，即可完成添加数据表时添加默认值约束的操作，如图 7-73 所示。

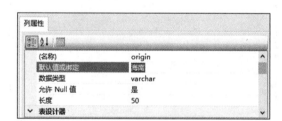

图 7-72　输入默认值约束的值　　　　　　　　图 7-73　添加默认值约束

提 示

在【对象资源管理器】中，给表中的列设置默认值时，可以对字符串类型的数据省略单引号，如果省略了单引号，系统会在保存表信息时自动为其加上单引号。

在创建好数据表后，也可以添加默认值约束，具体操作步骤如下：

步骤 01 选择需要添加默认值约束的表，这里选择水果信息表 fruitinfo，然后右击鼠标，在弹出的快捷菜单中选择【设计】选项，进入表的设计工作界面，如图 7-74 所示。

步骤 02 选择要添加默认值约束的列，这里选择【remark】列，打开列属性界面，在【默认值或绑定】选项后，输入默认值约束的值，这里输入"保质期为 1 天，请注意冷藏！"，单击【保存】按钮，即可完成在现有表中添加默认值约束的操作，如图 7-75 所示。

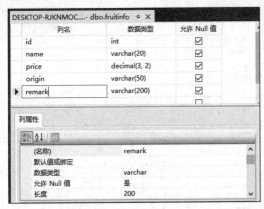

图 7-74　水果信息表设计界面

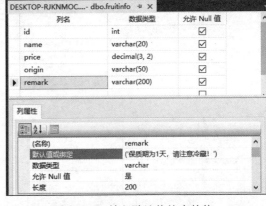

图 7-75　输入默认值约束的值

在 SSMS 工作界面中，删除默认值约束与添加默认值约束很像，只需要将默认值或绑定右侧的值清空即可。具体操作步骤如下：

步骤 01 选择需要删除默认值约束的工作表，这里选择水果信息表 fruitinfo，然后右击鼠标，在弹出的快捷菜单中选择【设计】选项，进入表的设计工作界面，选择需要删除默认值约束的列，这里选择【origin】列，打开列属性界面，如图 7-76 所示。

步骤 02 选择【默认值或绑定】列，然后删除其右侧的值，最后单击【确定】按钮，即可保存删除默认值约束后的数据表，如图 7-77 所示。

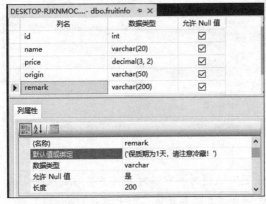

图 7-76　origin 列属性界面

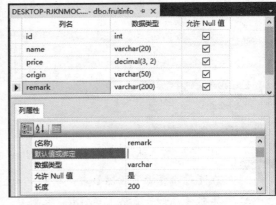

图 7-77　删除列的默认值约束

7.8.4　使用 SSMS 管理检查约束

在 SSMS 中添加和删除检查约束非常简单。下面以创建员工信息表并添加检查约束为例来介绍使用 SSMS 管理检查约束的方法，具体操作步骤如下：

步骤 01 进入 SSMS 工作界面，在【对象资源管理器】窗格中展开要创建数据表的数据库节点，右击该数据库下的表节点，在弹出的快捷菜单中选择【新建】→【表】选项，进入新建表工作界面，如图 7-78 所示。

步骤 02 录入员工信息表的列信息，如图 7-79 所示。

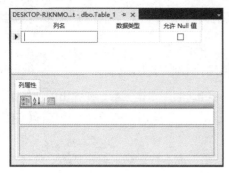

图 7-78　新建表设计界面

图 7-79　录入员工信息表

步骤 03　单击【保存】按钮，打开【选择名称】对话框，在其中输入表名为 "tb_emp01"，单击【确定】按钮，即可保存创建的数据表，如图 7-80 所示。

步骤 04　选择需要添加检查约束的列，这里选择【salary】列，右击鼠标，在弹出的快捷菜单中选择【CHECK 约束】菜单命令，如图 7-81 所示。

图 7-80　【选择名称】对话框

图 7-81　【CHECK 约束】菜单命令

步骤 05　打开【CHECK 约束】对话框，单击【添加】按钮，进入检查约束编辑状态，如图 7-82 所示。

步骤 06　选择 "表达式"，然后在右侧输入检查约束的条件，这里输入 "salary > 1800 AND salary < 3000"，如图 7-83 所示。

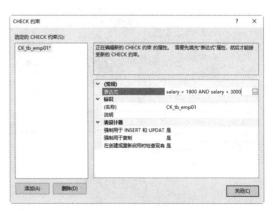

图 7-82　检查约束编辑状态

图 7-83　输入表达式

步骤 07 单击【关闭】按钮，关闭【CHECK 约束】对话框，然后单击【保存】按钮，保存数据表，
即可完成检查约束的添加。

在创建好数据表后，也可以添加检查约束，具体操作步骤如下：

步骤 01 选择需要添加检查约束的表，这里选择水果表 fruit，然后右击鼠标，在弹出的快捷菜单中
选择【设计】选项，进入表的设计工作界面，右击鼠标，在弹出的快捷菜单中选择【CHECK
约束】菜单命令，如图 7-84 所示。

步骤 02 打开【CHECK 约束】对话框，单击【添加】按钮，进入检查约束编辑状态，选择"表达
式"，然后在右侧输入检查约束的条件，这里输入"price> 0 AND price < 20"，如图 7-85
所示。

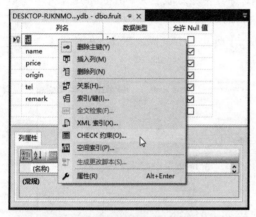

图 7-84　【CHECK 约束】菜单命令

图 7-85　【CHECK 约束】对话框

步骤 03 单击【关闭】按钮，关闭【CHECK 约束】对话框，然后单击【保存】按钮，保存数据表，
即可完成检查约束的添加。

在 SSMS 工作界面中，删除检查约束与添加检查约束很像，只需要在【CHECK 约束】对
话框中选择要删除的检查约束，然后单击【删除】按钮，最后单击【保存】按钮，即可删除数
据表中添加的检查约束，如图 7-86 所示。

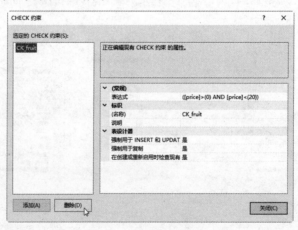

图 7-86　删除选择的检查约束

7.8.5　使用 SSMS 管理唯一性约束

在 SSMS 中添加和删除唯一性约束非常简单。下面以创建客户信息表并为名称列添加唯一性约束为例来介绍使用 SSMS 管理唯一性约束的方法，具体操作步骤如下：

步骤 01 进入 SSMS 工作界面，在【对象资源管理器】窗格中展开要创建数据表的数据库节点，右击该数据库下的表节点，在弹出的快捷菜单中选择【新建】→【表】选项，进入新建表工作界面，如图 7-87 所示。

步骤 02 录入客户信息表的列信息，如图 7-88 所示。

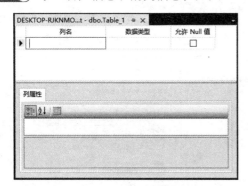

图 7-87　新建表工作界面

图 7-88　录入客户信息表

步骤 03 单击【保存】按钮，打开【选择名称】对话框，在其中输入表名为"customer"，单击【确定】按钮，即可保存创建的数据表，如图 7-89 所示。

步骤 04 进入 customer 表设计界面，右击鼠标，在弹出的快捷菜单中选择【索引/键】菜单命令，如图 7-90 所示。

图 7-89　输入表的名称

图 7-90　【索引/键】菜单命令

步骤 05 打开【索引/键】对话框，单击【添加】按钮，进入唯一性约束编辑状态，如图 7-91 所示。

步骤 06 这里为客户信息表的名称添加唯一性约束，设置【类型】为【唯一键】，如图 7-92 所示。

步骤 07 单击【列】右侧的【　】按钮，打开【索引列】对话框，在其中设置列名为【name】、排序方式为【升序】，如图 7-93 所示。

步骤 08 单击【确定】按钮，返回【索引/键】对话框，在其中设置唯一性约束的名称为"uq_customer_name"，如图 7-94 所示。

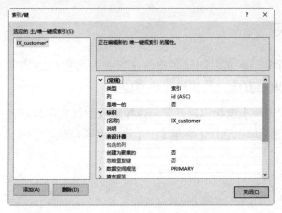

图 7-91　唯一性约束编辑状态　　　　　　　　图 7-92　设置类型为唯一键

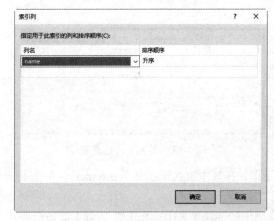

图 7-93　【索引列】对话框　　　　　　　　　图 7-94　输入唯一性约束的名称

步骤 09　单击【关闭】按钮，关闭【索引/键】对话框，然后单击【保存】按钮，即可完成唯一性约束的添加操作，再次打开【索引/键】对话框，即可看到添加的唯一性约束信息，如图7-95 所示。

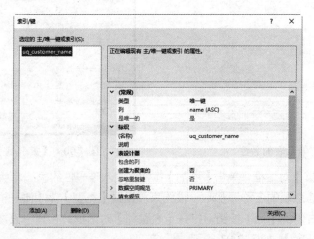

图 7-95　查看唯一性约束信息

在创建好数据表后，也可以添加唯一性约束，具体操作步骤如下：

步骤 **01** 选择需要添加唯一性约束的表，这里选择客户信息表 customer，并为联系方式添加唯一性约束，然后右击鼠标，在弹出的快捷菜单中选择【设计】选项，进入表的设计工作界面，右击鼠标，在弹出的快捷菜单中选择【索引/键】菜单命令，如图 7-96 所示。

步骤 **02** 打开【索引/键】对话框，单击【添加】按钮，进入唯一性约束编辑状态，在其中设置联系方式的唯一性约束条件，如图 7-97 所示。

图 7-96　【索引/键】菜单命令

图 7-97　设置 tel 列的唯一性约束条件

步骤 **03** 单击【关闭】按钮，关闭【索引/键】对话框，然后单击【保存】按钮，即可完成唯一性约束的添加操作。

在 SSMS 工作界面中，删除唯一性约束与添加唯一性约束很像，只需要在【索引/键】对话框中选择要删除的唯一性约束，然后单击【删除】按钮，最后单击【保存】按钮，即可删除数据表中添加的唯一性约束，如图 7-98 所示。

图 7-98　删除唯一性约束

7.8.6　使用 SSMS 管理非空约束

在 SSMS 中管理非空约束非常容易，用户只需要在【允许 Null 值】列中选择相应的复选框即可添加与删除非空约束。

下面以管理水果表中的非空约束为例来介绍使用 SSMS 管理非空约束的方法，具体操作步骤如下：

步骤 01 在【资源管理器】窗格中，选择需要添加或删除非空约束的数据表，这里选择水果表 fruit，右击鼠标，在弹出的快捷菜单中选择【设计】选项，进入水果表的设计界面，如图 7-99 所示。

步骤 02 在【允许 Null 值】列，取消 name 和 price 列的选中状态，即可为这两列添加非空约束；相反，如果想要取消某列的非空约束，只需要选中该列的【允许 Null 值】复选框即可，如图 7-100 所示。

图 7-99　水果表设计界面　　　　　　　图 7-100　设置列的非空约束

7.9　疑难解惑

1. 每一个表中都要有一个主键吗？

并不是每一个表中都需要主键，一般多个表之间进行连接操作时需要用到主键。因此，并不需要为每个表都建立主键，而且有些情况下最好不使用主键。

2. 想要把数据表中的默认值删除，可以通过直接将默认值修改为 NULL 来实现吗？

这是不能成功的，因为在添加默认值约束时一个列只能有一个默认值，已经设置了默认值的列不能够再重新设置，如果想重新设置也只能先将其默认值删除再添加。因此，当默认值不再需要时，只能将其删除。

7.10　经典习题

1. 创建数据库 Market。在 Market 中创建数据表 customers，结构如表 7-5 所示。按以下要求进行操作。

表 7-5　customers 表结构

字　段　名	数据类型	主　　键	非　　空	唯　　一
c_id	INT	是	是	是
c_name	VARCHAR(50)	否	否	否
c_contact	VARCHAR(50)	否	否	否
c_city	VARCHAR(50)	否	否	否
c_birth	DATETIME	否	是	否

（1）创建数据库 Market。

（2）创建数据表 customers，在 c_id 字段上添加主键约束，在 c_birth 字段上添加非空约束。

2. 在 Market 中创建数据表 orders，结构如表 7-6 所示。按以下要求进行操作。

表 7-6　orders 表结构

字　段　名	数据类型	主　　键	非　　空	唯　　一
o_num	INT(11)	是	是	是
o_date	DATE	否	否	否
c_id	VARCHAR(50)	否	否	否

（1）创建数据表 orders。在 o_num 字段上添加主键约束；在 c_id 字段上添加外键约束，关联 customers 表中的主键 c_id。

（2）删除 orders 表的外键约束，然后删除表 customers。

第 8 章

管理数据表中的数据

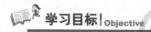 学习目标 | Objective

存储在系统中的数据是数据库管理系统（DBMS）的核心。数据库被设计用来管理数据的存储、访问和维护数据的完整性。SQL Server 中提供了功能丰富的数据库管理语句，包括向数据库中有效插入数据的 INSERT 语句、更新数据的 UPDATE 语句以及当数据不再使用时删除数据的 DELETE 语句。本章就来介绍如何管理数据表中的数据，主要内容包括插入、更新与删除数据等。

内容导航 | Navigation

- 掌握插入数据语句 INSERT 的使用方法
- 掌握修改数据语句 UPDATE 的使用方法
- 掌握删除数据语句 DELETE 的使用方法
- 掌握在 SSMS 中管理数据表中数据的方法

8.1 使用 INSERT 语句插入数据

在使用数据库之前，数据库中必须要有数据。SQL Server 使用 INSERT 语句向数据表中插入新的数据记录。

8.1.1 INSERT 语句的语法规则

在向数据表中插入数据之前，要先清楚添加数据记录的语法规则。INSERT 语句的基本语法格式如下：

```
INSERT INTO table_name (column_name1, column_name2,…)
VALUES (value1, value2,…);
```

主要参数介绍如下:

- INSERT: 插入数据表时使用的关键字,告诉 SQL Server 该语句的用途。该关键字后面的内容是 INSERT 语句的详细执行过程。
- INTO: 可选的关键字,用在 INSERT 和执行插入操作的表之间。该参数是一个可选参数。使用 INTO 关键字可以增强语句的可读性。
- table_name: 指定要插入数据的表名。
- column_name: 可选参数,列名。用来指定记录中显示插入的数据的字段,如果不指定字段列表,则后面的 column_name 中的每一个值都必须与表中对应位置处的值相匹配,即第一个值对应第一个列,第二个值对应第二个列。注意,插入时必须为所有既不允许空值又没有默认值的列提供一个值,直至最后一个这样的列。
- VALUES: VALUES 关键字后面指定要插入的数据列表值。
- value: 值,指定每个列对应插入的数据。字段列和数据值的数量必须相同,多个值之间使用逗号隔开。value 中的这些值可以是 DEFAULT、NULL 或者是表达式。DEFAULT 表示插入该列在定义时的默认值; NULL 表示插入空值; 表达式可以是一个运算过程,也可以是一个 SELECT 查询语句,SQL Server 将插入表达式计算之后的结果。

使用 INSERT 语句时要注意以下几点:

- 不要向设置了标识属性的列中插入值。
- 若字段不允许为空,且未设置默认值,则必须给该字段设置数据值。
- VALUES 子句中给出的数据类型必须和列的数据类型相对应。

注 意　为了保证数据的安全性和稳定性,只有数据库和数据库对象的创建者及被授予权限的用户才能对数据库进行添加、修改和删除操作。

8.1.2　向表中所有字段插入数据

向表中所有的字段同时插入数据是一个比较常见的应用,也是 INSERT 语句形式中最简单的应用。在演示插入数据操作之前,需要准备一张数据表。这里创建一个数据表 students,结构如表 8-1 所示。

表 8-1　数据表 students 的结构

字段名称	数据类型	备　注
id	INT	学号
name	VARCHAR(20)	名称
age	INT	年龄
birthplace	VARCHAR(20)	籍贯
tel	VARCHAR(20)	电话
remark	VARCHAR(200)	备注

根据表 8-1 的结构，在数据库 mydb 中创建数据表 students，在【查询编辑器】窗口中输入如下 T-SQL 语句：

```
USE mydb
CREATE TABLE students
(
id         INT   PRIMARY KEY,
name       VARCHAR(20),
age        INT,
birthplace    VARCHAR(20),
tel        VARCHAR(20) ,
remark      VARCHAR(200),
);
```

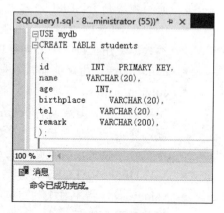

图 8-1　创建数据表 students

单击【执行】按钮，即可完成数据表的创建操作，并在【消息】窗格中显示命令已成功完成的信息提示，如图 8-1 所示。

【例 8.1】向数据表 students 中添加数据，添加的数据信息如表 8-2 所示。

表 8-2　students 表数据记录

学　　　号	名　　称	年　　龄	籍　贯	电　话	备　注
1001	王琳	18	山东	66612345678	山东济南

注意

本书当中涉及到电话号段 "666" 为虚构号段，仅为演示实例需要。

向数据表中插入数据记录，需在【查询编辑器】窗口中输入如下 T-SQL 语句：

```
USE mydb
INSERT INTO students (id, name,age, birthplace,tel,remark)
VALUES (1001,'王琳',18, '山东', '66612345678', '山东济南');
```

单击【执行】按钮，即可完成数据的插入操作，并在【消息】窗格中显示 "1 行受影响" 的信息提示，如图 8-2 所示，这就说明有一条数据插入到数据表中了。

如果想要查看插入的数据记录，需要使用如下语句格式：

```
Select *from table_name;
```

其中，table_name 为数据表的名称。

【例 8.2】查询数据表 students 中添加的数据，在【查询编辑器】窗口中输入如下 T-SQL 语句：

```
USE mydb
Select *from students;
```

单击【执行】按钮，即可完成数据的查看操作，并在【结果】窗格中显示查看结果，如图 8-3 所示。

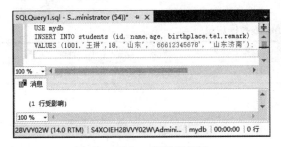
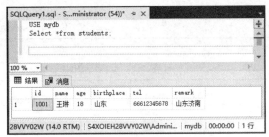

图 8-2　插入一条数据记录　　　　　　　图 8-3　查询插入的数据记录

INSERT 语句后面的列名称可以不按照数据表定义时的顺序插入数据，只需要保证值的顺序与列字段的顺序相同即可。

【例 8.3】在 students 表中，插入一条新记录，具体数据如表 8-3 所示。

表 8-3　students 表数据记录

学　号	名　　称	年　龄	籍　贯	电　话	备　注
1002	李木子	19	河南	66612345677	河南郑州

在【查询编辑器】窗口中输入如下 T-SQL 语句：

```
USE mydb
INSERT INTO students(name,age,id, birthplace,tel,remark)
VALUES ('李木子',19,1002, '河南', '66612345677', '河南郑州');
```

单击【执行】按钮，即可完成数据的插入操作，并在【消息】窗格中显示"1 行受影响"的信息提示，如图 8-4 所示，说明有一条数据插入到数据表中了。

查询数据表 students 中添加的数据，在【查询编辑器】窗口中输入如下 T-SQL 语句：

```
USE mydb
Select *from students;
```

单击【执行】按钮，即可完成数据的查看操作，并在【结果】窗格中显示查看结果，如图 8-5 所示。

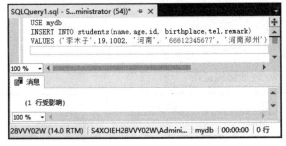
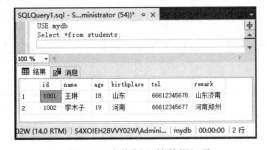

图 8-4　插入第 2 条数据记录　　　　　　　图 8-5　查询插入的数据记录

使用 INSERT 语句插入数据时，允许插入的字段列表为空。此时，值列表中需要为表的每一个字段指定值，并且值的顺序必须和数据表中字段定义时的顺序相同。

【例 8.4】向数据表 students 中添加数据，添加的数据信息如表 8-4 所示。

171

表 8-4 students 表数据记录

编　　号	姓　　名	年　　龄	籍　　贯	电　　话	备　　注
1003	张果	20	河南	66612345676	河南洛阳

在【查询编辑器】窗口中输入如下 T-SQL 语句:

```
USE mydb
INSERT INTO students
VALUES (1003,'张果',20, '河南', '66612345676', '河南洛阳');
```

单击【执行】按钮,即可完成数据的插入操作,并在【消息】窗格中显示"1 行受影响"的信息提示,如图 8-6 所示,说明有一条数据插入到数据表中了。

查询数据表 students 中添加的数据,在【查询编辑器】窗口中输入如下 T-SQL 语句:

```
USE mydb
Select *from students;
```

单击【执行】按钮,即可完成数据的查看操作,并在【结果】窗格中显示查看结果,如图 8-7 所示。可以看到 INSERT 语句成功地插入了 3 条记录。

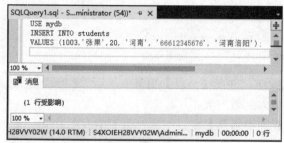

图 8-6 插入第 3 条数据记录　　　　　　图 8-7 查询插入的数据记录

8.1.3 向表中指定字段插入数据

为表的指定字段插入数据,就是在 INSERT 语句中只向部分字段中插入值,而其他字段的值为表定义时的默认值。

【例 8.5】向数据表 students 中添加数据,添加的数据信息如表 8-5 所示。

表 8-5 students 表数据记录

编　　号	姓　　名	年　　龄	籍　　贯	电　　话	备　　注
1004	张朵朵	18	湖南		

在【查询编辑器】窗口中输入如下 T-SQL 语句:

```
USE mydb
INSERT INTO students(id, name,age, birthplace)
VALUES (1004,'张朵朵',18, '湖南');
```

　　单击【执行】按钮，即可完成数据的插入操作，并在【消息】窗格中显示"1 行受影响"的信息提示，如图 8-8 所示，说明有一条数据插入到数据表中了。

　　查询数据表 students 中添加的数据，在【查询编辑器】窗口中输入如下 T-SQL 语句：

```
USE mydb
Select *from students;
```

　　单击【执行】按钮，即可完成数据的查看操作，并在【结果】窗格中显示查看结果，如图 8-9 所示。可以看到 INSERT 语句成功地插入了 4 条记录。

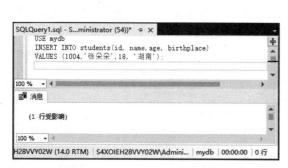

图 8-8　插入第 4 条数据记录　　　　　　图 8-9　查询插入的数据记录

　　从执行结果可以看到，虽然没有指定插入的字段和字段值，INSERT 语句仍可以正常执行，SQL Server 自动向相应字段插入了默认值。

8.1.4　一次插入多行数据记录

　　使用 INSERT 语句可以同时向数据表中插入多条记录，插入时指定多个值列表，每个值列表之间用逗号分隔开。具体的语法格式如下：

```
INSERT INTO table_name (column_name1, column_name2,…)
VALUES (value1, value2,…),
(value1, value2,…),
……
```

　　【例 8.6】向数据表 students 中添加多条数据，添加的数据信息如表 8-6 所示。

表 8-6　students 表数据记录

编　号	姓　名	年　龄	籍　贯	电　话	备　注
1005	李尚	17	河南	66612345878	河南开封
1006	刘美	19	福建	66612345874	福建福州
1007	张莉	18	湖北	66601234567	湖北武汉

　　在【查询编辑器】窗口中输入如下 T-SQL 语句：

```
USE mydb
INSERT INTO students
```

173

```
VALUES (1005,'李尚',17, '河南', '66612345878', '河南开封'),
       (1006,'刘美',19, '福建', '66612345874', '福建福州'),
       (1007,'张莉',18, '湖北', '66601234567', '湖北武汉');
```

单击【执行】按钮，即可完成数据的插入操作，并在【消息】窗格中显示"3 行受影响"的信息提示，如图 8-10 所示，说明有 3 条数据插入到数据表中了。

查询数据表 students 中添加的数据，在【查询编辑器】窗口中输入如下 T-SQL 语句：

```
USE mydb
Select *from students;
```

单击【执行】按钮，即可完成数据的查看操作，并在【结果】窗格中显示查看结果，如图 8-11 所示。可以看到 INSERT 语句一次成功地插入了 3 条记录。

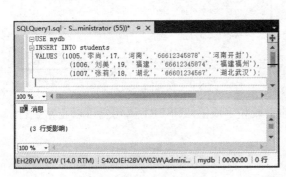

图 8-10　插入多条数据记录

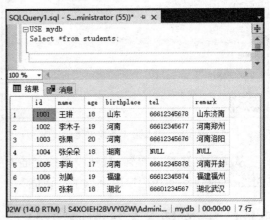

图 8-11　查询数据表数据记录

8.1.5　将查询结果插入到表中

INSERT 还可以将 SELECT 语句查询的结果插入到表中，而不需要把多条记录的值一个一个输入，只需要使用一条 INSERT 语句和一条 SELECT 语句组成的组合语句即可快速地从一个或多个表中向另一个表中插入多个行。

具体的语法格式如下：

```
INSERT INTO table_name1(column_name1, column_name2,…)
SELECT column_name_1, column_name_2,…
FROM table_name2
```

主要参数介绍如下：

- table_name1：插入数据的表。
- column_name1：表中要插入值的列名。
- column_name_1：table_name2 中的列名。
- table_name2：取数据的表。

【例 8.7】从 students_old 表中查询所有的记录，并将其插入到 students 表中。

首先，创建一个名为 students_old 的数据表，其表结构与 students 结构相同，T-SQL 语句如下：

```
USE mydb
CREATE TABLE students_old
(
id        INT   PRIMARY KEY,
name      VARCHAR(20),
age       INT,
birthplace    VARCHAR(20),
tel        VARCHAR(20) ,
remark     VARCHAR(200),
);
```

单击【执行】按钮，即可完成数据表的创建操作，并在【消息】窗格中显示命令已成功完成的信息提示，如图 8-12 所示。

接着向 students_old 表中添加两条数据记录，T-SQL 语句如下：

```
USE mydb
INSERT INTO students_old
VALUES (1008,'杨涛',20, '浙江', '66612345555', '浙江杭州'),
       (1009,'胡铭',18, '河南', '66612346666', '河南郑州');
```

单击【执行】按钮，即可完成数据的插入操作，并在【消息】窗格中显示"2 行受影响"的信息提示，如图 8-13 所示。这就说明有 2 条数据插入到数据表中了。

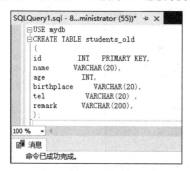

图 8-12　创建 students_old 数据表

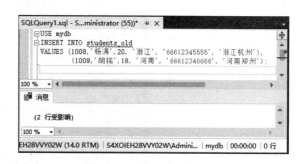

图 8-13　插入 2 条数据记录

查询数据表 students_old 中添加的数据，在【查询编辑器】窗口中输入如下 T-SQL 语句：

```
USE mydb
Select *from students_old;
```

单击【执行】按钮，即可完成数据的查看操作，并在【结果】窗格中显示查看结果，如图 8-14 所示。可以看到 INSERT 语句一次成功地插入了 2 条记录。

students_old 表中现在有两条记录。接下来将 students_old 表中所有的记录插入到 students 表中，T-SQL 语句如下：

```
INSERT INTO students (id, name,age, birthplace,tel,remark)
SELECT id, name,age, birthplace,tel,remark FROM students_old;
```

单击【执行】按钮，即可完成数据的插入操作，并在【消息】窗格中显示"2 行受影响"的信息提示，如图 8-15 所示。这就说明有 2 条数据插入到数据表中了。

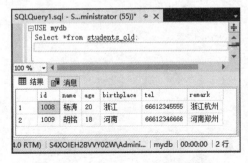

图 8-14　查询 students_old 数据表

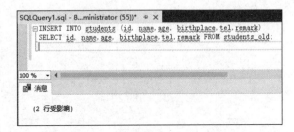

图 8-15　插入 2 条数据记录到 students 中

查询数据表 students 中添加的数据，在【查询编辑器】窗口中输入如下 T-SQL 语句：

```
USE mydb
Select *from students;
```

单击【执行】按钮，即可完成数据的查看操作，并在【结果】窗格中显示查看结果，如图 8-16 所示。由结果可以看到，INSERT 语句执行后，students 表中多了 2 条记录，这两条记录和 students_old 表中的记录完全相同，数据转移成功。

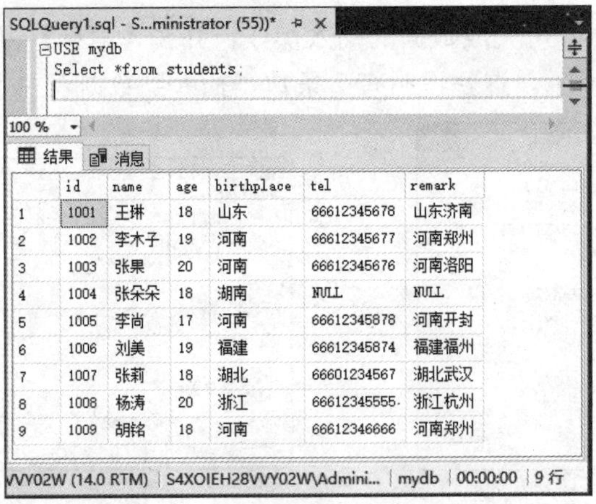

![图8-16显示students表查询结果，包含9行数据]

图 8-16　将查询结果插入到表中

8.2　使用 UPDATE 语句修改数据

如果发现数据表中的数据不符合要求，用户是可以对其进行修改的。在 SQL Server 中，使用 UPDATE 语句可以修改数据。

8.2.1　UPDATE 语句的语法规则

修改数据表的方法有多种，比较常用的是使用 UPDATA 语句进行修改。该语句可以修改特定的数据，也可以同时修改所有的数据行。UPDATE 语句的基本语法格式如下：

```
UPDATE table_name
SET column_name1 = value1,column_name2=value2,…,column_nameN=valueN
WHERE search_condition
```

主要参数介绍如下：

- table_name：要修改的数据表名称。
- SET 子句：指定要修改的字段名和字段值，可以是常量或者表达式。
- column_name1,column_name2,…,column_nameN：需要更新的字段的名称。
- value1,value2,…,valueN：相对应的指定字段的更新值，更新多个列时，每个“列=值”对之间用逗号隔开，最后一列之后不需要逗号。
- WHERE 子句：指定待更新的记录需要满足的条件，具体的条件在 search_condition 中指定。如果不指定 WHERE 子句，则对表中所有的数据行进行更新。

8.2.2　修改表中某列所有数据记录

修改表中某列所有数据记录的操作比较简单，只要在 SET 关键字后设置修改一个条件即可，下面给出一个示例。

【例 8.8】在 students 表中，将学生的籍贯全部修改为“河南”，在【查询编辑器】窗口中输入如下 T-SQL 语句：

```
USE mydb
UPDATE students
SET birthplace= '河南';
```

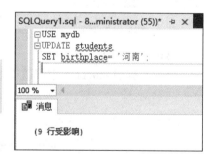

单击【执行】按钮，即可完成数据的修改操作，并在【消息】窗格中显示“9 行受影响”的信息提示，如图 8-17 所示。

图 8-17　修改表中某列所有数据记录

查询数据表 students 中修改的数据，在【查询编辑器】窗口中输入如下 T-SQL 语句：

```
USE mydb
Select *from students;
```

单击【执行】按钮，即可完成数据的查看操作，并在【结果】窗格中显示查看结果，如图 8-18 所示。由结果可以看到，UPDATE 语句执行后，students 表中籍贯 birthplace 列的数据全部修改为“河南”。

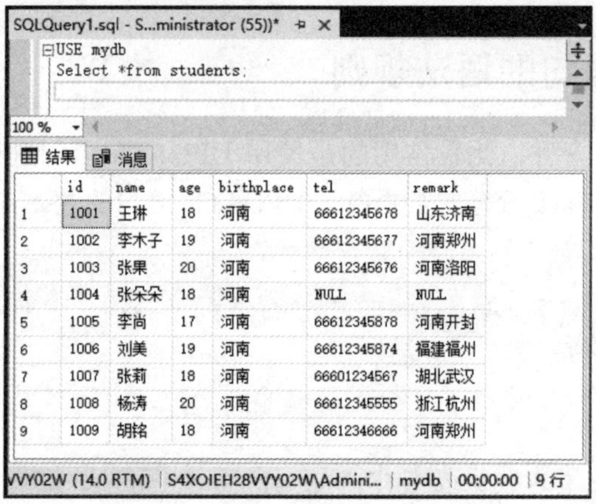

图 8-18　查询修改后的数据表

8.2.3　修改表中指定单行数据记录

通过设置条件，可以修改表中指定单行数据记录，下面给出一个实例。

【例 8.9】在 students 表中，更新 id 值为 1004 的记录，将 tel 字段值改为 66612342222，将 remark 字段值改为"河南开封"，在【查询编辑器】窗口中输入如下 T-SQL 语句：

```
USE mydb
UPDATE students
SET tel =66612342222, remark='河南开封'
WHERE id = 1004;
```

单击【执行】按钮，即可完成数据的修改操作，并在【消息】窗格中显示"1 行受影响"的信息提示，如图 8-19 所示。

查询数据表 students 中修改的数据，在【查询编辑器】窗口中输入如下 T-SQL 语句：

```
USE mydb
SELECT * FROM students WHERE id =1004;
```

单击【执行】按钮，即可完成数据的查看操作，并在【结果】窗格中显示查看结果，如图 8-20 所示。由结果可以看到，UPDATE 语句执行后，students 表中 id 为 1004 的数据记录已经被修改。

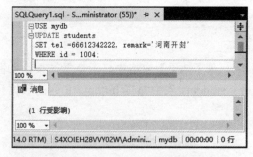

图 8-19　修改表中指定数据记录

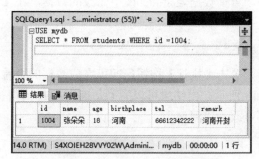

图 8-20　查询修改后的数据记录

8.2.4　修改表中指定多行数据记录

通过指定条件，可以同时修改表中指定多行数据记录，下面给出一个实例。

【例 8.10】在 students 表中，更新年龄 age 字段值为 17 到 18 的记录，将 remark 字段值都改为"河南籍考生"，在【查询编辑器】窗口中输入如下 T-SQL 语句：

```
USE mydb
UPDATE students
SET remark='河南籍考生'
WHERE age BETWEEN 17 AND 18;
```

单击【执行】按钮，即可完成数据的修改操作，并在【消息】窗格中显示"5 行受影响"的信息提示，如图 8-21 所示。

查询数据表 students 中修改的数据，在【查询编辑器】窗口中输入如下 T-SQL 语句：

```
USE mydb
SELECT * FROM students WHERE age BETWEEN 17 AND 18;
```

单击【执行】按钮，即可完成数据的查看操作，并在【结果】窗格中显示查看结果，如图 8-22 所示。由结果可以看到，UPDATE 语句执行后，students 表中符合条件的数据记录已全部被修改。

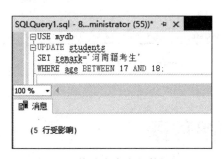

图 8-21　修改表中多行数据记录

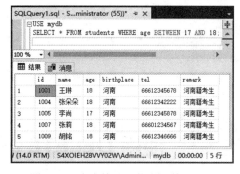

图 8-22　查询修改后的多行数据记录

8.2.5　修改表中前 N 条数据记录

如果用户想要修改满足条件的前 N 条数据记录，单单使用 UPDATE 语句是无法完成的，这时就需要添加 TOP 关键字了。具体的语法格式如下：

```
UPDATE TOP(n) table_name
SET column_name1 = value1,column_name2=value2,……,column_nameN=valueN
WHERE search_condition
```

其中，n 是指前几条记录，是一个整数。

【例 8.11】在 students 表中，更新 remark 字段值为"河南籍考生"的前 3 条记录，将籍贯 birthplace 修改为"洛阳"，在【查询编辑器】窗口中输入如下 T-SQL 语句：

```
USE mydb
UPDATE TOP(3) students
SET birthplace='洛阳'
WHERE remark='河南籍考生';
```

单击【执行】按钮，即可完成数据的修改操作，并在【消息】窗格中显示"3 行受影响"的信息提示，如图 8-23 所示。

查询数据表 students 中修改的数据，在【查询编辑器】窗口中输入如下 T-SQL 语句：

```
USE mydb
SELECT * FROM students WHERE remark='河南籍考生';
```

单击【执行】按钮，即可完成数据的查看操作，并在【结果】窗格中显示查看结果，如图 8-24 所示。由结果可以看到，UPDATE 语句执行后，remark 字段值为"河南籍考生"的前 3 条件记录的籍贯 birthplace 被修改为"洛阳"。

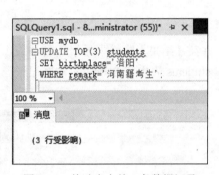

图 8-23　修改表中前 3 条数据记录

图 8-24　查询修改后的数据记录

8.3　使用 DELETE 语句删除数据

数据表中的数据无用了，用户还可以将其删除。需要注意的是，删除数据操作不容易恢复，因此需要谨慎操作。

8.3.1　DELETE 语句的语法规则

在删除数据表中的数据之前，如果不能确定这些数据以后是否还会有用，最好对其进行备份处理。删除数据表中的数据使用 DELETE 语句。DELETE 语句允许 WHERE 子句指定删除条件。具体的语法格式如下：

```
DELETE FROM table_name
WHERE <condition>;
```

主要参数介绍如下：

- table_name：指定要执行删除操作的表。
- WHERE <condition>：为可选参数，指定删除条件。如果没有 WHERE 子句，DELETE 语句将删除表中的所有记录。

8.3.2　删除表中的指定数据记录

当要删除数据表中部分数据时，需要指定删除记录的满足条件，即在 WHERE 子句后设置删除条件。下面给出一个实例。

【例 8.12】在 students 表中，删除年龄 age 等于 20 的记录。

删除之前首先查询一下年龄 age 等于 20 的记录，在【查询编辑器】窗口中输入如下 T-SQL 语句：

```
USE mydb
SELECT * FROM students
WHERE age=20;
```

单击【执行】按钮，即可完成数据的查看操作，并在【结果】窗格中显示查看结果，如图 8-25 所示。

下面执行删除操作，在【查询编辑器】窗口中输入如下 T-SQL 语句：

```
USE mydb
DELETE FROM students
WHERE age=20;
```

单击【执行】按钮，即可完成数据的删除操作，并在【消息】窗格中显示"2 行受影响"的信息提示，如图 8-26 所示。

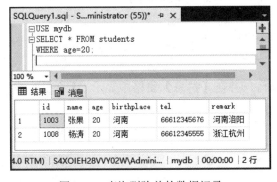

图 8-25　查询删除前的数据记录

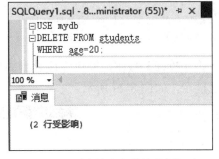

图 8-26　删除符合条件的数据记录

再次查询年龄 age 等于 20 的记录，在【查询编辑器】窗口中输入如下 T-SQL 语句：

```
USE mydb
SELECT * FROM students
WHERE age=20;
```

单击【执行】按钮，即可完成数据的查看操作，并在【结果】窗格中显示查看结果，该结果表示为 0 行记录，说明数据已经被删除，如图 8-27 所示。

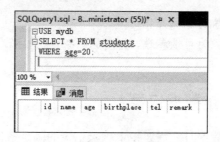

图 8-27　查询删除后的数据记录

8.3.3　删除表中前 N 条数据记录

使用 top 关键字可以删除符合条件的前 N 条数据记录，具体的语法格式如下：

```
DELETE TOP(n) FROM table_name
WHERE <condition>;
```

其中，n 是指前几条记录，是一个整数。下面给出一个实例。

【例 8.13】在 students 表中，删除字段 remark 为"河南籍考生"的前 3 条记录。

删除之前，首先查询一下符合条件的记录，在【查询编辑器】窗口中输入如下 T-SQL 语句：

```
USE mydb
SELECT * FROM students
WHERE remark='河南籍考生';
```

单击【执行】按钮，即可完成数据的查看操作，并在【结果】窗格中显示查看结果，如图 8-28 所示。

下面执行删除操作，在【查询编辑器】窗口中输入如下 T-SQL 语句：

```
USE mydb
DELETE TOP(3) FROM students
WHERE remark='河南籍考生';
```

单击【执行】按钮，即可完成数据的删除操作，并在【消息】窗格中显示"3 行受影响"的信息提示，如图 8-29 所示。

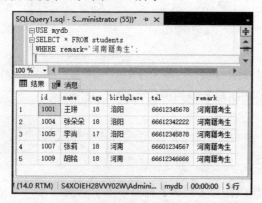

图 8-28　查询删除前的数据记录

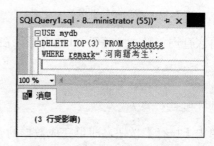

图 8-29　删除符合条件的数据记录

再次查询字段 remark 为"河南籍考生"的记录，在【查询编辑器】窗口中输入如下 T-SQL 语句：

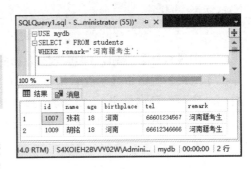

```
USE mydb
SELECT * FROM students
WHERE remark='河南籍考生';
```

单击【执行】按钮，即可完成数据的查看操作，并在【结果】窗格中显示查看结果，通过对比两次查询结果，符合条件的前 3 条记录已经被删除，只剩下 2 条数据记录，如图 8-30 所示。

图 8-30　删除符合条件的数据记录

8.3.4　删除表中的所有数据记录

删除表中的所有数据记录也就是清空表中的所有数据，该操作非常简单，只需要抛掉 WHERE 子句就可以了。

【例 8.14】删除 students 表中的所有记录。

删除之前，首先查询一下数据记录，在【查询编辑器】窗口中输入如下 T-SQL 语句：

```
USE mydb
SELECT * FROM students;
```

单击【执行】按钮，即可完成数据的查看操作，并在【结果】窗格中显示查看结果，如图 8-31 所示。

下面执行删除操作，在【查询编辑器】窗口中输入如下 T-SQL 语句：

```
USE mydb
DELETE FROM students;
```

单击【执行】按钮，即可完成数据的删除操作，并在【消息】窗格中显示"4 行受影响"的信息提示，如图 8-32 所示。

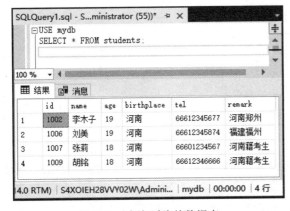

图 8-31　查询删除前数据表

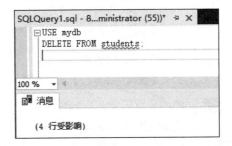

图 8-32　删除表中所有记录

再次查询数据记录，在【查询编辑器】窗口中输入如下 T-SQL 语句：

```
USE mydb
SELECT * FROM students;
```

单击【执行】按钮，即可完成数据的查看操作，并在【结果】窗格中显示查看结果，如图 8-33 所示。通过对比两次查询结果，可以得知数据表已经清空，删除表中所有记录成功，现在 students 表中已经没有任何数据记录。

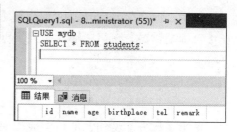

图 8-33　清除数据表后的查询结果

8.4　在 SSMS 中管理数据表中的数据

SSMS 是 SQL Server 数据库的图形化操作工具，使用该工具可以以界面方式管理数据表中的数据，包括添加、修改与删除等操作。

8.4.1　向数据表中添加数据记录

数据表创建成功后，就可以在 SSMS 中添加数据记录了。下面以 mybd 数据库中的 students 数据表为例来介绍在 SSMS 中添加数据记录的方法，具体操作步骤如下：

步骤 01　在【对象资源管理器】中展开 mydb 数据库，并选择表节点下的 students 数据表，然后右击鼠标，在弹出的快捷菜单中选择【编辑前 200 行】菜单命令，如图 8-34 所示。

步骤 02　进入数据表 students 的表编辑工作界面，可以看到该数据表中无任何数据记录，如图 8-35 所示。

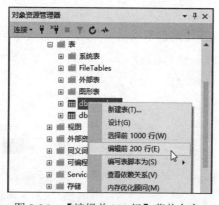

图 8-34　【编辑前 200 行】菜单命令

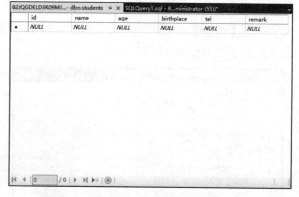

图 8-35　表编辑工作界面

步骤 03　添加数据记录，添加的方法就像在 Excel 表中输入一行信息。录入一行数据信息后的显示效果如图 8-36 所示。

步骤 04　添加好一行数据记录后，无须进行数据的保存，只需将光标移动到下一行，上一行数据就会自动保存。这里再添加一些其他的数据记录，如图 8-37 所示。

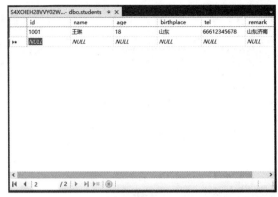

图 8-36　添加数据表的第 1 行数据

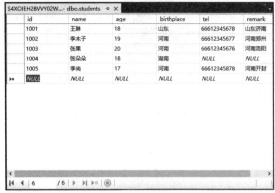

图 8-37　添加数据表的其他数据记录

8.4.2　修改数据表中的数据记录

数据添加完成后，如果某一数据符合用户要求，可以对这些数据进行修改。具体的修改方法很简单，只需要打开数据表的表编辑工作界面，然后直接在相应的单元格中对数据进行修改即可。例如，修改 students 表中 id 号为 1004 数据记录 remark 字段值为"湖南长沙"，这时数据表的信息状态为"单元格已修改"，修改完成后，直接将光标移动到其他单元格中，就可以保存修改后的数据了，如图 8-38 所示。

图 8-38　修改数据表中的数据记录

8.4.3　删除数据表中的数据记录

在 SSMS 中删除数据表中数据记录的操作步骤如下：

步骤 01 进入数据表的表编辑工作界面，这里进入 students 表的表编辑工作界面，选中需要删除的数据记录，这里选择第 1 行数据记录，然后右击鼠标，在弹出的快捷菜单中选择【删除】选项，如图 8-39 所示。

步骤 02 随即弹出一个警告信息提示框，提示用户是否删除这一行记录，如图 8-40 所示。

步骤 03 单击【是】按钮，即可将选中的数据记录永久删除，如图 8-41 所示。

图 8-39　【删除】菜单命令

图 8-40　警告信息框

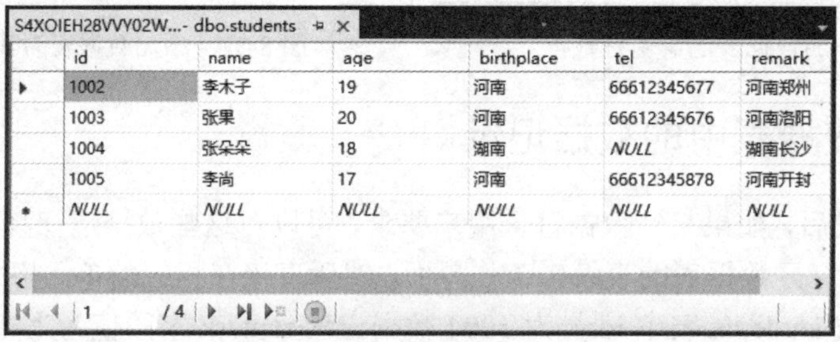

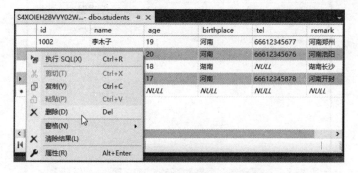

图 8-41　删除数据表的第 1 条数据记录

步骤 04　如果想要一次删除多行记录，可以在按住 Shift 或 Ctrl 键的同时选中多行记录，然后右击鼠标，在弹出的快捷菜单中选择【删除】菜单命令即可，如图 8-42 所示。

图 8-42　同时删除多条数据记录

8.5　疑难解惑

1. 插入记录时可以不指定字段名称吗？

不管使用哪种 INSERT 语法，都必须给出 VALUES 的正确数目。如果不提供字段名，则必须给每个字段提供一个值；否则，将产生一条错误消息。如果要在 INSERT 操作中省略某些字段，这些字段需要满足一定条件：该列定义允许为空值；或者表定义时给出默认值，如果不给出具体值，将使用默认值。

2. 更新或者删除表时必须指定 WHERE 子句吗？

在前面章节中可以看到，所有的 UPDATE 和 DELETE 语句全都在 WHERE 子句中指定了条件。如果省略 WHERE 子句，则 UPDATE 或 DELETE 将被应用到表中所有的行。因此，除非确实打算更新或者删除所有记录，否则绝对要注意使用带 WHERE 子句的 UPDATE 或 DELETE 语句。建议在对表进行更新和删除操作之前，使用 SELECT 语句确认需要删除的记录，以免造成无法挽回的结果。

8.6 经典习题

1. 创建数据表 pet，并对表进行插入、更新与删除操作。pet 表结构如表 8-7 所示。

（1）首先创建数据表 pet，并使用不同的方法将表 8-8 中的记录插入到 pet 表中。
（2）使用 UPDATE 语句将名称为 Fang 的狗的主人改为 Kevin。
（3）将没有主人的宠物的 owner 字段值都改为 Duck。
（4）删除已经死亡的宠物记录。
（5）删除所有表中的记录。

表 8-7　pet 表结构

字　段　名	字段说明	数据类型	主　　键	非　　空	唯　　一
name	宠物名称	VARCHAR(20)	否	是	否
owner	宠物主人	VARCHAR(20)	否	否	否
species	种类	VARCHAR(20)	否	是	否
sex	性别	CHAR(1)	否	是	否
birth	出生日期	DATE	否	是	否
death	死亡日期	DATE	否	否	否

表 8-8　pet 表中记录

name	owner	species	sex	birth	death
Fluffy	Harold	cat	f	2003	2010
Claws	Gwen	cat	m	2004	NULL
Buffy	NULL	dog	f	2009	NULL
Fang	Benny	dog	m	2000	NULL
Bowser	Diane	dog	m	2003	2009
Chirpy	NULL	bird	f	2008	NULL

第 9 章

查询数据表中的数据

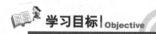 学习目标 | Objective

　　数据库管理系统的一个重要功能就是提供数据查询。数据查询不是简单返回数据库中存储的数据，而是应该根据需要对数据进行筛选，以及数据将以什么样的格式显示。本章就来介绍数据表中数据的简单查询，主要内容包括查询工具的使用方法、简单查询数据、使用 WHERE 子句进行条件查询、使用聚合函数进行统计查询等。

内容导航 | Navigation

- 掌握查询工具的使用方法
- 掌握数据表中数据的简单查询
- 掌握使用 WHERE 子句进行条件查询的方法
- 掌握使用聚合函数进行统计查询的方法

9.1 查询工具的使用

　　SQL Server 2017 中的查询窗口用来执行 T-SQL 语句。T-SQL 是结构化查询语言，在很大程度上遵循了 ANSI/ISO SQL 标准。

9.1.1 SQL Server 查询窗口

　　编程查询语句之前，需要打开查询窗口，具体的操作步骤如下：

步骤 01 打开 SSMS 并连接到 SQL Server 服务器。单击 SSMS 窗口左上部分的【新建查询】按钮，或者选择【文件】→【新建】→【使用当前连接的查询】命令，如图 9-1 所示。

步骤 02 打开【查询】窗口，在窗口上边显示与查询相关的菜单按钮，如图 9-2 所示。

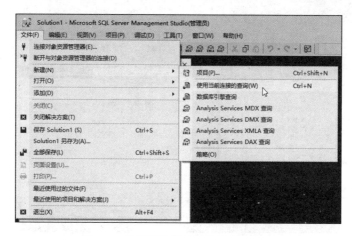

图 9-1 【使用当前连接的查询】命令

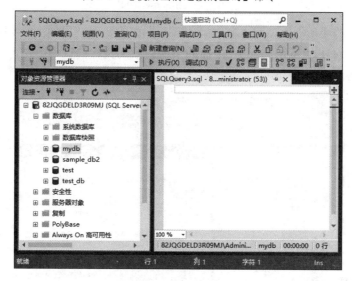

图 9-2 【查询】窗口

如果想要使用【查询】窗口来查询需要的数据，首先可以在 SQL 编辑窗口工具栏中的数据库下拉列表框中选择需要的数据库，如这里选择 mydb 数据库，然后在【查询】窗口的编辑窗口中输入以下代码：

```
SELECT * FROM mydb.dbo.students;
```

输入时，编辑器会根据输入的内容改变字体颜色，同时 SQL Server 中的 IntelliSense 功能将提示接下来可能要输入的内容供用户选择，用户可以从列表中直接选择，也可以自己手动输入，如图 9-3 所示。

在编辑窗口中的代码，SELECT 和 FROM 为关键字，显示为蓝色；星号"*"显示为黑色，对于一个无法确定的项，SQL Server 中都显示为黑色；对于语句中使用到的参数和连接器则显示为红色。这些颜色的区分将有助于提高编辑代码的效率和及时发现错误。

SQL 编辑器工具栏上有一个带"√"图标的按钮，用来在实际执行查询语句之前对语法进行分析，如果有任何语法上的错误，在执行之前即可找到这些错误。

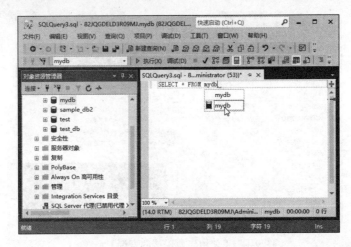

图 9-3　IntelliSense 功能

单击工具栏上的【执行】按钮 ，SSMS 界面的显示效果如图 9-4 所示。可以看到，现在查询窗口自动划分为两个子窗口，上面的子窗口中为执行的查询语句，下面的【结果】子窗口中显示了查询语句的执行结果。

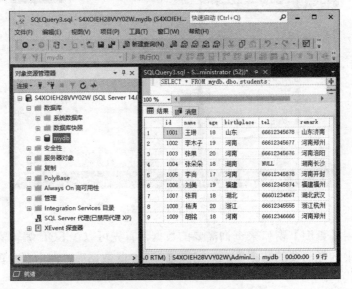

图 9-4　SSMS 窗口

9.1.2　查询结果的显示方法

默认情况下，查询的结果是以网格格式显示的。在查询窗口的工具栏中，提供了 3 种不同的显示查询结果的格式，如图 9-5 所示。

图 9-5　查询结果显示格式图标

图 9-3 所示的 3 个图标按钮依次表示【以文本格式显示结果】、【以网格格式显示结果】和【将结果保存到文件】，也可以选择 SSMS【查询】菜单【将结果保存到】子菜单下的选项来选择查询结果的显示方式。

1. 以文本格式显示结果

该种显示方式使得查询到的结果以文本页面的方式显示，选择该选项之后，再次单击【执行】按钮，查询结果显示格式如图 9-6 所示。

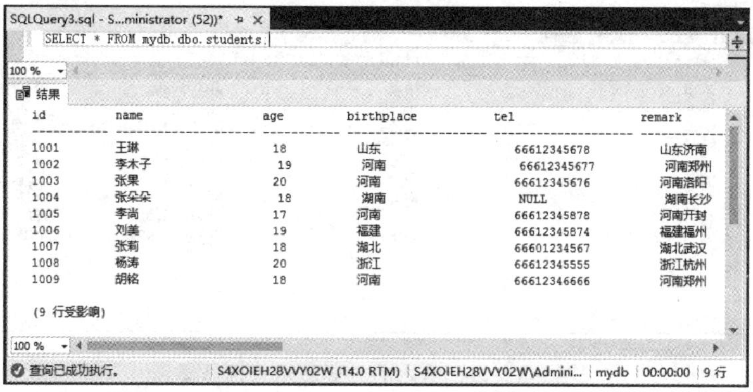

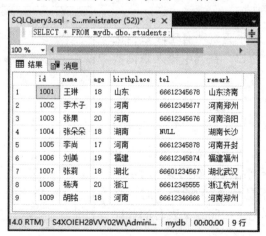

图 9-6 以文本格式显示查询结果

可以看到，这里返回的结果与前面是完全相同的，只是显示格式上有些差异。当返回结果只有一个结果集且该结果只有很窄的几列或者想要以文本文件来保存返回的结果时，可以使用该显示格式。

2. 以网格格式显示结果

该种显示方式将返回结果的列和行以网格的形式排列，该显示方式有以下特点。

- 可以更改列的宽度，鼠标指针悬停到该列标题的边界处，单击拖动该列右边界，即可自定义列宽度，双击右边界使得该列可自动调整大小。
- 可以任意选择几个单元格，然后将其单独复制到其他网格，例如 Microsoft Excel。
- 可以选择一列或者多列。

默认情况下，SQL Server 使用该显示方式，如图 9-7 所示。

图 9-7 以网格格式显示查询结果

3．将结果保存到文件

该选项与【以文本格式显示结果】相似，不过它是将结果输出到文件而不是屏幕。使用这种方式可以直接将查询结果导出到外部文件，如图 9-8 所示。

```
📄 11.rpt - 记事本                                          —    □    ×
文件(F)  编辑(E)  格式(O)  查看(V)  帮助(H)
id        name        age        birthplace        tel              remark
--------------------------------------------------------------------------------
1001      王琳        18         山东              66612345678      山东济南
1002      李木子      19         河南              66612345677      河南郑州
1003      张果        20         河南              66612345676      河南洛阳
1004      张朵朵      18         湖南              NULL             湖南长沙
1005      李尚        17         河南              66612345878      河南开封
1006      刘美        19         福建              66612345874      福建福州
1007      张莉        18         湖北              66601234567      湖北武汉
1008      杨涛        20         浙江              66612345555      浙江杭州
1009      胡铭        18         河南              66612346666      河南郑州

(9 行受影响)
```

图 9-8   以记事本的方式显示查询结果

9.2 数据的简单查询

一般来讲，简单查询是指对一张表的查询操作，使用的关键字是 SELECT。相信读者对该关键字并不陌生，但是要想真正使用好查询语句，并不是一件很容易的事情，本节就来介绍简单查询数据的方法。

9.2.1　查询表中的全部数据

SELECT 查询记录最简单的形式是从一个表中检索所有记录，实现的方法是使用星号（*）通配符指定查找所有的列。语法格式如下：

```
SELECT * FROM 表名;
```

【例 9.1】从 students 表中查询所有字段数据记录，打开【查询编辑器】窗口，在其中输入查询数据记录的 T-SQL 语句：

```
USE mydb
SELECT * FROM students;
```

单击【执行】按钮，即可完成数据的查询，并在【结果】窗格中显示查询结果，如图 9-9 所示。从结果中可以看到，使用星号（*）通配符时，将返回所有数据记录，数据记录按照定义表时的顺序显示。

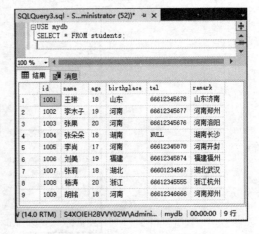

图 9-9   查询表中所有数据记录

9.2.2 查询表中的指定数据

使用 SELECT 语句可以获取多个字段下的数据，只需要在关键字 SELECT 后面指定要查找的字段的名称，不同字段名称之间用逗号（,）分隔开，最后一个字段后面不需要加逗号，使用这种查询方式可以获得有针对性的查询结果，语法格式如下：

```
SELECT 字段名1,字段名2,…,字段名n  FROM 表名;
```

【例 9.2】从 students 表中获取 name 和 age 两列，打开【查询编辑器】窗口，在其中输入查询指定数据记录的 T-SQL 语句：

```
USE mydb
SELECT id,name, age FROM students;
```

单击【执行】按钮，即可完成指定数据的查询，并在【结果】窗格中显示查询结果，如图 9-10 所示。

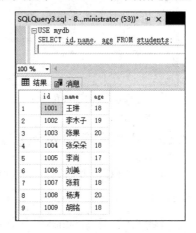

图 9-10 查询数据表中的指定字段

提 示 SQL Server 中的 SQL 语句是不区分大小写的，因此 SELECT 和 select 的作用是相同的。许多开发人员习惯将关键字大写、数据列和表名小写。读者也应该养成一个良好的编程习惯，这样写出来的代码更容易阅读和维护。

9.2.3 使用 TOP 关键字查询

当数据表中包含大量的数据时，可以通过指定显示记录数限制返回的结果集中的行数，方法是在 SELECT 语句中使用 TOP 关键字，其语法格式如下：

```
SELECT TOP [n | PERCENT] FROM table_name;
```

TOP 后面有两个可选参数，n 表示从查询结果集返回指定的 n 行，PERCENT 表示从结果集中返回指定的百分比数目的行。

【例 9.3】查询 students 表中所有的记录，但只显示前 3 条，输入语句如下：

```
USE mydb
SELECT TOP 3 * FROM students;
```

单击【执行】按钮，即可完成指定数据的查询，并在【结果】窗格中显示查询结果，如图 9-11 所示。

【例 9.4】从 students 表中选取前 30%的数据记录。

```
USE mydb
SELECT TOP 30 PERCENT * FROM students;
```

单击【执行】按钮，即可完成指定数据的查询，并在【结果】窗格中显示查询结果，学生表 students 中一共有 9 条记录，返回总数的 30%的记录，即表中前 3 条记录，如图 9-12 所示。

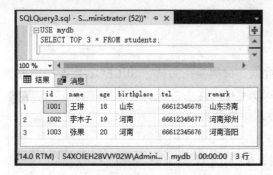

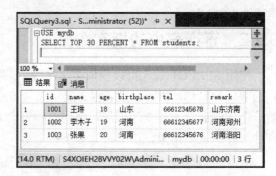

图 9-11 返回学生表中前 3 条记录　　　　图 9-12　返回查询结果中前 30%的记录

9.2.4　查询的列为表达式

在 SELECT 查询结果中,可以根据需要使用算术运算符或者逻辑运算符对查询的结果进行处理。

【例 9.5】查询 students 表中所有学生的名称和年龄,并对年龄加 1 之后输出查询结果。

```
USE mydb
SELECT name, age 原来的年龄,age+1 加 1 后的年龄值
FROM students;
```

单击【执行】按钮,即可完成数据的查询,并在【结果】窗格中显示查询结果,如图 9-13 所示。

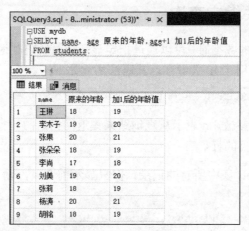

图 9-13　查询列表达式

9.2.5　对查询结果排序

在说明 SELECT 语句语法时介绍了 ORDER BY 子句,使用该子句可以根据指定的字段值对查询的结果进行排序,并且可以指定排序方式(降序或者升序)。

【例 9.6】查询表 students 中所有学生的年龄,并按照年龄由高到低进行排序,输入语句如下:

```
USE mydb
SELECT * FROM students ORDER BY age DESC;
```

　　单击【执行】按钮，即可完成数据的排序查询，并在【结果】窗格中显示查询结果，查询结果中返回了学生表的所有记录，这些记录根据 age 字段的值进行了一个降序排列，如图 9-14 所示。

 　　ORDER BY 子句也可以对查询结果进行升序排列，升序排列是默认的排序方式，在使用 ORDER BY 子句升序排列时，可以使用 ASC 关键字，也可以省略该关键字，如图 9-15 所示。

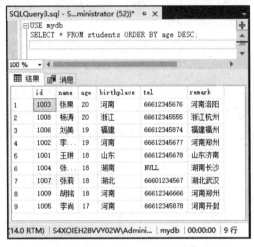

图 9-14　对查询结果降序排序

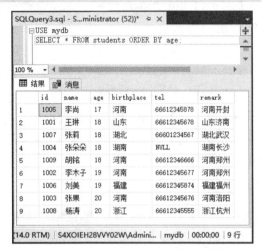

图 9-15　对查询结果升序排序

9.2.6　对查询结果分组

　　分组查询是对数据按照某个或多个字段进行分组，SQL Server 中使用 GROUP BY 子句对数据进行分组，基本语法形式为：

```
[GROUP BY  字段] [HAVING <条件表达式>]
```

　　主要参数介绍如下：

- "字段"表示进行分组时所依据的列名称。
- "HAVING <条件表达式>"指定 GROUP BY 分组显示时需要满足的限定条件。

1. 创建分组

　　GROUP BY 子句通常和集合函数一起使用，例如 MAX()、MIN()、COUNT()、SUM()、AVG()。

　　【例 9.7】根据学生籍贯对 students 表中的数据进行分组，T-SQL 语句如下：

```
USE mydb
SELECT birthplace, COUNT(*) AS Total FROM students
GROUP BY birthplace;
```

单击【执行】按钮,即可完成数据的查询,并在【结果】窗格中显示查询结果,如图 9-16 所示。从查询结果显示,birthplace 表示学生籍贯,Total 字段使用 COUNT()函数计算得出, GROUP BY 子句按照籍贯 birthplace 字段并分组数据。

2. 多字段分组

使用 GROUP BY 可以对多个字段进行分组,GROUP BY 子句后面跟需要分组的字段,SQL Server 根据多字段的值来进行层次分组,分组层次从左到右,即先按第 1 个字段分组,然后在第 1 个字段值相同的记录中再根据第 2 个字段的值进行分组……以此类推。

【例 9.8】根据学生籍贯 birthplace 和学生名称 name 字段对 students 表中的数据进行分组, T-SQL 语句如下:

```
USE mydb
SELECT birthplace,name FROM students
GROUP BY birthplace,name;
```

单击【执行】按钮,即可完成数据的查询,并在【结果】窗格中显示查询结果,如图 9-17 所示。由结果可以看到,查询记录先按照籍贯 birthplace 进行分组,再对学生名称 name 字段按不同的取值进行分组。

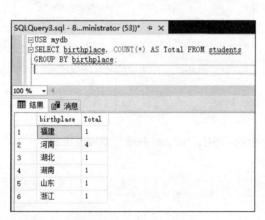

图 9-16　对查询结果分组

图 9-17　根据多列对查询结果排序

9.2.7　对分组结果过滤查询

GROUP BY 可以和 HAVING 一起限定显示记录所需满足的条件,只有满足条件的分组才会被显示。

【例 9.9】根据学生籍贯 birthplace 字段对 students 表中的数据进行分组,并显示学生数量大于 1 的分组信息,T-SQL 语句如下:

```
USE mydb
SELECT birthplace, COUNT(*) AS Total FROM students
GROUP BY birthplace HAVING COUNT(*) > 1;
```

单击【执行】按钮，即可完成数据的查询，并在【结果】窗格中显示查询结果，如图 9-18 所示。由结果可以看到，birthplace 为河南的学生数量大于 1，满足 HAVING 子句条件，因此出现在返回结果中；而其他籍贯的学生数量等于 1，不满足这里的限定条件，因此不在返回结果中。

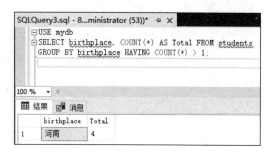

图 9-18　使用 HAVING 子句对分组查询结果过滤

9.3　使用 WHERE 子句进行条件查询

数据库中包含大量的数据，根据特殊要求，可能只需查询表中的指定数据，即对数据进行过滤。在 SELECT 语句中通过 WHERE 子句对数据进行过滤，语法格式为：

```
SELECT 字段名 1,字段名 2,…,字段名 n
FROM 表名
WHERE 查询条件
```

在 WHERE 子句中，SQL Server 提供了一系列的条件判断符，如表 9-1 所示。

表 9-1　WHERE 子句操作符

操　作　符	说　　明
=	相等
<>	不相等
<	小于
<=	小于或者等于
>	大于
>=	大于或者等于
BETWEEN AND	位于两值之间

本节将介绍如何在查询条件中使用这些判断条件。

9.3.1　使用关系表达式查询

WHERE 子句中，关系表达式由关系运算符和列组成，可用于列值的大小相等判断，主要的运算符有 "=" "<>" "<" "<=" ">" ">="。

【例 9.10】查询年龄为 20 的学生信息，T-SQL 语句如下：

```
USE mydb
SELECT id,name, age,birthplace
```

```
FROM students
WHERE age =20;
```

单击【执行】按钮，即可完成数据的条件查询，并在【结果】窗格中显示查询结果，该语句使用 SELECT 声明从 students 表中获取年龄等于 20 的学生信息，从查询结果可以看到，年龄为 20 的学生的名称是"张果"和"杨涛"，其他的均不满足查询条件，查询结果如图 9-19 所示。

上述实例采用了简单的相等过滤，查询一个指定列 age 的值为 20。另外，相等判断还可以用来比较字符串。

【例 9.11】查找名称为"张果"的学生信息，T-SQL 语句如下：

```
USE mydb
SELECT id,name, age,birthplace
FROM students
WHERE name = '张果';
```

单击【执行】按钮，即可完成数据的条件查询，并在【结果】窗格中显示查询结果，如图 9-20 所示。该语句使用 SELECT 声明从 students 表中获取名称为"张果"的学生的年龄，从查询结果可以看到只有名称为"张果"的行被返回，其他均不满足查询条件。

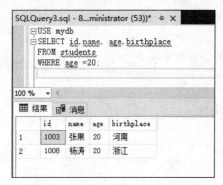

图 9-19　使用相等运算符对数值判断

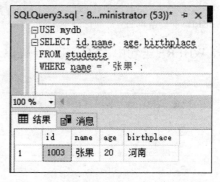

图 9-20　使用相等运算符进行字符串值判断

【例 9.12】查询年龄小于 19 的学生信息，T-SQL 语句如下。

```
USE mydb
SELECT id,name, age,birthplace
FROM students
WHERE age < 19;
```

单击【执行】按钮，即可完成数据的条件查询，并在【结果】窗格中显示查询结果，可以看到在查询结果中，所有记录的 age 字段的值均小于 19，而大于或等于 19 的记录没有被返回，查询结果如图 9-21 所示。

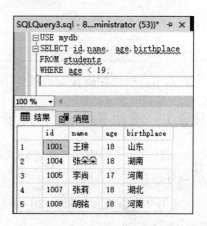

图 9-21　使用小于运算符进行查询

9.3.2　使用 BETWEEN AND 范围查询

BETWEEN AND 用来查询某个范围内的值，该运算符需要两个参数，即范围的开始值和结束值，如果记录的字段值满足指定的范围查询条件，则这些记录被返回。

【例 9.13】查询学生年龄在 17 到 19 之间的学生信息，T-SQL 语句如下：

```
USE mydb
SELECT id,name, age,birthplace
FROM students
WHERE age BETWEEN 17 AND 19;
```

单击【执行】按钮，即可完成数据的条件查询，并在【结果】窗格中显示查询结果，可以看到，返回结果包含了年龄从 17 到 19 之间的字段值，并且端点值 19 也包括在返回结果中，即 BETWEEN 匹配范围中所有值，包括开始值和结束值，如图 9-22 所示。

BETWEEN AND 运算符前可以加关键字 NOT，表示指定范围之外的值，即字段值不满足指定范围内的值，则这些记录被返回。

【例 9.14】查询年龄在 18 到 19 之外的学生信息，T-SQL 语句如下：

```
USE mydb
SELECT id,name, age,birthplace
FROM students
WHERE age NOT BETWEEN 18 AND 19;
```

单击【执行】按钮，即可完成数据的条件查询，并在【结果】窗格中显示查询结果，由结果可以看到，返回的记录包括 age 字段大于 19 和 age 字段小于 18 的记录，但不包括开始值和结束值，如图 9-23 所示。

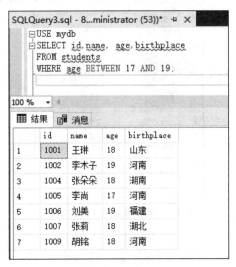

图 9-22　使用 BETWEEN AND 运算符查询

图 9-23　使用 NOT BETWEEN AND 运算符查询

9.3.3 使用 IN 关键字查询

IN 关键字用来查询满足指定条件范围内的记录。使用 IN 关键字时，将所有检索条件用括号括起来，检索条件用逗号分隔开，只要满足条件范围内的一个值即为匹配项。

【例 9.15】查询 id 为 1001 和 1002 的学生数据记录，T-SQL 语句如下：

```
USE mydb
SELECT id,name, age,birthplace
FROM students
WHERE id IN (1001,1002);
```

单击【执行】按钮，即可完成数据的条件查询，并在【结果】窗格中显示查询结果，执行结果如图 9-24 所示。

相反的，可以使用关键字 NOT 来检索不在条件范围内的记录。

【例 9.16】查询所有 id 不等于 1001 也不等于 1002 的学生数据记录，T-SQL 语句如下：

```
USE mydb
SELECT id,name, age,birthplace
FROM students
WHERE id NOT IN (1001,1002);
```

单击【执行】按钮，即可完成数据的条件查询，并在【结果】窗格中显示查询结果，如图 9-25 所示。从查询结果可以看到，该语句在 IN 关键字前面加上了 NOT 关键字，这使得查询的结果与上述实例的结果正好相反，前面检索了 id 等于 1001 和 1002 的记录，而这里所要求查询的记录中的 id 字段值不等于这两个值中的任一个。

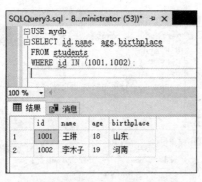

图 9-24 使用 IN 关键字查询

图 9-25 使用 NOT IN 运算符查询

9.3.4 使用 LIKE 关键字查询

在前面的检索操作中，讲述了如何查询多个字段的记录、如何进行比较查询或者是查询一个条件范围内的记录。如果要查找所有的包含字符"ge"的学生名称，该如何查找呢？简单的比较操作已经行不通了，在这里需要使用通配符进行匹配查找，通过创建查找匹配模式对表中的数据进行比较。执行这个任务的关键字是 LIKE。

通配符是一种在 SQL 的 WHERE 条件子句中拥有特殊意思的字符。SQL 语句中支持多种通配符，可以和 LIKE 一起使用的通配符如表 9-2 所示。

表 9-2　LIKE 关键字中使用的通配符

通　配　符	说　　明
%	包含零个或多个字符的任意字符串
_	任何单个字符
[]	指定范围（[a-f]）或集合（[abcdef]）中的任何单个字符
[^]	不属于指定范围（[a-f]）或集合（[abcdef]）的任何单个字符

1. 百分号通配符 "%"，匹配任意长度的字符，甚至包括零字符

【例 9.17】查找所有籍贯以'河'开头的学生信息，T-SQL 语句如下：

```
USE mydb
SELECT id,name, age,birthplace
FROM students
WHERE birthplace LIKE '河%';
```

单击【执行】按钮，即可完成数据的条件查询，并在【结果】窗格中显示查询结果，如图
9-26 所示。该语句查询的结果返回所有以'河'开头的学生信息，'%'告诉 SQL Server，返回所有 birthplace 字段以'河'开头的记录，不管'河'后面有多少个字符。

在搜索匹配时，通配符 "%" 可以放在不同位置，如【例 9.17】所示。

【例 9.18】在 students 表中，查询学生描述信息中包含字符'南'的记录，T-SQL 语句如下：

```
USE mydb
SELECT name, age,remark
FROM students
WHERE remark LIKE '%南%';
```

图 9-26　查询以'河'开头的学生名称

单击【执行】按钮，即可完成数据的条件查询，并在【结果】窗格中显示查询结果，如图
9-27 所示。该语句查询 remark 字段描述中包含'南'的学生信息，只要描述中有字符'南'，而前面或后面不管有多少个字符，都满足查询的条件。

【例 9.19】查询学生联系电话以'66'开头，并以'8'结尾的学生信息，T-SQL 语句如下：

```
USE mydb
SELECT name, age,tel
FROM students
WHERE tel LIKE '66%8';
```

单击【执行】按钮，即可完成数据的条件查询，并在【结果】窗格中显示查询结果，如图 9-28 所示。通过查询结果可以看到，"%"用于匹配在指定的位置的任意数目的字符。

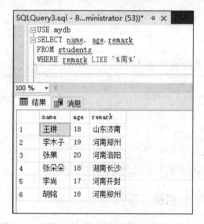
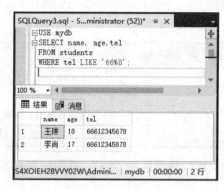

图 9-27　描述信息包含字符'南'的学生　　　图 9-28　查询 tel 字段以'66'开头、'8'
　　　　　　　　　　　　　　　　　　　　　　　　结尾的学生信息

2. 下划线通配符"_"，一次只能匹配任意一个字符

下划线通配符"_"，一次只能匹配任意一个字符，该通配符的用法和"%"相同，区别是"%"匹配多个字符，而"_"只匹配任意单个字符，如果要匹配多个字符，则需要使用相同个数的"_"。

【例 9.20】在 students 表中，查询学生籍贯以字符'南'结尾，且'南'前面只有 1 个字符的记录，T-SQL 语句如下。

```
USE mydb
SELECT name, age,birthplace
FROM students
WHERE birthplace LIKE '_南';
```

单击【执行】按钮，即可完成数据的条件查询，并在【结果】窗格中显示查询结果，如图 9-29 所示。从结果可以看到，以'南'结尾且前面只有 1 个字符的记录有 6 条。

3. 匹配指定范围中的任何单个字符

方括号"[]"指定一个字符集合，只要匹配其中任何一个字符，即为所查找的文本。

【例 9.21】在 students 表中，查找 remark 字段值中以'河''南'2 个字符之一开头的记录，T-SQL 语句如下：

```
USE mydb
SELECT * FROM students
WHERE remark LIKE '[河南]%';
```

图 9-29　查询以字符'南'结尾且前面
　　　　　只有 1 个字符的学生信息

单击【执行】按钮，即可完成数据的条件查询，并在【结果】窗格中显示查询结果，如图 9-30 所示。由查询结果可以看到，所有返回的记录的 remark 字段的值中都以字符'河南' 2 个中的某一个开头。

4. 匹配不属于指定范围的任何单个字符

"[^字符集合]"匹配不在指定集合中的任何字符。

【例 9.22】在 students 表中，查找 remark 字段值中不是以字符'河南' 2 个字符之一开头 的记录，T-SQL 语句如下：

```
USE mydb
SELECT * FROM students
WHERE remark LIKE '[^河南]%';
```

单击【执行】按钮，即可完成数据的条件查询，并在【结果】窗格中显示查询结果，如图 9-31 所示。由查询结果可以看到，所有返回的记录的 remark 字段的值中都不是以字符'河南' 2 个中的某一个开头的。

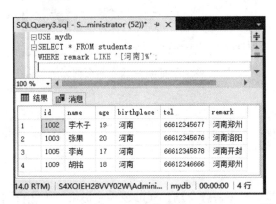

图 9-30　查询结果

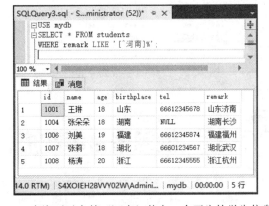

图 9-31　查询不以字符'河南'其中一个开头的学生信息

9.3.5　使用 IS NULL 查询空值

数据表创建的时候，设计者可以指定某列中是否可以包含空值（NULL）。空值不同于 0， 也不同于空字符串，一般表示数据未知、不适用或将在以后添加。在 SELECT 语句中使用 IS NULL 子句可以查询某字段内容为空记录。

【例 9.23】查询学生表中 tel 字段为空的数据记录，T-SQL 语句如下：

```
USE mydb
SELECT * FROM students
WHERE tel IS NULL;
```

单击【执行】按钮，即可完成数据的条件查询，并在【结果】窗格中显示查询结果，如图 9-32 所示。

与 IS NULL 相反的是 IS NOT NULL，该子句查找字段不为空的记录。

【例 9.24】查询学生表中 tel 不为空的数据记录，T-SQL 语句如下：

```
USE mydb
SELECT * FROM students
WHERE tel IS NOT NULL;
```

单击【执行】按钮，即可完成数据的条件查询，并在【结果】窗格中显示查询结果，如图 9-33 所示。可以看到，查询出来的记录的 tel 字段都不为空值。

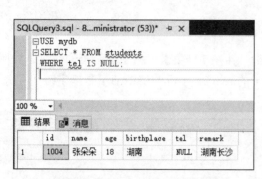

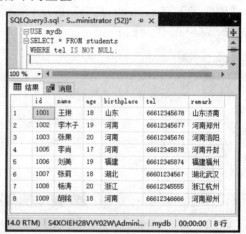

图 9-32　查询 tel 字段为空的记录　　　　　图 9-33　查询 tel 字段不为空的记录

9.4　使用聚合函数进行统计查询

有时候并不需要返回实际表中的数据，而只是对数据进行总结。SQL Server 提供了一些查询功能，可以对获取的数据进行分析和报告，这就是聚合函数，具体的名称和作用如表 9-3 所示。

表 9-3　聚合函数

函　　数	作　　用
AVG()	返回某列的平均值
COUNT()	返回某列的行数
MAX()	返回某列的最大值
MIN()	返回某列的最小值
SUM()	返回某列值的和

9.4.1　使用 SUM()求列的和

SUM()是一个求总和的函数，返回指定列值的总和。

【例 9.25】在 students 表中查询籍贯为'河南'的学生的总年龄，T-SQL 语句如下：

```
USE mydb
SELECT SUM(age) AS sum_age
FROM students
WHERE birthplace ='河南';
```

单击【执行】按钮，即可完成数据的计算操作，并在【结果】窗格中显示查询结果，如图 9-34 所示。由查询结果可以看到，SUM(age)函数返回所有学生年龄数量之和，WHERE 子句指定查询籍贯值为"河南"。

另外，SUM()可以与 GROUP BY 一起使用来计算每个分组的总和。

【例 9.26】在 students 表中，使用 SUM()函数统计不同籍贯学生年龄总和，T-SQL 语句如下：

```
USE mydb
SELECT birthplace,SUM(age) AS sum_age
FROM students
GROUP BY birthplace;
```

单击【执行】按钮，即可完成数据的计算操作，并在【结果】窗格中显示查询结果，如图 9-35 所示。由查询结果可以看到，GROUP BY 按照籍贯 birthplace 进行分组，SUM()函数计算每个组中学生的年龄总和。

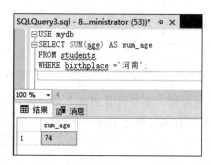

图 9-34　使用 SUM 函数求列总和

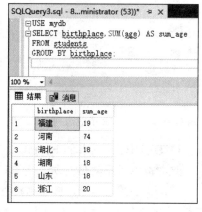

图 9-35　使用 SUM 函数对分组结果求和

注　意

SUM()函数在计算时，忽略列值为 NULL 的行。

9.4.2　使用 AVG()求列平均值

AVG()函数通过计算返回的行数和每一行数据的和，求得指定列数据的平均值。

【例 9.27】在 students 表中，查询籍贯为'河南'的学生年龄的平均值，T-SQL 语句如下：

```
USE mydb
SELECT AVG(age) AS avg_age
FROM students
WHERE birthplace='河南';
```

单击【执行】按钮，即可完成数据的计算操作，并在【结果】窗格中显示查询结果，如图9-36 所示。该例中通过添加查询过滤条件，计算出指定籍贯学生的年龄平均值，而不是所有学生的年龄平均值。

另外，AVG()可以与 GROUP BY 一起使用，来计算每个分组的平均值。

【例 9.28】在 students 表中，查询每一个籍贯的学生年龄的平均值，T-SQL 语句如下：

```
USE mydb
SELECT birthplace,AVG(age) AS avg_age
FROM students
GROUP BY birthplace;
```

单击【执行】按钮，即可完成数据的计算操作，并在【结果】窗格中显示查询结果，如图9-37 所示。

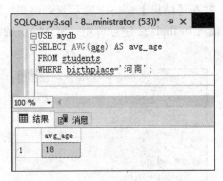

图 9-36　使用 AVG 函数对列求平均值

图 9-37　使用 AVG 函数对分组求平均值

提 示　GROUP BY 子句根据 birthplace 字段对记录进行分组，然后计算出每个分组的平均值，这种分组求平均值的方法非常有用。例如，求不同班级学生成绩的平均值，求不同部门工人的平均工资，求各地的年平均气温等。

9.4.3　使用 MAX()求列最大值

MAX()返回指定列中的最大值。

【例 9.29】在 students 表中查找年龄最大值，T-SQL 语句如下：

```
USE mydb
SELECT MAX(age) AS max_age
FROM students;
```

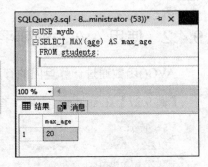

单击【执行】按钮，即可完成数据的计算操作，并在【结果】窗格中显示查询结果，如图 9-38 所示。由结果可以看到，MAX()函数查询出了 age 字段的最大值 20。

图 9-38　使用 MAX 函数求最大值

MAX()也可以和 GROUP BY 子句一起使用，求每个分组中的最大值。

【例 9.30】在 students 表中查找不同籍贯提供的年龄最高的学生，T-SQL 语句如下：

```
USE mydb
SELECT birthplace, MAX(age) AS max_age
FROM students
GROUP BY birthplace;
```

单击【执行】按钮，即可完成数据的计算操作，并在【结果】窗格中显示查询结果，如图 9-39 所示。由结果可以看到，GROUP BY 子句根据 birthplace 字段对记录进行分组，然后计算出每个分组中的最大值。

MAX()函数不仅适用于查找数值类型，也可以用于字符类型。

【例 9.31】在 students 表中查找 name 的最大值，T-SQL 语句如下：

```
USE mydb
SELECT MAX(name) FROM students;
```

单击【执行】按钮，即可完成数据的计算操作，并在【结果】窗格中显示查询结果，如图 9-40 所示。由结果可以看到，MAX()函数可以对字符进行大小判断，并返回最大的字符或者字符串值。

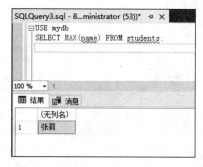

图 9-39　使用 MAX 函数求每个分组中的最大值　　图 9-40　使用 MAX 函数求每个分组中字符串最大值

提　示

MAX()函数除了用来找出最大的列值或日期值之外，还可以返回任意列中的最大值，包括返回字符类型的最大值。在对字符类型数据进行比较时，按照字符的 ASCII 码值大小比较，从 a 到 z，a 的 ASCII 码最小，z 的最大。在比较时，先比较第一个字符，如果相等，继续比较下一个字符，一直到两个字符不相等或者字符结束为止。例如，'b'与 't'比较时，'t'为最大值；"bcd"与"bca"比较时，"bcd"为最大值。

9.4.4　使用 MIN()求列最小值

MIN()返回查询列中的最小值。

【例 9.32】在 students 表中查找学生的最低年龄值，T-SQL 语句如下。

```
USE mydb
SELECT MIN(age) AS min_age
FROM students;
```

单击【执行】按钮，即可完成数据的计算操作，并在【结果】窗格中显示查询结果，如图 9-41 所示。由结果可以看到，MIN ()函数查询出了 age 字段的最小值 17。

另外，MIN()也可以和 GROUP BY 子句一起使用，求每个分组中的最小值。

【例 9.33】在 students 表中查找不同籍贯的年龄最低值，T-SQL 语句如下：

```
USE mydb
SELECT birthplace, MIN(age) AS min_age
FROM students
GROUP BY birthplace;
```

单击【执行】按钮，即可完成数据的计算操作，并在【结果】窗格中显示查询结果，如图 9-42 所示。由结果可以看到，GROUP BY 子句根据 birthplace 字段对记录进行分组，然后计算出每个分组中的最小值。

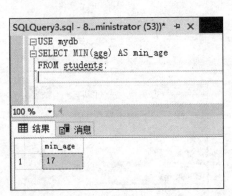

图 9-41　使用 MIN 函数求列最小值

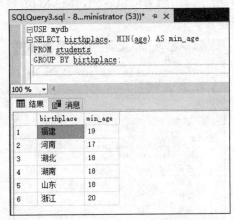

图 9-42　使用 MIN 函数求分组中的最小值

 MIN()函数与 MAX()函数类似，不仅适用于数值类型，也可用于字符类型。

9.4.5　使用 COUNT()统计

COUNT()函数统计数据表中包含的记录行的总数，或者根据查询结果返回列中包含的数据行数。其使用方法有两种：

- COUNT(*)：计算表中总的行数，不管某列有数值或者为空值。
- COUNT(字段名)：计算指定列下总的行数，计算时将忽略字段值为空值的行。

【例 9.34】查询学生表 students 表中总的行数，T-SQL 语句如下：

```
USE mydb
SELECT COUNT(*) AS 学生总数
FROM students;
```

单击【执行】按钮，即可完成数据的计算操作，并在【结果】窗格中显示查询结果，如图 9-43 所示。由查询结果可以看到，COUNT(*)返回 customers 表中记录的总行数，不管其值是什么，返回的总数的名称为学生总数。

【例 9.35】查询学生表 students 中有联系电话信息的学生记录总数，T-SQL 语句如下：

```
USE mydb
SELECT COUNT(tel) AS tel_num
FROM students;
```

单击【执行】按钮，即可完成数据的计算操作，并在【结果】窗格中显示查询结果，如图 9-44 所示。由查询结果可以看到，表中 9 个学生记录只有 1 个没有描述信息，因此学生描述信息为空值 NULL 的记录没有被 COUNT()函数计算。

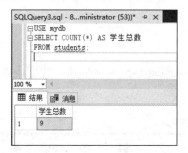

图 9-43　使用 COUNT 函数计算总记录数

图 9-44　返回有具体列值的记录总数

提示　两个例子中不同的数值，说明了两种方式在计算总数的时候对待 NULL 值的方式不同：指定列的值为空的行被 COUNT()函数忽略；如果不指定列，而是在 COUNT()函数中使用星号 "*"，则所有记录都不会被忽略。

另外，COUNT()函数与 GROUP BY 子句可以一起使用，用来计算不同分组中的记录总数。

【例 9.36】在 students 表中，使用 COUNT()函数统计不同籍贯的学生数量，T-SQL 语句如下：

```
USE mydb
SELECT birthplace  '籍贯', COUNT(name)
'学生数量'
FROM students
GROUP BY birthplace;
```

单击【执行】按钮，即可完成数据的计算操作，并在【结果】窗格中显示查询结果，如图 9-45 所示。由查询结果可以看到，GROUP BY 子句先按照籍贯进行分组，然后计算每个分组中的总记录数。

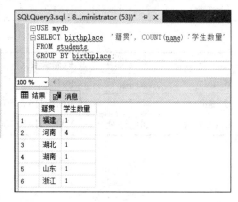

图 9-45　使用 COUNT 函数求分组记录和

9.5 疑难解惑

1. 排序时 NULL 值如何处理?

在处理查询结果中没有重复值时,如果指定的列中有多个 NULL 值,则作为相同的值对待,显示结果中只有一个空值。对于使用 ORDER BY 子句排序的结果集中,若存在 NULL 值,升序排序时有 NULL 值的记录将在最前面显示,而降序显示时 NULL 值将在最后面显示。

2. HAVING 与 WHERE 子句都用来过滤数据,两者有什么区别呢?

HAVING 用在数据分组之后进行过滤,即用来选择分组;而 WHERE 在分组之前用来选择记录。另外,WHERE 排除的记录不再包括在分组中。

9.6 经典习题

分别创建 employee 和 dept 数据表,表结构如表 9-4 和表 9-5 所示,并在数据表中插入表 9-6 和表 9-7 所示的记录。

表 9-4 employee 表结构

字 段 名	字段说明	数据类型	主 键	外 键	非 空	唯 一
e_no	员工编号	INT	是	否	是	是
e_name	员工姓名	VARCHAR(50)	否	否	是	否
e_gender	员工性别	CHAR(2)	否	否	否	否
dept_no	部门编号	INT	否	否	是	否
e_job	职位	VARCHAR(50)	否	否	是	否
e_salary	薪水	INT	否	否	是	否
hireDate	入职日期	DATE	否	否	是	否

表 9-5 dept 表结构

字 段 名	字段说明	数据类型	主 键	外 键	非 空	唯 一
d_no	部门编号	INT	是	是	是	是
d_name	部门名称	VARCHAR(50)	否	否	是	否
d_location	部门地址	VARCHAR(100)	否	否	否	否

表 9-6 employee 表中的记录

e_no	e_name	e_gender	dept_no	e_job	e_salary	hireDate
1001	SMITH	m	20	CLERK	800	2005-11-12
1002	ALLEN	f	30	SALESMAN	1600	2003-05-12
1003	WARD	f	30	SALESMAN	1250	2003-05-12
1004	JONES	m	20	MANAGER	2975	1998-05-18
1005	MARTIN	m	30	SALESMAN	1250	2001-06-12
1006	BLAKE	f	30	MANAGER	2850	1997-02-15
1007	CLARK	m	10	MANAGER	2450	2002-09-12
1008	SCOTT	m	20	ANALYST	3000	2003-05-12
1009	KING	f	10	PRESIDENT	5000	1995-01-01
1010	TURNER	f	30	SALESMAN	1500	1997-10-12
1011	ADAMS	m	20	CLERK	1100	1999-10-05
1012	JAMES	f	30	CLERK	950	2008-06-15

表 9-7 dept 表中的记录

d_no	d_name	d_location
10	ACCOUNTING	ShangHai
20	RESEARCH	BeiJing
30	SALES	ShenZhen
40	OPERATIONS	FuJian

在已经创建的 employee 表中进行如下操作：

（1）计算所有女员工（f）的年龄。

（2）使用 LIMIT 查询第 3～6 条的记录。

（3）查询销售人员（SALESMAN）的最低工资。

（4）查询名字以字母 N 或者 S 结尾的记录。

（5）查询在 BeiJing 工作的员工的姓名和职务。

（6）查询所有 2001～2005 年入职的员工信息，查询部门编号为 20 和 30 的员工信息并使用 UNION 合并两个查询结果。

（7）使用 LIKE 关键字查询员工姓名中包含字母 a 的记录。

第 10 章
数据表中数据的高级查询

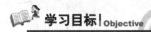
学习目标|Objective

一般情况下，简单查询是针对一张数据表的查询。如果查询语句每次只能查询一张数据表，那么在数据库中的数据表之间就不会有任何关系，显然，这是不符合实际需求的。本章就来介绍 SQL 数据的高级查询，主要内容包括多表之间的高级查询，如子查询、内连接查询和外连接查询等。

内容导航|Navigation

- 掌握多表之间子查询的方法
- 掌握多表内连接查询的方法
- 掌握多表外连接查询的方法
- 掌握数据表动态查询的方法

10.1 多表之间的子查询

子查询又被称为嵌套查询，在 SELECT 子句中先计算子查询，子查询结果作为外层另一个查询的过滤条件，查询可以基于一个表或者多个表。子查询中可以使用比较运算符，如 "<" "<=" ">" ">=" 和 "!=" 等，子查询中常用的操作符有 ANY、SOME、ALL、IN、EXISTS 等。

10.1.1 使用比较运算符的子查询

子查询中可以使用的比较运算符有 "<" "<=" "=" ">=" 和 "!=" 等。为演示多表之间的子查询操作，在数据库 test 中，创建水果表（fruits 表）和水果供应商表（suppliers 表），具体 T-SQL 代码如下：

```
USE test
CREATE TABLE fruits
(
f_id      char(10)         PRIMARY KEY,      --水果 id
s_id      INT              NOT NULL,         --供应商 id
f_name    VARCHAR(255)     NOT NULL,         --水果名称
f_price   decimal(8,2)     NOT NULL,         --水果价格
);
CREATE TABLE suppliers
(
s_id      char(10)   PRIMARY KEY,
s_name    varchar(50)   NOT NULL,
s_city    varchar(50)   NOT NULL,
);
```

在【查询编辑器】窗口中输入创建数据表的 T-SQL 语句，然后执行语句，即可完成数据表的创建，如图 10-1 和图 10-2 所示。

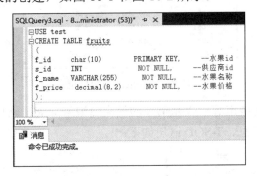

图 10-1　fruits 表

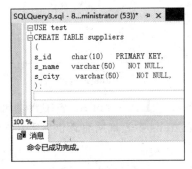

图 10-2　suppliers 表

创建好数据表后，下面分别向这两张数据表中添加数据记录，具体的 T-SQL 语句如下：

```
USE test
INSERT INTO fruits (f_id, s_id, f_name, f_price)
VALUES('a1', 101,'苹果',5.2),
   ('b1',101,'黑莓', 10.2),
   ('bs1',102,'橘子', 11.2),
   ('bs2',105,'甜瓜',8.2),
   ('t1',102,'香蕉', 10.3),
   ('t2',102,'葡萄', 5.3),
   ('o2',103,'椰子', 10.2),
   ('c0',101,'樱桃', 3.2),
   ('a2',103, '杏子',2.2),
   ('l2',104,'柠檬', 6.4),
   ('b2',104,'浆果', 7.6),
   ('m1',106,'芒果', 15.6);

INSERT INTO suppliers (s_id, s_name, s_city)
```

```
VALUES('101','泽惠果蔬', '天津'),
 ('102','绿色果蔬', '上海'),
('103','华轩果蔬', '北京'),
('104','生鲜果蔬', '郑州'),
('105','明天果蔬', '上海'),
('106','立达果蔬', '云南'),
('107','绿晨果蔬', '广东');
```

在【查询编辑器】窗口中输入添加数据记录的 T-SQL 语句，然后执行语句，即可完成数据的添加，如图 10-3 和图 10-4 所示。

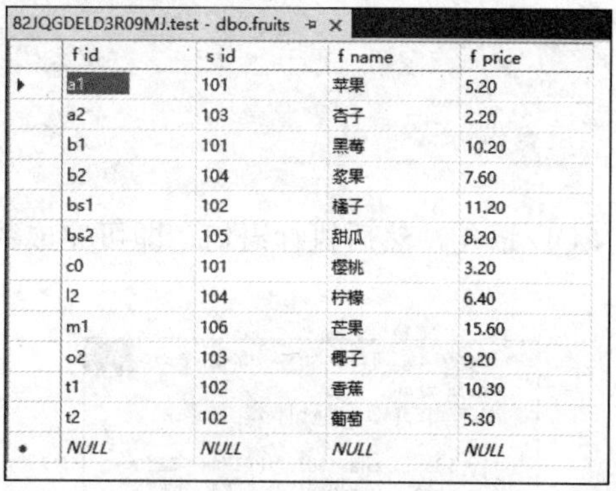
82JQGDELD3R09MJ.test - dbo.fruits

f_id	s_id	f_name	f_price
a1	101	苹果	5.20
a2	103	杏子	2.20
b1	101	黑莓	10.20
b2	104	浆果	7.60
bs1	102	橘子	11.20
bs2	105	甜瓜	8.20
c0	101	樱桃	3.20
l2	104	柠檬	6.40
m1	106	芒果	15.60
o2	103	椰子	9.20
t1	102	香蕉	10.30
t2	102	葡萄	5.30
NULL	NULL	NULL	NULL

图 10-3　fruits 表数据记录

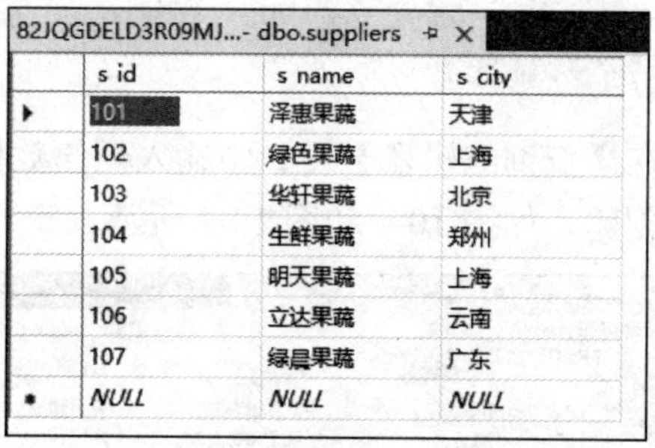
82JQGDELD3R09MJ...- dbo.suppliers

s_id	s_name	s_city
101	泽惠果蔬	天津
102	绿色果蔬	上海
103	华轩果蔬	北京
104	生鲜果蔬	郑州
105	明天果蔬	上海
106	立达果蔬	云南
107	绿晨果蔬	广东
NULL	NULL	NULL

图 10-4　suppliers 表数据记录

【例 10.1】在 suppliers 表中查询供应商所在城市等于“北京”的供应商编号 s_id，然后在水果表 fruits 中查询所有该供应商编号的水果信息，T-SQL 语句如下：

```
USE test
SELECT f_id, f_name FROM fruits
WHERE s_id=
(SELECT s_id FROM suppliers WHERE s_city = '北京');
```

单击【执行】按钮，即可完成数据的查询操作，并在【结果】窗格中显示查询结果，如图 10-5 所示。该子查询首先在 suppliers 表中查找 s_city 等于北京的供应商编号 s_id，然后在外层查询时，在 fruits 表中查找 s_id 等于内层查询返回值的记录。

结果表明，在“北京”的水果供应商总共供应 2 种水果类型，分别为“杏子”“椰子”。

【例 10.2】在 suppliers 表中查询 s_city 等于“北京”的供应商编号 s_id，然后在 fruits 表中查询所有非该供应商的水果信息，T-SQL 语句如下：

```
USE test
SELECT f_id, f_name FROM fruits
WHERE s_id<>
(SELECT s_id FROM suppliers WHERE s_city = '北京');
```

单击【执行】按钮，即可完成数据的查询操作，并在【结果】窗格中显示查询结果，如图 10-6 所示。该子查询的执行过程与前面相同，在这里使用了不等于“<>”运算符，因此返回的结果和前面正好相反。

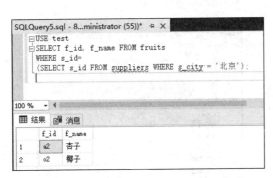

图 10-5　使用等号运算符进行比较子查询　　图 10-6　使用不等号运算符进行比较子查询

10.1.2　使用 IN 的子查询

使用 IN 关键字进行子查询时，内层查询语句仅仅返回一个数据列，这个数据列里的值将提供给外层查询语句进行比较操作。

【例 10.3】在 fruits 表中查询水果编号为"a1"的水果供应商编号，然后根据供应商编号 s_id 查询其供应商名称 s_name，T-SQL 语句如下：

```
USE test
SELECT s_name FROM suppliers
WHERE s_id IN
(SELECT s_id FROM fruits WHERE f_id = 'a1');
```

单击【执行】按钮，即可完成数据的查询操作，并在【结果】窗格中显示查询结果，如图 10-7 所示。这个查询过程可以分步执行，首先内层子查询查出 fruits 表中符合条件的供应商编号的 s_id，查询结果为 101。然后执行外层查询，在 suppliers 表中查询供应商编号的 s_id 等于 101 的供应商名称。

另外，上述查询过程可以分开执行这两条 SELECT 语句，对比其返回值。子查询语句可以写为如下形式，以实现相同的效果：

```
SELECT s_name FROM suppliers WHERE s_id IN(101);
```

这个例子说明在处理 SELECT 语句的时候，SQL Server 实际上执行了两个操作过程，即先执行内层子查询，再执行外层查询，内层子查询的结果作为外部查询的比较条件。

SELECT 语句中可以使用 NOT IN 运算符，其作用与 IN 正好相反。

【例 10.4】与前一个例子语句类似，但是在 SELECT 语句中使用 NOT IN 运算符，T-SQL 语句如下：

```
USE test
SELECT s_name FROM suppliers
```

```
WHERE s_id NOT IN
(SELECT s_id FROM fruits WHERE f_id = 'a1');
```

单击【执行】按钮，即可完成数据的查询操作，并在【结果】窗格中显示查询结果，如图
10-8 所示。

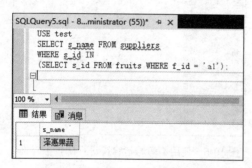

图 10-7 使用 IN 关键字进行子查询

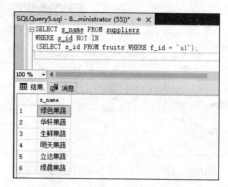

图 10-8 使用 NOT IN 运算符进行子查询

10.1.3 使用 ANY 的子查询

ANY 关键字也是在子查询中经常使用的。通常都会使用比较运算符来连接 ANY 得到的
结果，用于比较某一列的值是否全部都大于 ANY 后面子查询中查询的最小值或者小于 ANY
后面子查询中的最大值。

【例 10.5】使用子查询来查询供应商"泽惠果蔬"中水果价格大于供应商"华轩果蔬"提
供的水果价格水果信息，T-SQL 语句如下：

```
USE test
SELECT * FROM fruits
WHERE f_price>ANY
(SELECT f_price FROM fruits
WHERE s_id=(SELECT s_id FROM suppliers WHERE s_name='华轩果蔬'))
AND s_id=101;
```

单击【执行】按钮，即可完成数据的查询操作，并在【结果】窗格中显示查询结果，如图
10-9 所示。

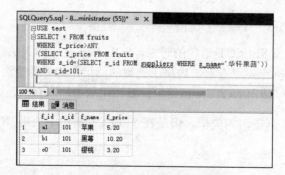

图 10-9 使用 ANY 关键字查询

从查询结果中可以看出，ANY 前面的运算符 ">" 代表了对 ANY 后面子查询的结果中任意值进行是否大于的判断，如果要判断小于可以使用 "<"，判断不等于可以使用 "！="运算符。

10.1.4　使用 ALL 的子查询

ALL 关键字与 ANY 不同，使用 ALL 时需要同时满足所有内层查询的条件。例如，修改前面的例子，用 ALL 操作符替换 ANY 操作符。

【例 10.6】使用子查询来查询供应商 "泽惠果蔬" 中水果价格大于供应商 "华轩果蔬" 提供的水果信息，T-SQL 语句如下：

```
USE test
SELECT * FROM fruits
WHERE f_price>ALL
(SELECT f_price FROM fruits
WHERE s_id=(SELECT s_id FROM suppliers WHERE s_name='华轩果蔬'))
AND s_id=101;
```

单击【执行】按钮，即可完成数据的查询操作，并在【结果】窗格中显示查询结果，如图 10-10 所示。从结果中可以看出，泽惠果蔬提供的水果信息只返回水果价格大于华轩果蔬提供的水果价格最大值的水果信息。

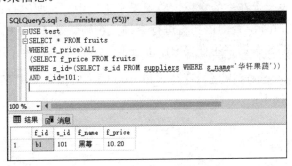

图 10-10　使用 ALL 关键字查询

10.1.5　使用 SOME 的子查询

SOME 关键字的用法与 ANY 关键字的用法相似，但是意义不同。SOME 通常用于比较满足查询结果中的任意一个值，而 ANY 要满足所有值才可以。因此，在实际应用中，需要特别注意查询条件。

【例 10.7】查询水果信息表，并使用 SOME 关键字选出所有立达果蔬与泽惠果蔬的水果信息。

```
USE test
SELECT * FROM fruits
WHERE s_id=SOME(SELECT s_id FROM suppliers WHERE s_name='立达果蔬' OR s_name='泽惠果蔬');
```

单击【执行】按钮，即可完成数据的查询操作，并在【结果】窗格中显示查询结果，如图 10-11 所示。

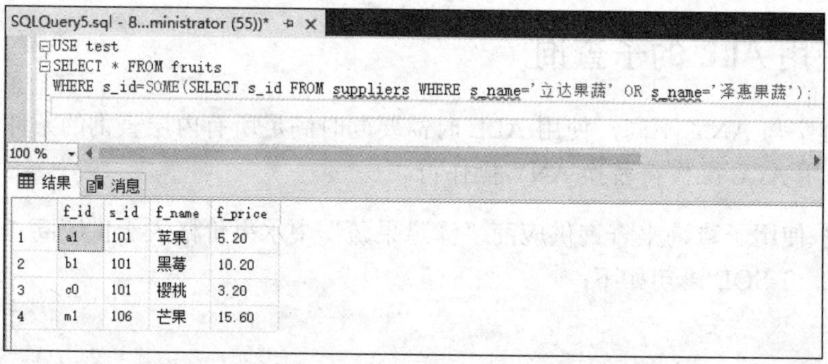

图 10-11　使用 SOME 关键字查询

从结果中可以看出，所有立达果蔬与泽惠果蔬的水果信息都查询出来了，这个关键字与 IN 关键字可以完成相同的功能。也就是说，当在 SOME 运算符前面使用"="时，就代表了 IN 关键字的用途。

10.1.6　使用 EXISTS 的子查询

EXISTS 关键字代表"存在"的意思，应用于子查询中，只要子查询返回的结果为空，返回结果就是 TRUE，此时外层查询语句将进行查询；否则就是 FALSE，外层语句将不进行查询。通常情况下，EXISTS 关键字用在 WHERE 子句中。

【例 10.8】查询表 suppliers 中是否存在 s_id=106 的供应商，如果存在就查询 fruits 表中的水果信息，T-SQL 语句如下：

```
USE test
SELECT * FROM fruits
WHERE EXISTS
(SELECT s_name FROM suppliers WHERE s_id =106);
```

单击【执行】按钮，即可完成数据的查询操作，并在【结果】窗格中显示查询结果，如图 10-12 所示。

由结果可以看到，内层查询结果表明 suppliers 表中存在 s_id=106 的记录，因此 EXISTS 表达式返回 TRUE；外层查询语句接收 TRUE 之后对表 fruits 进行查询，返回所有的记录。

EXISTS 关键字可以和条件表达式一起使用。

【例 10.9】查询表 suppliers 中是否存在 s_id=106 的供应商，如果存在就查询 fruits 表中 f_price 大于 5 的记录，T-SQL 语句如下：

```
USE test
SELECT * FROM fruits
WHERE f_price >5 AND EXISTS
(SELECT s_name FROM suppliers WHERE s_id = 106);
```

单击【执行】按钮，即可完成数据的查询操作，并在【结果】窗格中显示查询结果，如图 10-13 所示。

	f_id	s_id	f_name	f_price
1	a1	101	苹果	5.20
2	a2	103	杏子	2.20
3	b1	101	黑莓	10.20
4	b2	104	浆果	7.60
5	bs1	102	橘子	11.20
6	bs2	105	甜瓜	8.20
7	c0	101	樱桃	3.20
8	l2	104	柠檬	6.40
9	m1	106	芒果	15.60
10	o2	103	椰子	9.20
11	t1	102	香蕉	10.30
12	t2	102	葡萄	5.30

图 10-12　使用 EXISTS 关键字查询

	f_id	s_id	f_name	f_price
1	a1	101	苹果	5.20
2	b1	101	黑莓	10.20
3	b2	104	浆果	7.60
4	bs1	102	橘子	11.20
5	bs2	105	甜瓜	8.20
6	l2	104	柠檬	6.40
7	m1	106	芒果	15.60
8	o2	103	椰子	9.20
9	t1	102	香蕉	10.30
10	t2	102	葡萄	5.30

图 10-13　使用 EXISTS 关键字的复合条件查询

由结果可以看到，内层查询结果表明 suppliers 表中存在 s_id=106 的记录，因此 EXISTS 表达式返回 TRUE；外层查询语句接收 TRUE 之后根据查询条件 f_price>5 对 fruits 表进行查询，返回结果为 f_price 大于 5 的记录。

NOT EXISTS 与 EXISTS 使用方法相同，返回的结果相反。子查询如果至少返回一行，那么 NOT EXISTS 的结果为 FALSE，此时外层查询语句将不进行查询；如果子查询没有返回任何行，那么 NOT EXISTS 返回的结果是 TRUE，此时外层语句将进行查询。

【例 10.10】查询表 suppliers 中是否存在 s_id=106 的供应商，如果不存在就查询 fruits 表中的记录，T-SQL 语句如下：

```
USE test
SELECT * FROM fruits
WHERE NOT EXISTS
(SELECT s_name FROM suppliers WHERE s_id = 106);
```

单击【执行】按钮，即可完成数据的查询操作，并在【结果】窗格中显示查询结果，如图 10-14 所示。

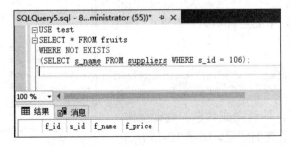

图 10-14　使用 NOT EXISTS 关键字的复合条件查询

该条语句的查询结果将为空值，因为查询语句 SELECT d_name FROM suppliers WHERE s_id=106 对 suppliers 表查询返回了一条记录，NOT EXISTS 表达式返回 FALSE，外层表达式接收 FALSE，将不再查询 fruits 表中的记录。

> **注 意** EXISTS 和 NOT EXISTS 的结果只取决于是否会返回行，而不取决于这些行的内容，所以这个子查询输入列表通常是无关紧要的。

10.2 多表内连接查询

连接是关系数据库模型的主要特点，连接查询是关系数据库中最主要的查询，主要包括内连接、外连接等。内连接查询操作列出与连接条件匹配的数据行，使用比较运算符比较被连接列的列值。

具体的语法格式如下：

```
SELECT column_name1, column_name2,……
FROM table1 INNER JOIN table2
ON conditions;
```

主要参数介绍如下：

- table1：数据表 1，通常在内连接中被称为左表。
- table2：数据表 2，通常在内连接中被称为右表。
- INNER JOIN：内连接的关键字。
- ON conditions：设置内连接中的条件。

10.2.1 笛卡儿积查询

笛卡儿积是针对一种多种查询的特殊结果来说的，它的特殊之处在于多表查询时没有指定查询条件，查询的是多个表中的全部记录，返回到具体结果是每张表中列的和、行的积。

【例 10.11】不使用任何条件查询水果信息 fruits 表与供应商 suppliers 表中的全部数据，T-SQL 语句如下：

```
USE test
SELECT *FROM fruits,suppliers;
```

单击【执行】按钮，即可完成数据的查询操作，并在【结果】窗格中显示查询结果，如图 10-15 所示。

SQLQuery5.sql - 8...ministrator (55))*

```
USE test
SELECT *FROM fruits, suppliers;
```

	f_id	s_id	f_name	f_price	s_id	s_name	s_city
1	a1	101	苹果	5.20	101	泽惠果蔬	天津
2	a2	103	杏子	2.20	101	泽惠果蔬	天津
3	b1	101	黑莓	10.20	101	泽惠果蔬	天津
4	b2	104	浆果	7.60	101	泽惠果蔬	天津
5	bs1	102	橘子	11.20	101	泽惠果蔬	天津
6	bs2	105	甜瓜	8.20	101	泽惠果蔬	天津
7	c0	101	樱桃	3.20	101	泽惠果蔬	天津
8	l2	104	柠檬	6.40	101	泽惠果蔬	天津
9	m1	106	芒果	15.60	101	泽惠果蔬	天津
10	o2	103	椰子	9.20	101	泽惠果蔬	天津
11	t1	102	香蕉	10.30	101	泽惠果蔬	天津
12	t2	102	葡萄	5.30	101	泽惠果蔬	天津
13	a1	101	苹果	5.20	102	绿色果蔬	上海

图 10-15　笛卡儿积查询结果

从结果可以看出，返回的列共有 7 列，这是两个表的列的和，返回的行是 84 行，这是两个表行的乘积，即 12*7=84。

 注意 通过笛卡儿积可以得出，在使用多表连接查询时，一定要设置查询条件，否则就会出现笛卡儿积，这样会降低数据库的访问效率，因此每一个数据库的使用者都要避免查询结果中笛卡儿积的产生。

10.2.2 内连接的简单查询

内连接可以理解为等值连接，它的查询结果全部都是符合条件的数据。

【例 10.12】使用内连接查询水果信息表 fruits 和供应商信息表 suppliers，T-SQL 语句如下：

```
USE test
SELECT * FROM fruits INNER JOIN suppliers
ON fruits.s_id = suppliers.s_id;
```

单击【执行】按钮，即可完成数据的查询操作，并在【结果】窗格中显示查询结果，如图 10-16 所示。从结果可以看出，内连接查询的结果就是符合条件的全部数据。

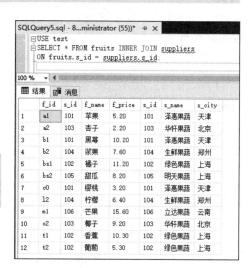

图 10-16　内连接的简单查询结果

10.2.3 相等内连接的查询

相等连接又叫等值连接，在连接条件中使用等于号（=）运算符比较被连接列的列值，其查询结果中列出被连接表中的所有列，包括其中的重复列。下面给出一个实例。

fruits 表中的 s_id 与 suppliers 表中的 s_id 具有相同的含义，两个表通过这个字段建立联系。接下来从 fruits 表中查询 f_name、f_price 字段，从 suppliers 表中查询 s_id、s_name。

【例 10.13】在 fruits 表和 suppliers 表之间使用 INNER JOIN 语法进行内连接查询，T-SQL 语句如下：

```
USE test
SELECT suppliers.s_id,s_name,f_name,
f_price
FROM fruits INNER JOIN suppliers
ON fruits.s_id = suppliers.s_id;
```

单击【执行】按钮，即可完成数据的查询操作，并在【结果】窗格中显示查询结果，如图 10-17 所示。

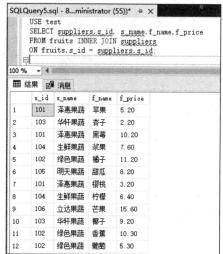

图 10-17　使用 INNER JOIN 进行相等内连接查询

在这里的查询语句中，两个表之间的关系通过 INNER JOIN 指定，在使用这种语法的时候，连接的条件使用 ON 子句给出而不是 WHERE，ON 和 WHERE 后面指定的条件相同。

10.2.4　不等内连接的查询

不等内连接查询是指在连接条件中使用除等于运算符以外的其他比较运算符，比较被连接的列的列值。这些运算符包括 ">""">="">=""<=""<"">!>"">! <" 和 ">"。

【例 10.14】在 fruits 表和 suppliers 表之间使用 INNER JOIN 语法进行内连接查询，T-SQL 语句如下：

```
USE test
SELECT suppliers.s_id, s_name,
f_name,f_price
    FROM fruits INNER JOIN suppliers
    ON fruits.s_id<>suppliers.s_id;
```

单击【执行】按钮，即可完成数据的查询操作，并在【结果】窗格中显示查询结果，如图 10-18 所示。

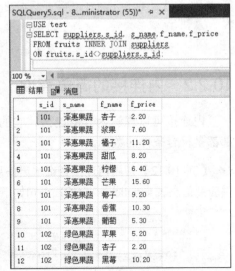

图 10-18　使用 INNER JOIN 进行不等内连接查询

10.2.5　特殊的内连接查询

如果在一个连接查询中，涉及的两个表都是同一个表，那么这种查询称为自连接查询，也被称为特殊的内连接（相互连接的表在物理上为同一张表，但可以在逻辑上分为两张表）。

【例 10.15】查询供应商编号 s_id= '101' 的其他水果信息，T-SQL 语句如下：

```
USE test
SELECT DISTINCT f1.f_id, f1.f_name, f1.f_price
FROM fruits AS f1, fruits AS f2
WHERE f1. s_id = f2. s_id AND f2. s_id=101;
```

单击【执行】按钮，即可完成数据的查询操作，并在【结果】窗格中显示查询结果，如图 10-19 所示。

此处查询的两个表是相同的表，为了防止产生二义性，对表使用了别名。fruits 表第一次出现的别名为 f1，第二次出现的别名为 f2，使用 SELECT 语句返回列时明确指出返回以 f1 为前缀的列的全名，WHERE 连接两个表，并按照第二个表的 s_id 对数据进行过滤，返回所需数据。

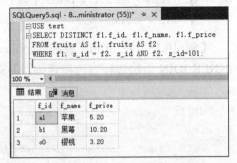

图 10-19　自连接查询

10.2.6　带条件的内连接查询

带选择条件的连接查询是在连接查询的过程中，通过添加过滤条件限制查询的结果，使查询的结果更加准确。

【例 10.16】在 fruits 表和 suppliers 表中，使用 INNER JOIN 语法查询 fruits 表中供应商编号为 101 的水果编号、名称与供应商所在城市 s_city，T-SQL 语句如下：

```
USE test
SELECT fruits.f_id, fruits.f_name,suppliers.s_city
FROM fruits INNER JOIN suppliers
ON fruits.s_id= suppliers.s_id AND fruits.s_id=101;
```

单击【执行】按钮，即可完成数据的查询操作，并在【结果】窗格中显示查询结果，如图 10-20 所示。

结果显示，在连接查询时指定查询供应商编号为 101 的水果编号、名称以及该供应商的所在地信息，添加了过滤条件之后返回的结果将会变少，因此返回结果只有 3 条记录。

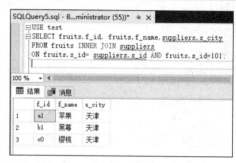

图 10-20　带选择条件的连接查询

10.3　多表外连接查询

几乎所有的查询语句，查询结果全部都是需要符合条件才能查询出来的。换句话说，如果执行查询语句后没有符合条件的结果，那么在结果中就不会有任何记录。外连接查询则与之相反，通过外连接查询，可以在查询出符合条件的结果后显示出某张表中不符合条件的数据。

10.3.1　认识外连接查询

外连接查询包括左外连接、右外连接以及全外连接。具体的语法格式如下：

```
SELECT column_name1, column_name2,……
FROM table1 LEFT|RIGHT|FULL OUTER JOIN table2
ON conditions;
```

主要参数介绍如下：

- table1：数据表 1，通常在外连接中被称为左表。
- table2：数据表 2，通常在外连接中被称为右表。

- LEFT OUTER JOIN（左连接）：左外连接，使用左外连接时得到的查询结果中，除了符合条件的查询部分结果，还要加上左表中余下的数据。
- RIGHT OUTER JOIN（右连接）：右外连接，使用右外连接时得到的查询结果中，除了符合条件的查询部分结果，还要加上右表中余下的数据。
- FULL OUTER JOIN（全连接）：全外连接，使用全外连接时得到的查询结果中，除了符合条件的查询结果部分，还要加上左表和右表中余下的数据。
- ON conditions：设置外连接中的条件，与WHERE 子句后面的写法一样

为了显示 3 种外连接的演示效果，首先将两张数据表中根据部门编号相等作为条件时的记录查询出来，这是因为员工信息表与部门信息表是根据部门编号字段关联的。

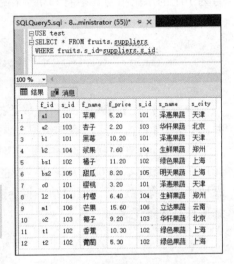

【例 10.17】以供应商编号相等作为条件来查询两张表的数据记录，T-SQL 语句如下：

```
USE test
SELECT * FROM fruits,suppliers
WHERE fruits.s_id=suppliers.s_id;
```

单击【执行】按钮，即可完成数据的查询操作，并在【结果】窗格中显示查询结果，如图 10-21 所示。

图 10-21　查看两表的全部数据记录

从查询结果中可以看出，在查询结果左侧是员工信息表中符合条件的全部数据，在右侧是部门信息表中符合条件的全部数据。下面就分别使用 3 种外连接来根据 fruits.s_id=suppliers.s_id 这个条件查询数据，请注意观察查询结果的区别。

10.3.2　左外连接的查询

左外连接的结果包括 LEFT OUTER JOIN 关键字左边连接表的所有行，而不仅仅是连接列所匹配的行。如果左表的某行在右表中没有匹配行，则在相关联的结果集行中右表的所有选择表字段均为空值。

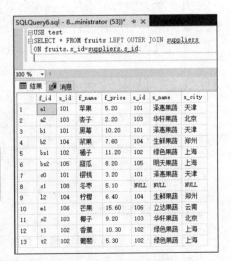

【例 10.18】使用左外连接查询，将水果信息表作为左表，供应商信息表作为右表，T-SQL 语句如下：

```
USE test
SELECT * FROM fruits LEFT OUTER JOIN suppliers
ON fruits.s_id=suppliers.s_id;
```

单击【执行】按钮，即可完成数据的查询操作，并在【结果】窗格中显示查询结果，如图 10-22 所示。

图 10-22　左外连接查询

结果最后显示的 1 条记录，s_id 等于 108 的供应商编号在供应商信息表中没有记录，所以该条记录只取出了 fruits 表中相应的值，而从 suppliers 表中取出的值为空值。

10.3.3 右外连接的查询

右外连接是左外连接的反向连接，将返回 RIGHT OUTER JOIN 关键字右边表中的所有行。如果右表的某行在左表中没有匹配行，则左表将返回空值。

【例 10.19】使用右外连接查询，将水果信息表作为左表、供应商信息表作为右表，T-SQL 语句如下：

```
USE test
SELECT * FROM fruits RIGHT OUTER JOIN suppliers
ON fruits. s_id=suppliers.s_id;
```

单击【执行】按钮，即可完成数据的查询操作，并在【结果】窗格中显示查询结果，如图 10-23 所示。

结果最后显示的 1 条记录，s_id 等于 107 的供应商编号在水果信息表中没有记录，所以该条记录只取出了 suppliers 表中相应的值，而从 fruits 表中取出的值为空值。

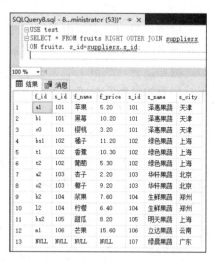

图 10-23 右外连接查询

10.3.4 全外连接的查询

全外连接又称为完全外连接，该连接查询方式返回两个连接中所有的记录数据。如果满足匹配条件时，就返回数据；如果不满足匹配条件时，同样返回数据，只不过在相应的列中填入空值。全外连接返回的结果集中包含了两个完全表的所有数据。全外连接使用关键字 FULL OUTER JOIN。

【例 10.20】使用全外连接查询，将水果信息表作为左表、供应商信息表作为右表，T-SQL 语句如下：

```
USE test
SELECT * FROM fruits FULL OUTER JOIN suppliers
ON fruits.s_id=suppliers.s_id;
```

单击【执行】按钮，即可完成数据的查询操作，并在【结果】窗格中显示查询结果，如图 10-24 所示。结果最后显示的 2 条记录是左表和右表中全部的数据记录。

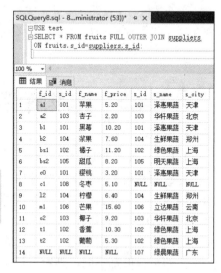

图 10-24 全外连接查询

10.4 动态查询

前面学习的查询，由于使用的 SQL 语句都是固定的，也被称为静态查询。但是，静态查询在许多情况下不能满足用户需求，因为静态 SQL 语句不能编写更为通用的程序。

例如，有一个员工信息表，对于员工来说，只想查询自己的工资；而对于企业老板来说，可能想要知道所有员工的工资情况。这样一来，不同的用户查询的字段列是不相同的，因此必须在查询之前动态指定查询语句的内容，这种根据实际需要临时组装成的 SQL 语句被称为动态 SQL 语句。动态 SQL 语句是在运行时由程序创建的字符串，它们必须是有效的 SQL 语句。

【例 10.21】使用动态生成的 SQL 语句完成对 fruits 表的查询，从而得出水果名称、水果价格信息，T-SQL 语句如下：

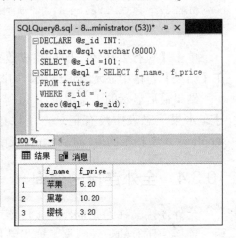

```
DECLARE @s_id INT;
declare @sql varchar(8000)
SELECT @s_id =101;
SELECT @sql ='SELECT f_name, f_price
FROM fruits
WHERE s_id = ';
exec(@sql + @s_id);
```

单击【执行】按钮，即可完成数据的动态查询操作，并在【结果】窗格中显示查询结果，如图 10-25 所示。

图 10-25　执行动态查询语句

10.5 疑难解惑

1. DISTINCT 可以应用于所有的列吗？

在查询结果中，如果需要对列进行降序排列，可以使用 DESC，这个关键字只能对其前面的列降序排列。例如，要对多列都进行降序排列，必须要在每一列的列名后面加 DESC 关键字。而 DISTINCT 不同，它不能部分使用，换句话说，DISTINCT 关键字应用于所有列而不仅是它后面的第一个指定列。例如，查询 3 个字段 s_id、f_name、f_price，如果不同记录的这 3 个字段的组合值都不同，则所有记录都会被查询出来。

2. 为什么在多表连接查询时，一定要设定查询条件？

在使用多表连接查询时，一定要设定查询条件，否则就会产生笛卡儿积，笛卡儿积会降低数据库的访问效率。因此，每一个数据库的使用者都要避免查询结果中笛卡儿积的产生。

10.6 经典习题

创建 employee 和 dept 数据表，表结构如表 10-1 和表 10-2 所示，在数据表中插入表 10-3 和表 10-4 所示的记录。

表 10-1 employee 表结构

字 段 名	字段说明	数据类型	主 键	外 键	非 空	唯 一
e_no	员工编号	INT	是	否	是	是
e_name	员工姓名	VARCHAR(50)	否	否	是	否
e_gender	员工性别	CHAR(2)	否	否	否	否
dept_no	部门编号	INT	否	否	是	否
e_job	职位	VARCHAR(50)	否	否	是	否
e_salary	薪水	INT	否	否	是	否
hireDate	入职日期	DATE	否	否	是	否

表 10-2 dept 表结构

字 段 名	字段说明	数据类型	主 键	外 键	非 空	唯 一
d_no	部门编号	INT	是	是	是	是
d_name	部门名称	VARCHAR(50)	否	否	是	否
d_location	部门地址	VARCHAR(100)	否	否	否	否

表 10-3 employee 表中的记录

e_no	e_name	e_gender	dept_no	e_job	e_salary	hireDate
1001	SMITH	m	20	CLERK	800	2005-11-12
1002	ALLEN	f	30	SALESMAN	1600	2003-05-12
1003	WARD	f	30	SALESMAN	1250	2003-05-12
1004	JONES	m	20	MANAGER	2975	1998-05-18
1005	MARTIN	m	30	SALESMAN	1250	2001-06-12
1006	BLAKE	f	30	MANAGER	2850	1997-02-15
1007	CLARK	m	10	MANAGER	2450	2002-09-12
1008	SCOTT	m	20	ANALYST	3000	2003-05-12
1009	KING	f	10	PRESIDENT	5000	1995-01-01
1010	TURNER	f	30	SALESMAN	1500	1997-10-12
1011	ADAMS	m	20	CLERK	1100	1999-10-05
1012	JAMES	f	30	CLERK	950	2008-06-15

表 10-4　dept 表中的记录

d_no	d_name	d_location	d_no	d_name	d_location
10	ACCOUNTING	ShangHai	30	SALES	ShenZhen
20	RESEARCH	BeiJing	40	OPERATIONS	FuJian

在已经创建的 employee 表与 dept 表中进行如下操作：

（1）多表之间的子查询。

（2）多表内连接查询。

（3）多表外连接查询。

（4）动态查询数据表。

第 11 章
系统函数与自定义函数

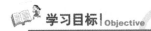
学习目标 Objective

　　SQL Server 提供了众多功能强大、方便易用的函数。使用这些函数，可以极大地提高用户对数据库的管理。SQL Server 中的函数从功能方面主要分为以下几类：字符串函数、数学函数、数据类型转换函数、文本和图像函数、日期和时间函数、系统函数等其他函数。本章将介绍 SQL Server 中这些函数的功能和用法。

内容导航 Navigation

- 了解 SQL Server 2017 函数的基本概念
- 掌握字符串函数的使用方法
- 掌握数学函数的使用方法
- 掌握数据类型转换函数的使用方法
- 掌握文本和图像函数的使用方法
- 掌握日期和时间函数的使用方法
- 掌握系统函数的使用方法
- 掌握自定义函数的使用方法

11.1 SQL Server 2017 函数简介

　　函数表示对输入参数值返回一个具有特定关系的值，SQL Server 提供了大量丰富的函数，在进行数据库管理以及数据的查询和操作时将会经常用到各种函数。通过对数据的处理，数据库的功能可以变得更加强大，能够更加灵活地满足不同用户的需求。

　　从功能方面来划分，SQL Server 中的函数主要分为：字符串函数、数学函数、文本和图像函数、日期和时间函数以及其他一些函数等。

11.2 字符串函数

字符串函数用于对字符和二进制字符串进行各种操作,返回对字符数据进行操作时通常所需要的值。大多数字符串函数只能用于 char、nchar、varchar 和 nvarchar 数据类型,或隐式转换为上述数据类型。某些字符串函数还可用于 binary 和 varbinary 数据类型。字符串函数可以用在 SELECT 或者 WHERE 语句中。本节将介绍各种字符串函数的功能和用法。

11.2.1 ASCII()函数

ASCII(character_expression)函数用于返回字符串表达式中最左侧字符的 ASCII 代码值。参数 character_expression 必须是一个 char 或 varchar 类型的字符串表达式。新建查询,运行下面的例子。

【例 11.1】查看指定字符的 ASCII 值,输入语句如下:

```
SELECT ASCII('s'),ASCII('sql'), ASCII(1);
```

执行结果如图 11-1 所示。

字符 's' 的 ASCII 值为 115,所以第一行和第二行返回结果相同。对于第三条语句中纯数字的字符串,可以不使用单引号括起来。

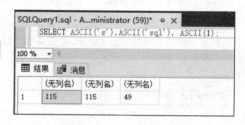

图 11-1　ASCII 函数

11.2.2 CHAR()函数

CHAR(integer_expression) 函数将整数类型的 ASCII 值转换为对应的字符,integer_expression 是一个介于 0 和 255 之间的整数。如果该整数表达式不在此范围内,将返回 NULL 值。

【例 11.2】查看 ASCII 值 115 和 49 对应的字符,输入语句如下:

```
SELECT CHAR(115), CHAR(49);
```

执行结果如图 11-2 所示。

可以看到,这里返回值与 ASCII 函数的返回值正好相反。

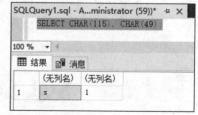

图 11-2　CHAR 函数

11.2.3 LEFT()函数

LEFT(character_expression , integer_expression)函数返回字符串左边开始指定个数的字符串、字符或二进制数据表达式。character_expression 是字符串表达式,可以是常量、变量或字段。integer_expression 为正整数,指定 character_expression 将返回的字符数。

【例 11.3】使用 LEFT 函数返回字符串中左边的字符，输入语句如下：

```
SELECT  LEFT('football', 4);
```

执行结果如图 11-3 所示。

函数返回字符串"football"左边开始的长度为 4 的子字符串，结果为"foot"。

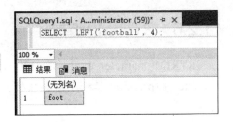

图 11-3　LEFT 函数

11.2.4　RIGHT()函数

与 LEFT() 函 数 相 反 ， RIGHT(character_expression,integer_expression) 返 回 字 符 串 character_expression 最右边 integer_expression 个字符。

【例 11.4】使用 RIGHT 函数返回字符串中右边的字符，输入语句如下：

```
SELECT  RIGHT('football', 4);
```

执行结果如图 11-4 所示。

函数返回字符串"football"右边开始的长度为 4 的子字符串，结果为"ball"。

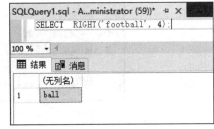

图 11-4　RIGHT 函数

11.2.5　LTRIM()函数

LTRIM (character_expression)用于去除字符串左边多余的空格。字符数据表达式 character_expression 是一个字符串表达式，可以是常量、变量，也可以是字符字段或二进制数据列。

【例 11.5】使用 LTRIM 函数删除字符串左边的空格，输入语句如下：

```
SELECT '(' + ' book ' + ')', '(' + LTRIM (' book ') + ')';
```

执行结果如图 11-5 所示。

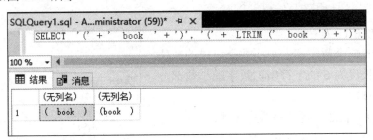

图 11-5　LTRIM 函数

对比两个值，LTRIM 只删除字符串左边的空格，右边的空格不会被删除，" book "删除左边空格之后的结果为"book "。

11.2.6　RTRIM()函数

RTRIM(character_expression)用于去除字符串右边多余的空格。字符数据表达式 character_expression 是一个字符串表达式,可以是常量、变量,也可以是字符字段或二进制数据列。

【例 11.6】使用 RTRIM 函数删除字符串右边的空格,输入语句如下:

```
SELECT '(' + ' book ' + ')', '(' + RTRIM (' book ') + ')';
```

执行结果如图 11-6 所示。

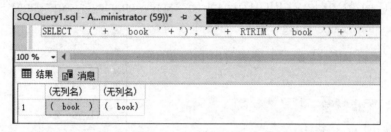

图 11-6　RTRIM 函数

对比两个值,RTRIM 只删除字符串右边的空格,左边的空格不会被删除,"　book　"删除右边空格之后的结果为"　book"。

11.2.7　STR()函数

STR (float_expression [, length [, decimal]])函数用于将数值数据转换为字符数据。float_expression 是一个带小数点的 float 数据类型的表达式。length 表示总长度,包括小数点、符号、数字以及空格。默认值为 10。decimal 指定小数点后的位数。decimal 必须小于或等于 16。如果 decimal 大于 16,就会截断结果,使其保持为小数点后有 16 位。

【例 11.7】使用 STR 函数将数字数据转换为字符数据,输入语句如下:

```
SELECT STR(3141.59,6,1), STR(123.45, 2, 2);
```

执行结果如图 11-7 所示。

第一条语句 6 个数字和一个小数点组成的数值 3141.59 转换为长度为 6 的字符串,数字的小数部分舍入为一个小数位。

第二条语句中表达式超出指定的总长度时,返回的字符串为指定长度的两个星号**。

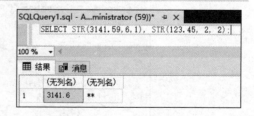

图 11-7　STR 函数

11.2.8　REVERSE(s)函数

REVERSE(s)将字符串 s 反转,返回的字符串的顺序和 s 字符顺序相反。

【例 11.8】使用 REVERSE 函数反转字符串，输入语句如下：

```
SELECT REVERSE('abc');
```

执行结果如图 11-8 所示。

由结果可以看到，字符串"abc"经过 REVERSE 函数处理之后，所有字符串顺序被反转，结果为"cba"。

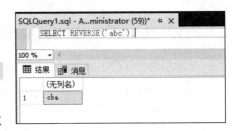

图 11-8　REVERSE 函数

11.2.9　LEN(str)函数

返回字符表达式中的字符数。如果字符串中包含前导空格和尾随空格，则函数会将它们包含在计数内。LEN 对相同的单字节和双字节字符串返回相同的值。

【例 11.9】使用 LEN 函数计算字符串长度，输入语句如下：

```
SELECT LEN ('no'), LEN('日期'),LEN(12345);
```

执行结果如图 11-9 所示。

可以看到，LEN 函数在对待英文字符和汉字字符时，返回的字符串长度是相同的。一个汉字也算作一个字符。LEN 函数处理纯数字时也将其当作字符串，但是使用纯数字时可以不使用引号。

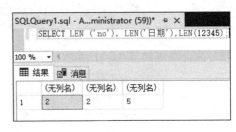

图 11-9　LEN 函数

11.2.10　CHARINDEX 函数

CHARINDEX(str1,str,[start]) 函数返回子字符串 str1 在字符串 str 中的开始位置，start 为搜索的开始位置，如果指定 start 参数，则从指定位置开始搜索；如果不指定 start 参数或者指定为 0 或者为负值，则从字符串开始位置搜索。

【例 11.10】使用 CHARINDEX 函数查找字符串中指定子字符串的开始位置，输入语句如下：

```
SELECT CHARINDEX('a','banana'),
CHARINDEX('a','banana',4),CHARINDEX('na',
'banana',4);
```

执行结果如图 11-10 所示。

CHARINDEX('a','banana')返回字符串'banana'中子字符串'a'第一次出现的位置，结果为 2；CHARINDEX('a','banana',4)返回字符串'banana'中从第 4 个位置开始的子字符串'a'的位置，结果为 4；CHARINDEX('na', 'banana',4)返回从第 4 个位置开始子字符串'na'第一次出现的位置，结果为 5。

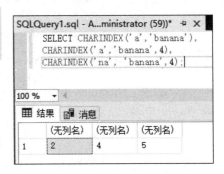

图 11-10　CHARINDEX 函数

11.2.11 SUBSTRING()函数

SUBSTRING (value_expression ,start_expression , length_expression)函数返回字符表达式、二进制表达式、文本表达式或图像表达式的一部分。

value_expression 是 character、binary、text、ntext 或 image 表达式。

start_expression 指定返回字符起始位置的整数或表达式。如果 start_expression 小于 0，会生成错误并终止语句。如果 start_expression 大于值表达式中的字符数，将返回一个零长度的表达式。

length_expression 是正整数或指定要返回的 value_expression 的字符数的表达式。如果 length_expression 是负数，会生成错误并终止语句。如果 start_expression 与 length_expression 的总和大于 value_expression 中的字符数，则返回整个值表达式。

【例 11.11】使用 SUBSTRING 函数获取指定位置处的子字符串，输入语句如下：

```
SELECT  SUBSTRING('breakfast',1,5) ,SUBSTRING('breakfast',
LEN('breakfast')/2,LEN('breakfast'));
```

执行结果如图 11-11 所示。

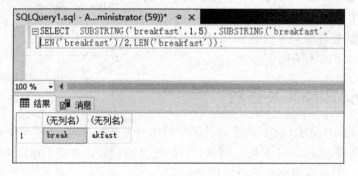

图 11-11　SUBSTRING 函数

第一条返回字符串从第一个位置开始长度为 5 的子字符串，结果为 "break"。第二条语句返回整个字符串的后半段子字符串，结果为 "akfast"。

11.2.12 LOWER()函数

LOWER (character_expression)将大写字符数据转换为小写字符数据后返回字符表达式。character_expression 是指定要进行转换的字符串。

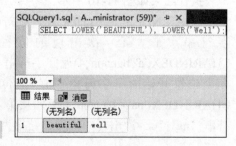

图 11-12　LOWER 函数

【例 11.12】使用 LOWER 函数将字符串中所有字母字符转换为小写，输入语句如下：

```
SELECT LOWER('BEAUTIFUL'), LOWER('Well');
```

执行结果如图 11-12 所示。

由结果可以看到，经过 LOWER 函数转换之后，大写字母都变成了小写，小写字母保持不变。

11.2.13 UPPER()函数

UPPER(character_expression)将小写字符数据转换为大写字符数据后返回字符表达式。character_expression 是指定要进行转换的字符串。

【例 11.13】使用 UPPER 函数或者 UCASE 函数将字符串中所有字母字符转换为大写，输入语句如下：

```
SELECT UPPER('black'), UPPER ('BLacK');
```

执行结果如图 11-13 所示。

由结果可以看到，经过 UPPER 函数转换之后，小写字母都变成了大写，大写字母保持不变。

图 11-13　UPPER 函数

11.2.14 REPLACE(s,s1,s2)函数

REPLACE(s,s1,s2)使用字符串 s2 替代字符串 s 中所有的字符串 s1。

【例 11.14】使用 REPLACE 函数进行字符串替代操作，输入语句如下：

```
SELECT REPLACE('xxx.sql server 2017.com', 'x', 'w');
```

执行结果如图 11-14 所示。

图 11-14　REPLACE 函数

REPLACE('xxx.sqlserver2017.com', 'x', 'w')将 "xxx.sqlserver2017.com" 字符串中的 'x' 字符替换为 'w' 字符，结果为 "www.sqlserver2017.com"。

11.3 数学函数

数学函数主要用来处理数值数据，主要的数学函数有绝对值函数、三角函数、对数函数、随机数函数等。在有错误产生时，数学函数将会返回空值 NULL。

11.3.1 ABS(x)函数

ABS(X)返回 X 的绝对值。

【例 11.15】求 2、-3.3 和-33 的绝对值,输入语句如下:

```
SELECT ABS(2), ABS(-3.3), ABS(-33);
```

执行结果如图 11-15 所示。

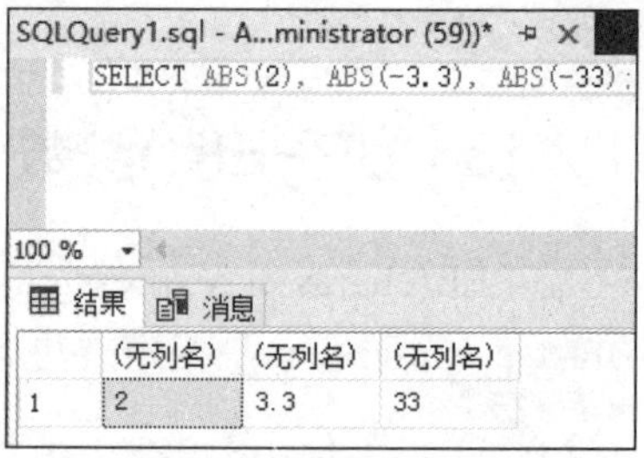

正数的绝对值为其本身,2 的绝对值为 2;负数的绝对值为其相反数,-3.3 的绝对值为 3.3,-33 的绝对值为 33。

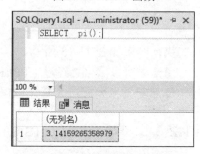

图 11-15 ABS 函数

11.3.2 PI()函数

PI()返回圆周率 π 的值,默认的显示小数位数是 14 位。

【例 11.16】返回圆周率值,输入语句如下:

```
SELECT pi();
```

执行结果如图 11-16 所示。

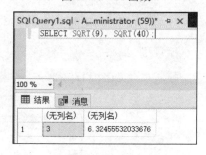

图 11-16 PI 函数

11.3.3 SQRT(x) 函数

SQRT(x)函数返回非负数 x 的二次方根。

【例 11.17】求 9、40 的二次方根,输入语句如下:

```
SELECT SQRT(9), SQRT(40);
```

执行结果如图 11-17 所示。

图 11-17 SQRT 函数

11.3.4 RAND()和 RAND(x)函数

RAND(x)返回一个随机浮点值 v,范围在 0 到 1 之间($0 \leqslant v \leqslant 1.0$)。若指定一个整数参数 x,则它被用作种子值,使用相同的种子数将产生重复序列。如果用同一种子值多次调用 RAND 函数,就将返回同一生成值。

【例 11.18】使用 RAND()函数产生随机数,输入语句如下:

```
SELECT RAND(),RAND(),RAND();
```

执行结果如图 11-18 所示。

可以看到,不带参数的 RAND()每次产生的随机数值是不同的。

【例 11.19】使用 RAND(x)函数产生随机数,输入语句如下:

```
SELECT RAND(10),RAND(10),RAND(11);
```

执行结果如图 11-19 所示。

图 11-18　不带参数的 RAND 函数　　　　　　图 11-19　带参数的 RAND 函数

可以看到，当 RAND(x)的参数相同时将产生相同的随机数，不同的 x 产生的随机数值不同。

11.3.5　ROUND(x,y)函数

ROUND(x,y)返回最接近于参数 x 的数，其值保留到小数点后面 y 位，若 y 为负值，则将保留 x 值到小数点左边 y 位。

【例 11.20】使用 ROUND(x,y)函数对操作数进行四舍五入操作，结果保留小数点后面指定 y 位，输入语句如下：

```
SELECT ROUND(1.38, 1), ROUND(1.38, 0), ROUND(232.38, -1), ROUND(232.38,-2);
```

执行结果如图 11-20 所示。

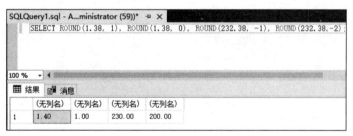

图 11-20　ROUND 函数

ROUND(1.38, 1)保留小数点后面 1 位，四舍五入的结果为 1.4；ROUND(1.38, 0) 保留小数点后面 0 位，即返回四舍五入后的整数值； ROUND(232.38, -1)和 ROUND (232.38,-2)分别保留小数点左边 1 位和 2 位。

11.3.6　SIGN(x) 函数

SIGN(x)返回参数的符号，x 的值为负、零或正时，返回结果依次为-1、0 或 1。

【例 11.21】使用 SIGN 函数返回参数的符号，输入语句如下：

```
SELECT SIGN(-21),SIGN(0), SIGN(21);
```

执行结果如图 11-21 所示。

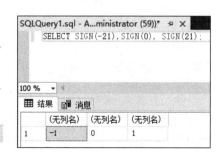

图 11-21　SIGN 函数

237

SIGN(-21)返回-1；SIGN(0)返回 0；SIGN(21)返回 1。

11.3.7 CEILING(x)和 FLOOR(x)函数

（1）CEILING(x)返回不小于 x 的最小整数值。

【例 11.22】使用 CEILING 函数返回最小整数，输入语句如下：

```
SELECT  CEILING (-3.35),CEILING(3.35);
```

执行结果如图 11-22 所示。

-3.35 为负数，不小于-3.35 的最小整数为-3，因此返回值为-3；不小于 3.35 的最小整数为 4，因此返回值为 4。

（2）FLOOR(x)返回不大于 x 的最大整数值。

【例 11.23】使用 FLOOR 函数返回最大整数，输入语句如下：

```
SELECT FLOOR(-3.35), FLOOR(3.35);
```

执行结果如图 11-23 所示。

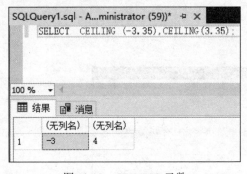

图 11-22 CEILING 函数

图 11-23 FLOOR 函数

-3.35 为负数，不大于-3.35 的最大整数为-4，因此返回值为-4；不大于 3.35 的最大整数为 3，因此返回值为 3。

11.3.8 POWER(x,y)、SQUARE(x)和 EXP(x)函数

（1）POWER(x,y)函数返回 x 的 y 次乘方的结果值。

【例 11.24】使用 POWER 函数进行乘方运算，输入语句如下：

```
SELECT POWER(2,2), POWER(2.00,-2);
```

执行结果如图 11-24 所示。

可以看到，POWER(2,2)返回 2 的 2 次方，结果是 4；POWER(2,-2)返回 2 的-2 次方，结果为 4 的倒数，即 0.25。

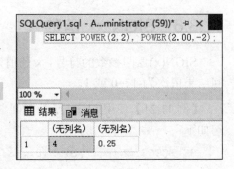

图 11-24 POWER 函数

（2）SQUARE (x) 返回指定浮点值 x 的平方。

【例 11.25】使用 SQUARE 函数进行平方运算，输入语句如下：

```
SELECT SQUARE (3), SQUARE (-3), SQUARE (0);
```

执行结果如图 11-25 所示。

（3）EXP(x)返回 e 的 x 乘方后的值。

【例 11.26】使用 EXP 函数计算 e 的乘方，输入语句如下：

```
SELECT EXP(3),EXP(-3),EXP(0);
```

执行结果如图 11-26 所示。

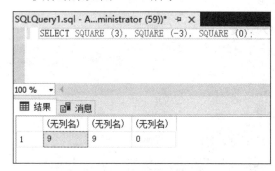

图 11-25　SQUARE 函数

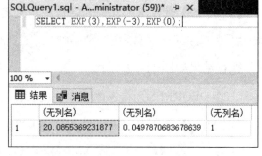

图 11-26　EXP 函数

EXP(3)返回以 e 为底的 3 次方，结果为 20.085536923187；EXP(-3)返回以 e 为底的-3 次方，结果为 0.0497870683678639；EXP(0)返回以 e 为底的 0 次方，结果为 1。

11.3.9　LOG(x)和 LOG10(x)函数

（1）LOG(x)返回 x 的自然对数，x 是相对于基数 e 的对数。

【例 11.27】使用 LOG(x)函数计算自然对数，输入语句如下：

```
SELECT LOG(3), LOG(6);
```

执行结果如图 11-27 所示。
对数定义域不能为负数。

（2）LOG10(x)返回 x 的基数为 10 的对数。

【例 11.28】使用 LOG10(x)函数计算以 10 为基数的对数，输入语句如下：

```
SELECT LOG10(1), LOG10(100), LOG10(1000);
```

执行结果如图 11-28 所示。

10 的 0 次乘方等于 1，因此 LOG10(1)返回结果为 0，10 的 2 次乘方等于 100，因此 LOG10(100)返回结果为 2。10 的 3 次乘方等于 1000，因此 LOG10(1000)返回结果为 3。

图 11-27　LOG 函数

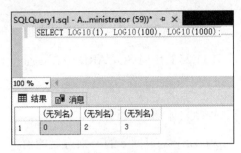

图 11-28　LOG10 函数

11.3.10　RADIANS(x)和 DEGREES(x)函数

（1）RADIANS(x)将参数 x 由角度转化为弧度。

【例 11.29】使用 RADIANS 函数将角度转换为弧度，输入语句如下：

```
SELECT RADIANS(90.0),RADIANS(180.0);
```

执行结果如图 11-29 所示。

（2）DEGREES(x)将参数 x 由弧度转化为角度。

【例 11.30】使用 DEGREES 函数将弧度转换为角度，输入语句如下：

```
SELECT DEGREES(PI()), DEGREES(PI() / 2);
```

执行结果如图 11-30 所示。

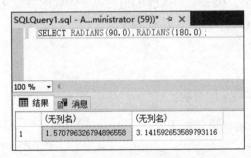

图 11-29　RADIANS 函数

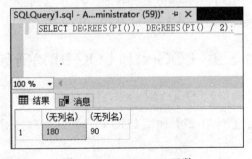

图 11-30　DEGREES 函数

11.3.11　SIN(x)和 ASIN(x)函数

（1）SIN(x)返回 x 的正弦值，其中 x 为弧度值。

【例 11.31】使用 SIN 函数计算正弦值，输入语句如下：

```
SELECT SIN(PI()/2), ROUND(SIN(PI()),0);
```

执行结果如图 11-31 所示。

（2）ASIN(x)返回 x 的反正弦值，即正弦为 x 的值。若 x 不在-1 到 1 的范围之内，则返回 NULL。

【例 11.32】使用 ASIN 函数计算反正弦值，输入语句如下：

```
SELECT ASIN(1), ASIN(0);
```

执行结果如图 11-32 所示。

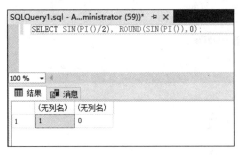

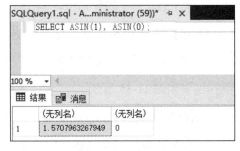

图 11-31　SIN 函数　　　　　　　　图 11-32　ASIN 函数

由结果可以看到，ASIN 函数的值域正好是 SIN 函数的定义域。

11.3.12　COS(x)和 ACOS(x)函数

（1）COS(x)返回 x 的余弦值，其中 x 为弧度值。

【例 11.33】使用 COS 函数计算余弦值，输入语句
如下：

```
SELECT COS(0),COS(PI()),COS(1);
```

执行结果如图 11-33 所示。

由结果可以看到，COS(0)值为 1；COS(PI())值为-1；
COS(1)值为 0.54030230586814。

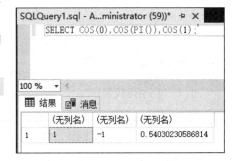

图 11-33　COS 函数

（2）ACOS(x)返回 x 的反余弦值，即余弦是 x 的值。
若 x 不在-1 到 1 的范围之内，则返回 NULL。

【例 11.34】使用 ACOS 函数计算反余弦值，输入语句如下：

```
SELECT ACOS(1),ACOS(0), ROUND(ACOS(0.54030023058681398),0);
```

执行结果如图 11-34 所示。

图 11-34　ACOS 函数

由结果可以看到，函数 ACOS 和 COS 互为反函数。

11.3.13　TAN(x)、ATAN(x)与 COT(x)函数

（1）TAN(x)返回 x 的正切值，其中 x 为给定的弧度值。

【例 11.35】使用 TAN 函数计算正切值，输入语句如下：

```
SELECT TAN(0.3), ROUND(TAN(PI()/4),0);
```

执行结果如图 11-35 所示。

（2）ATAN(x)返回 x 的反正切值，即正切为 x 的值。

【例 11.36】使用 ATAN 函数计算反正切值，输入语句如下：

```
SELECT ATAN(0.309336249609962325), ATAN(1);
```

执行结果如图 11-36 所示。

图 11-35　TAN 函数

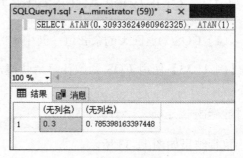

图 11-36　ATAN 函数

由结果可以看到，函数 ATAN 和 TAN 互为反函数。
COT(x)返回 x 的余切。

【例 11.37】使用 COT 函数计算余切值，输入语句
如下：

```
SELECT COT(0.3), 1/TAN(0.3),COT(PI() / 4);
```

执行结果如图 11-37 所示。

由结果可以看到，函数 COT 和 TAN 互为倒函数。

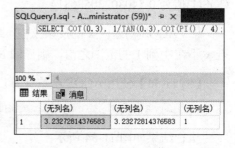

图 11-37　COT 函数

11.4　日期和时间函数

日期和时间函数主要用来处理日期和时间值，本节将介绍各种日期和时间函数的功能和用
法。一般的日期函数除了使用 date 类型的参数外，也可以使用 datetime 类型的参数，但会忽

略这些值的时间部分。相同的，以 time 类型值为参数的函数，可以接受 datetime 类型的参数，但会忽略日期部分。

11.4.1　GETDATE()函数

GETDATE()函数用于返回当前数据库系统的日期和时间，返回值的类型为 datetime。

【例 11.38】使用日期函数获取系统当前日期，输入语句如下：

```
SELECT GETDATE();
```

执行结果如图 11-38 所示。
这里返回的值为笔者电脑上的当前系统时间。

图 11-38　GETDATE 函数

11.4.2　UTCDATE()函数

UTCDATE ()函数返回当前 UTC（世界标准时间）日期值。

【例 11.39】使用 UTCDATE()函数返回当前 UTC 日期值，输入语句如下：

```
SELECT GETUTCDATE();
```

执行结果如图 11-39 所示。
对比 GETDATE()函数的返回值，可以看到，因为读者位于东 8 时区，所以当前系统时间比 UTC 提前 8 个小时，所以这里显示的 UTC 时间需要减去 8 个小时的时差。

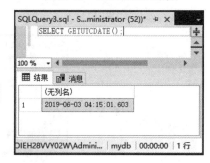

图 11-39　UTCDATE 函数

11.4.3　DAY(d)函数

DAY(d)函数用于返回指定日期的 d 是一个月中的第几天，范围是从 1 到 31，该函数在功能上等价于 DATEPART(dd,d)。

【例 11.40】使用 DAY 函数返回指定日期中的天数，输入语句如下：

```
SELECT DAY('2018-11-12 01:01:01');
```

执行结果如图 11-40 所示。
返回结果为 12，即 11 月中的第 12 天。

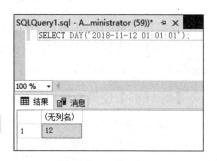

图 11-40　DAY 函数

11.4.4　MONTH(d)函数

MONTH (d)函数返回指定日期 d 中月份的整数值。

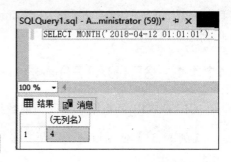

【例 11.41】使用 MONTH 函数返回指定日期中的月份，输入语句如下：

```
SELECT MONTH('2018-04-12 01:01:01');
```

执行结果如图 11-41 所示。

图 11-41　MONTH 函数

11.4.5　YEAR(d)函数

YEAR(d)函数返回指定日期 d 中年份的整数值。

【例 11.42】使用 YEAR 函数返回指定日期对应的年份，输入语句如下：

```
SELECT YEAR('2020-02-03'),YEAR('2018-02-03');
```

执行结果如图 11-42 所示。

图 11-42　YEAR 函数

11.4.6　DATENAME(dp,d)函数

DATENAME (dp,d)根据 dp 指定返回日期中相应部分的值。例如，YEAR 返回日期中的年份值，MONTH 返回日期中的月份值，dp 其他可以取的值有 quarter、dayofyear、day、week、weekday、hour、minute、second 等。

【例 11.43】使用 DATENAME 函数返回日期中指定部分的日期字符串值，输入语句如下：

```
SELECT DATENAME(year,'2018-11-12 01:01:01'),
DATENAME(weekday, '2018-11-12 01:01:01'),
DATENAME(dayofyear, '2018-11-12 01:01:01');
```

执行结果如图 11-43 所示。

由结果可以看到，这里的 3 个 DATENAME 函数分别返回指定日期值中的年份值、星期值和该日是一年中的第几天。

图 11-43　DATENAME 函数

11.4.7　DATEPART(dp,d)函数

DATEPART(dp,d)函数返回指定日期中相应的部分的整数值。dp 的取值与 DATENAME 函数中的相同。

【例 11.44】使用 DATEPART 函数返回日期中指定部分的整数值，输入语句如下：

```
SELECT DATEPART (year,'2018-11-12 01:01:01'),
DATEPART (month, '2018-11-12 01:01:01'),
DATEPART (dayofyear, '2018-11-12 01:01:01');
```

执行结果如图 11-44 所示。

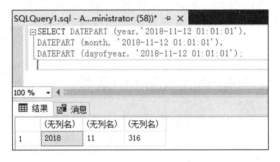

图 11-44　DATEPART 函数

11.4.8　DATEADD(dp,num,d)函数

DATEADD(dp,num,d)函数用于执行日期的加运算，返回指定日期值加上一个时间段后的新日期。dp 指定日期中进行加法运算的部分值，例如 year、month、day、hour、minute、second、millsecond 等；num 指定与 dp 相加的值，如果该值为非整数值，将舍弃该值的小数部分；d 为执行加法运算的日期。

【例 11.45】使用 DATEADD 函数执行日期加操作，输入语句如下：

```
SELECT DATEADD(year,1,'2018-11-12 01:01:01'),
DATEADD(month,2,'2018-11-12 01:01:01'),
DATEADD(hour,1,'2018-11-12 01:01:01')
```

执行结果如图 11-45 所示。

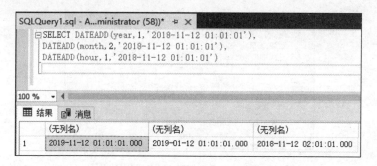

图 11-45　DATEADD 函数

DATEADD(year,1,'2018-11-12 01:01:01')表示年值增加 1，2018 加 1 之后为 2019；DATEADD(month,2,'2018-11-12 01:01:01')表示月份值增加 2，11 月增加 2 个月之后为 1 月，同时，年值增加 1，结果为 2019-01-12；DATEADD(hour,1,'2018-11-12 01:01:01')表示时间部分的小时数增加 1。

11.5　系统信息函数

系统信息包括当前使用的数据库名称、主机名、系统错误信息以及用户名称等内容。使用 SQL Server 中的系统函数可以在需要的时候获取这些信息。本节将介绍常用的系统函数的作用和使用方法。

11.5.1　COL_LENGTH(table,column)函数

COL_LENGTH(table,column)函数返回表中指定字段的长度值。其返回值为 INT 类型。table 为要确定其列长度信息的表的名称，是 nvarchar 类型的表达式。column 为要确定其长度的列的名称，是 nvarchar 类型的表达式。

【例 11.46】显示 test_db 数据库中 stu_info 表中的 s_name 字段长度，输入语句如下：

```
USE test_db
SELECT COL_LENGTH('stu_info','s_name');
```

执行结果如图 11-46 所示。

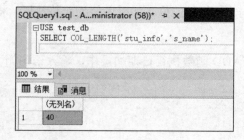

图 11-46　COL_LENGTH 函数

11.5.2　COL_NAME (table_id，column_id)函数

COL_NAME (table_id，column_id)函数返回表中指定字段的名称。其中，table_id 是表的标识号，column_id 是列的标识号，类型为 int。

【例 11.47】显示 test_db 数据库中 stu_info 表中第一个字段的名称，输入语句如下：

```
SELECT COL_NAME(OBJECT_ID('test_db.dbo.stu_info'),1);
```

执行结果如图 11-47 所示。

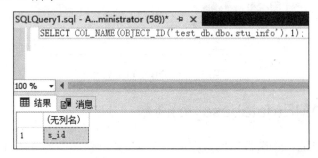

图 11-47　COL_NAME 函数

11.5.3　DATALENGTH (expression)函数

DATALENGTH (expression)函数返回数据表达式的数据实际长度，即字节数。其返回值类型为 INT。NULL 的长度为 NULL。expression 可以是任何数据类型的表达式。

【例 11.48】查找 stu_info 表中 id 为 1 的记录中 s_name 的长度。输入语句如下：

```
USE test_db;
SELECT DATALENGTH(s_name) FROM stu_info WHERE s_id=1;
```

执行结果如图 11-48 所示。

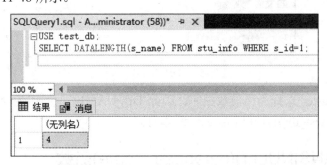

图 11-48　DATALENGTH 函数

11.5.4　DB_ID(database_name)

DB_ID(database_name)函数返回数据库的编号，返回值为 smallint 类型。如果没有指定 database_name，则返回当前数据库的编号。

【例 11.49】查看 master、test_db 数据库的数据库编号,输入语句如下:

```
SELECT DB_ID('master'),DB_ID('test_db')
```

执行结果如图 11-49 所示。

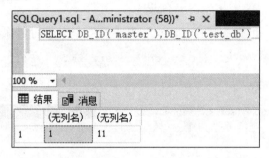

图 11-49　DB_ID 函数

11.5.5　DB_NAME(database_id)函数

DB_NAME (database_id)函数返回数据库的名称,返回值类型为 nvarchar(128)。database_id 是 smallint 类型的数据。如果没有指定 database_id,则返回当前数据库的名称。

【例 11.50】返回指定 ID 的数据库的名称,输入语句如下:

```
USE master
SELECT DB_NAME(), DB_NAME(DB_ID('test_db'));
```

执行结果如图 11-50 所示。

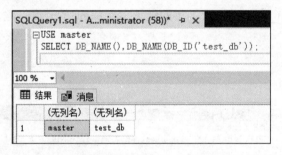

图 11-50　DB_NAME 函数

USE 语句将 master 选择为当前数据库,因此 DB_NAME()返回值为当前数据库 master; DB_NAME(DB_ID('test_db'))返回值为 test_db 本身。

11.5.6　GETANSINULL()(database_name)函数

GETANSINULL() (database_name)函数返回当前数据库默认的 NULL 值,其返回值类型为 int。GETANSINULL()函数对 ANSI 空值 NULL 返回 1;如果没有定义 ANSI 空值,则返回 0。

【例 11.51】返回当前数据库默认是否允许空值,输入语句如下:

```
SELECT GETANSINULL('test_db')
```

执行结果如图 11-51 所示。

如果指定数据库为空性，即允许为空值，并且没有显式定义列或数据类型为空性，则 GETANSINULL 返回 1。

11.5.7　HOST_ID()函数

HOST_ID()函数返回服务器端计算机的标识号，返回值类型为 char(10)。

【例 11.52】查看当前服务器端计算机的标识号，输入语句如下：

```sql
SELECT HOST_ID();
```

执行结果如图 11-52 所示。

使用 HOST_ID()函数可以记录那些向数据表中插入数据的计算机终端 ID。

图 11-51　GETANSINULL 函数

图 11-52　HOST_ID 函数

11.5.8　HOST_NAME()函数

HOST_NAME()函数返回服务器端计算机的名称，返回值类型为 nvarchar(128)。

【例 11.53】查看当前服务器端计算机的名称，输入语句如下：

```sql
SELECT HOST_NAME();
```

执行结果如图 11-53 所示。

笔者登录时使用的是 Windows 身份验证，这里显示的值为笔者所在计算机的名称。

图 11-53　HOST_NAME 函数

11.5.9　OBJECT_ID()函数

OBJECT_ID(database_name.schema_name.object_name，object_type)函数返回数据库对象的编号。其返回值类型为 int。object_name 为要使用的对象，它的数据类型为 varchar 或 nvarchar。

如果 object_name 的数据类型为 varchar，则它将隐式转换为 nvarchar。可以选择是否指定数据库和架构名称。object_type 指定架构范围的对象类型。

【例 11.54】返回 test_db 数据库中 stu_info 表的对象 ID：

```sql
SELECT OBJECT_ID('test_db.dbo.stu_info');
```

执行结果如图 11-54 所示。

图 11-54　OBJECT_ID 函数

当指定一个临时表的表名时，其表名的前面必须加上临时数据库名 tempdb，如 select
object_id("tempdb..#mytemptable")。

11.5.10 SUSER_SID (login_name)函数

SUSER_SID (login_name)函数根据用户登录名返回用户的 SID（Security Identification
Number，安全标识号），返回值类型为 int。如果不指定 login_name，则返回当前用户的 SID。

【例 11.55】查看当前登录用户的安全标识号，输入语句如下：

```sql
SELECT SUSER_SID('KEVIN\Administrator');
```

执行结果如图 11-55 所示。

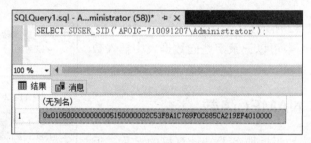

图 11-55　SUSER_SID 函数

因为笔者使用的是 Windows 用户，所以该语句查看了 Windows 用户"AFOIG-710091207\
Administrator"的安全标识号，如果使用 SQL Server 用户"sa"登录，则输入如下语句：

```sql
SELECT SUSER_SID('sa');
```

11.5.11 SUSER_SNAME()函数

SUSER_SNAME ([server_user_sid])函数返回与安全标识号（SID）关联的登录名，返回值
类型为 nvarchar(128)。如果没有指定 server_user_sid，则返回当前用户的登录名。

【例 11.56】返回与 Windows 安全标识号关联的登录名，输入语句如下：

```sql
SELECT SUSER_SNAME
(0x0105000000000005150000002C53F8A1C769F0C685CA219EF4010000);
```

执行结果如图 11-56 所示。

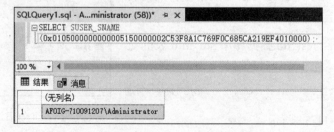

图 11-56　SUSER_SNAME 函数

11.5.12　OBJECT_NAME()函数

OBJECT_NAME (object_id [, database_id])函数返回数据库对象的名称。database_id 要在其中查找对象的数据库的 ID，数据类型为 int。object_id 为要使用的对象的 ID，数据类型为 int。假定为指定数据库对象，如果不指定 database_id，则假定为当前数据库上下文中的架构范围内的对象。其返回值类型为 sysname。

【例 11.57】查看 test_db 数据库中对象 ID 值为 597577167 的对象名称。

```
SELECT OBJECT_NAME(597577167,DB_ID('test_db')), OBJECT_ID('test_db.dbo.
stu_info');
```

执行结果如图 11-57 所示。

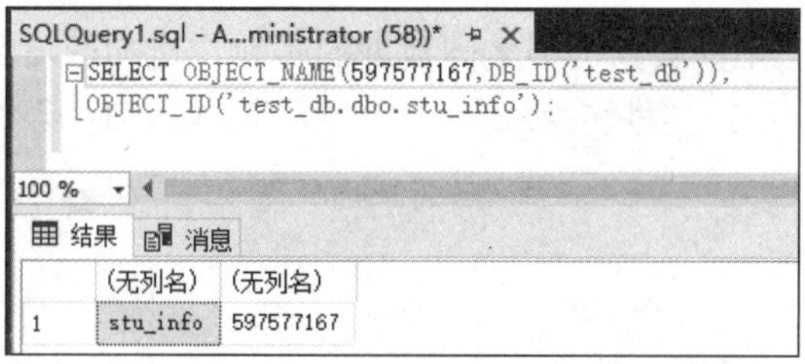

图 11-57　OBJECT_NAME 函数

11.5.13　USER_ID(user)函数

USER_ID(user)函数根据用户名返回数据库用户的 ID，返回值类型为 int。如果没有指定 user，则返回当前用户的数据库 ID。

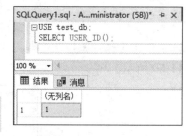

【例 11.58】显示当前用户的数据库标识号，输入语句如下：

```
USE test_db;
SELECT USER_ID();
```

执行结果如图 11-58 所示。

图 11-58　USER_ID 函数

11.5.14　USER_NAME(id)函数

USER_NAME(id)函数根据与数据库用户关联的 ID 号返回数据库用户名。其返回值类型为 nvarchar(256)。如果没有指定 id，则返回当前数据库的用户名。

【例 11.59】查找当前数据库名称，输入语句如下：

```
USE test_db;
SELECT USER_NAME();
```

执行结果如图 11-59 所示。

图 11-59　USER_NAME 函数

251

11.6 数据类型转换函数

在同时处理不同数据类型的值时，SQL Server 一般会自动进行隐式类型转换。对于数据类型相近的数值是有效的，比如 int 和 float，但是对于其他数据类型，例如整型和字符型数据，隐式转换就无法实现了，此时必须使用显示转换。为了实现这种转换，T-SQL 提供了两个显示转换的函数，分别是 CAST 函数和 CONVERT 函数。

11.6.1 CAST()函数

CAST()函数主要用于不同数据类型之间数据的转换，比如数值型转换成字符串型、字符串类型转换成日期类型、日期类型转换成字符串类型等。CAST()函数的语法格式如下：

```
CAST(expression AS date_type [(length)])
```

主要参数介绍如下：

- expression：表示被转换的数据，可以是任意数据类型的数据。
- date_type：要转换的数据类型，如 varchar、float 和 datetime。
- length：指定数据类型的长度，如果不指定数据类型的长度，则默认的长度是 30。

【例 11.60】使用 CAST()函数将字符串型数据转换成数值型，T-SQL 语句如下：

```
SELECT CAST('3.1415' AS decimal (3,2));
```

单击【执行】按钮，即可完成数据类型的转换，并在【结果】窗格中显示查询结果，如图 11-60 所示。

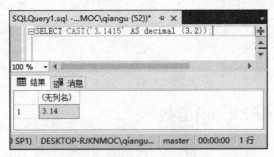

图 11-60 CAST()函数

11.6.2 CONVERT()函数

CONVERT()函数与 CAST()函数的作用是一样的，只不过 CONVERT()函数的语法格式稍微复杂一些，具体的语法格式如下：

```
CONVERT(data_type [(length)],expression [,style])
```

主要参数介绍如下：

- date_type：要转换的数据类型，如 varchar、float 和 datetime。
- length：指定数据类型的长度，如果不指定数据类型的长度，则默认的长度是 30。
- expression：表示被转换的数据，可以是任意数据类型的数据。
- style：将数据转换后的格式。

【例 11.61】使用 CONVERT() 函数将当前日期转换成字符串类型，T-SQL 语句如下：

```
SELECT CONVERT(varchar(20), GetDate(),111);
```

单击【执行】按钮，即可完成数据类型的转换，并在【结果】窗格中显示查询结果，如图 11-61 所示。

从结果可以看出，使用了 111 的日期格式，转换的字符串就成为"2018/08/31"了。

为了比较 CONVERT() 函数与 CAST() 函数之间的区别，下面使用 CAST() 函数将当前日期转换成字符串类型。

【例 11.62】使用 CAST() 函数将当前日期转换成字符串类型，T-SQL 语句如下：

```
SELECT CAST(GetDate() AS varchar(20));
```

单击【执行】按钮，即可完成数据类型的转换，并在【结果】窗格中显示查询结果，如图 11-62 所示。

图 11-61　CONVERT() 函数

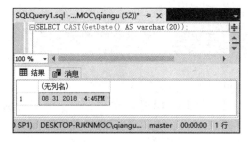

图 11-62　CAST() 函数

从结果可以看出，使用 CAST() 函数将日期类型转换成字符串型的格式，这个格式是不能被指定的。

11.7　文本和图像函数

文本和图像函数用于对文本或图像输入值或字段进行操作，并提供有关该值的基本信息。T-SQL 中常用的文本函数有两个，即 TEXTPTR 函数和 TEXTVALID 函数。

11.7.1　TEXTPTR 函数

TEXTPTR(column) 函数用于返回对应 varbinary 格式的 text、ntext 或者 image 字段的文本

指针值。查找到的文本指针值可应用于 READTEXT、WRITETEXT 和 UPDATETEXT 语句。其中，参数 column 是一个数据类型为 text、ntext 或者 image 的字段列。

【例 11.63】查询 t1 表中 c2 字段 16 字节文本指针。

首先创建数据表 t1，设置 c2 字段为 text 类型，T-SQL 代码如下：

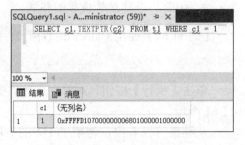

```
CREATE TABLE t1 (c1 int, c2 text)
INSERT t1 VALUES ('1', 'This is text.')
```

使用 TEXTPTR 查询 t1 表中 c2 字段的 16 字节文本指针：

```
SELECT c1,TEXTPTR(c2) FROM t1 WHERE c1 = 1
```

执行结果如图 11-63 所示。

图 11-63　TEXTPTR 函数

11.7.2　TEXTVALID 函数

TEXTVALID('table.column' ,text_ptr)函数用于检查特定文本指针是否为有效的 text、ntext 或 image 函数。table.column 为指定数据表和字段，text_ptr 为要检查的文本指针。

【例 11.64】检查是否存在用于 t1 表的 c2 字段中的各个值的有效文本指针：

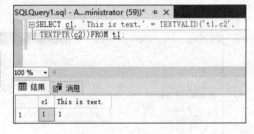

```
SELECT c1, 'This is text.' =
TEXTVALID('t1.c2', TEXTPTR(c2))FROM t1;
```

执行结果如图 11-64 所示。

第一个 1 为 c1 字段的值，第二个 1 表示查询的值存在。

图 11-64　TEXTVALID 函数

11.8　自定义函数

用户自定义函数可以像系统函数一样在查询或存储过程中调用，也可以像存储过程一样使用 EXECUTE 命令来执行。与编程语言中的函数类似，SQL Server 用户自定义函数可以接受参数、执行操作并将结果以值的形式返回。

11.8.1　自定义函数的语法

根据自定义函数的功能，一般可以将自定义函数分为两种：一种是标量函数，一种是表值函数。常用的自定义函数是标量函数。

标量函数是通过函数计算得到一个具体的数值，具体的语法格式如下：

```
CREATE FUNCTION function_name (@parameter_name parameter_data_type…)
RETURNS return_data_type
   [ AS ]
   BEGIN
          function_body
      RETURN scalar_expression
   END
```

主要参数介绍如下：

- function_name 项：用户定义函数的名称。
- @ parameter_name 项：用户定义函数中的参数，函数最多可以有 1024 个参数。
- parameter_data_type 项：参数的数据类型。
- return_data_type：标量用户定义函数的返回值。
- function_body：指定一系列定义函数值的 T-SQL 语句。function_body 仅用于标量函数和多语句表值函数。
- scalar_expression：指定标量函数返回的标量值。

表值函数是通过函数返回数据表中的查询结果，具体的语法格式如下：

```
CREATE FUNCTION function_name (@parameter_name parameter_data_type…)
RETURNS TABLE
   [ AS ]
   RETURN [ ( ] select_stmt [ ) ]
```

主要参数介绍如下：

- function_name 项：用户定义函数的名称。
- @ parameter_name 项：用户定义函数中的参数，函数最多可以有 1024 个参数。
- parameter_data_type 项：参数的数据类型。
- TABLE 项：指定表值函数的返回值为表。
- select_stmt 项：定义内联表值函数的返回值的单个 SELECT 语句。

11.8.2　创建标量函数

在创建标量函数的过程中，根据有无参数，可以分为无参数标量函数和有参数标量函数，下面分别进行介绍。

1. 创建不带参数的标量函数

无参数的函数也是用户经常用到的，如获取系统当前时间的函数。下面在 mydb 数据库中创建一个没有参数的标量函数。

【例 11.65】创建标量函数，计算当前系统年份被 2 整除后的余数，创建函数的 T-SQL 语句如下：

```
CREATE function fun1()
RETURNS INT
```

```
    AS
    BEGIN
      RETURN CAST(Year(GetDate()) AS INT)%2
    END
```

单击【执行】按钮,即可完成函数的创建,并在【结果】窗格中显示命令已成功完成,如图 11-65 所示。

下面调用自定义函数并返回计算结果。调用自定义函数与系统函数类似,但是也略有不同。在调用自定义函数时,需要在该函数前面加上 dbo。下面就来调用新创建的函数 fun1,T-SQL 语句如下:

```
SELECT dbo.fun1( );
```

单击【执行】按钮,即可完成自定义函数的调用,并在【结果】窗格中显示计算结果,如图 11-66 所示。

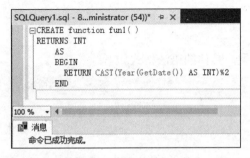

图 11-65　创建自定义函数

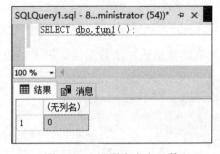

图 11-66　调用自定义函数

从结果中可以看出,返回值是 0,这是因为当前系统年份为 2018,2018%2 等于 0。

2. 创建带有参数的标量函数

带参数的变量函数不论是在创建还是调用时,都与无参数函数的使用有一些区别,下面在 mydb 数据库中通过一个实例进行介绍。

【例 11.66】创建标量函数,传入商品价格作为参数,并将传入的价格打 8 折,创建自定义函数的 T-SQL 语句如下:

```
CREATE function fun2(@price decimal(4,2))
RETURNS decimal(4,2)
    BEGIN
      RETURN @price*0.8
    END
```

单击【执行】按钮,即可完成函数的创建,并在【结果】窗格中显示命令已成功完成,如图 11-67 所示。

下面就来调用新创建的函数 fun2,假设需要打折的商品价格为 80 元,那么调用函数计算数值的 T-SQL 语句如下:

```
SELECT dbo.fun2(80);
```

单击【执行】按钮，即可完成自定义函数的调用，并在【结果】窗格中显示计算结果，如图 11-68 所示。

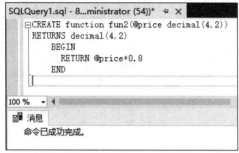

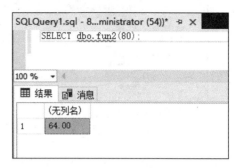

图 11-67 创建自定义函数　　　　　　　　　图 11-68 调用自定义函数

从结果可以看出，在调用带有参数的函数时，必须要为其传递参数，并且参数的个数以及数据类型要与函数定义时的一致。

11.8.3 创建表值函数

使用表值函数，一般是为了完成根据某一个条件查询出相应的查询结果。下面给出一个实例，在 test 数据库中，通过创建表值函数来返回员工信息表 employee 中的男员工信息。

在数据库 test 中，创建员工信息表和部门信息表，具体 T-SQL 代码如下：

```sql
USE test
CREATE TABLE employee
(
e_no            INT   PRIMARY KEY,
e_name          VARCHAR(50),
e_gender        CHAR(2),
dept_no         INT,
e_job           VARCHAR(50),
e_salary        INT,
hireDate        DATE,
 );
CREATE TABLE dept
(
d_no            INT  PRIMARY KEY,
d_name          VARCHAR(50),
d_location      VARCHAR(100),
);
```

在【查询编辑器】窗口中输入创建数据表的 T-SQL 语句，然后执行语句，即可完成数据表的创建，如图 11-69 和图 11-70 所示。

图 11-69 employee 表

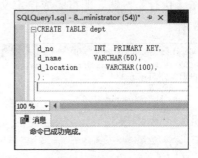

图 11-70 dept 表

创建好数据表后,下面分别向这两张数据表中添加数据记录,具体的 T-SQL 语句如下:

```
USE test
INSERT INTO employee
VALUES (101,'王华', 'm',20, 'CLERK',800, '2010-11-12'),
       (102,'木子', 'f',30, 'SALESMAN',1600, '2013-05-12'),
       (103,'严妍', 'f',30, 'SALESMAN',1250, '2013-05-12'),
       (104,'李红', 'f',20, 'MANAGER',2975, '2018-05-18'),
       (105,'袁望', 'm',30, 'SALESMAN',1250, '2011-06-12'),
       (106,'张恒', 'm',30, 'MANAGER',2850, '2012-02-15'),
       (107,'李华', 'f',10, 'MANAGER',2450, '2012-09-12'),
       (108,'王安', 'm',20, 'ANALYST',3000, '2013-05-12'),
       (109,'宋明', 'm',10, 'PRESIDENT',5000, '2010-01-01'),
       (110,'田琪', 'f',30, 'SALESMAN',1500, '2010-10-12'),
       (111,'赵轩', 'm',20, 'CLERK',1100, '2010-10-05'),
       (112,'包利', 'm',30, 'CLERK',950, '2018-06-15');
INSERT INTO dept
VALUES (10,'ACCOUNTING', '上海'),
       (20,'RESEARCH','北京 '),
       (30,'SALES','深圳'),
       (40,' OPERATIONS ', '福建 ');
```

在【查询编辑器】窗口中输入添加数据记录的 T-SQL 语句,然后执行语句,即可完成数据的添加,如图 11-71 和图 11-72 所示。

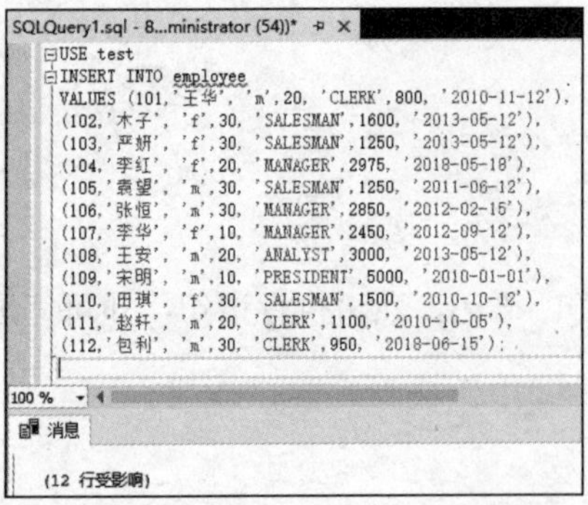

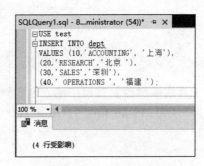

图 11-71 employee 表数据记录

图 11-72 dept 表数据记录

【例 11.67】创建表值函数，返回 employee 表中的员工信息，创建函数的 T-SQL 语句如下：

```
CREATE FUNCTION getempSex(@empSex CHAR(2) )
RETURNS TABLE
AS
RETURN
(
  SELECT e_no, e_name,e_gender,e_salary
  FROM employee
  WHERE e_gender=@empSex
)
```

单击【执行】按钮，即可完成函数的创建，并在【结果】窗格中显示命令已成功完成，如图 11-73 所示。

上述代码创建了一个表值函数，该函数根据用户输入的参数值分别返回所有男员工或女员工的记录。SELECT 语句查询结果集组成了返回表值的内容。输入用于返回男员工数据记录的 T-SQL 语句：

```
SELECT * FROM getempSex('m');
```

单击【执行】按钮，即可完成自定义函数的调用，并在【结果】窗格中显示计算结果，如图 11-74 所示。

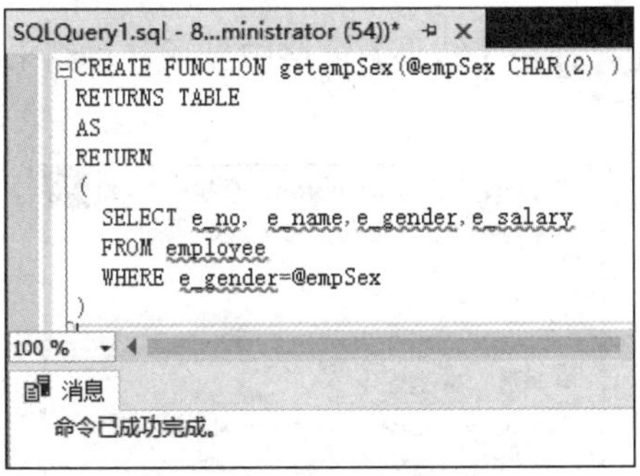

图 11-73　创建表值函数

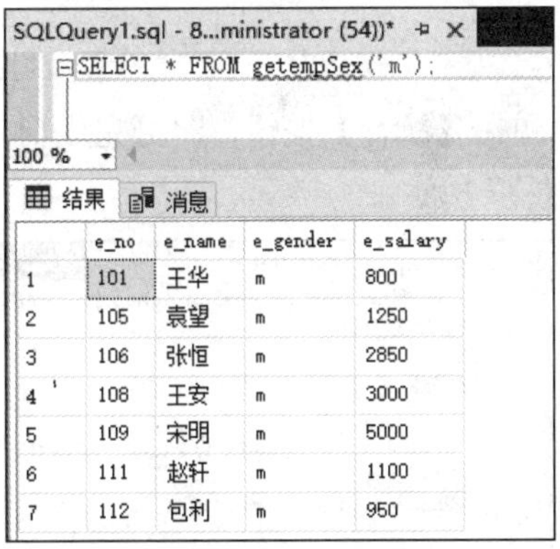

图 11-74　调用表值函数返回男员工信息

由返回结果可以看到，这里返回了所有男员工的信息，如果想要返回女员工的信息，这里将 T-SQL 语句修改如下：

```
SELECT * FROM getempSex('f');
```

然后单击【执行】按钮，即可完成自定义函数的调用，并在【结果】窗格中显示计算结果，如图 11-75 所示。

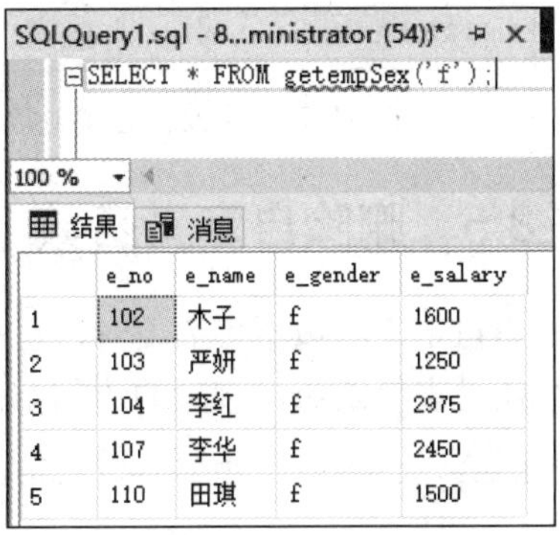

图 11-75　调用表值函数返回女员工信息

11.8.4 修改自定义函数

自定义函数的修改与创建语句很相似，将创建自定义函数语法中的 CREATE 语句换成 ALTRE 语句就可以了。

【例 11.68】修改表值函数，返回 employee 表中员工的部门信息，创建函数的 T-SQL 语句如下：

```
ALTER FUNCTION getempSex(@empdept CHAR(2) )
RETURNS TABLE
AS
RETURN
(
  SELECT e_no, e_name,dept_no,e_salary
  FROM employee
  WHERE dept_no=@empdept
)
```

单击【执行】按钮，即可完成函数的修改，并在【结果】窗格中显示命令已成功完成，如图 11-76 所示。这样就把 test 数据库中自定义函数修改了。

下面调用修改后的函数，T-SQL 语句如下：

```
SELECT * FROM getempSex('20');
```

单击【执行】按钮，即可完成自定义函数的调用，并在【结果】窗格中显示计算结果，如图 11-77 所示。

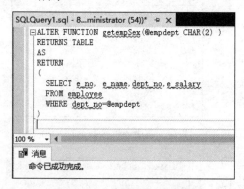

图 11-76　修改自定义函数

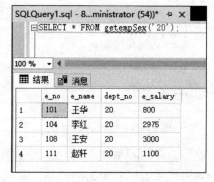

图 11-77　调用修改后的自定义函数

11.8.5 删除自定义函数

当自定义函数不再需要时，可以使用 T-SQL 语言中的 DROP 语句将其删除。无论是标量函数还是表值函数，删除的语句都是一样的，具体的语法格式如下：

```
DROP FUNCTION dbo.fun_name;
```

另外，DROP 语句可以从当前数据库中删除一个或多个用户自定义函数。

【例 11.69】删除前面定义的标量函数 fun1，T-SQL 语句如下：

```
DROP FUNCTION dbo.fun1;
```

单击【执行】按钮，即可完成自定义函数的删除，并在【结果】窗格中显示"命令已成功完成"，如图 11-78 所示。

图 11-78　使用 DROP 语句删除自定义函数

注意　删除函数之前，需要先打开函数所在的数据库。

11.9　在 SSMS 中管理自定义函数

使用 SQL 语句可以创建和管理自定义函数。实际上，在 SSMS 中也可以实现同样的功能，如果一时忘记创建自定义函数的语法格式，就可以在 SSMS 中借助提示来创建与管理自定义函数。

11.9.1　创建自定义函数

在 SSMS 中创建自定义函数的操作步骤如下：

步骤 01　在对象资源管理中选择需要创建自定义函数的数据库，这里选择 test 数据库，如图 11-79 所示。

步骤 02　展开 test 数据库，然后展开其下的【可编程性】→【函数】节点，这里以创建表值函数为例，所以选择【表值函数】选项，如图 11-80 所示。

图 11-79　选择数据库

图 11-80　表值函数

步骤 03　右击【表值函数】节点，在弹出的快捷菜单中选择【新建内联表值函数】菜单命令，如图 11-81 所示。

261

图 11-81　【新建内联表值函数】选项

步骤 **04** 进入【新建表值函数】界面，在其中可以看到创建表值函数的语法框架已经显示出来，如图 11-82 所示。

步骤 **05** 根据需要添加创建自定义函数的内容（见图 11-83），这里输入如下 T-SQL 语句：

```
CREATE FUNCTION getempSex(@empSex CHAR(2) )
RETURNS TABLE
AS
RETURN
(
  SELECT e_no, e_name,e_gender,e_salary
  FROM employee
  WHERE e_gender=@empSex
)
```

图 11-82　表值函数的语法框架

图 11-83　输入自定义函数代码

步骤 **06** 输入完毕后，单击【保存】按钮，打开【另存文件为】对话框，即可保存函数信息，这样自定义表值函数 getempSex 就创建成功了，如图 11-84 所示。

图 11-84 【另存文件为】对话框

11.9.2 修改自定义函数

相对于创建自定义函数来说，在 SSMS 中修改自定义函数比较简单一些。在 test 数据库中选择【可编程性】→【表值函数】选项，然后在表值函数列表中右击需要修改的自定义函数，这里选择 getempSex，在弹出的快捷菜单中选择【修改】选项，如图 11-85 所示。

进入自定义函数的修改界面，然后对自定义函数进行修改，最后保存即可完成函数的修改操作，如图 11-86 所示。

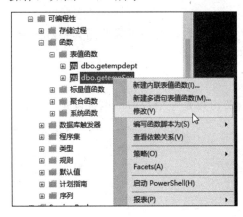

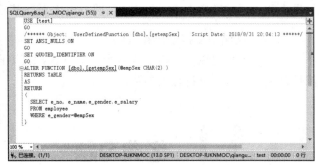

图 11-85 【修改】选项　　　　　　　　图 11-86 自定义函数修改界面

11.9.3 删除自定义函数

删除自定义函数可以在 SSMS 中轻松完成，具体操作步骤如下：

步骤 01 选择需要删除的自定义函数，右击数据，在弹出的快捷菜单中选择【删除】菜单命令，如图 11-87 所示。

步骤 02 打开【删除对象】窗口，单击【确定】按钮，完成自定义函数的删除，如图 11-88 所示。

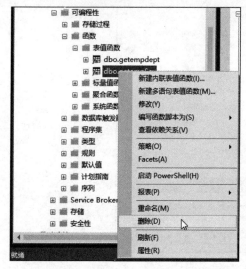

图 11-87 【删除】自定义函数命令　　　　图 11-88 【删除对象】窗口

 该方法一次只能删除一个自定义函数。

注　意

11.10 疑难解惑

1. STR 函数在遇到小数时如何处理？

在使用 STR 函数时，如果数字为小数，则在转换为字符串数据类型时只返回其整数部分；如果小数点后的数字大于等于 5，则四舍五入返回其整数部分。

2. 自定义函数支持输出参数吗？

自定义函数可以接受零个或多个输入参数，其返回值可以是一个数值，也可以是一个表，但是自定义函数不支持输出参数。

11.11 经典习题

1. 使用数学函数进行如下运算：

（1）计算 18 除以 5 的商和余数。

（2）将弧度值 PI()/4 转换为角度值。

（3）计算 9 的 4 次方值。

（4）保留浮点值 3.14159 小数点后面 2 位。

2．使用字符串函数进行如下运算：

（1）分别计算字符串"Hello World!"和"University"的长度。

（2）从字符串"Nice to meet you!"中获取子字符串"meet"。

（3）除去字符串"h e l l o"中的空格。

（4）将字符串"SQLServer"逆序输出。

（5）在字符串"SQLServerSQLServer"中，从第 4 个字母开始查找字母 Q 第一次出现的位置。

3．使用日期和时间函数进行如下运算：

（1）计算当前日期是一年的第几天。

（2）计算当前日期是一周中的第几个工作日。

（3）计算"1929-02-14"与当前日期之间相差的年份。

第 12 章
视图的创建与应用

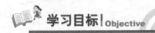
学习目标 | Objective

视图是数据库中的一个虚拟表，不存储数据。同真实的表一样，视图包含一系列带有名称的行和列数据。行和列数据用来自由定义视图的查询所引用的表，并且在引用视图时动态生成。本章就来介绍视图的创建与应用，主要内容包括视图的概念、视图的作用、创建视图、查看视图、修改视图、更新视图和删除视图等。

内容导航 | Navigation

- 了解视图的基本概念
- 掌握创建视图的各种方法
- 掌握修改视图的方法
- 掌握查看视图信息的方法
- 掌握使用视图修改数据的方法
- 掌握删除视图的方法

12.1 什么是视图

视图是从一个或者多个表中导出的，它的行为与表非常相似，但视图是一个虚拟表。在视图中用户可以使用 SELECT 语句查询数据，以及使用 INSERT、UPDATE 和 DELETE 语句修改记录。对于视图的操作最终转化为对基本数据表的操作。视图不但可以方便用户操作，而且可以保障数据库系统的安全。

12.1.1 视图的概念

视图是原始数据库数据的一种变换，是查看表中数据的另外一种方式。可以将视图看成是一个移动的窗口，通过它可以看到感兴趣的数据。视图是从一个或多个实际表中获得的，这些表的数据存放在数据库中，那些用于产生视图的表叫作该视图的基表，一个视图也可以从另一个视图中产生。

视图的定义存在数据库中，与此定义相关的数据并没有再存一份于数据库中。通过视图看到的数据存放在基表中。视图看上去非常像数据库的物理表，对它的操作同任何其他表一样。当通过视图修改数据时，实际上是在改变基表中的数据；相反，基表数据的改变也会自动反映在由基表产生的视图中。

下面定义两个数据表，分别是 student 表和 stu_info 表，在 student 表中包含了学生的 id 号和姓名，stu_info 包含了学生的 id 号、姓名、班级和家庭住址，而现在公布分班信息，只需要 id 号、姓名和班级，这该如何解决？通过学习后面的内容就可以找到完美的解决方案。

表设计如下：

```
CREATE TABLE student
(
  s_id  NUMBER(9),
  name  VARCHAR2(40)
);


CREATE TABLE stu_info
(
  s_id   NUMBER(9),
  name  VARCHAR2(40)
  glass  VARCHAR2(40),
  addr   VARCHAR2(90)
);
```

通过视图可以很好地得到想要的部分信息，其他的信息不取，这样既能满足要求也不破坏表原来的结构。

12.1.2　视图的作用

与直接从数据表中读取相比，视图有以下优点：

1. 简单化

看到的就是需要的。视图不仅可以简化用户对数据的理解，也可以简化他们的操作。那些被经常使用的查询可以被定义为视图，从而使得用户不必为以后的操作每次指定全部的条件。

2. 安全性

通过视图用户只能查询和修改他们所能见到的数据。数据库中的其他数据则既看不见也取不到。数据库授权命令可以使每个用户对数据库的检索限制到特定的数据库对象上，但不能授权到数据库特定行和特定的列上。通过视图，用户可以被限制在数据的不同子集上：

（1）使用权限可被限制在基表的行的子集上。

（2）使用权限可被限制在基表的列的子集上。

（3）使用权限可被限制在基表的行和列的子集上。

（4）使用权限可被限制在多个基表的连接所限定的行上。

（5）使用权限可被限制在基表中数据的统计汇总上。

（6）使用权限可被限制在另一视图的一个子集上，或是一些视图和基表合并后的子集上。

另外，视图的安全性还可以防止未授权用户查看特定的行或列，使用户只能看到表中特定行的方法如下：

（1）在表中增加一个标志用户名的列。

（2）建立视图，使用户只能看到标有自己用户名的行。

（3）把视图授权给其他用户。

3．独立性

视图可帮助用户屏蔽真实表结构变化带来的影响。视图可以使应用程序和数据库表在一定程度上独立。如果没有视图，应用一定是建立在表上的，有了视图之后，程序可以建立在视图之上，从而使程序与数据库表被视图分割开来。

视图可以在以下几个方面使程序与数据独立：

（1）如果应用建立在数据库表上，当数据库表发生变化时，可以在表上建立视图，通过视图屏蔽表的变化，从而应用程序可以不动。

（2）如果应用建立在数据库表上，当应用发生变化时，可以在表上建立视图，通过视图屏蔽应用的变化，从而使数据库表可以不动。

（3）如果应用建立在视图上，当数据库表发生变化时，可以在表上修改视图，通过视图屏蔽表的变化，从而应用程序可以不动。

（4）如果应用建立在视图上，当应用发生变化时，可以在表上修改视图，通过视图屏蔽应用的变化，从而数据库可以不动。

12.1.3 视图的分类

SQL Server 中的视图可以分为 3 类，分别是标准视图、索引视图和分区视图。

1．标准视图

标准视图组合了一个或多个表中的数据，可以获得使用视图的大多数好处，包括将重点放在特定数据上及简化数据操作。

2．索引视图

索引视图是被具体化了的视图，即它已经过计算并存储。可以为视图创建索引，即对视图创建一个唯一的聚集索引。索引视图可以显著提高某些类型查询的性能。索引视图尤其适于聚合许多行的查询，但它们不太适于经常更新的基本数据集。

3. 分区视图

分区视图在一台或多台服务器间水平连接一组成员表中的分区数据。这样，数据看上去如同来自于一个表。连接同一个 SQL Server 实例中的成员表的视图是一个本地分区视图。

12.2 创建视图

创建视图是使用视图的第一步。视图中包含了 SELECT 查询的结果，因此视图的创建是基于 SELECT 语句和已存在的数据表。视图既可以由一张表组成，也可以由多张表组成。

12.2.1 创建视图的语法规则

创建视图的语法与创建表的语法一样，都是使用 CREATE 语句来创建的。在创建视图时，只能用到 SELECT 语句。具体的语法格式如下：

```
CREATE VIEW [schema_name. ] view_name [column_list]
AS select_statement
[ WITH CHECK OPTION ]
[ENCRYPTION];
```

主要参数介绍如下：

- schema_name: 视图所属架构的名称。
- view_name: 视图的名称。视图名称必须符合有关标识符的规则。可以选择是否指定视图所有者名称。
- column_list: 视图中各个列使用的名称。
- AS: 指定视图要执行的操作。
- select_statement: 定义视图的 SELECT 语句。该语句可以使用多个表和其他视图。
- WITH CHECK OPTION: 强制针对视图执行的所有数据修改语句，都必须符合在 select_statement 中设置的条件。通过视图修改行时，WITH CHECK OPTION 可确保提交修改后，仍可通过视图看到数据。
- ENCRYPTION: 对创建视图的语句加密。该选项是可选的。

注 意

视图定义中的 SELECT 子句不能包括下列内容。

（1）COMPUTE 或 COMPUTE BY 子句。

（2）ORDER BY 子句，除非在 SELECT 语句的选择列表中也有一个 TOP 子句。

（3）INTO 关键字。

（4）OPTION 子句。

（5）引用临时表或表变量。

ORDER BY 子句仅用于确定视图定义中的 TOP 子句返回的行，ORDER BY 不保证在查询视图时得到有序结果，除非在查询本身中也指定了 ORDER BY。

12.2.2 在单表上创建视图

在单表上创建视图通常都是选择一张表中的几个经常需要查询的字段。为演示视图创建与应用的需要，下面在数据库 newdb 中创建学生成绩表（studentinfo 表）和课程信息表（subjectinfo 表），具体 T-SQL 代码如下：

```
USE newdb
CREATE TABLE studentinfo
(
  id           INT  PRIMARY KEY,
  studentid    INT,
  name         VARCHAR(20),
  major        VARCHAR(20),
  subjectid    INT,
  score        DECIMAL(5,2),
);
CREATE TABLE subjectinfo
(
  id           INT  PRIMARY KEY,
  subject      VARCHAR(50),
);
```

在【查询编辑器】窗口中输入创建数据表的 T-SQL 语句，然后执行语句，即可完成数据表的创建，如图 12-1 和图 12-2 所示。

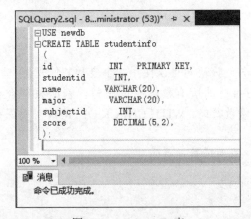

图 12-1　studentinfo 表

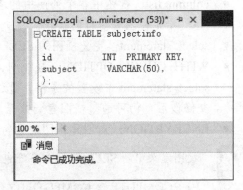

图 12-2　subjectinfo 表

创建好数据表后，下面分别向这两张数据表中添加数据记录，具体的 T-SQL 语句如下：

```
USE newdb
INSERT INTO studentinfo
VALUES (1,201801,'王蒙蒙', '计算机科学',5,80),
```

```
        (2, 201802,'李晓伟', '会计学',1, 85),
        (3, 201803,'张妍妍', '金融学',2, 95),
        (4, 201804,'刘飞宇', '建筑学',5 ,97),
        (5, 201805,'刘天佑', '美术学',4, 68),
        (6, 201806,'张子恒', '金融学',3, 85),
        (7, 201807,'王永红', '计算机科学',1,78),
        (8, 201808,'杨阳洋', '动物医学',4, 91),
        (9, 201809,'宋天明', '生物科学',2, 88),
        (10, 201810,'刘天琪', '工商管理学',4 ,53);
INSERT INTO subjectinfo
  VALUES (1,'大学英语'),
         (2,'高等数学'),
         (3,'线型代数'),
         (4,'计算机基础'),
         (5,'大学体育');
```

在【查询编辑器】窗口中输入添加数据记录的 T-SQL 语句，然后执行语句，即可完成数据的添加，如图 12-3 和图 12-4 所示。

id	studentid	name	major	subjectid	score
1	201801	王蒙蒙	计算机科学	5	80.00
2	201802	李晓伟	会计学	1	85.00
3	201803	张妍妍	金融学	2	95.00
4	201804	刘飞宇	建筑学	5	97.00
5	201805	刘天佑	美术学	4	68.00
6	201806	张子恒	金融学	3	85.00
7	201807	王永红	计算机科学	1	78.00
8	201808	杨阳洋	动物医学	4	91.00
9	201809	宋天明	生物科学	2	88.00
10	201810	刘天琪	工商管理学	4	53.00
NULL	NULL	NULL	NULL	NULL	NULL

图 12-3　studentinfo 表数据记录

id	subject
1	大学英语
2	高等数学
3	线型代数
4	计算机基础
5	大学体育
NULL	NULL

图 12-4　subjectinfo 表数据记录

【例 12.1】在数据表 studentinfo 上创建一个名为 view_stu 的视图，用于查看学生的学号、姓名、所在专业，T-SQL 语句如下：

```
CREATE VIEW view_stu
AS SELECT studentid AS 学号,name AS 姓名, major AS 所在专业
FROM studentinfo;
```

单击【执行】按钮，即可完成视图的创建，并在【消息】窗格中显示命令已成功完成，如图 12-5 所示。

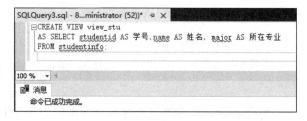

图 12-5　在单个表上创建视图

下面使用创建的视图来查询数据信息，T-SQL 语句如下：

```
USE newdb;
SELECT * FROM view_stu;
```

单击【执行】按钮，即可完成通过视图查询数据信息的操作，并在【结果】窗格中查询结果，如图 12-6 所示。

由结果可以看到，从视图 view_stu 中查询的内容和基本表中是一样的，这里的 view_stu 中包含了 3 列。

 如果用户创建完视图后立刻查询该视图，有时候会提示错误信息为该对象不存在，此时刷新一下视图列表即可解决问题。

图 12-6　通过视图查询数据

12.2.3　在多表上创建视图

在多表上创建视图，也就是说视图中的数据是从多张数据表中查询出来的，创建的方法就是通过更改 SQL 语句。

【例 12.2】创建一个名为 view_info 的视图，用于查看学生的姓名、所在专业、课程名称以及成绩，T-SQL 语句如下：

```
CREATE VIEW view_info
AS SELECT studentinfo.name AS 姓名, studentinfo.major AS 所在专业,
subjectinfo.subject AS 课程名称, studentinfo.score AS 成绩
FROM studentinfo, subjectinfo
WHERE studentinfo.subjectid=subjectinfo.id;
```

单击【执行】按钮，即可完成视图的创建，并在【消息】窗格中显示命令已成功完成，如图 12-7 所示。

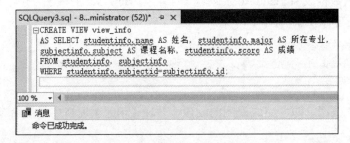

图 12-7　在多表上创建视图

下面使用创建的视图来查询数据信息，T-SQL 语句如下：

```
USE newdb;
SELECT * FROM view_info;
```

单击【执行】按钮，即可完成通过视图查询数据信息的操作，并在【结果】窗格中查询结果，如图 12-8 所示。

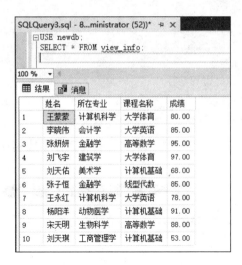

图 12-8 通过视图查询数据

从查询结果可以看出，通过创建视图来查询数据，可以很好地保护基本表中的数据。视图中的信息很简单，只包含了姓名、所在专业、课程名称与成绩。

12.3 修改视图

当视图创建完成后，如果觉得有些地方不能满足需要，这时就可以修改视图，而不必重新创建视图了。

12.3.1 修改视图的语法规则

在 SQL Server 中，修改视图的语法规则与创建视图的语法规则非常相似，具体的语法格式如下：

```
ALTER VIEW [schema_name. ] view_name [column_list]
AS select_statement
[ WITH CHECK OPTION ]
[ENCRYPTION];
```

从语法中可以看出，修改视图只是把创建视图的 CREATE 关键字换成了 ALTER，其他内容不变。

12.3.2 修改视图的具体内容

在了解了修改视图的语法格式后，下面就来介绍修改视图具体内容的方法。

【例 12.3】修改名为 view_info 的视图，用于查看学生的学号、姓名、所在专业、课程名称以及成绩，T-SQL 语句如下：

```
ALTER VIEW view_info
AS SELECT studentinfo.studentid AS 学号,studentinfo.name AS 姓名,
studentinfo.major AS 所在专业,
    subjectinfo.subject AS 课程名称, studentinfo.score AS 成绩
FROM studentinfo, subjectinfo
WHERE studentinfo.subjectid=subjectinfo.id;
```

单击【执行】按钮，即可完成视图的修改，并在【消息】窗格中显示命令已成功完成，如图 12-9 所示。

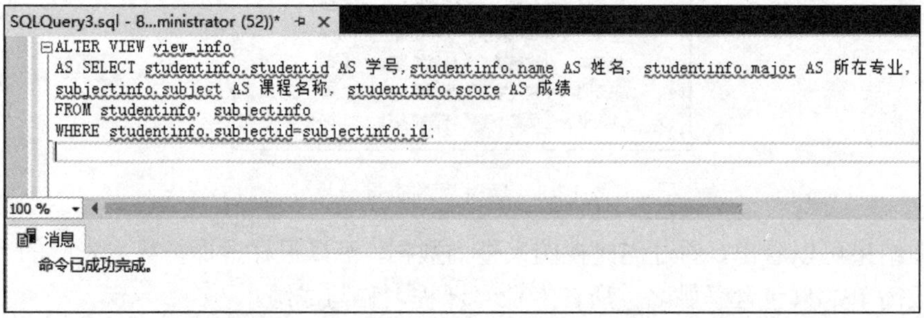

图 12-9　修改视图

下面使用修改后的视图来查询数据信息，T-SQL 语句如下：

```
USE newdb;
SELECT * FROM view_info;
```

单击【执行】按钮，即可完成通过视图查询数据信息的操作，并在【结果】窗格中查询结果，如图 12-10 所示。

从查询结果可以看出，通过修改后视图来查询数据，返回的结果中除姓名、所在专业、课程名称与成绩外，又添加了学号一列。

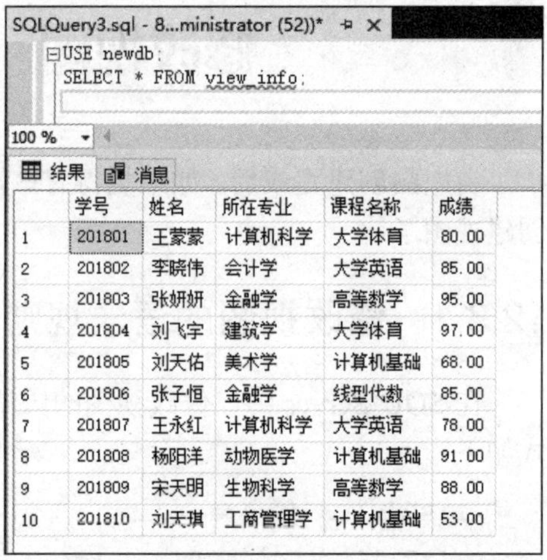

图 12-10　通过修改后的视图查询数据

12.3.3　重命名视图的名称

使用系统存储过程 sp_rename 可以为视图进行重命名操作。

【例 12.4】重命名视图 view_info，将 view_info 修改为 view_info_01。

```
sp_rename 'view_info', 'view_info_01';
```

单击【执行】按钮，即可完成视图的重命名操作，并在【消息】窗格中显示注意信息，如图 12-11 所示。

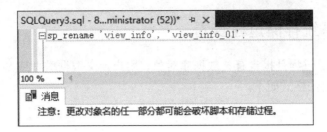

图 12-11　重命名视图

从结果中可以看出，在对视图进行重命名后会给使用该视图的程序造成一定的影响。因此，在给视图重命名前，要先知道是否有一些其他数据库对象使用该视图名称，在确保不会对其他对象造成影响后，再对其进行重命名操作。

12.4　查看视图信息

视图定义好之后，用户可以随时查看视图的信息，既可以直接在 SQL Server 查询编辑窗口中查看，也可以使用系统的存储过程查看。

12.4.1　通过 SSMS 查看

启动 SSMS 之后，选择视图所在的数据库位置，选择要查看的视图，如图 12-12 所示，右击并在弹出的快捷菜单中选择【属性】菜单命令，打开【视图属性】窗口，即可查看视图的定义信息，如图 12-13 所示。

图 12-12　选择要查看的视图

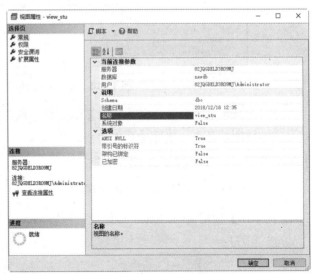

图 12-13　【视图属性】窗口

12.4.2 使用系统存储过程查看

sp_help 系统存储过程是报告有关数据库对象、用户定义数据类型或 SQL Server 所提供的数据类型的信息。语法格式如下：

```
sp_help view_name
```

其中，view_name 表示要查看的视图名，如果不加参数名称，将列出有关 master 数据库中每个对象的信息。

【例 12.5】使用 sp_help 存储过程查看 view_stu 视图的定义信息，T-SQL 输入语句如下：

```
USE newdb;
GO
EXEC sp_help 'newdb.dbo.view_stu';
```

单击【执行】按钮，即可完成视图的查看操作，并在【消息】窗格中显示查看到的信息，如图 12-14 所示。

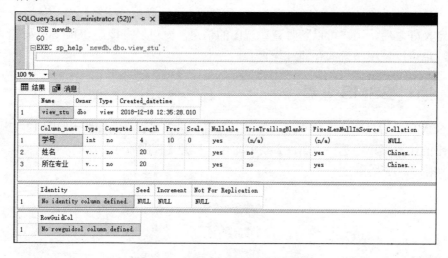

图 12-14 使用 sp_help 查看视图信息

sp_helptext 系统存储过程是用来显示规则、默认值、未加密的存储过程、用户定义函数、触发器或视图的文本。语法格式如下：

```
sp_helptext view_name
```

其中，view_name 表示要查看的视图名。

【例 12.6】使用 sp_helptext 存储过程查看 view_t 视图的定义信息，输入语句如下：

```
USE newdb;
GO
EXEC sp_helptext 'newdb.dbo.view_stu';
```

单击【执行】按钮，即可完成视图的查看操作，并在【消息】窗格中显示查看到的信息，如图 12-15 所示。

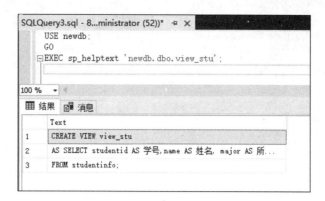

图 12-15　使用 sp_helptext 查看视图定义语句

12.5　通过视图更新数据

通过视图更新数据是指通过视图来插入、更新、删除表中的数据，因为视图是一个虚拟表，其中没有数据。通过视图更新的时候都是转到基本表进行更新的，如果对视图增加或者删除记录，实际上是对其基本表增加或者删除记录。

通过视图更新数据的方法有 3 种，分别是 INSERT、UPDATE 和 DELETE。通过视图更新数据时需要注意以下几点：

（1）修改视图中的数据时，不能同时修改两个或多个基本表。

（2）不能修改视图中通过计算得到的字段，例如包含算术表达式或者聚合函数的字段。

（3）执行 UPDATE 或 DELETE 命令时，无法用 DELETE 命令删除数据，若使用 UPDATE 命令则应当与 INSERT 命令一样，被更新的列必须属于同一个表。

12.5.1　通过视图插入数据

使用 INSERT 语句向单个基表组成的视图中添加数据，而不能向两个或多张表组成的视图中添加数据。

【例 12.7】通过视图向基本表 studentinfo 中插入一条新记录。

首先创建一个视图，T-SQL 语句如下：

```
CREATE VIEW view_stuinfo(编号,学号,姓名,所在专业,课程编号,成绩)
AS
SELECT id,studentid,name,major,subjectid,score
FROM studentinfo
WHERE  studentid='201801';
```

单击【执行】按钮，即可完成视图的创建，并在【消息】窗格中显示命令已成功完成，如图 12-16 所示。

```
SQLQuery3.sql - 8...ministrator (52))*  ⊣ ×
    CREATE VIEW view_stuinfo(编号,学号,姓名,所在专业,课程编号,成绩)
    AS
    SELECT id,studentid,name,major,subjectid,score
    FROM studentinfo
    WHERE  studentid='201801';
```

100 %

消息
命令已成功完成。

图 12-16　创建视图 view_stuinfo

查询插入数据之前的数据表，T-SQL 语句如下：

```
SELECT * FROM studentinfo;  --查看插入记录之前基本表中的内容
```

单击【执行】按钮，即可完成数据的查询操作，并在【结果】窗格中显示查询的数据记录，如图 12-17 所示。

```
SQLQuery3.sql - 8...ministrator (52))*  ⊣ ×
    SELECT * FROM studentinfo;
```

100 %

结果　消息

	id	studentid	name	major	subjectid	score
1	1	201801	王蒙蒙	计算机科学	5	80.00
2	2	201802	李晓伟	会计学	1	85.00
3	3	201803	张妍妍	金融学	2	95.00
4	4	201804	刘飞宇	建筑学	5	97.00
5	5	201805	刘天佑	美术学	4	68.00
6	6	201806	张子恒	金融学	3	85.00
7	7	201807	王永红	计算机科学	1	78.00
8	8	201808	杨阳羊	动物医学	4	91.00
9	9	201809	宋天明	生物科学	2	88.00
10	10	201810	刘天琪	工商管理学	4	53.00

图 12-17　通过视图查询数据

使用创建的视图向数据表中插入一行数据，T-SQL 语句如下：

```
INSERT INTO view_stuinfo --向基本表 studentinfo 中插入一条新记录,
VALUES(11,201811,'李贺','医药学',3,89);
```

单击【执行】按钮，即可完成数据的插入操作，并在【消息】窗格中显示"1 行受影响"，如图 12-18 所示。

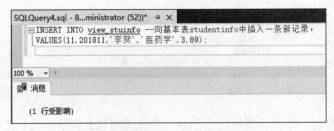

```
SQLQuery4.sql - 8...ministrator (52))*  ⊣ ×
    INSERT INTO view_stuinfo --向基本表studentinfo中插入一条新记录,
    VALUES(11,201811,'李贺','医药学',3,89);
```

100 %

消息

(1 行受影响)

图 12-18　插入数据记录

查询插入数据后的基本表 studentinfo，T-SQL 语句如下：

```
SELECT * FROM studentinfo;    --查看插入记录之后基本表中的内容
```

单击【执行】按钮，即可完成数据的查询操作，并在【结果】窗格中显示查询的数据记录，可以看到最后一行是新插入的数据，如图 12-19 所示。

	id	studentid	name	major	subjectid	score
1	1	201801	王蒙蒙	计算机科学	5	80.00
2	2	201802	李晓伟	会计学	1	85.00
3	3	201803	张妍妍	金融学	2	95.00
4	4	201804	刘飞宇	建筑学	5	97.00
5	5	201805	刘天佑	美术学	4	68.00
6	6	201806	张子恒	金融学	3	85.00
7	7	201807	王永红	计算机科学	1	78.00
8	8	201808	杨阳洋	动物医学	4	91.00
9	9	201809	宋天明	生物科学	2	88.00
10	10	201810	刘天琪	工商管理学	4	53.00
11	11	201811	李贺	医药学	3	89.00

图 12-19　通过视图向基本表插入记录

从结果中可以看到，通过在视图 view_stuinfo 中执行一条 INSERT 操作，实际上是向基本表中插入了一条记录。

12.5.2　通过视图修改数据

除了可以插入一条完整的记录外，通过视图也可以更新基本表中的记录的某些列值。

【例 12.8】通过视图 view_stuinfo 将学号是 201801 的学生姓名修改为"张建华"，T-SQL 语句如下：

```
USE newdb;
UPDATE view_stuinfo
SET 姓名='张建华'
WHERE 学号=201801;
```

单击【执行】按钮，即可完成数据的修改操作，并在【消息】窗格中显示"1 行受影响"，如图 12-20 所示。

查询修改数据后的基本表 studentinfo，T-SQL 语句如下：

```
SELECT * FROM studentinfo;    --查看修改记录之后基本表中的内容
```

单击【执行】按钮，即可完成数据的查询操作，并在【结果】窗格中显示查询的数据记录，可以看到学号为 201801 的学生姓名被修改为"张建华"，如图 12-21 所示。

图 12-20　通过视图修改数据

```
SQLQuery4.sql - 8...ministrator (52))*  ⚓ ×
    SELECT * FROM studentinfo;
```

	id	studentid	name	major	subjectid	score
1	1	201801	张建华	计算机科学	5	80.00
2	2	201802	李晓伟	会计学	1	85.00
3	3	201803	张妍妍	金融学	2	95.00
4	4	201804	刘飞宇	建筑学	5	97.00
5	5	201805	刘天佑	美术学	4	68.00
6	6	201806	张子恒	金融学	3	85.00
7	7	201807	王永红	计算机科学	1	78.00
8	8	201808	杨阳洋	动物医学	4	91.00
9	9	201809	宋天明	生物科学	2	88.00
10	10	201810	刘天琪	工商管理学	4	53.00
11	11	201811	李贺	医药学	3	89.00

图 12-21　查看修改后基本表中的数据

从结果可以看出，UPDATE 语句修改 view_stuinfo 视图中的姓名字段，更新之后，基本表中的 name 字段同时被修改为新的数值。

12.5.3　通过视图删除数据

当数据不再使用时，可以通过 DELETE 语句在视图中删除。

【例 12.9】通过视图 view_stuinfo 删除基本表 studentinfo 中的记录，T-SQL 语句如下：

```
DELETE FROM view_stuinfo WHERE 姓名='张建华';
```

单击【执行】按钮，即可完成数据的删除操作，并在【消息】窗格中显示"1 行受影响"，如图 12-22 所示。

查询删除数据后视图中的数据，T-SQL 语句如下：

```
SELECT * FROM view_stuinfo;
```

单击【执行】按钮，即可完成视图的查询操作，可以看到视图中的记录为空，如图 12-23 所示。

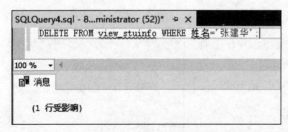

图 12-22　删除指定数据

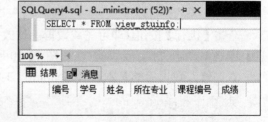

图 12-23　查看删除数据后的视图

查询删除数据后基本表 studentinfo 中的数据，T-SQL 语句如下：

```
SELECT * FROM studentinfo;
```

单击【执行】按钮，即可完成视图的查询操作，可以看到基本表中姓名为"张建华"的数据记录已经被删除，如图 12-24 所示。

	id	studentid	name	major	subjectid	score
1	2	201802	李晓伟	会计学	1	85.00
2	3	201803	张妍妍	金融学	2	95.00
3	4	201804	刘飞宇	建筑学	5	97.00
4	5	201805	刘天佑	美术学	4	68.00
5	6	201806	张子恒	金融学	3	85.00
6	7	201807	王永红	计算机科学	1	78.00
7	8	201808	杨阳洋	动物医学	4	91.00
8	9	201809	宋天明	生物科学	2	88.00
9	10	201810	刘天琪	工商管理学	4	53.00
10	11	201811	李贺	医药学	3	89.00

图 12-24　通过视图删除基本表中的一条记录

建立在多个表之上的视图，无法使用 DELETE 语句进行删除操作。

12.6　删除视图

数据库中的任何对象都会占用数据库的存储空间，视图也不例外。当视图不再使用时，要及时删除数据库中多余的视图。

12.6.1　删除视图的语法

删除视图的语法很简单，但是在删除视图之前，一定要确认该视图是否不再使用，因为一旦删除，就不能被恢复了。使用 DROP 语句可以删除视图，具体的语法规则如下：

```
DROP VIEW [schema_name.] view_name1, view_name2, ..., view_nameN;
```

主要参数介绍如下：

- schema_name：该视图所属架构的名称。
- view_name：要删除的视图名称。

schema_name 可以省略。

12.6.2 删除不用的视图

使用 DROP 语句可以同时删除多个视图，只需要在删除各视图名称之间用逗号分隔即可。

【例 12.10】删除系统中的 view_stuinfo 视图，T-SQL 语句如下：

```
USE newdb
DROP VIEW dbo.view_stuinfo;
```

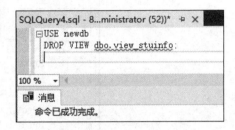

单击【执行】按钮，即可完成视图的删除操作，并在【消息】窗格中显示命令已成功完成，如图 12-25 所示。

删除完毕后，再查询一下该视图的信息，T-SQL 语句如下：

图 12-25　删除不用的视图

```
USE newdb;
GO
EXEC sp_help 'newdb.dbo.view_stuinfo';
```

单击【执行】按钮，即可完成视图的查看操作，在【消息】窗格中显示错误提示，说明该视图已经被成功删除，如图 12-26 所示。

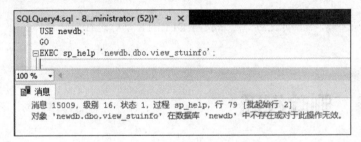

图 12-26　查询删除后的视图

12.7　在 SSMS 中管理视图

使用 SQL 语句可以创建并管理视图，实际上，在 SSMS 中还可以完成对视图的操作，包括创建视图、修改视图以及删除视图等。

12.7.1 创建视图

在 SSMS 中创建视图最大的好处就是无须记住 SQL 语句，下面介绍在 SSMS 中创建视图的方法。

【例 12.11】创建视图 view_stuinfo_01，查询学生成绩表中学生的学号、姓名、所在专业信息，具体的操作步骤如下：

步骤 01 启动 SSMS，打开数据库 newdb 节点，再展开该数据库下的【表】节点，在【表】节点下选择【视图】节点，然后右击【视图】节点，在弹出的快捷菜单中选择【新建视图】菜单命令，如图 12-27 所示。

步骤 02 弹出【添加表】对话框。在【表】选项卡中列出了用来创建视图的基本表，选择 studentinfo表，单击【添加】按钮，然后单击【关闭】按钮，如图 12-28 所示。

图 12-27 选择【新建视图】菜单命令

图 12-28 【添加表】对话框

视图的创建也可以基于多个表，如果要选择多个数据表，按住 Ctrl 键，然后分别选择列表中的数据表。

步骤 03 此时，即可打开【视图编辑器】窗口，该窗口包含了 3 块区域：第一块区域是【关系图】窗格，在这里可以添加或者删除表；第二块区域是【条件】窗格，在这里可以对视图的显示格式进行修改；第三块区域是【SQL】窗格，在这里用户可以输入 SQL 执行语句。在【关系图】窗格区域中单击表中字段左边的复选框，选择需要的字段，如图 12-29 所示。

在【SQL】窗格区域中，可以进行以下具体操作。

（1）通过输入 SQL 语句创建新查询。

（2）根据在【关系图】窗格和【条件】窗格中进行的设置，对查询和视图设计器创建的 SQL 语句进行修改。

（3）输入语句可以利用所使用数据库的特有功能。

步骤 04 单击工具栏上的【保存】按钮，打开【选择名称】对话框，输入视图的名称后，单击【确定】按钮即可完成视图的创建，如图 12-30 所示。

用户也可以单击工具栏上的对应按钮选择打开或关闭这些窗格按钮，在使用时将鼠标放在相应的图标上，将会提示该图标命令的作用。

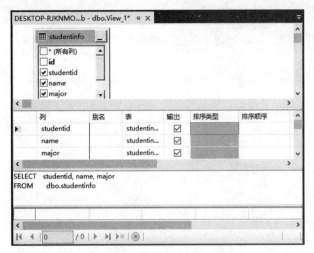

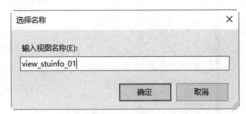

图 12-29　【视图编辑器】窗口　　　　　　　图 12-30　【选择名称】对话框

12.7.2　修改视图

修改视图的界面与创建视图的界面非常类似。

【例 12.12】创建视图 view_stuinfo_01，只查询学生成绩表中学生的姓名、所在专业信息，具体的操作步骤如下：

步骤 **01**　启动 SSMS，打开数据库 newdb 节点，再展开该数据库下的【表】节点，在【表】节点下展开【视图】节点，选择需要修改的视图，右击鼠标，在弹出的快捷菜单中选择【设计】菜单命令，如图 12-31 所示。

步骤 **02**　修改视图中的语句，在【视图编辑器】窗口中，从数据表中取消 studentid 的选中状态，如图 12-32 所示。

步骤 **03**　单击【保存】按钮，即可完成视图的修改操作。

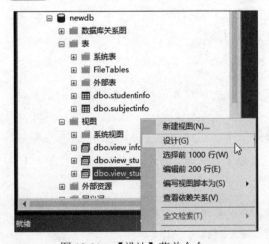

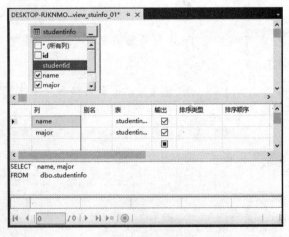

图 12-31　【设计】菜单命令　　　　　　　图 12-32　【视图编辑器】窗口

12.7.3　删除视图

在 SSMS 中删除视图的操作非常简单，具体的操作步骤如下：

步骤 01 启动 SSMS，打开数据库 newdb 节点，再展开该数据库下的【表】节点，在【表】节点下展开【视图】节点，选择需要删除的视图，右击鼠标，在弹出的快捷菜单中选择【删除】菜单命令，如图 12-33 所示。

步骤 02 弹出【删除对象】窗口，单击【确定】按钮，即可完成视图的删除，如图 12-34 所示。

图 12-33　选择【删除】菜单命令

图 12-34　【删除对象】窗口

12.8 疑难解惑

1. 视图和表的区别是什么？

视图和表的主要区别如下：

（1）视图是已经编译好的 SQL 语句，是基于 SQL 语句的结果集的可视化表，而表不是。

（2）视图没有实际的物理记录，而基本表有。

（3）表是内容，视图是窗口。

（4）表占用物理空间而视图不占用物理空间，视图只是逻辑概念的存在。表可以及时对它进行修改，但视图只能用创建的语句来修改。

（5）视图是查看数据表的一种方法，可以查询数据表中某些字段构成的数据，只是一些 SQL 语句的集合。从安全的角度说，视图可以防止用户接触数据表，从而不知道表结构。

（6）表属于全局模式中的表，是实表；视图属于局部模式的表，是虚表。

（7）视图的建立和删除只影响视图本身，不影响对应的基本表。

2. 视图和表有什么联系？

　　视图（View）是在基本表之上建立的表，它的结构（所定义的列）和内容（所有记录）都来自基本表，它依据基本表的存在而存在。一个视图可以对应一个基本表，也可以对应多个基本表。视图是基本表的抽象和在逻辑意义上建立的新关系。

12.9　经典习题

1. 在一个表上创建视图。
2. 在多个表上建立视图。
3. 使用 T-SQL 语句更改视图。
4. 查看视图的详细信息。
5. 更新视图的内容。

第 13 章
事务和锁的应用

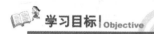 学习目标 | Objective

　　SQL Server 中提供了多种数据完整性的保证机制，如事务与锁管理。事务管理主要是为了保证一批相关数据库中数据的操作能够全部被完成，从而保证数据的完整性。锁机制主要是对多个活动事务执行并发控制。本章就来介绍事务与锁的应用，主要内容包括事务的原理与事务管理的常用语句、事务的类型和应用、锁的内涵与类型、锁的应用等。

内容导航 | Navigation

- 了解事务的基本概念
- 熟悉锁的基本概念
- 掌握事务的管理方法
- 熟悉锁的类别和作用
- 掌握锁的使用方法

13.1　事务管理

　　事务是 SQL Server 中的基本工作单元，是用户定义的一个数据库操作序列，这些操作要么做要么全不做，是一个不可分割的工作单位。SQL Server 中的事务主要可以分为自动提交事务、隐式事务、显式事务和分布式事务 4 种类型，如表 13-1 所示。

表 13-1　事务类型

类　　型	含　　义
自动提交事务	每条单独语句都是一个事务
隐式事务	前一个事务完成时新事务隐式启动，每个事务仍以 COMMIT 或 ROLLBACK 语句显示结束

（续表）

类　型	含　义
显示事务	每个事务均以 BEGIN TRNSACTION 语句显示开始，以 COMMIT 或 ROLLBACK 语句显示结束
分布式事务	跨越多个服务器的事务

13.1.1　事务的原理

1. 事务的含义

事务要有非常明确的开始和结束点，SQL Server 中的每一条数据操作语句，例如 SELECT、INSERT、UPDATE 和 DELETE 都是隐式事务的一部分。即使只有一条语句，系统也会把这条语句当作一个事务，要么执行所有语句，要么什么都不执行。

事务开始之后，事务中所有的操作都会写到事务日志中。写到日志中的事务一般有两种：一是针对数据的操作，例如插入、修改和删除，这些操作的对象是大量的数据；另一种是针对任务的操作，例如创建索引。当取消这些事务操作时，系统自动执行这种操作的反操作，保证系统的一致性。系统自动生成一个检查点机制，这个检查点周期地检查事务日志。如果在事务日志中，事务全部完成，那么检查点事务日志中的事务提交到数据库中，并且在事务日志中做一个检查点提交标识；如果在事务日志中事务没有完成，那么检查点不会将事务日志中的事务提交到数据库中，并且在事务日志中做一个检查点未提交的标识。事务的恢复及检查点保证了系统的完整和可恢复。

2. 事务属性

事务是作为单个逻辑工作单元执行的一系列操作。一个逻辑工作单元必须有 4 个属性，称为原子性（Atomic）、一致性（Consistent）、隔离性（Isolated）和持久性（Durable），简称 ACID 属性，只有这样才能构成一个事务。

- 原子性：事务必须是原子工作单元；对于其数据修改，要么全都执行，要么全都不执行。
- 一致性：事务在完成时，必须是所有的数据都保持一致状态。在相关数据库中，所有规则都必须应用于事务的修改，以保持所有数据的完整性。事务结束时，所有的内部数据结构都必须是正确的。
- 隔离性：由并发事务所做的修改必须与任何其他并发事务所做的修改隔离。事务识别数据时数据所处的状态，要么是另一并发事务修改它之前的状态，要么是第二个事务修改它之后的状态，事务不会识别中间状态的数据。这称为可串行性，因为它能够重新装载起始数据，并且重播一系列事务，以使数据结束时的状态与原始事务执行的状态相同。
- 持久性：事务完成之后，它对于系统的影响是永久性的。该修改即使出现系统故障也将一直保持。

3. 建立事务应遵循的原则

- 事务中不能包含以下语句：ALTER DATABASE、 DROP DATABASE 、ALTER FULLTEXT CATALOG、DROP FULLTEXT CATALOG、ALTER FULLTEXT INDEX、DROP FULLTEXT INDEX、BACKUP、RECONFIGURE、CREATE DATABASE、RESTORE、CREATE FULLTEXT CATALOG、UPDATE STATISTICS、CREATE FULLTEXT INDEX。

- 当调用远程服务器上的存储过程时，不能使用 ROLLBACK TRANSACTION 语句，不可执行回滚操作。

- SQL Server 不允许在事务内使用存储过程建立临时表。

13.1.2　事务管理的常用语句

SQL Server 中常用的事务管理语句包含如下几条：

- BEGIN TRANSACTION：建立一个事务。
- COMMIT TRANSACTION：提交事务。
- ROLLBACK TRANSACTION：事务失败时执行回滚操作。
- SAVE TRANSACTION：保存事务。

> BEGIN TRANSACTION 和 COMMIT TRANSACTION 同时使用，用来标识事务的开始和结束。

13.1.3　事务的隔离级别

事务具有隔离性，不同事务中所使用的时间必须要和其他事务进行隔离，在同一时间可以有很多个事务正在处理数据，但是每个数据在同一时刻只能有一个事务进行操作。如果将数据锁定，使用数据的事务就必须要排队等待，可以防止多个事务互相影响。但是如果有几个事务因为锁定了自己的数据，同时又在等待其他事务释放数据，则造成死锁。

为了提高数据的并发使用效率，可以为事务在读取数据时设置隔离状态，SQL Server 2017 中事务的隔离状态由低到高可以分为 5 个级别。

- READ UNCOMMITTED 级别：该级别不隔离数据，即使事务正在使用数据，其他事务也能同时修改或删除该数据。在 READ UNCOMMITTED 级别运行的事务，不会发出共享锁来防止其他事务修改当前事务读取的数据。

- READ COMMITTED 级别：指定语句不能读取已由其他事务修改但尚未提交的数据。这样可以避免脏读。其他事务可以在当前事务的各个语句之间更改数据，从而产生不可重复读取和幻象数据。在 READ COMMITTED 事务中读取的数据随时都可能被修改，但已经修改过的数据事务会一直被锁定，直到事务结束为止。该选项是 SQL Server 的默认设置。

- REPEATABLE READ 级别：指定语句不能读取已由其他事务修改但尚未提交的行，并且指定，其他任何事务都不能在当前事务完成之前修改由当前事务读取的数据。该

事务中的每个语句所读取的全部数据都设置了共享锁，并且该共享锁一直保持到事务
完成为止。这样可以防止其他事务修改当前事务读取的任何行。

- SNAPSHOT 级别：指定事务中任何语句读取的数据都将是在事务开始时便存在的数据
  事务上一致的版本。事务只能识别在其开始之前提交的数据修改。在当前事务中执行
  的语句将看不到在当前事务开始以后由其他事务所做的数据修改。其效果就好像事务
  中的语句获得了已提交数据的快照，因为该数据在事务开始时就存在。

除非正在恢复数据库，否则 SNAPSHOT 事务不会在读取数据时请求锁。读取数据的
SNAPSHOT 事务不会阻止其他事务写入数据。写入数据的事务也不会阻止 SNAPSHOT 事务
读取数据。

SERIALIZABLE 级别：将事务所要用到的时间全部锁定，不允许其他事务添加、修改和
删除数据，使用该等级的事务并发性最低，要读取同一数据的事务必须排队等待。

可以使用 SET 语句更改事务的隔离级别，其语法格式如下：

```
SET TRANSACTION ISOLATION LEVEL
{
 READ UNCOMMITTED
| READ COMMITTED
| REPEATABLE READ
| SNAPSHOT
| SERIALIZABLE
}[ ; ]
```

13.1.4 事务的应用实例

下面给出一个事务的应用实例。

【例 13.1】限定 stu_info 表中最多只能插入 10 条学
生记录，如果表中插入人数大于 10 人，插入失败，操
作过程如下：

首先，为了对比执行前后的结果，先查看 stu_info
表中当前的记录，查询语句如下：

```
USE test_db
GO
SELECT * FROM stu_info;
```

语句执行后的结果如图 13-1 所示。

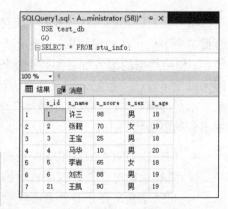

图 13-1 执行事务之前 stu_info 表中记录

可以看到当前表中有 7 条记录，接下来输入下面的语句。

```
USE test_db;
GO
BEGIN TRANSACTION
INSERT INTO stu_info VALUES(22,'路飞',80,'男',18);
INSERT INTO stu_info VALUES(23,'张露',85,'女',18);
```

```
INSERT INTO stu_info VALUES(24,'魏波',70,'男',19);
INSERT INTO stu_info VALUES(25,'李婷',74,'女',18);
DECLARE @studentCount INT
SELECT @studentCount=(SELECT COUNT(*) FROM stu_info)
IF @studentCount > 10
    BEGIN
        ROLLBACK TRANSACTION
        PRINT '插入人数太多，插入失败！'
    END
ELSE
    BEGIN
        COMMIT TRANSACTION
        PRINT '插入成功！'
    END
```

该段代码中使用 BEGIN TRANSACTION 定义事务的开始，向 stu_info 表中插入 4 条记录，插入完成之后，判断 stu_info 表中总的记录数，如果学生人数大于 10，则插入失败，并使用 ROLLBACK TRANSACTION 撤销所有的操作；如果学生人数小于等于 10，则提交事务，将所有新的学生记录插入到 stu_info 表中。

输入完成后单击【执行】按钮，运行结果如图 13-2 所示。

可以看到因为 stu_info 表中原来已经有 7 条记录，插入 4 条记录之后，总的学生人数为 11 人，大于这里定义的人数上限 10，所以插入操作失败，事务回滚了所有的操作。

执行完事务之后，再次查询 stu_info 表中的内容，验证事务执行结果，运行结果如图 13-3 所示。

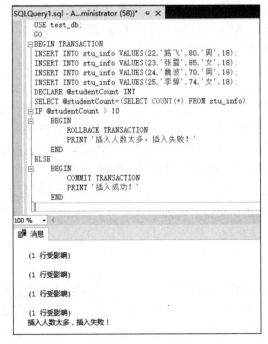

图 13-2　使用事务　　　　　　　　　　图 13-3　执行事务之后 stu_info 表中的记录

291

可以看到执行事务前后表中内容没有变化，这是因为事务撤销了对表的插入操作，可以修改插入的记录数小于 4 条，这样就能成功地插入数据。读者可以亲自操作一下，深刻体会事务的运行过程。

13.2 锁的应用

SQL Server 支持多用户共享同一数据库，但是当多个用户对同一个数据库进行修改时，会产生并发问题，使用锁可以解决用户存取数据的这个问题，从而保证数据库的完整性和一致性。对于一般的用户，通过系统的自动锁管理机制基本可以满足使用要求。如果对数据安全、数据库完整性和一致性有特殊要求，则需要亲自控制数据库的锁和解锁，这就需要了解 SQL Server 的锁机制，掌握锁的使用方法。

13.2.1 锁的内涵与作用

数据库中数据的并发操作经常发生，而对数据的并发操作会带来下面一些问题：脏读、幻读、非重复性读取、丢失更新。

1. 脏读

当一个事务读取的记录是另一个事务的一部分时，如果第一个事务正常完成，就没有什么问题；如果此时另一个事务未完成，就产生了脏读。例如，员工表中编号为 1001 的员工工资为 1740，如果事务 1 将工资修改为 1900，但还没有提交确认；此时事务 2 读取员工的工资为 1900；事务 1 中的操作因为某种原因执行了 ROLLBACK 回滚，取消了对员工工资的修改，但事务 2 已经把编号为 1001 的员工的数据读走了。此时就发生了脏读。

2. 幻读

当某一数据行执行 INSERT 或 DELETE 操作，而该数据行恰好属于某个事务正在读取的范围时，就会发生幻读现象。例如，现在要对员工涨工资，将所有低于 1700 的工资都涨到新的 1900，事务 1 使用 UPDATE 语句进行更新操作，事务 2 同时读取这一批数据，但是在其中插入了几条工资小于 1900 的记录，此时事务 1 如果查看数据表中的数据，就会发现自己 UPDATE 之后还有工资小于 1900 的记录！幻读事件是在某个凑巧的环境下发生的，简而言之，它是在运行 UPDATE 语句的同时有人执行了 INSERT 操作。因为插入了一个新记录行，所以没有被锁定，并且能正常运行。

3. 非重复性读取

如果一个事务不止一次地读取相同的记录，但在两次读取中间有另一个事务刚好修改了数据，则两次读取的数据将出现差异，此时就发生了非重复性读取。例如，事务 1 和事务 2 都读取一条工资为 2310 的数据行，如果事务 1 将记录中的工资修改为 2500 并提交，则事务 2 使用的员工的工资仍为 2310。

4. 丢失更新

一个事务更新了数据库之后，另一个事务再次对数据库更新，此时系统只能保留最后一个数据的修改。

例如，对一个员工表进行修改，事务 1 将员工表中编号为 1001 的员工工资修改为 1900，之后事务 2 又把该员工的工资更改为 3000，那么最后员工的工资为 3000，导致事务 1 的修改丢失。

使用锁将可以实现并发控制，能够保证多个用户同时操作同一数据库中的数据而不发生上述数据不一致的现象。

13.2.2 可锁定资源与锁的类型

1. 可锁定资源

使用 SQL Server 2017 中的锁机制可以锁定不同类型的资源，即具有多粒度锁，为了使锁的成本降至最低，SQL Server 会自动将资源锁定在合适的层次，锁的层次越高，它的粒度就越粗。锁定在较高的层次，例如表，就限制了其他事务对表中任意部分进行访问，但需要的资源较少，因为需要维护的锁较少；锁定在较小的层次，例如行，可以增加并发但需要较大的开销，因为锁定了许多行，需要控制更多的锁。对于 SQL Server 来说，可以根据粒度大小分为 6 种可锁定的资源，这些资源由粗到细分别是：

- 数据库：锁定整个数据库，这是一种最高层次的锁，使用数据库锁将禁止任何事务或者用户对当前数据库的访问。
- 表：锁定整个数据表，包括实际的数据行和与该表相关联的所有索引中的键。其他任何事务在同一时刻都不能访问表中的任何数据。表锁定的特点是占用较少的系统资源，但是数据资源占用量较大。
- 区段页：一组连续的 8 个数据页，例如数据页或索引页。区段锁可以锁定控制区段内的 8 个数据或索引页以及在这 8 页中的所有数据行。
- 页：锁定该页中的所有数据或索引键。在事务处理过程中，不管事务处理数据量的大小，每一次都锁定一页，在这个页上的数据不能被其他事务占用。使用页层次锁时，即使一个事务只处理一个页上的一行数据，该页上的其他数据行也不能被其他事务使用。
- 键：索引中的特定键或一系列键上的锁，相同索引页中的其他键不受影响。
- 行：SQL Server 2017 中可以锁定的最小对象空间。行锁可以在事务处理数据过程中锁定单行或多行数据。行锁占用资源较少，因而在事务处理过程中，其他事务可以继续处理同一个表或同一个页的其他数据，极大地降低了其他事务等待处理所需要的时间，提高了系统的并发性。

2. 锁的类型

SQL Server 2017 中提供了多种锁模式，在这些类型的锁中，有些类型的锁之间可以兼容，有些类型的锁之间是不可以兼容的。锁模式决定了并发事务访问资源的方式。下面将介绍几种常用锁类型。

- 更新锁：一般用于可更新的资源，可以防止多个会话在读取、锁定以及可能进行的资源更新时出现死锁的情况。当一个事务查询数据以便进行修改时，可以对数据项施加更新锁，如果事务修改资源，则更新锁会转化成排他锁，否则会转换成共享锁。一次只有一个事务可以获得资源上的更新锁，允许其他事务对资源的共享访问，但阻止排他式的访问。
- 排他锁：用于数据修改操作，例如 INSERT、UPDATE 或 DELETE。确保不会同时对同一资源进行多重更新。
- 共享锁：用于读取数据操作，允许多个事务读取相同的数据，但不允许其他事务修改当前数据，如 SELECT 语句。当多个事务读取一个资源时，资源上存在共享锁，任何其他事务都不能修改数据，除非将事务隔离级别设置为可重复读或者更高的级别，或者在事务生存周期内用锁定提示对共享锁进行保留，一旦数据完成读取，资源上的共享锁立即得以释放。
- 键范围锁：可防止幻读。通过保护行之间键的范围，还可以防止对事务访问的记录集进行幻象插入或删除。
- 架构锁：执行表的数据定义操作时使用架构修改锁，在架构修改锁起作用的期间，会防止对表的并发访问。这意味着在释放架构修改锁之前，该锁之外的所有操作都将被阻止。

13.2.3　死锁的原因

在两个或多个任务中，如果每个任务锁定了其他任务试图锁定的资源，会造成这些任务永久阻塞，从而出现死锁。此时系统处于死锁状态。

1. 死锁的原因

在多用户环境下，死锁的发生是由于两个事务都锁定了不同的资源而又都在申请对方锁定的资源，即一组进程中的各个进程均占有不会释放的资源，但因互相申请其他进程占用的不会释放的资源而处于一种永久等待的状态。形成死锁有 4 个必要条件：

- 请求与保持条件：获取资源的进程可以同时申请新的资源。
- 非剥夺条件：已经分配的资源不能从该进程中剥夺。
- 循环等待条件：多个进程构成环路，并且其中每个进程都在等待相邻进程正占用的资源。
- 互斥条件：资源只能被一个进程使用。

2. 可能会造成死锁的资源

每个用户会话可能有一个或多个代表它运行的任务，其中每个任务可能获取或等待获取各种资源。以下类型的资源可能会造成阻塞，并最终导致死锁。

（1）锁。等待获取资源（如对象、页、行、元数据和应用程序）的锁可能导致死锁。例如，事务 T1 在行 r1 上有共享锁（S 锁）并等待获取行 r2 的排他锁（X 锁）。事务 T2 在行 r2 上有共享锁（S 锁）并等待获取行 r1 的排他锁（X 锁）。这将导致一个锁循环，其中，T1 和 T2 都等待对方释放已锁定的资源。

（2）工作线程。排队等待可用工作线程的任务可能导致死锁。如果排队等待的任务拥有阻塞所有工作线程的资源，则将导致死锁。例如，会话 S1 启动事务并获取行 r1 的共享锁（S 锁）后，进入睡眠状态；在所有可用工作线程上运行的活动会话正尝试获取行 r1 的排他锁（X 锁）；因为会话 S1 无法获取工作线程，所以无法提交事务并释放行 r1 的锁，这将导致死锁。

（3）内存。当并发请求等待获得内存，而当前的可用内存无法满足其需要时，可能发生死锁。例如，两个并发查询（Q1 和 Q2）作为用户定义函数执行，分别获取 10MB 和 20MB 的内存。如果每个查询还需要 30MB 而可用总内存为 20MB，则 Q1 和 Q2 必须等待对方释放内存，这将导致死锁。

（4）并行查询执行的相关资源。通常与交换端口关联的处理协调器、发生器或使用者线程至少包含一个不属于并行查询的进程时可能会相互阻塞，从而导致死锁。此外，当并行查询启动执行时，SQL Server 将根据当前的工作负荷确定并行度或工作线程数。如果系统工作负荷发生意外更改，例如，当新查询开始在服务器中运行或系统用完工作线程时则可能发生死锁。

3. 减少死锁的策略

复杂的系统中不可能百分之百地避免死锁，从实际出发为了减少死锁，可以采用以下策略：

- 在所有事务中以相同的次序使用资源。
- 使事务尽可能简短并且在一个批处理中。
- 为死锁超时参数设置一个合理范围，如 3~30 分钟；超时，则自动放弃本次操作，避免进程挂起。
- 避免在事务内和用户进行交互，减少资源的锁定时间。
- 使用较低的隔离级别，相比较高的隔离级别能够有效减少持有共享锁的时间，减少锁之间的竞争。
- 使用 Bound Connections。Bound Connections 允许两个或多个事务连接共享事务和锁，而且任何一个事务连接都要申请锁，如同另一个事务要申请锁一样，因此可以运行这些事务共享数据而不会有加锁冲突。
- 使用基于行版本控制的隔离级别。持快照事务隔离和指定 READ_COMMITTED 隔离级别的事务使用行版本控制，可以将读与写操作之间发生死锁的概率降至最低。SET ALLOW_SNAPSHOT_ISOLATION ON 事务可以指定 SNAPSHOT 事务隔离级别；SET READ_COMMITTED_SNAPSHOT ON 指定 READ_COMMITTED 隔离级别的事务将使用行版本控制而不是锁定。在默认情况下，SELECT 语句会对请求的资源加 S（共享）锁，而开启了此选项后，SELECT 不会对请求的资源加 S 锁。

13.2.4　锁的应用实例

锁的应用情况比较多，本节将对锁可能出现的几种情况进行具体的分析，使读者更加深刻地理解事务的使用。

1. 锁定行

【例 13.2】锁定 stu_info 表中 s_id=2 的学生记录，输入语句如下：

```
USE test_db;
GO
SET TRANSACTION ISOLATION LEVEL READ UNCOMMITTED
SELECT * FROM stu_info ROWLOCK WHERE s_id=2;
```

输入完成后单击【执行】按钮,执行结果如图 13-4 所示。

2. 锁定数据表

【例 13.3】锁定 stu_info 表中的记录,输入语句如下:

```
USE test_db;
GO
SELECT s_age FROM stu_info  TABLELOCKX  WHERE s_age=18;
```

输入完成后单击【执行】按钮,结果如图 13-5 所示。

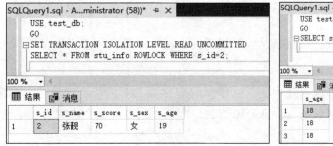

图 13-4　行锁

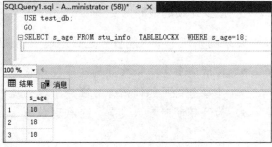

图 13-5　对数据表加锁

对表加锁后,其他用户将不能对该表进行访问。

3. 排他锁

【例 13.4】创建名称为 transaction1 和 transaction2 的事务,在 transaction1 事务上面添加排他锁,事务 1 执行 10s 之后才能执行 transaction2 事务,输入语句如下:

```
USE test_db;
GO
BEGIN TRAN transaction1
UPDATE stu_info SET s_score=88 WHERE s_name='许三' ;
WAITFOR DELAY '00:00:10';
COMMIT TRAN

BEGIN TRAN transaction2
SELECT * FROM stu_info WHERE s_name='许三';
COMMIT TRAN
```

输入完成后单击【执行】按钮,执行结果如图 13-6 所示。

transaction2 事务中的 SELECT 语句必须等待 transaction1 执行完毕 10s 之后才能执行。

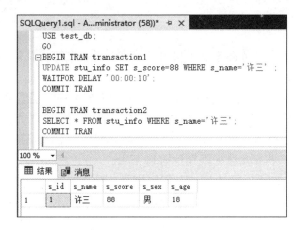

图 13-6　排他锁

4. 共享锁

【例 13.5】创建名称为 transaction1 和 transaction2 的事务，在 transaction1 事务上面添加共享锁，允许两个事务同时执行查询操作，如果第二个事务要执行更新操作，必须等待 10s，输入语句如下：

```sql
USE test_db;
GO
BEGIN TRAN transaction1
SELECT s_score,s_sex,s_age FROM stu_info WITH(HOLDLOCK) WHERE s_name='许三';
WAITFOR DELAY '00:00:10';
COMMIT TRAN

BEGIN TRAN transaction2
SELECT * FROM stu_info  WHERE s_name='许三';
COMMIT TRAN
```

输入完成后单击【执行】按钮，执行结果如图 13-7 所示。

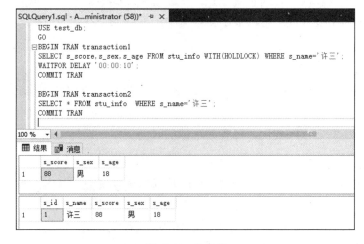

图 13-7　共享锁

5. 死锁

死锁的造成是因为多个任务都锁定了自己的资源，而又在等待其他事务释放资源，由此造成资源的竞用而产生死锁。

例如，事务 A 与事务 B 是两个并发执行的事务，事务 A 锁定了表 A 的所有数据，同时请求使用表 B 里的数据，而事务 B 锁定了表 B 中的所有数据，同时请求使用表 A 中的数据。两个事务都在等待对方释放资源，而造成了一个死循环，即死锁。除非某一个外部程序来结束其中一个事务，否则这两个事务就会无限期地等待下去。

当发生死锁时，SQL Server 将选择一个死锁牺牲，对死锁牺牲的事务进行回滚，另一个事务将继续正常运行。默认情况下，SQL Server 将会选择回滚代价最低的事务牺牲掉。

随着应用系统复杂性的提高，不可能百分之百地避免死锁，但是采取一些相应的规则，可以有效地减少死锁：

（1）按同一顺序访问对象

如果所有并发事务按同一顺序访问对象，则发生死锁的可能性会降低。例如，两个并发事务先获取 suppliers 表上的锁，然后获取 fruits 表上的锁，则在其中一个事务完成之前，另一个事务将在 suppliers 表上被阻塞。当第一个事务提交或回滚之后，第二个事务将继续执行，这样就不会发生死锁。将存储过程用于所有数据修改可以使对象的访问顺序标准化。

（2）避免事务中的用户交互

避免编写包含用户交互的事务，因为没有用户干预的批处理的运行速度远快于用户必须手动响应查询时的速度（例如回复输入应用程序请求的参数的提示）。例如，如果事务正在等待用户输入，而用户去吃午餐甚至回家过周末了，则用户就耽误了事务的完成。这将降低系统的吞吐量，因为事务持有的任何锁只有在事务提交或回滚后才会释放。即使不出现死锁的情况，在占用资源的事务完成之前，访问同一资源的其他事务也会被阻塞。

（3）保持事务简短并处于一个批处理中

在同一数据库中并发执行多个需要长时间运行的事务时通常会发生死锁。事务的运行时间越长，它持有排他锁更新锁的时间也就越长，从而会阻塞其他活动并可能导致死锁。

保持事务处于一个批处理中可以最小化事务中的网络通信往返量，减少完成事务和释放锁可能遭遇的延迟。

（4）使用较低的隔离级别

确定事务是否能在较低的隔离级别上运行。实现已提交读允许事务读取另一个事务已读取（未修改）的数据，而不必等待第一个事务完成。使用较低的隔离级别（例如已提交读）比使用较高的隔离级别（例如可序列化）持有共享锁的时间更短，这样就减少了锁争用。

（5）使用基于行版本控制的隔离级别

如果将 READ_COMMITTED_SNAPSHOT 数据库选项设置为 ON，则在已提交读隔离级别下运行的事务在读操作期间将使用行版本控制而不是共享锁。

快照隔离也使用行版本控制，该级别在读操作期间不使用共享锁。必须将 ALLOW_SNAPSHOT_ISOLATION 数据库选项设置为 ON，事务才能在快照隔离下运行。

实现这些隔离级别可使得在读写操作之间发生死锁的可能性降至最低。

（6）使用绑定连接

使用绑定连接，同一应用程序打开的两个或多个连接可以相互合作。可以像主连接获取的锁那样持有次级连接获取的任何锁，反之亦然。这样它们就不会互相阻塞。

13.3 疑难解惑

1. 事务和锁在应用上的区别是什么？

事务将一段 T-SQL 语句作为一个单元来处理，这些操作要么全部成功，要么全部失败。事务包含 4 个特性：原子性、一致性、隔离性和持久性。事务的执行方式分为自动提交事务、显示事务、隐式事务和分布式事务。事务以"BEGIN TRAN"语句开始，并以"COMMIT TRAN"或 "ROLLBACK TRAN"语句结束。锁是另一个和事务紧密联系的概念，对于多用户系统，使用锁来保护指定的资源。在事务中使用锁，防止其他用户修改另外一个事务中还没有完成的事务中的数据。SQL Server 中有多种类型的锁，允许事务锁定不同的资源。

2. 事务和锁有什么关系？

SQL Server 2017 中可以使用多种机制来确保数据的完整性，例如约束、触发器以及本章介绍的事务和锁等。事务和锁的关系非常紧密。事务包含一系列的操作，这些操作要么全部成功，要么全部失败，通过事务机制管理多个事务，保证事务的一致性，事务中使用锁保护指定的资源，防止其他用户修改另外一个还没有完成的事务中的数据。

13.4 经典习题

1. 简述事务的原理。
2. 事务都有哪些类型？
3. 为什么会产生死锁？
4. 常用的锁类型有哪些？
5. 如何理解锁的相容性？

第 14 章
索引的创建和使用

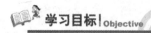 学习目标 | Objective

索引用于快速找出在某个列中有某一特定值的行。数据表越大，查询数据所花费的时间越多。如果表中查询的列有一个索引，数据库能快速到达一个位置去搜寻数据，而不必查看所有数据。本章将介绍与索引相关的内容，包括索引的含义和特点、索引的分类、索引的设计原则以及如何创建和删除索引。

 内容导航 | Navigation

- 了解索引的含义和特点
- 熟悉索引的分类
- 熟悉索引的设计原则
- 掌握创建索引的方法
- 掌握修改索引的方法
- 掌握删除索引的方法

14.1　什么是索引

索引是一个单独的、存储在磁盘上的数据库结构，它们包含着对数据表里所有记录的引用指针。

14.1.1　索引的作用

使用索引可以快速找出在某个或多个列中有某一特定值的行，对相关列使用索引是降低查询操作时间的最佳途径。索引包含由表或视图中的一列或多列生成的键。

例如，数据库中有 2 万条记录，现在要执行这样一个查询：SELECT * FROM table WHERE

num=10000。如果没有索引，必须遍历整个表，直到 num 等于 10000 的这一行被找到为止；如果在 num 列上创建索引，SQL Server 不需要任何扫描，直接在索引里面找 10000，就可以得知这一行的位置。可见，索引的建立可以加快数据的查询速度。

14.1.2　索引的优缺点

索引的优点主要有以下几条：

（1）通过创建唯一索引，可以保证数据库表中每一行数据的唯一性。

（2）可以大大加快数据的查询速度，这也是创建索引主要原因。

（3）实现数据的参照完整性，可以加速表和表之间的连接。

（4）在使用分组和排序子句进行数据查询时，也可以显著减少查询中分组和排序的时间。

增加索引也有许多不利的方面，主要表现在如下几个方面：

（1）创建索引和维护索引要耗费时间，并且随着数据量的增加所耗费的时间也会增加。

（2）索引需要占磁盘空间，除了数据表占数据空间之外，每一个索引还要占一定的物理空间，如果有大量的索引，索引文件可能比数据文件更快达到最大文件尺寸。

（3）当对表中的数据进行增加、删除和修改的时候，索引也要动态地维护，这样就降低了数据的维护速度。

14.1.3　索引的分类

不同数据库中提供了不同的索引类型。在 SQL Server 2017 中，根据物理数据存储方式的不同，可以将索引分为两种：聚集索引和非聚集索引。

1. 聚集索引

聚集索引基于数据行的键值，在表内排序和存储这些数据行。每个表只能有一个聚集索引，因为数据行本身只能按一个顺序存储。创建聚集索引时应该考虑以下几个因素：

（1）每个表只能有一个聚集索引。

（2）表中的物理顺序和索引中行的物理顺序是相同的，创建任何非聚集索引之前要首先创建聚集索引，这是因为非聚集索引改变了表中行的物理顺序。

（3）关键值的唯一性使用 UNIQUE 关键字或者由内部的唯一标识符明确维护。

（4）在索引的创建过程中，SQL Server 临时使用当前数据库的磁盘空间，所以要保证有足够的空间创建聚集索引。

2. 非聚集索引

非聚集索引具有完全独立于数据行的结构，使用非聚集索引不用将物理数据页中的数据按列排序，非聚集索引包含索引键值和指向表数据存储位置的行定位器。

用户可以对表或索引视图创建多个非聚集索引。通常，设计非聚集索引是为了改善经常使用的、没有建立聚集索引的查询性能。

查询优化器在搜索数据值时,先搜索非聚集索引以找到数据值在表中的位置,然后直接从该位置检索数据。这使得非聚集索引成为完全匹配查询的最佳选择,因为索引中包含所搜索的数据值在表中的精确位置的项。

具有以下特点的查询可以考虑使用非聚集索引:

(1)使用 JOIN 或 GROUP BY 子句。应为连接和分组操作中所涉及的列创建多个非聚集索引,为任何外键列创建一个聚集索引。

(2)包含大量唯一值的字段。

(3)不返回大型结果集的查询。创建筛选索引,以覆盖从大型表中返回定义完善的行子集的查询。

(4)经常包含在查询的搜索条件(如返回完全匹配的 WHERE 子句)中的列。

3. 其他索引

除了聚集索引和非聚集索引之外,SQL Server 2017 中还提供了其他的索引类型。下面分别进行介绍:

- 唯一索引:确保索引键不包含重复的值,因此,表或视图中的每一行在某种程度上是唯一的。聚集索引和非聚集索引都可以是唯一索引。这种唯一性与前面讲过的主键约束是相关联的,在某种程度上,主键约束等于唯一性的聚集索引。
- 包含列索引:一种非聚集索引,它扩展后不仅包含键列,还包含非键列。
- 索引视图:在视图上添加索引后能提高视图的查询效率。视图的索引将具体化视图,并将结果集永久存储在唯一的聚集索引中,而且其存储方法与带聚集索引的表的存储方法相同。创建聚集索引后,可以为视图添加非聚集索引。
- 全文索引:一种特殊类型的基于标记的功能性索引,由 Microsoft SQL Server 全文引擎生成和维护,用于帮助在字符串数据中搜索复杂的词。这种索引的结构与数据库引擎使用的聚集索引或非聚集索引的 B 树结构是不同的。
- 空间索引:一种针对 geometry 数据类型的列上建立的索引,这样可以更高效地对列中的空间对象执行某些操作。空间索引可以减少需要应用开销相对较大的空间操作的对象数。
- 筛选索引:一种经过优化的非聚集索引,尤其适用于涵盖从定义完善的数据子集中选择数据的查询。筛选索引使用筛选谓词对表中的部分行进行索引。与全表索引相比,设计良好的筛选索引可以提高查询性能、减少索引维护开销并可降低索引存储开销。
- XML 索引:与 XML 数据关联的索引形式,是 XML 二进制大对象(BLOB)的已拆分持久表示形式。XML 索引又可以分为主索引和辅助索引。

14.1.4　索引的设计准则

索引设计不合理或者缺少索引都会对数据库和应用程序的性能造成障碍。高效的索引对于获得良好的性能非常重要。设计索引时,应该考虑以下准则:

（1）索引并非越多越好，一个表中如果有大量的索引，不但占用大量的磁盘空间，而且会影响 INSERT、DELETE、UPDATE 等语句的性能。因为当表中数据更改的同时，索引也会进行调整和更新。

（2）避免对经常更新的表进行过多的索引，并且索引中的列尽可能少。对经常用于查询的字段应该创建索引，但要避免添加不必要的字段。

（3）数据量小的表最好不要使用索引，由于数据较少，查询花费的时间可能比遍历索引的时间还要短，索引可能不会产生优化效果。

（4）在条件表达式中经常用到的、不同值较多的列上建立索引，在不同值少的列上不要建立索引。比如在学生表的【性别】字段上只有【男】与【女】两个不同值，因此就无须建立索引。如果建立索引，不但不会提高查询效率，反而会严重降低更新速度。

（5）当唯一性是某种数据本身的特征时，指定唯一索引。使用唯一索引能够确保定义的列的数据完整性，提高查询速度。

（6）在频繁进行排序或分组（进行 GROUP BY 或 ORDER BY 操作）的列上建立索引，如果待排序的列有多个，可以在这些列上建立组合索引。

14.2　创建索引

创建索引是使用索引的第一步。索引有聚集索引与非聚集索引两种，因此在创建索引前要弄清楚要创建的是哪种类型的索引。

14.2.1　创建索引的语法

使用 CREATE INDEX 命令既可以创建一个可改变表的物理顺序的聚集索引，也可以创建提高查询性能的非聚集索引，语法结构如下：

```
CREATE [UNIQUE] [CLUSTERED | NONCLUSTERED]
INDEX index_name ON {table | view}(column[ASC | DESC][,...n])
[ INCLUDE ( column_name [ ,...n ] ) ]
[with
(
 PAD_INDEX = { ON | OFF }
 | FILLFACTOR = fillfactor
 | SORT_IN_TEMPDB = { ON | OFF }
 | IGNORE_DUP_KEY = { ON | OFF }
 | STATISTICS_NORECOMPUTE = { ON | OFF }
 | DROP_EXISTING = { ON | OFF }
 | ONLINE = { ON | OFF }
 | ALLOW_ROW_LOCKS = { ON | OFF }
 | ALLOW_PAGE_LOCKS = { ON | OFF }
```

```
    | MAXDOP = max_degree_of_parallelism
) [...n]
```

主要参数介绍如下：

- UNIQUE：表示在表或视图上创建唯一索引。唯一索引不允许两行具有相同的索引键值。视图的聚集索引必须唯一。

- CLUSTERED：表示创建聚集索引。在创建任何非聚集索引之前创建聚集索引。创建聚集索引时会重新生成表中现有的非聚集索引。如果没有指定 CLUSTERED，则创建非聚集索引。

- NONCLUSTERED：表示创建一个非聚集索引，非聚集索引数据行的物理排序独立于索引排序。每个表都最多可包含 999 个非聚集索引。NONCLUSTERED 是 CREATE INDEX 语句的默认值。

- index_name：指定索引的名称。索引名称在表或视图中必须唯一，但在数据库中不必唯一。

- ON {table| view}：指定索引所属的表或视图。

- Column：指定索引基于的一列或多列。指定两个或多个列名，可为指定列的组合值创建组合索引。在 {table| view} 后的括号中，按排序优先级列出组合索引中要包括的列。一个组合索引键中最多可组合 16 列。组合索引键中的所有列必须在同一个表或视图中。

- [ASC | DESC]：指定特定索引列的升序或降序排序方向，默认值为 ASC。

- INCLUDE (column [,...n])：指定要添加到非聚集索引的叶级别的非键列。

- PAD_INDEX：表示指定索引填充，默认值为 OFF。ON 值表示 fillfactor 指定的可用空间百分比应用于索引的中间级页。

- FILLFACTOR = fillfactor：指定一个百分比，表示在索引创建或重新生成过程中数据库引擎应使每个索引页的叶级别达到的填充程度。fillfactor 必须为介于 1 至 100 之间的整数值，默认值为 0。

- SORT_IN_TEMPDB：指定是否在 tempdb 中存储临时排序结果，默认值为 OFF。ON 值表示在 "tempdb:" 中存储用于生成索引的中间排序结果。OFF 表示中间排序结果与索引存储在同一数据库中。

- IGNORE_DUP_KEY：指定对唯一聚集索引或唯一非聚集索引执行多行插入操作时出现重复键值的错误响应，默认值为 OFF。ON 表示发出一条警告信息，但只有违反了唯一索引的行才会失败。OFF 表示发出错误消息，并回滚整个 INSERT 事务。

- STATISTICS_NORECOMPUTE：指定是否重新计算分发统计信息，默认值为 OFF。ON 表示不会自动重新计算过时的统计信息。OFF 表示启用统计信息自动更新功能。

- DROP_EXISTING：指定应删除并重新生成已命名的先前存在的聚集或非聚集索引，默认值为 OFF。ON 表示删除并重新生成现有索引。指定的索引名称必须与当前的现有索引相同；但可以修改索引定义。例如，可以指定不同的列、排序顺序、分区方案或索引选项。OFF 表示如果指定的索引名已存在，则会显示一条错误。

- ONLINE = { ON | OFF }：指定在索引操作期间，基础表和关联的索引是否可用于查询和数据修改操作，默认值为 OFF。

- ALLOW_ROW_LOCKS：指定是否允许行锁，默认值为 ON。ON 表示在访问索引时允许行锁。数据库引擎确定何时使用行锁。OFF 表示未使用行锁。
- ALLOW_PAGE_LOCKS：指定是否允许页锁，默认值为 ON。ON 表示在访问索引时允许页锁。数据库引擎确定何时使用页锁。OFF 表示未使用页锁。
- MAXDOP：指定在索引操作期间，覆盖【最大并行度】配置选项。使用 MAXDOP 可以限制在执行并行计划的过程中使用的处理器数量，最大数量为 64 个。

14.2.2　创建聚集索引

聚集索引几乎在每张数据表中都存在，如果一张数据表中添加了主键，那么系统就会认为主键列就是聚集索引列。为了更好地理解索引的使用，下面在 newdb 数据库中创建数据表 authors，T-SQL 语句如下：

```
CREATE TABLE authors(
    auth_id     int IDENTITY(1,1) NOT NULL,
    auth_name   varchar(20) NOT NULL,
    auth_gender  tinyint NOT NULL,
    auth_phone  varchar(15) NULL,
    auth_note   varchar(100) NULL
) ;
```

在【查询编辑器】窗口中输入创建数据表的 T-SQL 语句，然后执行语句，即可完成数据表的创建，如图 14-1 所示。

【例 14.1】在 authors 表中的 auth_phone 列上创建一个名称为 Idx_phone 的唯一聚集索引，降序排列，设置填充因子为 30%，T-SQL 语句如下：

```
CREATE UNIQUE CLUSTERED INDEX Idx_phone
ON authors(auth_phone DESC)
WITH
FILLFACTOR=30;
```

单击【执行】按钮，即可完成聚集索引的创建，并在【消息】窗格中显示"命令已成功完成"，如图 14-2 所示。

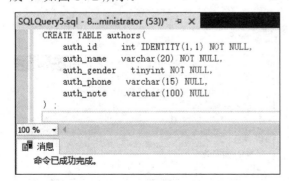

图 14-1　authors 表

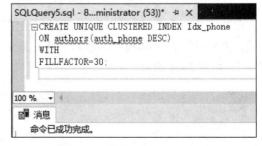

图 14-2　创建 Idx_phone 索引

14.2.3 创建非聚集索引

非聚集索引在一张数据表中可以存在多个。在创建非聚集索引时,可以不将其列设置成唯一索引,也可以将其列设置为唯一索引。

【例 14.2】在 authors 表中的 auth_name 和 auth_gender 列上创建一个名称为 Idx_nameAndgender 的唯一非聚集组合索引,升序排列,设置填充因子为 10%,输入语句如下:

```
CREATE UNIQUE NONCLUSTERED INDEX Idx_nameAndgender
ON authors(auth_name, auth_gender)
WITH
FILLFACTOR=10;
```

单击【执行】按钮,即可完成非聚集索引的创建,并在【消息】窗格中显示"命令已成功完成",如图 14-3 所示。

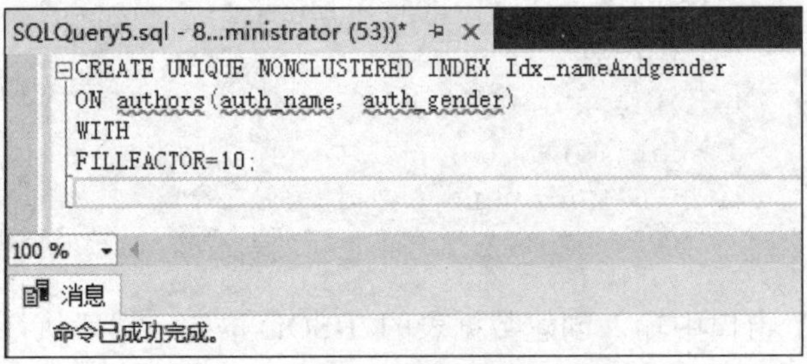

图 14-3 创建 Idx_nameAndgender 索引

14.2.4 创建复合索引

复合索引是指在一张表中创建索引时,索引列可以由多列组成,有时也被称为组合索引。创建复合索引的方法就是将索引列的括号中放置多个列名,并且每个列名之间用逗号隔开。另外,复合索引既可以是聚集索引也可以是非聚集索引。

【例 14.3】在 authors 表中的 auth_name 和 auth_phone 列上创建一个名称为 Idx_nameAndphone 的复合索引,T-SQL 语句如下:

```
CREATE NONCLUSTERED INDEX Idx_nameAndphone
ON authors(auth_name, auth_phone);
```

单击【执行】按钮,即可完成复合索引的创建,并在【消息】窗格中显示"命令已成功完成",如图 14-4 所示。

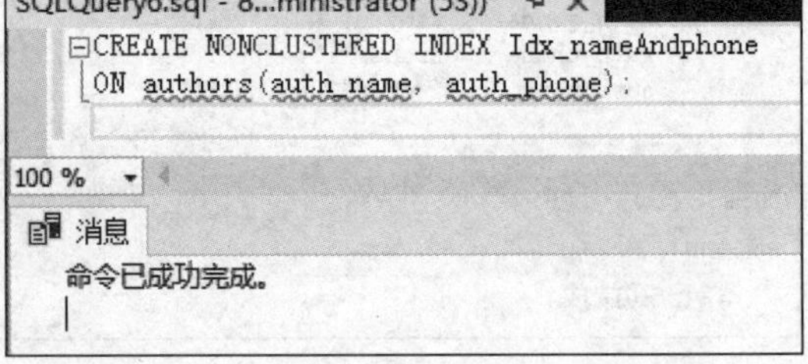

图 14-4 创建 Idx_nameAndphone 索引

14.3　修改索引

索引创建之后可以根据需要对数据库中的索引进行修改，如禁用索引、重新生成索引、修改索引名称等。

14.3.1　修改索引的语法

修改索引的语法格式与创建索引的语法格式不同，修改索引的语法格式如下：

```
ALTER INDEX index_name
ON
{
[database_name].table_or_view_name
}
{ [REBUILD]
[WITH (<rebuild_index_option>[,…n])]
[DISABLE]
[REORGANIZE]
    [PARTITION=PARTITION_number]
}
```

主要参数介绍如下：

- index_name：索引的名称。
- database_name：数据库的名称。
- table_or_view_name：表或视图的名称。
- REBUILD：使用相同的规则生成索引。
- DISABLE：将索引禁用。
- REORGANIZE：指定将重新组织的索引。

14.3.2　禁用启用索引

在一张数据表中如果创建多个索引就会造成空间的浪费。因此，有时需要将一些没有必要的索引禁用，当需要时可以再启用。

【例 14.4】在 authors 表中禁用名称为 Idx_nameAndphone 的索引，T-SQL 语句如下：

```
USE newdb
ALTER INDEX Idx_nameAndphone
ON authors
DISABLE;
```

单击【执行】按钮，即可完成索引的禁用，并在【消息】窗格中显示"命令已成功完成"，如图 14-5 所示。

当用户需要使用禁用的索引时，可以使用启用的语句启用该索引。启用该索引时，只需要将禁用索引语句中的"DISABLE"修改为"ENABLE"。

索引禁用完成后，用户可以通过视图 sys.indexes 来查询数据表中索引的禁用情况，由于在 sys.indexes 视图中的列数众多，为了让读者可以一目了然地看到结果，可以只查询其中的索引名称列（name）和索引是否禁用列（is_disabled）。T-SQL 语句如下：

```
SELECT name, is_disabled FROM sys.indexes;
```

单击【执行】按钮，就可以查询到索引是否被禁用了，并在【消息】窗格中显示禁用情况，如图 14-6 所示。

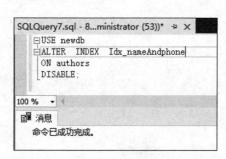

图 14-5 禁用索引

图 14-6 查询禁用索引的情况

从返回到结果中可以看出，如果索引的 is_disabled 列的值为 1，则表示该索引被禁用；如果 is_disabled 列的值为 0，就代表该索引是启用的。

14.3.3 重新生成索引

重新生成索引是指将原来的索引删除再创建一个新的索引。重新生成索引的好处是可以减少获取所请求数据所需的页读取数，以便提高磁盘性能。重新生成索引是使用修改索引语法中的 REBUILD 关键字来实现的。

【例 14.5】在 authors 表中，重新生成名称为 Idx_nameAndphone 的索引，T-SQL 语句如下：

```
USE newdb
ALTER  INDEX  Idx_nameAndphone
ON authors
REBUILD;
```

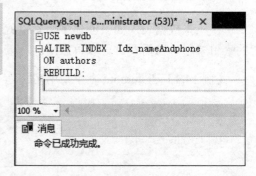

单击【执行】按钮，即可完成索引的重新生成，并在【消息】窗格中显示命令已成功完成，如图 14-7 所示。

图 14-7 重新生成索引

14.3.4　修改索引的名称

系统存储过程 sp_rename 可以用于修改索引的名称，其语法格式如下：

```
sp_rename 'object_name','new_name', 'object_type'
```

主要参数介绍如下：

- object_name: 用户对象或数据类型的当前限定或非限定名称。此对象可以是表、索引、列、别名数据类型或用户定义类型。
- new_name: 指定对象的新名称。
- object_type: 指定修改的对象类型，如表 14-1 所示。

表 14-1　sp_rename 函数可重命名的对象

值	说　明
COLUMN	要重命名的列
DATABASE	用户定义数据库。重命名数据库时需要此对象类型
INDEX	用户定义索引
OBJECT	可用于重命名约束（CHECK、FOREIGN KEY、PRIMARY/UNIQUE KEY）、用户表和规则等对象
USERDATATYPE	通过执行 CREATE TYPE 或 sp_addtype，添加别名数据类型或 CLR 用户定义类型

【例 14.6】将 authors 表中的索引名称 idx_nameAndgender 更改为 multi_index，输入语句如下：

```
sp_rename 'authors.idx_nameAndgender', 'multi_index','index' ;
```

单击【执行】按钮，即可完成索引的重命名操作，如图 14-8 所示。语句执行之后，刷新索引节点下的索引列表，即可看到修改名称后的效果，如图 14-9 所示。

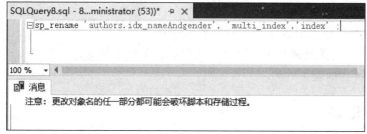

图 14-8　修改索引的名称

图 14-9　查看索引的新名称

14.4　查看索引

为了提高系统的性能，必须对索引进行维护管理，这些管理包括显示索引信息、索引的性能分析和维护等。

14.4.1　查看数据表中的索引

索引创建完毕后，如何使用语句查看该表创建的索引呢？很简单，使用系统存储过程 SP_HELPINDEX 就可以查看了，语法格式如下：

```
sp_helpindex [ @objname = ] 'name'
```

参数[@objname =]'name'为用户定义的表或视图的限定或非限定名称。仅当指定限定的表或视图名称时，才需要使用引号。如果提供了完全限定的名称，包括数据库名称，则该数据库名称必须是当前数据库的名称。

【例 14.7】查看数据表 authors 中创建的索引，T-SQL 语句如下：

```
SP_HELPINDEX 'authors';
```

单击【执行】按钮，即可完成索引的查看，并在【消息】窗格中显示创建的索引内容，如图 14-10 所示。

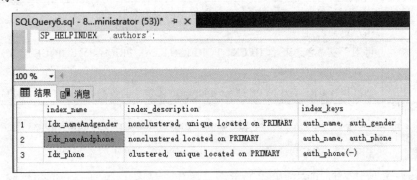

图 14-10　查看数据表中的索引

由执行结果可以看到，这里显示了 authors 表中的索引信息。

- Index_name: 指定索引名称，这里创建了 3 个不同名称的索引。
- Index_description: 包含索引的描述信息，例如唯一性索引、聚集索引等。
- Index_keys: 包含了索引所在的表中的列。

14.4.2　查看索引的统计信息

索引信息还包括统计信息，这些信息可以用来分析索引性能，更好地维护索引。索引统计信息是查询优化器用来分析和评估查询、制定最优查询方式的基础数据。用户可以使用 DBCC SHOW_STATISTICS 命令来返回指定表或视图中特定对象（对象可以是索引、列等）的统计信息。

【例 14.8】使用 DBCC SHOW_STATISTICS 命令来查看 authors 表中 Idx_phone 索引的统计信息，输入语句如下：

```
DBCC SHOW_STATISTICS ('newdb.dbo.authors', Idx_phone);
```

单击【执行】按钮，即可完成索引的查看，并在【消息】窗格中显示创建的索引内容，如图 14-11 所示。

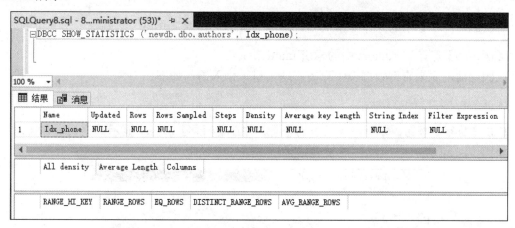

图 14-11　查看索引统计信息

返回的统计信息包含 3 个部分：统计标题信息、统计密度信息和统计直方信息。统计标题信息主要包括表中的行数、统计抽样行数、索引列的平均长度等。统计密度信息主要包括索引列前缀集选择性、平均长度等信息。统计直方图信息即为显示直方图时的信息。

14.5 删除索引

在数据表中创建索引既可以给数据库带来好处，也会造成数据库存储空间的浪费，因此当表中的索引不再需要时，就要将其及时删除。

14.5.1　删除索引的语法

使用 DROP 语句可以删除索引，具有的语法格式为：

```
DROP INDEX ' [table | view ].index' [,...n]
```

或者：

```
DROP INDEX 'index' ON '[ table | view ]'
```

主要参数介绍如下：

- [table | view]：用于指定索引列所在的表或视图。
- Index：用于指定要删除的索引名称。

注意，DROP INDEX 命令不能删除由 CREATE TABLE 或者 ALTER TABLE 命令创建的主键（PRIMARY KEY）或者唯一性（UNIQUE）约束索引，也不能删除系统表中的索引。

14.5.2 删除一个索引

一次删除一个索引的操作非常简单。下面通过一个实例来介绍一次删除一个索引的方法。

【例 14.9】删除表 authors 中的索引 multi_index。

在删除前，先来查询数据表中存在哪些索引，输入语句如下：

```
sp_helpindex 'authors'
```

单击【执行】按钮，即可完成索引的查看，并在【消息】窗格中显示数据表中存在 3 个索引，如图 14-12 所示。

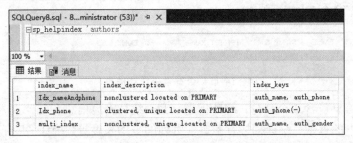

图 14-12 查看索引内容

删除表 authors 中的索引 multi_index，T-SQL 语句如下：

```
DROP INDEX authors. multi_index
```

单击【执行】按钮，即可完成索引的删除，并在【消息】窗格中显示"命令已成功完成"，如图 14-13 所示。

再来查询一下数据表中存在的索引内容，T-SQL 语句如下：

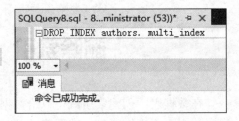

图 14-13 删除 authors 表中的索引

```
sp_helpindex 'authors'
```

单击【执行】按钮，即可完成索引的查看，并在【消息】窗格中显示数据表中存在 2 个索引，如图 14-14 所示。

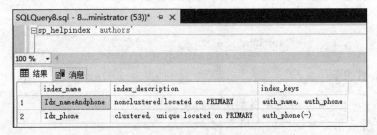

图 14-14 删除 multi_index 索引后查看索引

对比删除前后 authors 表中的索引信息，可以看到删除 multi_index 之后只剩下了 2 个索引。名称为 multi_index 的索引成功删除。

14.5.3 同时删除多个索引

如果需要同时删除多个索引,用户只需要将多个索引名依次放在 DROP INDEX 后面即可。

【例 14.10】删除表 authors 中的索引 Idx_nameAndphone 和 Idx_phone。T-SQL 语句如下:

```
DROP INDEX
Idx_nameAndphone ON dbo.authors, Idx_phone ON dbo.authors;
```

单击【执行】按钮,即可完成同时删除多个索引的操作,并在【消息】窗格中显示"命令已成功完成",如图 14-15 所示。

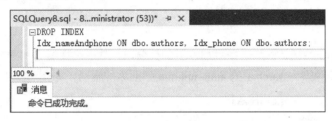

图 14-15 同时删除多个索引

14.6 在 SSMS 中管理索引

在 SSMS 中可以以界面方式管理索引,如创建索引、修改索引、删除索引以及查询索引信息等。

14.6.1 在 SSMS 中创建索引

创建索引的语法中有些关键字比较难记,如果用户对创建索引的语法不熟悉,就可以在 SSMS 中以界面方式来创建索引,具体操作步骤如下:

步骤01 连接到数据库实例 newdb 之后,在【对象资源管理器】窗口中打开【数据库】节点下面要创建索引的数据表节点,例如这里选择 authors 表,然后打开该节点下面的子节点【索引】,右击,在弹出的快捷菜单中选择【新建索引】→【非聚焦索引】菜单命令,如图 14-16 所示。

图 14-16 【新建索引】菜单命令

步骤02 打开【新建索引】窗口,在【常规】选项卡中可以配置索引的名称和是否是唯一索引等,如图 14-17 所示。

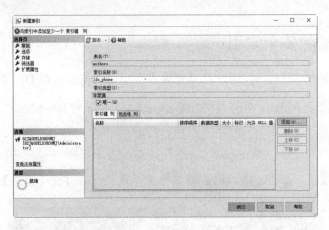

图 14-17 【新建索引】窗口

步骤 03 单击【添加】按钮，打开选择添加索引的列窗口，从中选择要添加索引的表中的列，这里
选择在数据类型为 varchar 的 auth_nphone 列上添加索引，如图 14-18 所示。

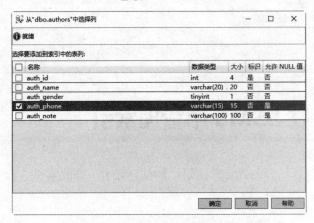

图 14-18 选择索引列

步骤 04 选择完之后，单击【确定】按钮，返回【新建索引】窗口，单击该窗口中的【确定】按钮，
返回对象资源管理器，如图 14-19 所示。

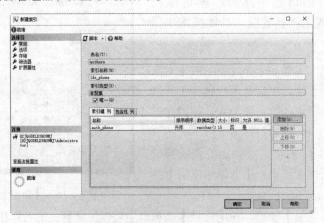

图 14-19 【新建索引】窗口

步骤 05 返回【对象资源管理器】窗口之后，可以在索引节点下面看到名称为 Idx_phone 的新索引，说明该索引创建成功，如图 14-20 所示。

图 14-20 创建非聚集索引成功

14.6.2 在 SSMS 中查看索引

索引创建成功之后，可以在 authors 表节点下的索引节点中双击某个索引（如名称为 Idx_phone 的索引），打开索引属性对话框，在其中可以查看索引的属性信息，如图 14-21 所示。

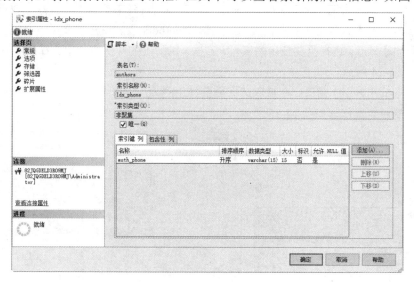

图 14-21 Idx_phone 索引的属性信息

除了查看索引属性信息外，还可以查看索引的统计信息，具体的方法为：在对象资源管理器中展开 authors 表中的【统计信息】节点，右击要查看统计信息的索引（例如 Idx_phone），在弹出的快捷菜单中选择【属性】菜单命令，如图 14-22 所示。

打开【统计信息属性】窗口，选择【选择页】中的【详细信息】选项，可以在右侧的窗格中看到当前索引的统计信息，如图 14-23 所示。

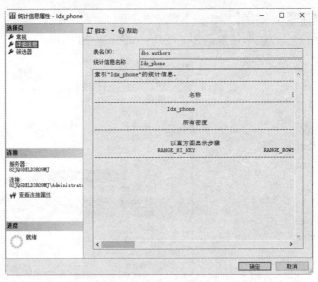

图 14-22　【属性】菜单命令　　　　　　　　　图 14-23　Idx_phone 的索引统计信息

14.6.3　在 SSMS 中修改索引

在 SSMS 中可以以界面方式修改索引，如禁用索引、重新生成索引、重命名索引等，具体操作步骤如下：

步骤01 连接到数据库实例 newdb 之后，在【对象资源管理器】窗口中，打开【数据库】节点下面要修改索引的数据表节点，例如这里选择 authors 表，打开该节点下面的子节点，展开【索引】节点，选择需要禁用的索引，右击，在弹出的快捷菜单中选择【禁用】菜单命令，如图 14-24 所示。

步骤02 弹出【禁用索引】窗口，在其中选择需要禁用的索引，单击【确定】按钮，即可完成禁用索引的设置操作，如图 14-25 所示。

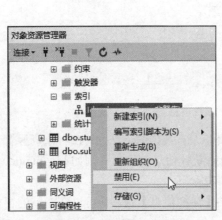

图 14-24　【禁用】菜单命令　　　　　　　　　图 14-25　【禁用索引】对话框

步骤 03 如果需要重新生成索引，可以在选中索引后右击，在弹出的快捷菜单中选择【重新生成】菜单命令，如图 14-26 所示。

步骤 04 在弹出的【重新生成索引】窗口中单击【确定】按钮，即可完成索引的重新生成操作，如图 14-27 所示。

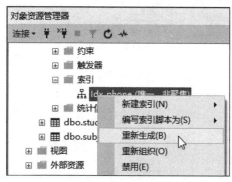

图 14-26　【重新生成】菜单命令

图 14-27　【重新生成索引】对话框

步骤 05 如果需要修改索引的名称，可以在选中索引后右击，在弹出的快捷菜单中选择【重命名】菜单命令，如图 14-28 所示。

步骤 06 将出现一个文本框，在其中输入新的索引名称，或者在选中索引之后右击，在文本框中输入新的索引名称，输入完成之后按回车确认或者在对象资源管理器的空白地单击一下，即可完成索引的重命名操作，如图 14-29 所示。

图 14-28　【重命名】菜单命令

图 14-29　重命名索引

14.6.4　在 SSMS 中删除索引

删除索引是比较简单的一种操作，不过无论删除什么，要恢复就比较困难了，因此删除索引操作一定要谨慎。在 SSMS 中删除索引的操作步骤如下：

步骤 01 连接到数据库实例 newdb 之后，在【对象资源管理器】窗口中打开【数据库】节点下面要修改索引的数据表节点，例如这里选择 authors 表，打开该节点下面的子节点，展开【索引】节点，选择需要删除的索引，右击，在弹出的快捷菜单中选择【删除】菜单命令，如图 14-30 所示。

步骤 02 弹出【删除对象】对话框，在其中选择需要删除的索引，单击【确定】按钮，即可完成删除索引的操作，如图 14-31 所示。

图 14-30　【删除】菜单命令

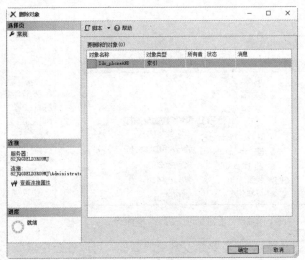

图 14-31　【删除对象】对话框

14.7　疑难解惑

1. 索引对数据库性能如此重要，应该如何使用它？

为数据库选择正确的索引是一项复杂的任务。如果索引列较少，则需要的磁盘空间和维护开销都较少。如果在一个大表上创建了多种组合索引，索引文件会膨胀得很快。另一方面，索引较多则可覆盖更多的查询，可能需要试验若干不同的设计才能找到最有效的索引。可以添加、修改和删除索引而不影响数据库架构或应用程序设计。因此，应该尝试多个不同的索引，从而建立最优的索引。

2. 为什么要使用短索引？

对字符串类型的字段进行索引，如果可能，应该指定一个前缀长度。例如，有一个 char(255) 的列，如果在前 10 个或 30 个字符内多数值是唯一的，则不需要对整个列进行索引。短索引不仅可以提高查询速度还可以节省磁盘空间和减少 I/O 操作。

14.8 经典习题

创建 index_test 数据库，在 index_test 数据库中创建数据表 writers，结构如表 14-2 所示。按以下要求进行操作。

表 14-2 writers 表结构

字　段　名	数据类型	主　　键	外　　键	非　　空	唯　　一
w_id	INT	是	否	是	是
w_name	VARCHAR(255)	否	否	是	否
w_address	VARCHAR(255)	否	否	否	否
w_age	CHAR(2)	否	否	是	否
w_note	VARCHAR(255)	否	否	否	否

（1）在数据库 test 中创建表 writers，创建表的同时在 w_id 字段上添加名称为 UniqIdx 的唯一索引。

（2）通过图形化的对象资源管理器，在 w_name 和 w_address 字段上建立名称为 NAIdx 的非聚集组合索引。

（3）将 NAIdx 索引重新命名为 IdxonNameAndAddress。

（4）查看 IdxonNameAndAddress 索引的统计信息。

（5）删除名称为 IdxonNameAndAddress 的索引。

第 15 章
游标的创建与应用

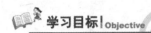
学习目标 | Objective

　　查询语句可能返回多条记录，如果数据量非常大，就需要使用游标来逐条读取查询结果集中的记录。应用程序可以根据需要滚动或浏览其中的数据。本章就来介绍游标的创建与应用，主要内容包括游标的概念、分类以及基本操作等内容。

内容导航 | Navigation

- 了解游标的基本概念
- 掌握游标的基本操作
- 掌握游标的应用技能
- 掌握使用系统存储过程管理游标的方法

15.1　认识游标

　　游标是 SQL Server 2017 的一种数据访问机制，允许用户访问单独的数据行。用户可以对每一行进行单独处理，从而降低系统开销和潜在的阻隔情况。用户也可以使用这些数据生成 SQL 代码并立即执行或输出。

15.1.1　游标的概念

　　游标是一种处理数据的方法，主要用于存储过程、触发器和 Transact-SQL 脚本中，它们使结果集的内容可用于其他 Transact-SQL 语句。在查看或处理结果集中的数据时，游标可以提供在结果集中向前或向后浏览数据的功能。类似于 C 语言中的指针，它可以指向结果集中的任意位置。当要对结果集进行逐行单独处理时，必须声明一个指向该结果集的游标变量。

　　SQL Server 中的数据操作结果都是面向集合的，并没有一种描述表中单一记录的表达形式，除非使用 WHERE 子句限定查询结果。使用游标可以提供这种功能，并且游标的使用使操作过程更加灵活、高效。

15.1.2　游标的优点

SELECT 语句返回的是一个结果集，但有的时候应用程序并不总是能对整个结果集进行有效的处理。游标便提供了这样一种机制，能从包括多条数据记录的结果集中每次提取一条记录，游标总是与一条 SQL 选择语句相关联，由结果集和指向特定记录的游标位置组成。使用游标具有以下优点：

（1）允许程序对由 SELECT 查询语句返回的行集中的每一行执行相同或不同的操作，而不是对整个集合执行同一个操作。

（2）提供对基于游标位置的表中的行进行删除和更新的能力。

（3）游标作为数据库管理系统和应用程序设计之间的桥梁，将两种处理方式连接起来。

15.1.3　游标的分类

SQL Server 2017 支持 3 种游标实现：

（1）T-SQL 游标

基于 DECLARE CURSOR 语法，主要用于 Transact-SQL 脚本、存储过程和触发器。Transact-SQL 游标在服务器上实现，并由从客户端发送到服务器的 Transact-SQL 语句管理。它们还可能包含在批处理、存储过程或触发器中。

（2）应用程序编程接口（API）服务器游标

支持 OLE DB 和 ODBC 中的 API 游标函数，API 服务器游标在服务器上实现。每次客户端应用程序调用 API 游标函数时，SQL Server Native Client OLE DB 访问接口或 ODBC 驱动程序会把请求传输到服务器，以便对 API 服务器游标进行操作。

（3）客户端游标

由 SQL Server Native Client ODBC 驱动程序和实现 ADO API 的 DLL 在内部实现。客户端游标通过在客户端高速缓存所有结果集中的行来实现。每次客户端应用程序调用 API 游标函数时，SQL Server Native Client ODBC 驱动程序或 ADO DLL 会对客户端上高速缓存的结果集中的行执行游标操作。

由于 TSQL 游标和 API 服务器游标都在服务器上实现，因此它们统称为服务器游标。ODBC 和 ADO 定义了 Microsoft SQL Server 支持的 4 种游标类型，这样就可以为 T-SQL 游标指定 4 种游标类型。

SQL Server 支持的 4 种 API 服务器游标类型是：

（1）只进游标

只进游标不支持滚动，只支持游标从头到尾顺序提取。行只在从数据库中提取出来后才能检索。对所有由当前用户发出或由其他用户提交并影响结果集中的行的 INSERT、UPDATE 和 DELETE 语句，其效果在这些行从游标中提取时是可见的。

由于游标无法向后滚动,因此在提取行后对数据库中的行进行的大多数更改通过游标均不可见。当值用于确定所修改的结果集(例如更新聚集索引涵盖的列)中行的位置时,修改后的值通过游标可见。

（2）静态游标

SQL Server 静态游标始终是只读的。其完整结果集在打开游标时建立在 tempdb 中。静态游标总是按照打开游标时的原样显示结果集。

游标不反映在数据库中所做的任何影响结果集成员身份的更改,也不反映对组成结果集的行的列值所做的更改。静态游标不会显示打开游标以后在数据库中新插入的行,即使这些行符合游标 SELECT 语句的搜索条件。如果组成结果集的行被其他用户更新,那么新的数据值不会显示在静态游标中。静态游标会显示打开游标以后从数据库中删除的行。静态游标中不反映 UPDATE、INSERT 或者 DELETE 操作(除非关闭游标然后重新打开),甚至不反映使用打开游标的同一连接所做的修改。

（3）由键集驱动的游标

该游标中各行的成员身份和顺序是固定的。由键集驱动的游标由一组唯一标识符(键)控制,这组键称为键集。键是根据以唯一方式标识结果集中各行的一组列生成的。键集是打开游标时来自符合 SELECT 语句要求的所有行中的一组键值。由键集驱动的游标对应的键集是打开该游标时在 tempdb 中生成的。

（4）动态游标

动态游标与静态游标相对。当滚动游标时,动态游标反映结果集中所做的所有更改。结果集中的行数据值、顺序和成员在每次提取时都会改变。所有用户做的全部 UPDATE、INSERT 和 DELETE 语句均通过游标可见。如果使用 API 函数(如 SQLSetPos)或 Transact-SQL WHERE CURRENT OF 子句通过游标进行更新,它们将立即可见。在游标外部所做的更新直到提交时才可见,除非将游标的事务隔离级别设为未提交读。

15.2 游标的基本操作

介绍完游标的概念和分类等内容之后,下面将向各位读者介绍如何操作游标。对于游标的操作主要有以下内容:声明游标、打开游标、读取游标、关闭游标和释放游标。

15.2.1 声明游标

游标主要包括游标结果集和游标位置两部分:游标结果集是由定义游标的 SELECT 语句返回的行集合,游标位置则是指向这个结果集中某一行的指针。

使用游标之前,要声明游标,在 SQL Server 中可使用 DECLARE CURSOR 语句。声明游标包括定义游标的滚动行为和用户生成游标所操作的结果集的查询,其语法格式如下:

```
DECLARE cursor_name CURSOR [ LOCAL | GLOBAL ]
    [ FORWARD_ONLY | SCROLL ]
    [ STATIC | KEYSET | DYNAMIC | FAST_FORWARD ]
    [ READ_ONLY | SCROLL_LOCKS | OPTIMISTIC ]
    [ TYPE_WARNING ]
    FOR select_statement
    [ FOR UPDATE [ OF column_name [ ,...n ] ] ]
```

主要参数介绍如下：

- cursor_name：所定义的 Transact-SQL 服务器游标的名称。
- LOCAL：对于在其中创建的批处理、存储过程或触发器来说，该游标的作用域是局部的。
- GLOBAL：指定该游标的作用域是全局的。
- FORWARD_ONLY：指定游标只能从第一行滚动到最后一行。FETCH NEXT 是唯一支持的提取选项。如果在指定 FORWARD_ONLY 时不指定 STATIC、KEYSET 和 DYNAMIC 关键字，则游标作为 DYNAMIC 游标进行操作。如果 FORWARD_ONLY 和 SCROLL 均未指定，则除非指定 STATIC、KEYSET 或 DYNAMIC 关键字，否则默认为 FORWARD_ONLY。STATIC、KEYSET 和 DYNAMIC 游标默认为 SCROLL。与 ODBC 和 ADO 这类数据库 API 不同，STATIC、KEYSET 和 DYNAMIC Transact-SQL 游标支持 FORWARD_ONLY。
- STATIC：定义一个游标，以创建将由该游标使用的数据的临时副本。对游标的所有请求都从 tempdb 中的这一临时表中得到应答；因此，在对该游标进行提取操作时返回的数据中不反映对基表所做的修改，并且该游标不允许修改。
- KEYSET：指定当游标打开时游标中行的成员身份和顺序已经固定。对行进行唯一标识的键集内置在 tempdb 内一个称为 keyset 的表中。
- DYNAMIC：定义一个游标，以反映在滚动游标时对结果集内的各行所做的所有数据更改。行的数据值、顺序和成员身份在每次提取时都会更改。动态游标不支持 ABSOLUTE 提取选项。
- FAST_FORWARD：指定启用了性能优化的 FORWARD_ONLY、READ_ONLY 游标。如果指定了 SCROLL 或 FOR_UPDATE，则不能也指定 FAST_FORWARD。
- SCROLL_LOCKS：指定通过游标进行的定位更新或删除一定会成功。将行读入游标时，SQL Server 将锁定这些行，以确保随后可对它们进行修改。如果还指定了 FAST_FORWARD 或 STATIC，则不能指定 SCROLL_LOCKS。
- OPTIMISTIC：指定如果行自读入游标以来已得到更新，则通过游标进行的定位更新或定位删除不成功。当将行读入游标时，SQL Server 不锁定行。它改用 timestamp 列值的比较结果来确定行读入游标后是否发生了修改，如果表不含 timestamp 列，它改用校验和值进行确定。如果已修改该行，则尝试进行的定位更新或删除将失败。如果还指定了 FAST_FORWARD，则不能指定 OPTIMISTIC。
- TYPE_WARNING：指定将游标从所请求的类型隐式转换为另一种类型时，向客户端发送警告消息。
- select_statement：定义游标结果集的标准 SELECT 语句。

【例 15.1】声明名称为 cursor_fruits 的游标，输入语句如下：

```
USE test;
GO
DECLARE cursor_fruits CURSOR FOR
SELECT f_name, f_price FROM fruits ;
```

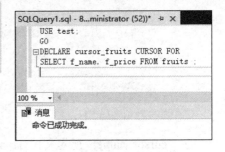

单击【执行】按钮，即可完成游标的声明操作，并在【消息】窗格中显示"命令已成功完成"，如图 15-1 所示。

在上面的代码中，定义游标的名称为 cursor_fruits，SELECT 语句表示从 fruits 表中查询出 f_name 和 f_price 字段的值。

图 15-1　声明游标

15.2.2　打开游标

在使用游标之前，必须打开游标，打开游标的语法格式如下：

```
OPEN  [GLOBAL] cursor_name | cursor_variable_name
```

主要参数介绍如下：

- GLOBAL：指定 cursor_name 是全局游标。
- cursor_name：已声明的游标的名称。如果全局游标和局部游标都使用 cursor_name 作为其名称，若指定了 GLOBAL，则 cursor_name 指的是全局游标，否则 cursor_name 指的是局部游标。
- cursor_variable_name：游标变量的名称，该变量引用一个游标。

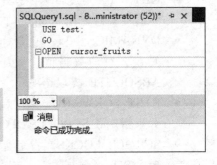

【例 15.2】打开名称为 cursor_fruits 的游标，输入语句如下：

```
USE test;
GO
OPEN  cursor_fruits ;
```

单击【执行】按钮，即可完成游标的打开操作，并在【消息】窗格中显示"命令已成功完成"，如图 15-2 所示。

图 15-2　打开游标

15.2.3　读取游标

打开游标之后，就可以读取游标中的数据了。FETCH 命令可以读取游标中的某一行数据，语法格式如下：

```
FETCH
            [ [ NEXT | PRIOR | FIRST | LAST
                | ABSOLUTE { n | @nvar }
                | RELATIVE { n | @nvar }
```

```
            ]
        FROM
    ]
{ { [ GLOBAL ] cursor_name } | @cursor_variable_name }
[ INTO @variable_name [ ,...n ] ]
```

主要参数介绍如下：

- NEXT: 紧跟当前行返回结果行，并且当前行递增为返回行。如果 FETCH NEXT 为对游标的第一次提取操作，则返回结果集中的第一行。NEXT 为默认的游标提取选项。

- PRIOR: 返回紧邻当前行前面的结果行，并且当前行递减为返回行。如果 FETCH PRIOR 为对游标的第一次提取操作，则没有行返回并且游标置于第一行之前。

- FIRST: 返回游标中的第一行并将其作为当前行。

- LAST: 返回游标中的最后一行并将其作为当前行。

- ABSOLUTE { n | @nvar }: 如果 n 或@nvar 为正，则返回从游标头开始向后的第 n 行，并将返回行变成新的当前行。如果 n 或@nvar 为负，则返回从游标末尾开始向前的第 n 行，并将返回行变成新的当前行。如果 n 或@nvar 为 0，则不返回行。n 必须是整数常量，并且@nvar 的数据类型必须为 smallint、tinyint 或 int。

- RELATIVE { n | @nvar }: 如果 n 或@nvar 为正，就返回从当前行开始向后的第 n 行，并将返回行变成新的当前行；如果 n 或@nvar 为负，则返回从当前行开始向前的第 n 行，并将返回行变成新的当前行；如果 n 或@nvar 为 0，则返回当前行。在对游标进行第一次提取时，如果在将 n 或@nvar 设置为负数或 0 的情况下指定 FETCH RELATIVE，则不返回行。n 必须是整数常量，@nvar 的数据类型必须为 smallint、tinyint 或 int。

- GLOBAL: 指定 cursor_name 是全局游标。

- cursor_name: 要从中进行提取的打开的游标名称。如果全局游标和局部游标都使用 cursor_name 作为它们的名称，那么指定 GLOBAL 时，cursor_name 指的是全局游标；未指定 GLOBAL 时，cursor_name 指的是局部游标。

- @ cursor_variable_name: 游标变量名，引用要从中进行提取操作的打开的游标。

- INTO @variable_name[,...n]: 允许将提取操作的列数据放到局部变量中。列表中的各个变量从左到右与游标结果集中的相应列相关联。各变量的数据类型必须与相应的结果集列的数据类型匹配，或是结果集列数据类型所支持的隐式转换。变量的数目必须与游标选择列表中的列数一致。

【例 15.3】使用名称为 cursor_fruits 的光标，检索 fruits 表中的记录，输入语句如下：

```
USE test;
GO
FETCH NEXT FROM cursor_fruits
WHILE @@FETCH_STATUS = 0
BEGIN
    FETCH NEXT FROM cursor_fruits
END
```

单击【执行】按钮,即可读取游标中的数据,并在【消息】窗格中显示读取的数据信息,如图 15-3 所示。

15.2.4　关闭游标

在 SQL Server 2017 中打开游标以后,服务器会专门为游标开辟一定的内存空间存放游标操作的数据结果集合,同时游标的使用也会根据具体情况对某些数据进行封锁。所以在不使用游标的时候可以将其关闭,以释放游标所占用的服务器资源。关闭游标使用 CLOSE 语句,语法格式如下:

```
CLOSE [GLOBAL ] cursor_name | cursor_variable_name
```

主要参数介绍如下:

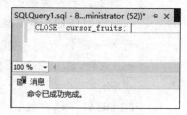

图 15-3　读取游标中的数据

- GLOBAL: 指定 cursor_name 是全局游标。
- cursor_name: 已声明的游标的名称。如果全局游标和局部游标都使用 cursor_name 作为其名称,若指定了 GLOBAL,则 cursor_name 指的是全局游标,否则 cursor_name 指的是局部游标。
- cursor_variable_name: 游标变量的名称,该变量引用一个游标。

【例 15.4】关闭名称为 cursor_fruits 的游标,输入语句如下:

```
CLOSE  cursor_fruits;
```

单击【执行】按钮,即可完成游标的关闭操作,并在【消息】窗格中显示"命令已成功完成",如图 15-4 所示。

15.2.5　释放游标

图 15-4　关闭游标

游标操作的结果集空间虽然被释放了,但是游标结构本身也会占用一定的计算机资源,所以在使用完游标之后,为了收回被游标占用的资源,应该将游标释放。释放游标使用 DEALLOCATE 语句,其语法格式如下:

```
DEALLOCATE [GLOBAL] cursor_name | @cursor_variable_name
```

主要参数介绍如下:

- cursor_name: 已声明游标的名称。当同时存在以 cursor_name 作为名称的全局游标和局部游标时,若指定 GLOBAL,则 cursor_name 指全局游标;如果未指定 GLOBAL,则指局部游标。
- @cursor_variable_name: 游标变量的名称,必须为 cursor 类型。
- DEALLOCATE @cursor_variable_name 语句: 只删除对游标变量名称的引用,直到批处理、存储过程或触发器结束时变量离开作用域才释放变量。

【例 15.5】使用 DEALLOCATE 语句释放名称为 cursor_fruits 的变量，输入语句如下：

```
USE test;
GO
DEALLOCATE cursor_fruits;
```

图 15-5 释放游标

单击【执行】按钮，即可完成游标的释放操作，并在【消息】窗格中显示"命令已成功完成"，如图 15-5 所示。

15.3 游标的运用

在了解了游标的基本操作流程后，下面对游标的功能做进一步的介绍，包括如何使用游标变量、使用游标修改/删除数据以及在游标中对数据进行排序等。

15.3.1 使用游标变量

声明变量需要使用 DECLARE 语句，为变量赋值可以使用 SET 或 SELECT 语句，对于游标变量的声明和赋值，其操作过程基本相同。在具体使用时，首先要创建一个游标，将其打开之后，将游标的值赋给游标变量，并通过 FETCH 语句从游标变量中读取值，最后关闭并释放游标。

【例 15.6】声明名称为@VarCursor 的游标变量，输入语句如下：

```
USE test;
GO
DECLARE @VarCursor Cursor              --声明游标变量
DECLARE cursor_fruits CURSOR FOR       --创建游标
SELECT f_name, f_price FROM fruits ;
OPEN cursor_fruits                     --打开游标
SET @VarCursor = cursor_fruits         --为游标变量赋值
FETCH NEXT FROM @VarCursor             --从游标变量中读取值
WHILE @@FETCH_STATUS = 0               --判断 FETCH 语句是否执行成功
BEGIN
    FETCH NEXT FROM @VarCursor         --读取游标变量中的数据
END
CLOSE @VarCursor                       --关闭游标
DEALLOCATE @VarCursor                  --释放游标
```

单击【执行】按钮，即可完成使用游标变量的操作，并在【消息】窗格中显示读取的游标数据，如图 15-6 所示。

图 15-6　使用游标变量

15.3.2　用游标为变量赋值

在游标的操作过程中，可以使用 FETCH 语句将数据值存入变量，这些保持表中列值的变量可以在后面的程序中使用。

【例 15.7】创建游标 cursor_variable，将 fruits 表中记录的 f_name、f_price 值赋给变量 @fruitName 和@fruitPrice，并打印输出，输入语句如下：

```
USE test;
GO
DECLARE @fruitName VARCHAR(20), @fruitPrice DECIMAL(8,2)
DECLARE cursor_variable CURSOR FOR
SELECT f_name, f_price FROM fruits
WHERE s_id=101;
OPEN cursor_variable
FETCH NEXT FROM cursor_variable
INTO @fruitName, @fruitPrice
PRINT '编号为101的供应商提供的水果种类和价格为：'
PRINT '类型：' +'    价格：'
WHILE @@FETCH_STATUS = 0
BEGIN
    PRINT @fruitName +' '+ STR(@fruitPrice,8,2)
FETCH NEXT FROM cursor_variable
INTO @fruitName, @fruitPrice
END
CLOSE cursor_variable
DEALLOCATE cursor_variable
```

单击【执行】按钮，即可完成用游标为变量赋值的操作，并在【消息】窗格中显示读取的数据，如图 15-7 所示。

图 15-7　使用游标为变量赋值

15.3.3　改变游标中行的顺序

使用 ORDER BY 子句可以改变游标中行的顺序，不过，只有出现在游标中的 SELECT 语句中的列才能作为 ORDER BY 子句的排序列，而对于非游标的 SELECT 语句，表中任何列都可以作为 ORDER BY 的排序列，即使该列没有出现在 SELECT 语句的查询结果列中。

【例 15.8】声明名称为 Cursor_order 的游标，对 fruits 表中的记录按照价格字段降序排列，输入语句如下：

```
USE test;
GO
DECLARE Cursor_order CURSOR FOR
SELECT f_id,f_name, f_price FROM fruits
ORDER BY f_price DESC
OPEN Cursor_order
FETCH NEXT FROM Cursor_order
WHILE @@FETCH_STATUS = 0
FETCH NEXT FROM Cursor_order
CLOSE Cursor_order
DEALLOCATE Cursor_order;
```

单击【执行】按钮，即可完成改变游标中行的顺序操作，并在【消息】窗格中显示排序后的数据（这里返回的记录行中，其 f_price 字段是依次减小的，即降序显示），如图 15-8 所示。

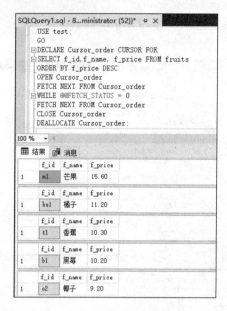

图 15-8　使用游标对结果集排序

15.3.4　使用游标修改数据

相信读者应该已经掌握了如何使用游标变量查询表中记录的方法,下面介绍如何使用游标对表中的数据进行修改。

【例 15.9】声明整型变量@sID=101,然后声明一个对 fruits 表进行操作的游标。打开该游标,使用 FETCH NEXT 方法来获取游标中每一行的数据,如果获取到的记录 s_id 字段值与@sID 值相同,就将 s_id=@sID 记录中的 f_price 字段修改为 11.1,最后关闭并释放游标,输入语句如下:

```
USE test;
GO
DECLARE @sID INT                --声明变量
DECLARE @ID INT =101
DECLARE cursor_fruit CURSOR FOR
SELECT s_id FROM fruits ;
OPEN cursor_fruit
FETCH NEXT FROM cursor_fruit INTO @sID
WHILE @@FETCH_STATUS = 0
BEGIN
    IF @sID = @ID
    BEGIN
        UPDATE fruits SET f_price =11.1 WHERE s_id=@ID
    END
FETCH NEXT FROM cursor_fruit INTO @sID
END
CLOSE cursor_fruit
```

```
DEALLOCATE cursor_fruit
SELECT * FROM fruits WHERE s_id = 101;
```

单击【执行】按钮，即可完成使用游标修改数据的操作，并在【消息】窗格中显示修改后的数据信息，如图 15-9 所示。

图 15-9　使用游标修改数据

由最后一条 SELECT 查询语句返回的结果可以看到，使用游标修改操作执行成功，所有编号为 101 的供应商提供的水果的价格都修改为 11.10。

15.3.5　使用游标删除数据

在使用游标删除数据时，既可以删除游标结果集中的数据，也可以删除基本表中的数据。

【例 15.10】使用游标删除 fruits 表中 s_id=102 的记录，输入语句如下：

```
USE test;
GO
DECLARE @sID INT                --声明变量
DECLARE @ID INT =102
DECLARE cursor_delete CURSOR FOR
SELECT s_id FROM fruits ;
OPEN cursor_delete
FETCH NEXT FROM cursor_delete INTO @sID
WHILE @@FETCH_STATUS = 0
BEGIN
    IF @sID = @ID
    BEGIN
        DELETE FROM fruits WHERE s_id=@ID
    END
FETCH NEXT FROM cursor_delete INTO @sID
```

```
END
CLOSE cursor_delete
DEALLOCATE cursor_delete
SELECT * FROM fruits WHERE s_id = 102;
```

单击【执行】按钮，即可完成使用游标删除数据的操作，并在【消息】窗格中显示删除后的数据信息，如图 15-10 所示。

图 15-10　使用游标删除表中的记录

15.4 使用系统存储过程查看游标属性

使用系统存储过程 sp_cursor_list、sp_describe_cursor、sp_describe_cursor_columns 或者 sp_describe_cursor_tables 可以分别查看服务器游标的属性、游标结果集中列的属性、被引用对象或基本表的属性等。

15.4.1　查看服务器游标的属性

使用 sp_describe_cursor 存储过程可以查看服务器游标的属性，其语法格式如下：

```
sp_describe_cursor [ @cursor_return = ] output_cursor_variable OUTPUT
    {
 [ , [ @cursor_source = ] N'local' , [ @cursor_identity = ] N'local_cursor_name' ]
    | [ , [ @cursor_source = ] N'global' , [ @cursor_identity = ]
N'global_cursor_name' ]
    | [ , [ @cursor_source = ] N'variable' , [ @cursor_identity = ]
N'input_cursor_variable' ]
    }
```

主要参数介绍如下：

- [@cursor_return =] output_cursor_variable OUTPUT：用于接收游标输出的声明游标变量的名称。output_cursor_variable 的数据类型为 cursor，无默认值。调用 sp_describe_cursor 时，该参数不得与任何游标关联。返回的游标是可滚动的动态只读游标。

- [@cursor_source =] { N 'local' | N 'global' | N 'variable' }：确定是使用局部游标、全局游标还是游标变量的名称来指定要报告的游标。

- [@cursor_identity =] N 'local_cursor_name']：由具有 LOCAL 关键字或默认设置为 LOCAL 的 DECLARE CURSOR 语句创建的游标名称。

- [@cursor_identity =] N 'global_cursor_name']：由具有 GLOBAL 关键字或默认设置为 GLOBAL 的 DECLARE CURSOR 语句创建的游标名称。

- [@cursor_identity =] N 'input_cursor_variable']：与所打开游标相关联的游标变量的名称。

【例 15.11】打开一个全局游标，并使用 sp_describe_cursor 报告该游标的属性，输入语句如下：

```
USE test;
GO
--声明游标
DECLARE testcur CURSOR  FOR
SELECT f_name
FROM test.dbo.fruits
--打开游标
OPEN testcur
--声明游标变量
DECLARE @Report CURSOR

--执行 sp_describe_ cursor 存储过程，将结果保存到@Report 游标变量中
EXEC sp_describe_cursor @cursor_return = @Report OUTPUT,
@cursor_source=N'global',@cursor_identity = N'testcur'

--输出游标变量中的每一行.
FETCH NEXT from @Report
WHILE (@@FETCH_STATUS <> -1)
BEGIN
   FETCH NEXT from @Report
END

--关闭并释放游标变量
CLOSE @Report
DEALLOCATE @Report
GO

--关闭并释放原始游标
```

```
CLOSE testcur
DEALLOCATE testcur
GO
```

单击【执行】按钮,执行结果如图 15-11 所示。

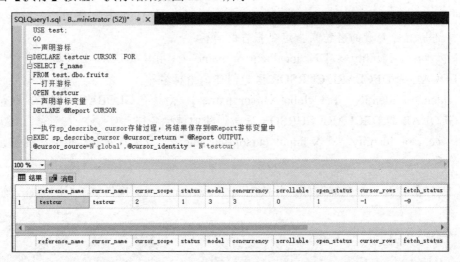

图 15-11   使用 sp_describe_cursor 报告服务器游标属性

15.4.2   查看当前连接的服务器游标属性

使用 sp_cursor_list 存储过程可以查看当前为连接打开的服务器游标的属性,其语法格式如下:

```
sp_cursor_list [ @cursor_return = ] cursor_variable_name OUTPUT ,
[ @cursor_scope = ] cursor_scope
```

主要参数介绍如下:

- [@cursor_return =]cursor_variable_name OUTPUT:已声明的游标变量的名称。cursor_variable_name 的数据类型为 cursor,无默认值。游标是只读的可滚动动态游标。
- [@cursor_scope =] cursor_scope:指定要报告的游标级别。cursor_scope 的数据类型为 int,无默认值,可以是下列值之一:
  - 1:报告所有本地游标。
  - 2:报告所有全局游标。
  - 3:报告本地游标和全局游标。

【例 15.12】打开一个全局游标,并使用 sp_cursor_list 报告该游标的属性,输入语句如下:

```
USE test;
GO
--声明游标
DECLARE testcur CURSOR  FOR
SELECT f_name
```

```
FROM test.dbo.fruits
WHERE f_name LIKE 'b%'
--打开游标
OPEN testcur

--声明游标变量
DECLARE @Report CURSOR

--执行 sp_cursor_list 存储过程，将结果保存到@Report 游标变量中
EXEC sp_cursor_list @cursor_return = @Report OUTPUT,@cursor_scope = 2

--输出游标变量中的每一行.
FETCH NEXT from @Report
WHILE (@@FETCH_STATUS <> -1)
BEGIN
   FETCH NEXT from @Report
END

--关闭并释放游标变量
CLOSE @Report
DEALLOCATE @Report
GO

--关闭并释放原始游标
CLOSE testcur
DEALLOCATE testcur
GO
```

单击【执行】按钮，执行结果如图 15-12 所示。

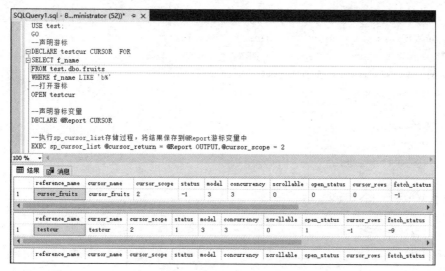

图 15-12　使用 sp_cursor_list 报告游标属性

15.4.3　查看服务器游标结果集中的列属性

使用 sp_describe_cursor_columns 存储过程可以查看服务器游标结果集中的列属性，其语法格式如下：

```
sp_describe_cursor_columns  [ @cursor_return = ] output_cursor_variable OUTPUT
    {
  [ , [ @cursor_source = ] N'local', [ @cursor_identity = ] N'local_cursor_name' ]
    | [ , [ @cursor_source = ] N'global', [ @cursor_identity = ]
N'global_cursor_name' ]
    | [ , [ @cursor_source = ] N'variable', [ @cursor_identity = ]
N'input_cursor_variable' ]
    }
```

该存储过程的各个参数与 sp_describe_cursor 存储过程中的参数相同，不再赘述。

【例 15.13】打开一个全局游标，并使用 sp_describe_cursor_columns 报告游标所使用的列，输入语句如下：

```
USE test;
GO
--声明游标
DECLARE testcur CURSOR  FOR
SELECT f_name
FROM test.dbo.fruits
--打开游标
OPEN testcur
--声明游标变量
DECLARE @Report CURSOR

--执行 sp_describe_cursor_columns 存储过程，将结果保存到@Report 游标变量中
EXEC master.dbo.sp_describe_cursor_columns
    @cursor_return = @Report OUTPUT
    ,@cursor_source = N'global'
    ,@cursor_identity = N'testcur';

--输出游标变量中的每一行.
FETCH NEXT from @Report
WHILE (@@FETCH_STATUS <> -1)
BEGIN
   FETCH NEXT from @Report
END
--关闭并释放游标变量
CLOSE @Report
DEALLOCATE @Report
GO
```

```
--关闭并释放原始游标
CLOSE testcur
DEALLOCATE testcur
GO
```

单击【执行】按钮，执行结果如图 15-13 所示。

图 15-13　使用 sp_describe_cursor_columns 报告服务器游标属性

15.4.4　查看服务器游标被引用对象或基本表的属性

使用 sp_describe_cursor_tables 存储过程可以查看服务器游标被引用对象或基本表的属性，其语法格式如下：

```
sp_describe_cursor_tables  [ @cursor_return = ] output_cursor_variable OUTPUT
    {
[ , [ @cursor_source = ] N'local' , [@cursor_identity = ] N'local_cursor_name' ]
    | [ , [ @cursor_source = ] N'global' , [ @cursor_identity = ]
N'global_cursor_name' ]
    | [ , [ @cursor_source = ] N'variable' , [ @cursor_identity = ]
N'input_cursor_variable' ]
    }
```

【例 15.14】打开一个全局游标，并使用 sp_describe_cursor_tables 报告游标所引用的表，输入语句如下：

```
USE test;
GO
--声明游标
DECLARE testcur CURSOR  FOR
SELECT f_name
FROM test.dbo.fruits
WHERE f_name LIKE 'b%'
```

337

```
--打开游标
OPEN testcur

--声明游标变量
DECLARE @Report CURSOR

--执行 sp_describe_cursor_tables 存储过程，将结果保存到@Report 游标变量中
EXEC sp_describe_cursor_tables
    @cursor_return = @Report OUTPUT,
    @cursor_source = N'global', @cursor_identity = N'testcur'

--输出游标变量中的每一行.
FETCH NEXT from @Report
WHILE (@@FETCH_STATUS <> -1)
BEGIN
  FETCH NEXT from @Report
END

--关闭并释放游标变量
CLOSE @Report
DEALLOCATE @Report
GO

--关闭并释放原始游标
CLOSE testcur
DEALLOCATE testcur
GO
```

单击【执行】按钮，执行结果如图 15-14 所示。

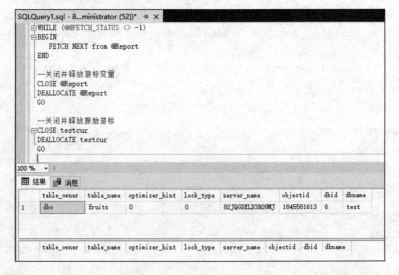

图 15-14　使用 sp_describe_cursor_tables 报告服务器游标属性

15.5 疑难解惑

1. 游标变量可以为游标变量赋值吗？

当然可以，游标可以赋值为游标变量，也可以将一个游标变量赋值给另一个游标变量，例如 SET @cursorVar1 = @cursorVar2。

2. 游标使用完后如何处理？

在使用完游标之后，一定要将其关闭和删除。关闭游标的作用是释放游标和数据库的连接；删除游标是将其从内存中删除，释放系统资源。

15.6 经典习题

1. 游标的含义及分类是什么？
2. 使用游标的基本操作步骤都有哪些？
3. 打开 stu_info 表，使用游标查看 stu_info 表中成绩小于 70 的记录。

第 16 章
存储过程的创建与应用

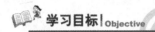 学习目标 | Objective

存储过程可以重复调用。当存储过程执行一次后,可以将语句缓存,下次执行的时候直接使用缓存中的语句,以提高存储过程的性能。本章将介绍数据库的存储过程,主要内容包括创建、调用、查看、修改、删除存储过程等。

内容导航 | Naviqation

- 了解存储过程的概念
- 熟悉存储过程的分类
- 掌握创建存储过程的方法
- 掌握管理存储过程的方法
- 掌握扩展存储过程的方法

16.1 认识存储过程

存储过程是一组为了完成特定功能的 SQL 语句集合,经编译后存储在数据库中,用户通过指定存储过程的名称并给出参数来执行。存储过程中可以包含逻辑控制语句和数据操纵语句,可以接受参数、输出参数、返回单个或多个结果集以及返回值。

16.1.1 存储过程的优点

相对于直接使用 SQL 语句,在应用程序中直接调用存储过程有以下好处:

(1)存储过程允许标准组件式编程

存储过程创建后可以在程序中被多次调用执行,而不必重新编写该存储过程的 SQL 语句。

数据库专业人员可以随时对存储过程进行修改，但对应用程序源代码却毫无影响，从而极大地提高了程序的可移植性。

（2）存储过程能够实现较快的执行速度

如果操作包含大量的 T-SQL 语句代码，分别被多次执行，那么存储过程要比批处理的执行速度快得多。因为存储过程是预编译的，在首次运行一个存储过程时，查询优化器对其进行分析、优化，并给出最终被存在系统表中的存储计划；而批处理的 T-SQL 语句每次运行都需要预编译和优化，所以速度要慢一些。

（3）存储过程减轻网络流量

对于同一个针对数据库对象的操作，如果这一操作所涉及的 T-SQL 语句被组织成一个存储过程，那么当在客户机上调用该存储过程时，网络中传递的只是该调用语句，否则将会是多条 SQL 语句，从而减轻了网络流量，降低了网络负载。

（4）存储过程可被作为一种安全机制来充分利用

系统管理员可以对执行的某一个存储过程进行权限限制，从而能够实现对某些数据访问的限制，避免非授权用户对数据的访问，保证数据的安全。

16.1.2　存储过程的类型

在 SQL Server 中，存储过程主要分为自定义存储过程、扩展存储过程和系统存储过程，在存储过程中，可以声明变量、执行条件判断语句等其他编程功能。

1. 系统存储过程

系统存储过程是由 SQL Server 系统自身提供的存储过程，可以作为命令执行各种操作。例如，sp_rename 系统存储过程可以更改当前数据库中用户创建对象的名称；sp_helptext 存储过程可以显示规则、默认值或视图的文本信息等。

SQL Server 服务器中许多的管理工作都是通过执行系统存储过程来完成的，许多系统信息也可以通过执行系统存储过程来获得。系统存储过程位于数据库服务器中，并且以 sp_开头，系统存储过程定义在系统定义和用户定义的数据库中，在调用时不必在存储过程前加数据库限定名。

系统存储过程创建并存放于系统数据库 master 中，一些系统存储过程只能由系统管理员使用，而有些系统存储过程通过授权可以被其他用户所使用。

2. 自定义存储过程

自定义存储过程即用户使用 T-SQL 语句编写的、为了实现某一特定业务需求在用户数据库中编写的 T-SQL 语句集合。用户存储过程可以接受输入参数、向客户端返回结果和信息、返回输出参数等。

创建自定义存储过程时，存储过程名前面加上"##"表示创建了一个全局的临时存储过程；存储过程名前面加上"#"时，表示创建局部临时存储过程。局部临时存储过程只能在创建它的会话中使用，会话结束时将被删除。这两种存储过程都存储在系统数据库 tempdb 之中。

用户定义存储过程可以分为两类：Transact-SQL 和 CLR。

- Transact-SQL 存储过程是指保存的 Transact-SQL 语句集合,可以接受和返回用户提供的参数。存储过程也可能从数据库向客户端应用程序返回数据。
- CLR 存储过程是指引用 Microsoft .NET Framework 公共语言方法的存储过程,可以接受和返回用户提供的参数,它们在.NET Framework 程序集中是作为类的公共静态方法实现的。

3. 扩展存储过程

扩展存储过程是以在 SQL Server 环境外执行的动态连接(DLL 文件)来实现的,可以加载到 SQL Server 实例运行的地址空间中执行。扩展存储过程可以用 SQL Server 扩展存储过程 API 编程,以前缀"xp_"来标识。对于用户来说,扩展存储过程和普通存储过程一样,可以用相同的方法来执行。

16.2 创建存储过程

存储过程是在数据库服务器端执行的一组 SQL 语句集合,经编译后存放在数据库服务器中。本节就来介绍如何创建存储过程。

16.2.1 创建存储过程的语法

使用 CREATE PROCEDURE 语句可以创建存储过程,语法格式如下:

```
CREATE PROCEDURE [schema_name.] procedure_name [ ; number ]
{ @parameter data_type }
[ VARYING ] [ = default ] [ OUT | OUTPUT ] [READONLY]
[ WITH <ENCRYPTION ]|[ RECOMPILE ]|[ EXECUTE AS Clause ]> ]
[ FOR REPLICATION ]
AS  <sql_statement>
```

主要参数介绍如下:

- procedure_name: 新存储过程的名称,并且在架构中必须唯一。可在 procedure_name 前面使用一个数字符号(#)(#procedure_name)来创建局部临时过程、使用两个数字符号 (##procedure_name)来创建全局临时过程。对于 CLR 存储过程,不能指定临时名称。
- number: 是可选整数,用于对同名的过程分组。使用一个 DROP PROCEDURE 语句可将这些分组过程一起删除。例如,称为 orders 的应用程序可能使用名为 "orderproc;1" "orderproc;2" 等的过程,DROP PROCEDURE orderproc 语句将删除整个组。如果名称中包含分隔标识符,则数字不应包含在标识符中,只应在 procedure_name 前后使用适当的分隔符。

- @ parameter: 存储过程中的参数。在 CREATE PROCEDURE 语句中可以声明一个或多个参数。除非定义了参数的默认值或者将参数设置为等于另一个参数，否则用户必须在调用过程时为每个声明的参数提供值。存储过程最多可以有 2100 个参数。如果过程包含表值参数，并且该参数在调用中缺失，则传入空表默认值。通过将 at 符号（@）用作第一个字符来指定参数名称。每个过程的参数仅用于该过程本身；其他过程中可以使用相同的参数名称。默认情况下，参数只能代替常量表达式，而不能用于代替表名、列名或其他数据库对象的名称。如果指定了 FOR REPLICATION，则无法声明参数。
- Date_type: 指定参数的数据类型，所有数据类型都可以用作 Transact-SQL 存储过程的参数。可以使用用户定义表类型来声明表值参数作为 Transact-SQL 存储过程的参数。只能将表值参数指定为输入参数，这些参数必须带有 READONLY 关键字。cursor 数据类型只能用于 OUTPUT 参数。如果指定了 cursor 数据类型，就必须指定 VARYING 和 OUTPUT 关键字。可以为 cursor 数据类型指定多个输出参数。对于 CLR 存储过程，不能指定 char、varchar、text、ntext、image、cursor、用户定义表类型和 table 作为参数。
- Default: 存储过程中参数的默认值。若定义了 default 值，则无须指定此参数的值也可执行过程。默认值必须是常量或 NULL。如果过程使用带 LIKE 关键字的参数，则可包含%、_、[]和[^]通配符。
- OUTPUT: 指示参数是输出参数。此选项的值可以返回给调用 EXECUTE 的语句。使用 OUTPUT 参数将值返回给过程的调用方。除非是 CLR 过程，否则 text、ntext 和 image 参数不能用作 OUTPUT 参数。使用 OUTPUT 关键字的输出参数可以为游标占位符，CLR 过程除外。不能将用户定义表类型指定为存储过程的 OUTPUT 参数。
- READONLY: 指示不能在过程的主体中更新或修改参数。如果参数类型为用户定义的表类型，则必须指定 READONLY。
- RECOMPILE: 表明 SQL Server 2017 不会保存该存储过程的执行计划，该存储过程每执行一次都要重新编译。在使用非典型值或临时值而不希望覆盖保存在内存中的执行计划时，就可以使用 RECOMPILE 选项。
- ENCRYPTION: 表示 SQL Server 2017 加密后的 syscomments 表，该表的 text 字段是包含 CREATE PROCEDURE 语句的存储过程文本。使用 ENCRYPTION 关键字无法通过查看 syscomments 表来查看存储过程的内容。
- FOR REPLICATION: 用于指定不能在订阅服务器上执行为复制创建的存储过程。使用此选项创建的存储过程可用作存储过程筛选，且只能在复制过程中执行。本选项不能和 WITH RECOMPILE 选项一起使用。
- AS: 用于指定该存储过程要执行的操作。
- sql_statement: 存储过程中要包含的任意数目和类型的 Transact-SQL 语句，但有一些限制。

16.2.2　创建不带参数的存储过程

最简单的一种自定义存储过程就是不带参数的存储过程。下面介绍如何创建一个不带参数的存储过程。

【例 16.1】创建查看 test 数据库中 employee 表的存储过程，SQL 语句如下：

```
USE test;
GO
CREATE PROCEDURE Proc_emp_01
AS
SELECT * FROM employee;
GO
```

单击【执行】按钮，即可完成存储过程的创建操作，执行结果如图 16-1 所示。

另外，存储过程可以是很多语句的复杂组合，其本身也可以调用其他函数来组成更加复杂的操作。

【例 16.2】创建一个获取 employee 表记录条数的存储过程，名称为 Count_Proc，SQL 语句如下：

```
USE test;
GO
CREATE PROCEDURE Count_Proc
AS
SELECT COUNT(*) AS 总数 FROM employee;
GO
```

输入完成之后，单击【执行】按钮，即可完成存储过程的创建操作，执行结果如图 16-2 所示。

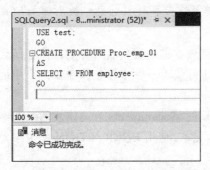

图 16-1　创建不带参数的存储过程

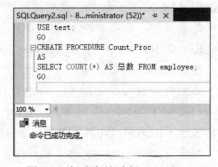

图 16-2　创建存储过程 Count_Proc

16.2.3　创建带输入参数的存储过程

在设计数据库应用系统时，可能会需要根据用户的输入信息产生对应的查询结果，这时就需要把用户的输入信息作为参数传递给存储过程，即开发者需要创建带输入参数的存储过程。

【例 16.3】创建存储过程 Proc_emp_02，根据输入的员工编号，查询员工的相关信息，如姓名、所在职位与基本工资，SQL 语句如下：

```
USE test;
GO
CREATE PROCEDURE Proc_emp_02 @sID INT
```

```
AS
SELECT * FROM employee WHERE e_no=@sID;
GO
```

输入完成之后，单击【执行】按钮，即可完成存储过程的创建操作。该段代码创建一个名为 Proc_emp_02 的存储过程，使用一个整数类型的参数@sID 来执行存储过程，如图 16-3 所示。

【例 16.4】创建带默认参数的存储过程 Proc_emp_03，输入语句如下：

```
USE test;
GO
CREATE PROCEDURE Proc_emp_03 @sID INT=101
AS
SELECT * FROM employee WHERE e_no=@sID;
GO
```

输入完成之后，单击【执行】按钮，即可完成带默认输入参数存储过程的创建操作。该段代码创建的存储过程在调用时即使不指定参数值也可以返回一个默认的结果集，如图 16-4 所示。

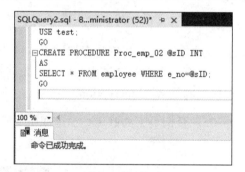

图 16-3　创建存储过程 Proc_emp_02

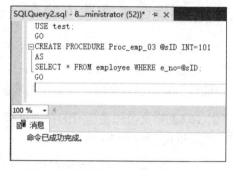

图 16-4　创建存储过程 Proc_emp_03

16.2.4　创建带输出参数的存储过程

存储过程中的默认参数类型是输入参数，如果要为存储过程指定输出参数，就要在参数类型后面加上 OUTPUT 关键字。

【例 16.5】定义存储过程 Proc_emp_04，根据用户输入的部门编号返回该部门中员工的个数，SQL 语句如下：

```
USE test;
GO
CREATE PROCEDURE Proc_emp_04
@sID INT=1,
@employeecount INT OUTPUT
AS
SELECT @employeecount=COUNT(employee.dept_no)  FROM employee WHERE
dept_no=@sID;
GO
```

输入完成之后，单击【执行】按钮，即可完成带输出参数存储过程的创建操作。该段代码将创建一个名称为 Proc_emp_04 的存储过程，如图 16-5 所示。该存储过程中有两个参数：@sID 为输出参数，指定要查询的员工部门编号的 id，默认值为 1；@employeecount 为输出参数，用来返回该部门中员工的个数。

```
USE test;
GO
CREATE PROCEDURE Proc_emp_04
@sID INT=1,
@employeecount INT OUTPUT
AS
SELECT @employeecount=COUNT(employee.dept_no)  FROM employee WHERE dept_no=@sID;
GO
```

图 16-5　定义存储过程 Proc_emp_04

16.2.5　创建带加密选项的存储过程

所谓加密选项，并不是对存储过程中查询出来的内容加密，而是将创建存储过程本身的语句加密。通过对创建存储过程的语句加密，可以在一定程度上保护存储过程中用到的表信息，同时也能提高数据的安全性。带加密选项的存储过程使用的是 with encryption。

【例 16.6】定义带加密选项的存储过程 Proc_emp_05，查询员工的姓名、当前职位与基本工资信息，SQL 语句如下：

```
CREATE PROCEDURE Proc_emp_05
WITH ENCRYPTION
AS
BEGIN
SELECT e_name,e_job,e_salary FROM
employee;
END
```

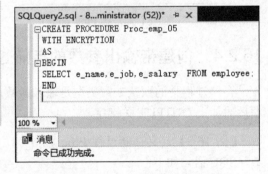

图 16-6　创建带加密选项的存储过程

输入完成之后，单击【执行】按钮，即可完成带加密选项存储过程的创建操作，执行结果如图 16-6 所示。

16.3　执行存储过程

当存储过程创建完毕后，就可以执行存储过程了。本节将介绍执行存储过程的方法。

16.3.1　执行存储过程的语法

在 SQL Server 2017 中执行存储过程时需要使用 EXECUTE 语句，如果存储过程是批处理中的第一条语句，那么不使用 EXECUTE 关键字也可以执行该存储过程。EXECUTE 语法格式如下：

```
[ { EXEC | EXECUTE } ]
  {
  [ @return_status = ]
  { module_name [ ;number ] | @module_name_var }
  [ [ @parameter = ] { value | @variable [ OUTPUT ] | [ DEFAULT ]  } ]
  [ ,...n ]
  [ WITH RECOMPILE ]
  }
```

主要参数介绍如下：

- @return_status：可选的整型变量，存储模块的返回状态。这个变量在用于 EXECUTE 语句前，必须在批处理、存储过程或函数中声明过。在用于调用标量值用户定义函数时，@return_status 变量可以为任意标量数据类型。
- module_name：要调用的存储过程的完全限定或者不完全限定名称。用户可以执行在另一数据库中创建的模块，只要运行模块的用户拥有此模块或具有在该数据库中执行该模块的适当权限即可。
- number：可选整数，用于对同名的过程分组。该参数不能用于扩展存储过程。
- @module_name_var：局部定义的变量名，代表模块名称。
- @parameter：存储过程中使用的参数，与在模块中定义的相同。参数名称前必须加上符号@。在与@parameter_name=value 格式一起使用时，参数名和常量不必按它们在模块中定义的顺序提供。但是，如果对任何参数使用了 @parameter_name=value 格式，那么对所有后续参数都必须使用此格式。默认情况下，参数可为空值。
- Value：传递给模块或传递命令的参数值。如果参数名称没有指定，参数值必须以在模块中定义的顺序提供。
- @variable：用来存储参数或返回参数的变量。
- OUTPUT：指定模块或命令字符串返回一个参数。该模块或命令字符串中的匹配参数也必须已使用关键字 OUTPUT 创建。使用游标变量作为参数时使用该关键字。
- DEFAULT：根据模块的定义，提供参数的默认值。当模块需要的参数值没有定义默认值并且缺少参数或指定了 DEFAULT 关键字时，会出现错误。
- WITH RECOMPILE：执行模块后，强制编译、使用和放弃新计划。如果该模块存在现有查询计划，则该计划将保留在缓存中。如果所提供的参数为非典型参数或者数据有很大的改变，就使用该选项。该选项不能用于扩展存储过程。建议尽量少使用该选项，因为它消耗较多系统资源。

16.3.2 执行不带参数的存储过程

存储过程创建完成后,可以通过 EXECUTE 语句来执行创建的存储过程,该命令可以简写为 EXEC。

【例 16.7】执行不带参数的存储过程 Proc_emp_01 来查看员工信息,SQL 语句如下:

```
USE test;
GO
EXEC Proc_emp_01;
```

单击【执行】按钮,即可完成执行不带参数存储过程的操作,这里是查询员工信息表,执行结果如图 16-7 所示。

图 16-7 执行不带参数的存储过程

提 示

EXECUTE 语句的执行是不需要任何权限的,但是操作 EXECUTE 字符串内引用的对象是需要相应权限的。例如,使用 DELETE 语句执行删除操作,则调用 EXECUTE 语句执行存储过程的用户必须具有 DELETE 权限。

16.3.3 执行带输入参数的存储过程

执行带输入参数的存储过程时,SQL Server 提供了如下两种传递参数的方式:

- 直接给出参数的值。当有多个参数时,给出的参数顺序与创建存储过程语句中的参数顺序一致,即参数传递的顺序就是定义的顺序。
- 使用"参数名=参数值"的形式给出参数值。这种参数传递方式的好处是,参数可以按任意的顺序给出。

【例 16.8】执行带输入参数的存储过程 Proc_emp_02，根据输入的员工编号查询员工信息。这里员工编号可以自行定义，如定义员工编号为 102，SQL 语句如下：

```
USE test;
GO
EXECUTE Proc_emp_02 102;
```

单击【执行】按钮，即可完成执行带输入参数存储过程的操作，执行结果如图 16-8 所示。

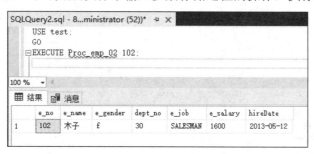

图 16-8　执行带输入参数的存储过程

【例 16.9】执行带输入参数的存储过程 Proc_emp_03，根据输入的员工编号来查询员工信息。这里员工编号可以自行定义，如定义员工编号为 103，SQL 语句如下：

```
USE test;
GO
EXECUTE Proc_emp_02 @sID=103;
```

单击【执行】按钮，即可完成执行带输入参数存储过程的操作，执行结果如图 16-9 所示。

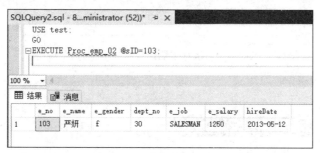

图 16-9　执行带输入参数的存储过程

　执行带有输入参数的存储过程时需要指定参数，如果没有指定参数，系统会提示错误。如果希望不给出参数时存储过程也能正常运行，或者希望为用户提供一个默认的返回结果，可以通过设置参数的默认值来实现。

16.3.4　执行带输出参数的存储过程

执行带输出参数的存储过程时有一个返回值，为了接收这一返回值，需要用一个变量来存放返回参数的值。同时，在执行这个存储过程时，该变量必须加上 OUTPUT 关键字来声明。

【例 16.10】执行带输出参数的存储过程 Proc_emp_04，并将返回结果保存到 @employeecount 变量中。

```
USE test;
GO
DECLARE @employeecount INT;
DECLARE @sID INT =20;
EXEC Proc_emp_04 @sID, @employeecount OUTPUT
SELECT '该部门一共有' +LTRIM(STR(@employeecount)) + '员工'
GO
```

单击【执行】按钮，即可完成执行带输出参数存储过程的操作，执行结果如图 16-10 所示。

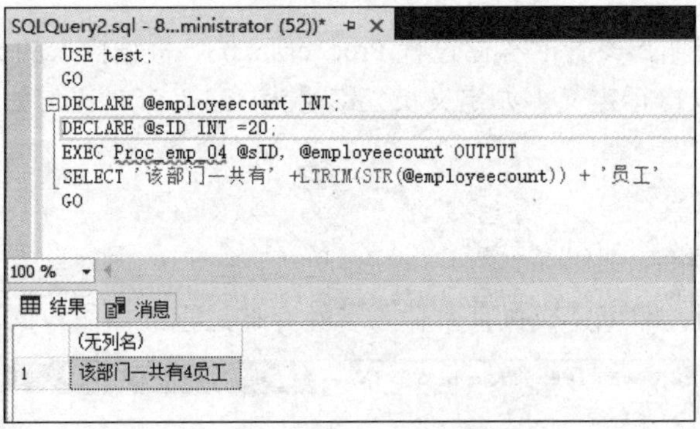

图 16-10　执行带输出参数的存储过程

16.4　修改存储过程

修改存储过程可以改变存储过程中的参数或者语句，既可以通过 SQL 语句中的 ALTER PROCEDURE 语句来实现，也可以在 SSMS 中以界面方式修改存储过程。

16.4.1　修改存储过程的语法

使用 ALTER PROCEDURE 语句可以修改存储过程。在修改存储过程时，SQL Server 会覆盖以前定义的存储过程，语法格式如下：

```
ALTER PROCEDURE [schema_name.] procedure_name [ ; number ]
{ @parameter data_type }
[ VARYING ] [ = default ] [ OUT | OUTPUT ] [READONLY]
```

```
[ WITH <ENCRYPTION ]|[ RECOMPILE ]|[ EXECUTE AS Clause ]> ]
[ FOR REPLICATION ]
AS <sql_statement>
```

提示　除了 ALTER 关键字之外，这里其他的参数与 CREATE PROCEDURE 中的参数作用相同。

16.4.2　修改存储过程的内容

使用 SQL 语句可以修改存储过程。下面通过一个实例来介绍使用 SQL 语句修改存储过程的方法。

【例 16.11】通过 ALTER PROCEDURE 语句修改名为 Count_Proc 的存储过程，具体操作步骤如下：

步骤 01　打开 SSMS，并连接到 SQL Server 中的数据库，然后选择存储过程所在的数据库，如 test，如图 16-11 所示。

步骤 02　单击工具栏中的【新建查询】按钮 [新建查询(N)]，新建查询编辑器，并输入以下 SQL 语句，将 SELECT 语句查询的结果按部门编号 dept_no 进行分组。

```
USE test
GO
SET ANSI_NULLS ON
GO
SET QUOTED_IDENTIFIER ON
GO
ALTER PROCEDURE [dbo].[Count_Proc]
AS
SELECT dept_no,COUNT(*) AS 总数 FROM employee GROUP BY dept_no;
```

步骤 03　单击【执行】按钮，即可完成修改存储过程的操作，如图 16-12 所示。

图 16-11　选择 test

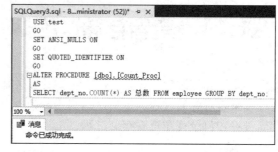

图 16-12　修改存储过程

步骤 04　执行修改后的 Count_Proc 存储过程，SQL 语句如下：

```
USE test;
GO
EXEC Count_Proc;
```

单击【执行】按钮，即可完成存储过程的执行操作，结果如图 16-13 所示。

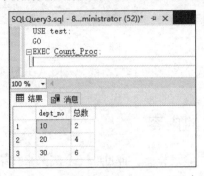

图 16-13　执行修改后的存储过程

16.4.3　修改存储过程的名称

使用系统存储过程 sp_rename 也可以重命名存储过程，语法格式如下：

```
sp_rename oldObjectName,newObjectName
```

主要参数介绍如下：

- oldObjectName：存储过程的旧名称。
- newObjectName：存储过程的新名称。

【例 16.12】重命名存储过程 Count_Proc 为
"CountProc"，SQL 语句如下：

```
sp_rename Count_Proc,CountProc
```

单击【执行】按钮，即可完成存储过程的重命
名操作，执行结果如图 16-14 所示。

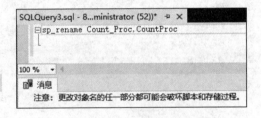

图 16-14　重命名存储过程

16.5　查看存储过程

许多系统存储过程、系统函数和目录视图都提供有关存储过程的信息，可以使用这些系统
存储过程来查看存储过程的定义，即用于创建存储过程的 T-SQL 语句。可以通过下面 3 种系
统存储过程和目录视图查看存储过程。

16.5.1　使用 sp_helptext 查看

使用 sp_helptext 可以查看存储过程的定义，主要内容包括显示用户定义规则的定义、默
认值、未加密的 T-SQL 存储过程、用户定义 T-SQL 函数、触发器、计算列、CHECK 约束、
视图或系统对象等，语法格式如下：

```
sp_helptext[@objname=]'name'[,[@columnname=]computed_column_name]
```

主要参数介绍如下:

- [@objname=]'name': 架构范围内的用户定义对象的限定名称和非限定名称。
- [@columnname=]computed_column_name]: 要显示器定义信息的计算列的名称, 必须将包含列的表指定为 name。column_name 的数据类型为 sysname, 无默认值。

【例 16.13】通过 sp_helptext 系统存储过程查看名为 CountProc 的相关定义信息, SQL 语句如下:

```
USE test;
GO
EXEC sp_helptext CountProc
```

单击【执行】按钮,即可完成通过 sp_helptext 查看存储过程的相关定义信息, 执行结果如图 16-15 所示。

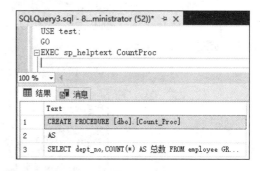

图 16-15 使用 sp_helptext 查看存储过程的定义

16.5.2 使用 sys.sql_modules 查看

sys.sql_modules 为系统视图, 通过该视图可以查看数据库中的存储过程。

【例 16.14】查看存储过程 sql_modules 相关信息, SQL 语句如下:

```
select * from sys.sql_modules
```

单击【执行】按钮,即可完成查看 sys.sql_modules 系统视图的操作, 执行结果如图 16-16 所示。

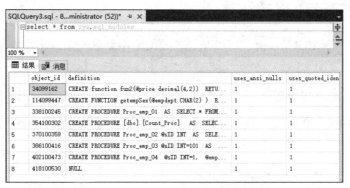

图 16-16 查看存储过程的信息

16.5.3 使用 OBJECT_DEFINITION 查看

使用 OBJECT_DEFINITION 可以返回指定对象定义的 T-SQL 源文本, 语法格式如下:

```
SELECT OBJECT_DEFINITION(OBJECT_ID);
```

主要参数 OBJECT_ID 为要使用的对象的 ID，object_id 的数据类型为 int，并假定表示当前数据库上下文中的对象。

【例 16.15】使用 OBJECT_DEFINITION 查看存储过程的定义，SQL 语句如下：

```
USE test;
GO
SELECT OBJECT_DEFINITION(OBJECT_ID('CountProc'));
```

单击【执行】按钮，即可完成使用 OBJECT_DEFINITION 查看存储过程定义的操作，执行结果如图 16-17 所示。

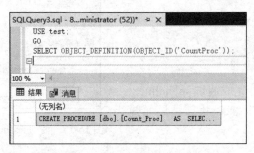

图 16-17　查看存储过程的定义

16.6　删除存储过程

使用 T-SQL 语句可以轻松删除不需要的存储过程。

16.6.1　删除存储过程的语法

使用 DROP PROCEDURE 语句可以从当前数据库中删除一个或多个存储过程，语法格式如下：

```
DROP { PROC | PROCEDURE } { [ schema_name. ] procedure } [ ,...n ]
```

- schema_name：存储过程所属架构的名称，不能指定服务器名称或数据库名称。
- procedure：要删除的存储过程或存储过程组的名称。

16.6.2　删除不需要的存储过程

使用 T-SQL 语句可以一次删除一个或多个存储过程。

【例 16.16】一次删除一个存储过程（存储过程的名称为 CountProc），SQL 语句如下：

```
USE test;
GO
DROP PROCEDURE dbo.CountProc
```

输入完成之后，单击【执行】命令，即可删除名称为 CountProc 的存储过程，如图 16-18 所示。删除之后，刷新【存储过程】节点，查看删除结果，可以看到名称为 CountProc 的存储过程不存在了，如图 16-19 所示。

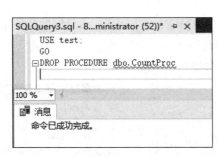

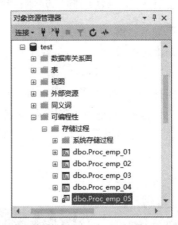

图 16-18　删除存储过程 CountProc　　　　　　图 16-19　对象资源管理器窗口

【例 16.17】一次删除多个存储过程。这里一次删除两个存储过程，名称分别为 Proc_emp_01 和 Proc_emp_02，SQL 语句如下：

```
USE test;
GO
DROP PROCEDURE dbo.Proc_emp_01, dbo.Proc_emp_02;
```

输入完成之后，单击【执行】命令，即可删除名称为 Proc_emp_01 和 Proc_emp_02 的存储过程，如图 16-20 所示。删除之后，刷新【存储过程】节点，查看删除结果，可以看到名称为 Proc_emp_01 和 Proc_emp_02 的存储过程不存在了，如图 16-21 所示。

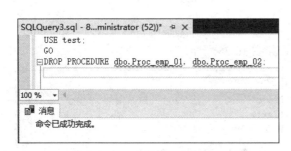

图 16-20　删除多个存储过程　　　　　　图 16-21　对象资源管理器窗口

16.7　在 SSMS 中管理存储过程

在 SSMS 中可以直接创建和管理存储过程，如创建存储过程、执行存储过程、删除存储过程、修改存储过程等。

16.7.1　在 SSMS 中创建存储过程

在 SSMS 中可以使用向导创建存储过程，具体操作步骤如下：

步骤 01　启动 SSMS 并连接到 SQL Server 数据库中。打开 SSMS 窗口，选择【数据库】→【test】→【可编程性】节点。在【可编程性】节点下，右击【存储过程】节点，在弹出的快捷菜单中选择【新建存储过程】菜单命令，如图 16-22 所示。

步骤 02　打开创建存储过程的代码模板，这里显示了 CREATE PROCEDURE 语句模板，可以修改要创建的存储过程的名称，然后在存储过程中的 BEGIN END 代码块中添加需要的 SQL 语句，最后单击【执行】按钮即可创建一个存储过程，如图 16-23 所示。

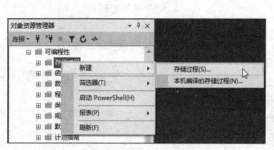

图 16-22　选择【新建存储过程】菜单命令　　　　图 16-23　使用模板创建存储过程

下面创建一个名称为 Proc_emp 的存储过程，要求该存储过程实现的功能为：在 employee 表中查询男员工的姓名、当前职位与基本工资。具体操作步骤如下：

步骤 01　在创建存储过程的窗口中选择【查询】→【指定模板参数的值】菜单命令，如图 16-24 所示。

步骤 02　弹出【指定模板参数的值】对话框，将 Procedure_Name 参数对应的名称修改为"Proc_emp"，单击【确定】按钮，即可关闭此对话框，如图 16-25 所示。

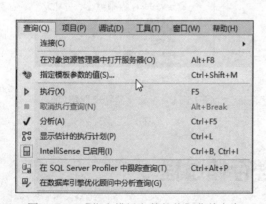

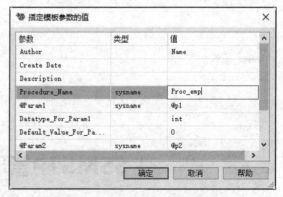

图 16-24　【指定模板参数的值】菜单命令　　　　图 16-25　【指定模板参数的值】窗口

步骤 03　在创建存储过程的窗口中，将对应的 SELECT 语句修改为以下语句，如图 16-26 所示。

```
SELECT e_name,e_job,e_salary
FROM employee
WHERE e_gender='男';
```

步骤 04 单击【执行】按钮，即可完成存储过程的创建操作，执行结果如图 16-27 所示。

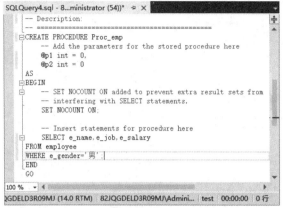

图 16-26　修改 SELECT 语句

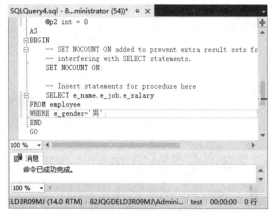

图 16-27　创建存储过程

16.7.2　在 SSMS 中执行存储过程

在 SSMS 中以界面方式执行存储过程，具体步骤如下：

步骤 01 右击要执行的存储过程，这里选择名称为 Proc_emp_04 的存储过程。在弹出的快捷菜单中选择【执行存储过程】菜单命令，如图 16-28 所示。

步骤 02 打开【执行过程】窗口，在【值】文本框中输入@sID 参数值 "20"，如图 16-29 所示。

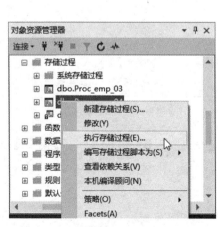

图 16-28　选择【执行存储过程】菜单命令

图 16-29　【执行过程】窗口

步骤 03 单击【确定】按钮执行带输入参数的存储过程，执行结果如图 16-30 所示。

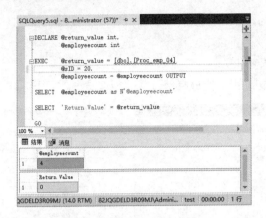

图 16-30　存储过程执行结果

16.7.3　在 SSMS 中修改存储过程

在 SSMS 中可以以界面方式修改存储过程，具体的操作步骤如下：

步骤 01 登录 SQL Server 服务器之后，在 SSMS 中打开【对象资源管理器】窗口，选择【数据库】节点下创建存储过程的数据库，选择【可编程性】→【存储过程】节点，右击要修改的存储过程，在弹出的快捷菜单中选择【修改】菜单命令，如图 16-31 所示。

步骤 02 打开存储过程的修改窗口，即可修改该存储过程，然后单击【保存】按钮，如图 16-32 所示。

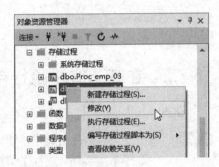

图 16-31　选择【修改】菜单命令

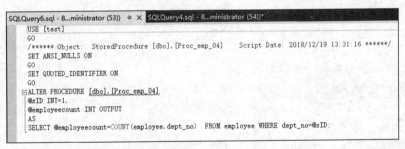

图 16-32　修改存储过程窗口

注意　ALTER PROCEDURE 语句只能修改一个单一的存储过程。如果过程调用了其他存储过程，嵌套的存储过程不受影响。

16.7.4　在 SSMS 中重命名存储过程

重命名存储过程可以在 SSMS 中以界面方式来轻松地完成，具体操作步骤如下：

步骤 01 选择需要重命名的存储过程，右击鼠标，并在弹出的快捷菜单中选择【重命名】菜单命令，如图 16-33 所示。

步骤 **02** 在显示的文本框中输入要修改的新的存储过程的名称，这里输入"dbo.Count_Proc_01"，按 Enter 键确认即可，如图 16-34 所示。

图 16-33 选择【重命名】菜单命令

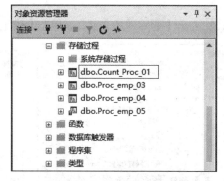

图 16-34 输入新的名称

注意 输入新名称之后，在对象资源管理器中的空白地方单击鼠标，或者直接按回车键确认，即可完成修改操作。在选择一个存储过程之后，间隔一小段时间，再次单击该存储过程；或者选择存储过程之后，直接按 F2 快捷键，都可以进行存储过程名称的修改。

16.7.5 在 SSMS 中查看存储过程信息

在 SSMS 中可以以界面方式查看存储过程信息，具体的操作步骤如下：

步骤 **01** 登录 SQL Server 服务器之后，在 SSMS 中打开【对象资源管理器】窗口，选择【数据库】节点下创建存储过程的数据库，选择【可编程性】→【存储过程】节点，右击要修改的存储过程，在弹出的快捷菜单中选择【属性】菜单命令，如图 16-35 所示。

步骤 **02** 在弹出的【存储过程属性】窗口中，用户即可查看存储过程的具体属性，如图 16-36 所示。

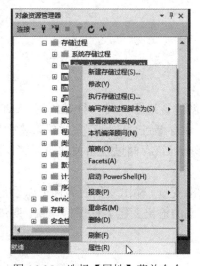

图 16-35 选择【属性】菜单命令

图 16-36 【存储过程属性】窗口

16.7.6 在 SSMS 中删除存储过程

删除存储过程可以在对象资源管理器中轻松地完成，具体操作步骤如下：

步骤01 选择需要删除的存储过程，右击鼠标，在弹出的快捷菜单中选择【删除】菜单命令，如图 16-37 所示。

步骤02 打开【删除对象】窗口，单击【确定】按钮，即可完成存储过程的删除，如图 16-38 所示。

图 16-37 选择【删除】命令　　　　　图 16-38 删除对象窗口

提示　该方法一次只能删除一个存储过程。

16.8 疑难解惑

1. 如何更改存储过程中的代码？

更改存储过程可以有两种方法：一种是删除并重新创建该过程，另一种是使用 ALTER PROCEDURE 语句修改。当删除并重新创建存储过程时，原存储过程的所有关联权限将丢失；更改存储过程时，只是更改存储过程的内部定义，并不影响与该存储过程相关联的存储权限，并且不会影响相关的存储过程。

带输出参数的存储过程在执行时，一定要实现定义输出变量。输出变量的名称可以设定为符合标识符命名规范的任意字符，也可以和存储过程中定义的输出变量名称保持一致。变量的类型要和存储过程中变量的类型完全一致。

2. 存储过程中可以调用其他的存储过程吗？

存储过程包含用户定义的 SQL 语句集合，可以使用 CALL 语句调用存储过程。当然，在存储过程中也可以使用 CALL 语句调用其他存储过程，但是不能使用 DROP 语句删除其他存储过程。

16.9　经典习题

1. 编写一个输出"Hello SQL Server 2017"字符串的存储过程和函数。
2. 编写一个完整的包括输入参数、变量、变量赋值、SELECT 返回结果集的存储过程。
3. 创建一个执行动态 SQL 的存储过程，该存储过程接受一个字符串变量，该变量中包含用户动态生成的查询语句。
4. 编写一个存储过程，@min_price 和@max_price 为 INT 类型输入参数，在存储过程中通过 SELECT 语句查询 fruits 表中 f_price 字段值位于指定区间的记录集。

第 17 章
触发器的创建与应用

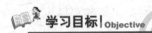 学习目标 | Objective

　　触发器是 SQL Server 中一种特殊的存储过程，可以执行复杂的数据库操作和完整性约束过程，最大的特点是其被调用执行 T-SQL 语句时是自动的。本章就来介绍触发器的应用，主要内容包括触发器的分类、创建触发器、修改触发器、删除触发器等。

内容导航 | Navigation

- 了解触发器的概念
- 熟悉触发器的作用
- 掌握创建 DML 触发器的方法
- 掌握创建 DDL 触发器的方法
- 掌握管理触发器的方法
- 掌握删除触发器的方法

17.1　认识触发器

　　触发器与存储过程不同，它不需要使用 EXEC 语句调用就可以被执行。但是，在触发器中所写的语句与存储过程类型，可以说触发器是一种特殊的存储过程。触发器可以在对表进行 UPDATE、INSERT 和 DELETE 这些操作时自动地被调用。

17.1.1　触发器的概念

　　触发器是一种特殊类型的存储过程，与前面介绍过的存储过程不同。触发器主要是通过事件进行触发而被执行的，而存储过程可以通过存储过程名称被直接调用。触发器是一个功能强大的工具，使每个站点可以在有数据修改时自动强制执行其业务规则。触发器可以用于 SQL Server 约束、默认值和规则的完整性检查。

当往某一个表格中插入、修改或者删除记录时，SQL Server 就会自动执行触发器所定义的 SQL 语句，从而确保对数据的处理必须符合由这些 SQL 语句所定义的规则。在触发器中可以查询其他表格，或者包括复杂的 SQL 语句。触发器和引起触发器执行的 SQL 语句被当作一次事务处理，如果这次事务未获得成功，SQL Server 就会自动返回该事务执行前的状态。和 CHECK 约束相比较，触发器可以强制实现更加复杂的数据完整性，而且可以参考其他表的字段。

17.1.2　触发器的作用

触发器是一个在修改指定表值的数据时执行的存储过程，不同的是执行存储过程要使用 EXEC 语句来调用，而触发器的执行不需要使用 EXEC 语句来调用，通过创建触发器可以保证不同表中的逻辑相关数据的引用完整性或一致性。

它的主要作用如下：

（1）触发器是自动的。当对表中的数据做了任何修改（比如手工输入或者应用程序采取的操作）之后立即被激活。

（2）触发器可以通过数据库中的相关表进行层叠更改。

（3）触发器可以强制限制。这些限制比用 CHECK 约束所定义的更复杂。与 CHECK 约束不同的是，触发器可以引用其他表中的列。

17.1.3　触发器的分类

在 SQL Server 数据库中，触发器主要分为 3 类，即登录触发器、DML 触发器和 DDL 触发器。下面介绍这 3 类触发器的主要作用。

1. 登录触发器

登录触发器是作用在 LOGIN 事件的触发器，是一种 AFTER 类型触发器，表示在登录后触发。使用登录触发器可以控制用户会话的创建过程以及限制用户名和会话的 次数。

2. DML 触发器

DML 触发器包括对表或视图 DML 操作激发的触发器。DML 操作包括 INSERT、UPDATE、DELETE 语句。DML 触发器包括两种类型的触发器，一种是 AFTER 类型，一种是 INSTEAD OF 类型。AFTER 类型表示对表或视图操作完成后激发触发器，INSTEAD OF 类型表示当表或视图执行 DML 操作时替代这些操作执行其他一些操作。

3. DDL 触发器

DDL 触发器是当服务器或者数据库中发生数据定义语言事件时被激活调用。使用 DDL 触发器可以防止对数据库架构进行的某些更改或记录数据库架构中的更改或事件。DDL 操作包括 CREATE、ALTER 或 DROP 等，该触发器一般用于管理和记录数据库对象的结构变化。

17.2 创建触发器

创建触发器是开始使用触发器的第一步，只有创建了触发器，才可以完成后续的操作，用户可以使用 SQL 语句来创建触发器，也可以在 SSMS 中以图形的界面来创建触发器。

17.2.1 创建 DML 触发器

DML 触发器是指当数据库服务器中发生数据库操作语言事件时要执行的操作。DML 事件包括对表或视图发出的 UPDATE、INSERT 或者 DELETE 语句。下面介绍如何创建各种类型的 DML 触发器。

1. INSERT 触发器

触发器是一种特殊类型的存储过程，因此创建触发器的语法格式与创建存储过程的语法格式相似，基本的语法格式如下：

```
CREATE TRIGGER schema_name.trigger_name
ON { table | view }
[ WITH <dml_trigger_option> [ ,...n ] ]
{ FOR | AFTER | INSTEAD OF }
{ [ INSERT ] [ , ] [ UPDATE ] [ , ] [ DELETE ] }
[ WITH APPEND ]
[ NOT FOR REPLICATION ]
AS { sql_statement  [ ; ] [ ,...n ] | EXTERNAL NAME <method specifier [ ; ] > }
<dml_trigger_option> ::=
    [ ENCRYPTION ]
    [ EXECUTE AS Clause ]
<method_specifier> ::=
    assembly_name.class_name.method_name
```

主要参数介绍如下：

- trigger_name：用于指定触发器的名称，其名称在当前数据库中必须是唯一的。
- table | view：用于指定在其上执行触发器的表或视图，有时称为触发器表或触发器视图。
- AFTER：用于指定触发器只有在触发 SQL 语句中指定的所有操作都已成功执行后才激发。所有的引用级联操作和约束检查也必须成功完成后才能执行此触发器。如果仅指定 FOR 关键字，则 AFTER 是默认设置。注意该类型触发器仅能在表上创建，而不能在视图上定义。
- INSTEAD OF：用于规定执行的是触发器而不是执行触发 SQL 语句，从而用触发器替代触发语句的操作。在表或视图上，每个 INSERT、UPDATE 或 DELETE 语句最多可以定义一个 INSTEAD OF 触发器。然而，可以在每个具有 INSTEAD OF 触发器的视图上定义视图。INSTEAD OF 触发器不能在 WITH CHECK OPTION 的可更新视图上定义。如果向指定的 WITH CHECK OPTION 选项的可更新视图添加 INSTEAD OF 触发器，系统将产生一个错误。用户必须用 ALTER VIEW 删除该选项后才能定义 INSTEAD OF 触发器。

- {[DELETE][,][INSERT][,][UPDATE]}：用于指定在表或视图上执行哪些数据修改语句时，将激活触发器的关键字。必须至少指定一个选项。在触发器定义中允许使用以任何的顺序组合这些关键字。如果指定的选项多于一个，需要用逗号分隔。
- [WITH APPEND]：指定应该再添加一个现有类型的触发器。
- AS：触发器要执行的操作。
- sql_statement：触发器的条件和操作。触发器条件指定其他准则，以确定 DELETE、INSERT 或 UPDATE 语句是否导致执行触发器操作。

当用户向表中插入新的记录行时，被标记为 FOR INSERT 的触发器的代码就会执行，如前所述，同时 SQL Server 会创建一个新行的副本，将副本插入到一个特殊表中。该表只在触发器的作用域内存在。下面来创建当用户执行 INSERT 操作时触发的触发器。

【例 17.1】在 students 表上创建一个名称为 Insert_Student 的触发器，在用户向 students 表中插入数据时触发，输入语句如下：

```
CREATE TRIGGER Insert_Student
ON students
AFTER INSERT
AS
BEGIN
  IF OBJECT_ID(N'stu_Sum',N'U') IS NULL              --判断 stu_Sum 表是否存在
    CREATE TABLE stu_Sum(number INT DEFAULT 0);   --创建存储学生人数的 stu_Sum 表
  DECLARE @stuNumber INT;
  SELECT @stuNumber = COUNT(*) FROM students;
  IF NOT EXISTS (SELECT * FROM stu_Sum)             --判断表中是否有记录
    INSERT INTO stu_Sum VALUES(0);
  UPDATE stu_Sum SET number = @stuNumber;   --把更新后总的学生人数插入 stu_Sum 表中
END
GO
```

单击【执行】按钮，即可完成触发器的创建，执行结果如图 17-1 所示。

触发器创建完成之后，接着向 students 表中插入记录，触发触发器的执行，SQL 语句如下：

```
SELECT COUNT(*) students 表中总人数 FROM  students;
INSERT INTO students (id,name,age,birthplace,tel,remark) VALUES
(1010,'白雪',20,'湖南',66601238888,'湖南长沙');
SELECT COUNT(*) students 表中总人数 FROM  students;
SELECT number AS stu_Sum 表中总人数 FROM stu_Sum;
```

单击【执行】按钮，即可完成激活触发器的执行操作，执行结果如图 17-2 所示。

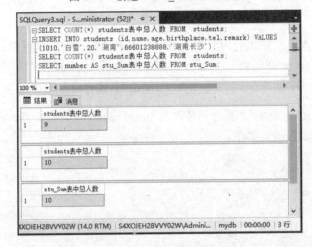

图 17-1　创建 Insert_Student 触发器

提示

由触发器的触发过程可以看到，查询语句中的第 2 行执行了一条 INSERT 语句，向 students 表中插入一条记录，结果显示插入前后 students 表中总的记录数；第 4 行语句查看触发器执行之后 stu_Sum 表中的结果，可以看到，这里成功地将 students 表中总的学生人数计算之后插入到 stu_Sum 表，实现了表的级联操作。

　　在某些情况下，根据数据库设计需要，可能会禁止用户对某些表的操作，可以在表上指定拒绝执行插入操作。例如，前面创建的 stu_Sum 表，其中插入的数据是根据 students 表中计算得到的，用户不能随便插入数据。

【例 17.2】创建触发器，当用户向 stu_Sum 表中插入数据时，禁止操作，SQL 语句如下。

```
CREATE TRIGGER Insert_forbidden
ON stu_Sum
AFTER INSERT
AS
BEGIN
  RAISERROR('不允许直接向该表插入记录，操作被禁止',1,1)
ROLLBACK TRANSACTION
END
```

单击【执行】按钮，即可完成触发器的创建，执行结果如图 17-3 所示。

验证触发器的作用，输入向 stu_Sum 表中插入数据的语句，从而激活创建的触发器，SQL 语句如下：

```
INSERT INTO stu_Sum VALUES(11);
```

单击【执行】按钮，即可完成激活创建的触发器的操作，执行结果如图 17-4 所示。

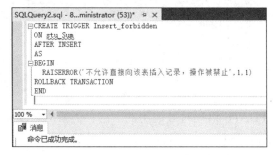

图 17-3　创建 Insert_forbidden 触发器

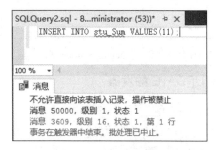

图 17-4　激活 Insert_forbidden 触发器

2. DELETE 触发器

用户执行 DELETE 操作时，就会激活 DELETE 触发器，从而控制用户能够从数据库中删除的数据记录。触发 DELETE 触发器之后，用户删除的记录行会被添加到 DELETED 表中，原来表中的相应记录被删除，所以可以在 DELETED 表中查看删除的记录。

【例 17.3】创建 DELETE 触发器，用户对 students 表执行删除操作后触发，并返回删除的记录信息，SQL 语句如下：

```
CREATE TRIGGER Delete_Student
ON students
AFTER DELETE
AS
BEGIN
  SELECT id AS 已删除学生编号,name,age
FROM DELETED
END
GO
```

单击【执行】按钮，即可完成触发器的创建，如图 17-5 所示。与创建 INSERT 触发器过程相同，这里 AFTER 后面指定 DELETE 关键字，表明这是一个用户执行 DELETE 删除操作触发的触发器。

创建完成，执行一条 DELETE 语句触发该触发器，SQL 语句如下：

```
DELETE FROM students WHERE id=1010;
```

单击【执行】按钮，即可执行 DELETE 语句并触发该触发器，如图 17-6 所示。

提示　　这里返回的结果记录是从 DELETED 表中查询得到的。

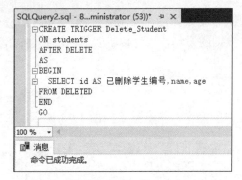

图 17-5　创建 Delete_Student 触发器

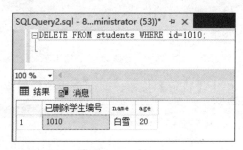

图 17-6　调用 Delete_Student 触发器

3. UPDATE 触发器

UPDATE 触发器是当用户在指定表上执行 UPDATE 语句时被调用的。这种类型的触发器用来约束用户对现有数据的修改。UPDATE 触发器可以执行两种操作：更新前的记录存储到 DELETED 表；更新后的记录存储到 INSERTED 表。

【例 17.4】创建 UPDATE 触发器，用户对 students 表执行更新操作后触发，并返回更新的记录信息，SQL 语句如下：

```
CREATE TRIGGER Update_Student
ON students
AFTER UPDATE
AS
BEGIN
DECLARE @stuCount INT;
SELECT @stuCount = COUNT(*) FROM students;
UPDATE  stu_Sum SET number = @stuCount;
SELECT id AS 更新前学生编号 ,name AS 更新前学生姓名 FROM DELETED
SELECT id AS 更新后学生编号 ,name AS 更新后学生姓名  FROM INSERTED
END
GO
```

单击【执行】按钮，即可完成触发器的创建操作，执行结果如图 17-7 所示。

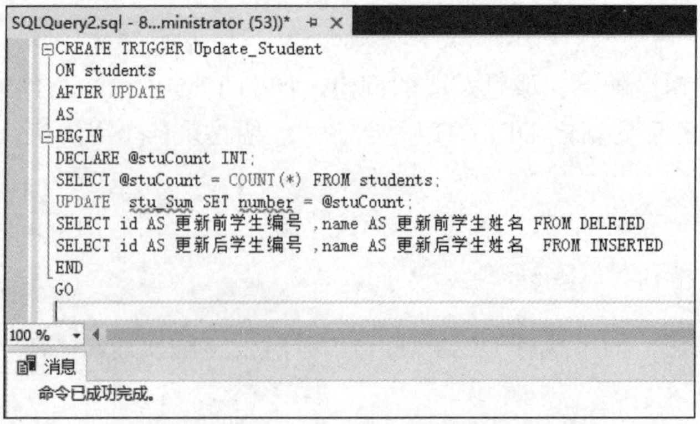

图 17-7　创建 Update_Student 触发器

创建完成，执行一条 UPDATE 语句触发该触发器，输入语句如下：

```
UPDATE students SET name='张华' WHERE id=1001;
```

单击【执行】按钮，即可完成修改数据记录的操作，并激活创建的触发器，执行结果如图 17-8 所示。

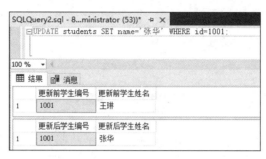

图 17-8　调用 Update_Student 触发器

 提　示　由执行过程可以看到，UPDATE 语句触发触发器之后，可以看到 DELETED 和 INSERTED 两个表中保存的数据分别为执行更新前后的数据。该触发器同时也更新了保存所有学生人数的 stu_Sum 表，该表中 number 字段的值也同时被更新。

17.2.2　创建 DDL 触发器

与 DML 触发器相同，DDL 触发器可以通过用户的操作而激活。由其名称数据定义语言触发器是当用户只需数据库对象创建修改和删除的时候触发。对于 DDL 触发器而言，其创建和管理过程与 DML 触发器类似。创建 DDL 触发器的语法格式如下：

```
CREATE TRIGGER trigger_name
ON { ALL SERVER | DATABASE }
[ WITH <ddl_trigger_option> [ ,...n ] ]
{ FOR | AFTER } { event_type | event_group } [ ,...n ]
AS { sql_statement [ ; ] [ ,...n ] | EXTERNAL NAME < method specifier > [ ; ] }
<ddl_trigger_option> ::=
    [ ENCRYPTION ]
    [ EXECUTE AS Clause ]
```

主要参数介绍如下：

- DATABASE：表示将 DDL 触发器的作用域应用于当前数据库。
- ALL SERVER：表示将 DDL 或登录触发器的作用域应用于当前服务器。
- event_type：指定激发 DDL 触发器的 SQL 语言事件的名称。

下面以创建数据库或服务器作用域的 DDL 触发器为例来介绍创建 DDL 触发器的方法，在创建数据库或服务器作用域的 DDL 触发器时，需要指定 ALL SERVER 参数。

【例 17.5】创建数据库作用域的 DDL 触发器，拒绝用户对数据库中表的删除和修改操作，SQL 语句如下：

```
USE mydb;
GO
CREATE TRIGGER DenyDelete_mydbase
ON DATABASE
FOR DROP_TABLE,ALTER_TABLE
AS
BEGIN
PRINT '用户没有权限执行删除操作！'
ROLLBACK TRANSACTION
END
GO
```

单击【执行】按钮，即可完成触发器的创建操作，执行结果如图 17-9 所示。其中，ON 关键字后面的 DATABASE 指定触发器作用域；DROP_TABLE，ALTER_TABLE 指定 DDL 触发器的触发事件，即删除和修改表；最后定义 BEGIN END 语句块，输出提示信息。

创建完成，执行一条 DROP 语句触发该触发器，SQL 语句如下：

```
DROP TABLE mydb;
```

单击【执行】按钮，开始执行 DROP 语句，并激活创建的触发器，执行结果如图 17-10 所示。

图 17-9　创建 DDL 触发器

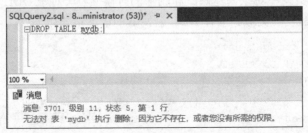

图 17-10　激活数据库级别的 DDL 触发器

【例 17.6】创建服务器作用域的 DDL 触发器，拒绝用户创建或修改数据库操作，输入语句如下：

```
CREATE TRIGGER DenyCreate_AllServer
ON ALL SERVER
FOR CREATE_DATABASE,ALTER_DATABASE
AS
BEGIN
PRINT '用户没有权限创建或修改服务器上的数据库！'
ROLLBACK TRANSACTION
END
GO
```

单击【执行】按钮，即可完成触发器的创建操作，执行结果如图 17-11 所示。

创建成功之后，依次打开服务器的【服务器对象】下的【触发器】节点，可以看到创建的服务器作用域的触发器 DenyCreate_AllServer，如图 17-12 所示。

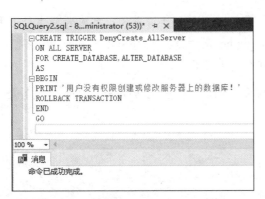

图 17-11　创建服务器作用域的 DDL 触发器

图 17-12　服务器【触发器】节点

上述代码成功创建了整个服务器作为作用域的触发器。当用户创建或修改数据库时触发触发器，禁止用户的操作，并显示提示信息，SQL 语句如下：

```
CREATE DATABASE mydbase;
```

单击【执行】按钮，即可完成测试触发器的执行过程，执行结果如图 17-13 所示，即可看到触发器已经激活。

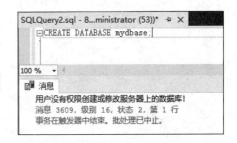

图 17-13　激活服务器域的 DDL 触发器

17.2.3　创建登录触发器

登录触发器是在遇到 LOGON 事件时触发的。LOGON 事件是在建立用户会话时引发的。创建登录触发器的语法格式如下：

```
CREATE [ OR ALTER ] TRIGGER trigger_name
ON ALL SERVER
[ WITH <logon_trigger_option> [ ,...n ] ]
{ FOR| AFTER } LOGON
AS { sql_statement  [ ; ] [ ,...n ] | EXTERNAL NAME < method specifier >  [ ; ] }
<logon_trigger_option> ::=
    [ ENCRYPTION ]
    [ EXECUTE AS Clause ]
```

主要参数介绍如下：

- trigger_name：用于指定触发器的名称，其名称在当前数据库中必须是唯一的。
- ALL SERVER：表示将登录触发器的作用域应用于当前服务器。

- FOR|AFTER：AFTER 指定仅在触发 SQL 语句中指定的所有操作成功执行时触发触发器。所有引用级联操作和约束检查在此触发器触发之前也必须成功。当 FOR 是指定的唯一关键字时，AFTER 是默认值。视图无法定义 AFTER 触发器。
- sql_statement：触发条件和动作。触发条件指定附加条件，以确定尝试的 DML、DDL 或登录事件是否导致执行触发器操作。
- <method_specifier>：对于 CLR 触发器，指定要与触发器绑定的程序集的方法。该方法不得不引用任何参数并返回 void。class_name 必须是有效的 SQL Server 标识符，并且必须作为具有程序集可见性的程序集中的类存在。

【例 17.7】创建一个登录触发器，该触发器仅允许白名单主机名连接 SQL Server 服务器，输入语句如下：

```
CREATE TRIGGER MyHostsOnly
ON ALL SERVER
FOR LOGON
AS
BEGIN
    IF
    (
        HOST_NAME() NOT IN ('ProdBox','QaBox','DevBox')
    )
    BEGIN
        RAISERROR('You are not allowed to login from this hostname.', 16, 1);
        ROLLBACK;
    END
END
```

单击【执行】按钮，即可完成登录触发器的创建，执行结果如图 17-14 所示。

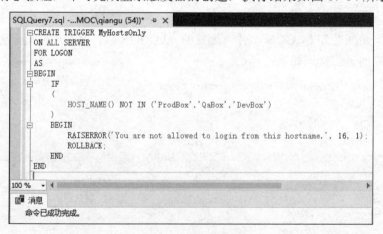

图 17-14　创建登录触发器

设置登录触发器后，当用户再次尝试使用 SSMS 登录时，会出现类似下面的错误，如图 17-15 所示，因为用户要连接的主机名并不在当前的白名单上。

图 17-15　警告信息框

17.3　修改触发器

当触发器不满足需求时，可以修改触发器的定义和属性。在 SQL Server 中，可以通过两种方式进行修改：先删除原来的触发器，再重新创建与之名称相同的触发器；可以使用 ALTER TRIGGER 语句直接修改现有触发器的定义。

17.3.1　修改 DML 触发器

修改 DML 触发器的基本语法格式如下：

```
ALTER TRIGGER schema_name.trigger_name
ON { table | view }
[ WITH <dml_trigger_option> [ ,...n ] ]
{ FOR | AFTER | INSTEAD OF }
{ [ INSERT ] [ , ] [ UPDATE ] [ , ] [ DELETE ] }
 [ NOT FOR REPLICATION ]
AS { sql_statement  [ ; ] [ ,...n ] | EXTERNAL NAME <method specifier [ ; ] > }
<dml_trigger_option> ::=
    [ ENCRYPTION ]
    [ EXECUTE AS Clause ]
<method_specifier> ::=
    assembly_name.class_name.method_name
```

除了关键字由 CREATE 换成 ALTER 之外，修改 DML 触发器的语句和创建 DML 触发器的语法格式完全相同。各个参数的作用这里不再赘述，读者可以参考创建触发器小节。

【例 17.8】修改 Insert_Student 触发器，将 INSERT 触发器修改为 DELETE 触发器，输入语句如下：

```
ALTER TRIGGER Insert_Student
ON students
AFTER DELETE
AS
BEGIN
```

```
IF OBJECT_ID(N'stu_Sum',N'U') IS NULL            --判断 stu_Sum 表是否存在
    CREATE TABLE stu_Sum(number INT DEFAULT 0);  --创建存储学生人数的 stu_Sum 表
DECLARE @stuNumber INT;
SELECT @stuNumber = COUNT(*) FROM students;
IF NOT EXISTS (SELECT * FROM stu_Sum)
    INSERT INTO stu_Sum VALUES(0);
UPDATE stu_Sum SET number = @stuNumber; --把更新后总的学生人数插入 stu_Sum 表中
END
```

单击【执行】按钮，即可完成对触发器的修改操作，这里也可以根据需要修改触发器中的
操作语句内容，如图 17-16 所示。

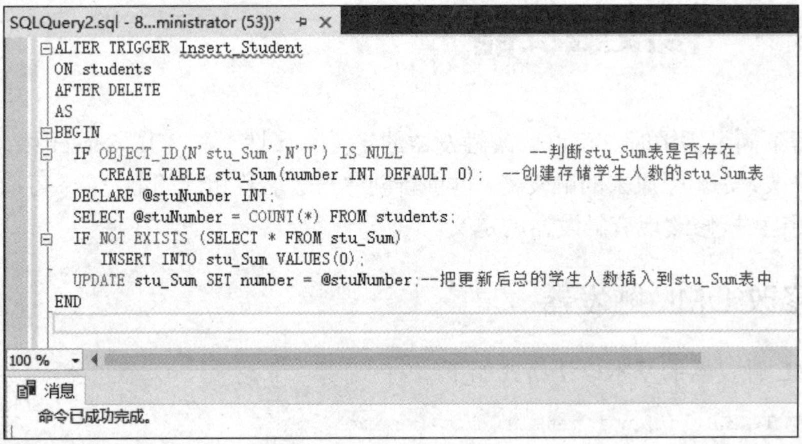

图 17-16　修改触发器的内容

17.3.2　修改 DDL 触发器

修改 DDL 触发器的语法格式如下：

```
ALTER TRIGGER trigger_name
ON { ALL SERVER | DATABASE }
[ WITH <ddl_trigger_option> [ ,...n ] ]
{ FOR | AFTER } { event_type | event_group } [ ,...n ]
AS { sql_statement [ ; ] [ ,...n ] | EXTERNAL NAME < method specifier > [ ; ] }
<ddl_trigger_option> ::=
    [ ENCRYPTION ]
    [ EXECUTE AS Clause ]
<method_specifier> ::=
    assembly_name.class_name.method_name
```

除了关键字由 CREATE 换成 ALTER 之外，修改 DDL 触发器的语句和创建 DDL 触发器
的语法格式完全相同。

【例 17.9】修改服务器作用域的 DDL 触发器，拒绝用户对数据库进行修改操作，输入语
句如下：

```
ALTER TRIGGER DenyCreate_AllServer
ON ALL SERVER
FOR DROP_DATABASE
AS
BEGIN
PRINT '用户没有权限删除服务器上的数据库！'
ROLLBACK TRANSACTION
END
GO
```

单击【执行】按钮，即可完成 DDL 触发器的修改操作，执行结果如图 17-17 所示。

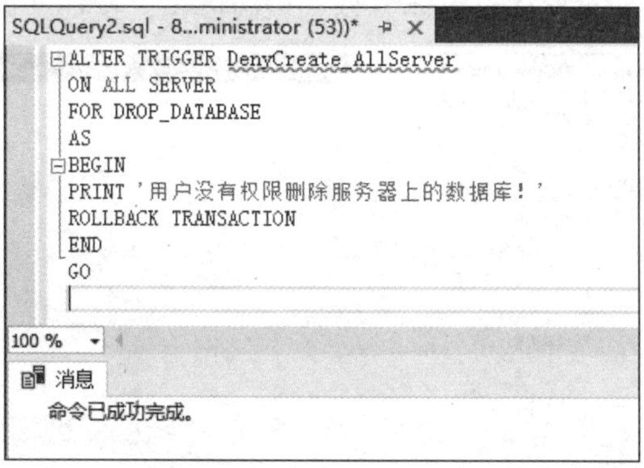

图 17-17　修改服务器作用域的 DDL 触发器

17.3.3　修改登录触发器

修改登录触发器的语法格式如下：

```
ALTER TRIGGER trigger_name
ON ALL SERVER
[ WITH <logon_trigger_option> [ ,...n ] ]
{ FOR| AFTER } LOGON
AS { sql_statement  [ ; ] [ ,...n ] | EXTERNAL NAME < method specifier >  [ ; ] }
<logon_trigger_option> ::=
    [ ENCRYPTION ]
    [ EXECUTE AS Clause ]
```

除了关键字由 CREATE 换成 ALTER 之外，修改登录触发器的语句和创建登录触发器的语法格式完全相同。

【例 17.10】修改登录触发器 MyHostsOnly，添加允许登录 SQL Server 服务器的白名单主机名为 "'UserBox'"，输入语句如下：

```
ALTER TRIGGER MyHostsOnly
ON ALL SERVER
FOR LOGON
AS
```

```
BEGIN
    IF
    (
        HOST_NAME() NOT IN ('ProdBox','QaBox','DevBox','UserBox')
    )
    BEGIN
        RAISERROR('You are not allowed to login from this hostname.', 16, 1);
        ROLLBACK;
    END
END
```

单击【执行】按钮，即可完成登录触发器的修改操作，执行结果如图 17-18 所示。

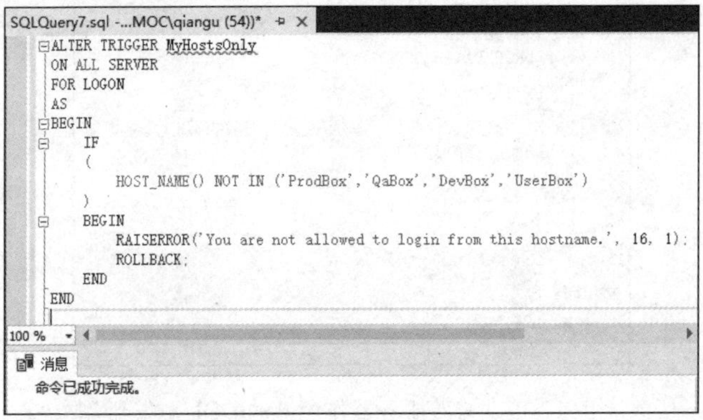

图 17-18　修改登录触发器

17.4　管理触发器

对于触发器的管理，用户既可以启用与禁用触发器、修改触发器的名称，也可以查看触发器的相关信息。

17.4.1　禁用触发器

触发器创建之后便启用了，如果暂时不需要使用某个触发器，可以将其禁用。触发器被禁用后并没有删除，它仍然作为对象存储在当前数据库中。但是当用户执行触发操作（INSERT、DELETE、UPDATE）时，触发器不会被调用。禁用触发器可以使用 ALTER TABLE 语句或者 DISABLE TRIGGER 语句。

【例 17.11】禁用 Update_Student 触发器，输入语句如下：

```
ALTER TABLE students
DISABLE TRIGGER Update_Student
```

单击【执行】按钮，禁止使用名称为 Update_Student 的触发器，执行结果如图 17-19 所示。

也可以使用下面的语句禁用 Update_Student 触发器。

```
DISABLE TRIGGER Update_Student ON students
```

输入完毕后，单击【执行】按钮，禁止使用名称为 Update_Student 的触发器，执行结果如图 17-20 所示。

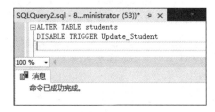

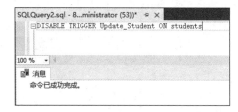

图 17-19　禁用 Update_Student 触发器　　　　　图 17-20　禁用触发器 Update_Student

可以看到，这两种方法的思路是相同的，指定要禁用的触发器的名称和触发器所在的表。读者在禁用时选择其中一种即可。

【例 17.12】禁止使用数据库作用域的触发器 DenyDelete_mydbase，输入语句如下：

```
DISABLE TRIGGER DenyDelete_ mydbase ON DATABASE;
```

单击【执行】按钮，即可禁用数据库作用域的 DenyDelete_mydbase 触发器，执行结果如图 17-21 所示。其中，ON 关键字后面指定触发器的作用域。

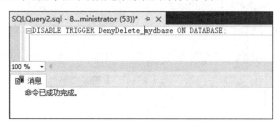

图 17-21　禁用 DenyDelete_mydbase 触发器

17.4.2　启用触发器

被禁用的触发器可以通过 ALTER TABLE 语句或 ENABLE TRIGGER 语句重新启用。

【例 17.13】启用 Update_Student 触发器，输入语句如下：

```
ALTER TABLE students
ENABLE TRIGGER Update_Student
```

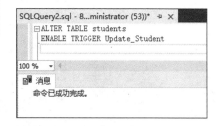

单击【执行】按钮，即可启用名称为 Update_Student 的触发器，执行结果如图 17-22 所示。

另外，也可以使用下面的语句启用 Update_Student 触发器，SQL 语句如下：

```
ENABLE TRIGGER Update_Student ON students
```

图 17-22　启用 Update_Student 的触发器

单击【执行】按钮，即可启用名称为 Update_Student 的触发器，执行结果如图 17-23 所示。

【例 17.14】启用数据库作用域的触发器 DenyDelete_mydbase，输入语句如下：

```
ENABLE TRIGGER DenyDelete_mydbase ON DATABASE;
```

单击【执行】按钮，即可启用名称为 DenyDelete_mydbase 的触发器，执行结果如图 17-24 所示。

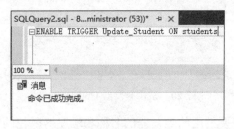

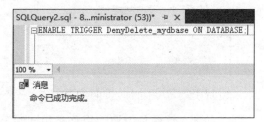

图 17-23　启用触发器 Update_Student　　　图 17-24　启用 DenyDelete_mydbase 触发器

17.4.3　查看触发器

因为触发器是一种特殊的存储过程，所以也可以使用查看存储过程的方法来查看触发器的内容，例如使用 sp_helptext、sp_help 以及 sp_depends 等系统存储过程来查看触发器的信息。

【例 17.15】使用 sp_helptext 查看 Insert_student 触发器的信息，输入语句如下：

```
sp_helptext Insert_student;
```

单击【执行】按钮，即可完成查看触发器信息的操作，执行结果如图 17-25 所示。

图 17-25　使用 sp_helptext 查看触发器定义信息

由结果可以看到，使用系统存储过程 sp_helptext 查看的触发器的定义信息，与用户输入的代码是相同的。

17.4.4　删除触发器

当触发器不再需要使用时，可以将其删除，删除触发器不会影响其操作的数据表，而当某个表被删除时，该表上的触发器也同时被删除。使用 DROP TRIGGER 语句可以删除一个或多个触发器，其语法格式如下：

```
DROP TRIGGER trigger_name [ ,...n ]
```

其中，trigger_name 为要删除的触发器的名称。

【例 17.16】使用 DROP TRIGGER 语句删除 Insert_Student 触发器，输入语句如下：

```
USE mydb;
GO
DROP TRIGGER Insert_Student;
```

输入完成，单击【执行】按钮，删除该触发器，执行结果如图 17-26 所示。

【例 17.17】删除服务器作用域的触发器 DenyCreate_AllServer，输入语句如下：

```
DROP TRIGGER DenyCreate_AllServer ON ALL Server;
```

单击【执行】按钮，即可完成触发器的删除操作，执行结果如图 17-27 所示。

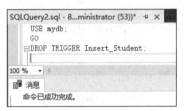

图 17-26　删除触发器 Insert_Student

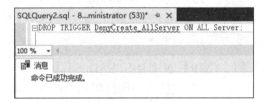

图 17-27　删除触发器 DenyCreate_AllServer

17.4.5　重命名触发器

用户可以使用 sp_rename 系统存储过程来修改触发器的名称。使用 sp_rename 系统存储过程重命名触发器与重命名存储过程相同。

【例 17.18】重命名触发器 Delete_Student 为 Delete_Stu，输入语句如下：

```
sp_rename 'Delete_Student', 'Delete_Stu';
```

单击【执行】按钮，即可完成触发器的重命名操作，执行结果如图 17-28 所示。

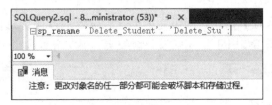

图 17-28　重命名触发器

注意
使用 sp_rename 系统存储过程重命名触发器，不会更改 sys.sql_modules 类别视图的 definition 列中相应对象名的名称，所以建议用户不要使用该系统存储过程重命名触发器，而是删除该触发器，然后使用新名称重新创建该触发器。

17.5 认识其他触发器

除前面介绍的常用触发器外，本节再来介绍一些其他类型的触发器，如替代触发器、嵌套触发器与递归触发器等。

17.5.1 替代触发器

替代（INSTEAD OF）触发器与前面介绍的 AFTER 触发器不同，SQL Server 服务器在执行触发 AFTER 触发器的 SQL 代码后，先建立临时的 INSERTED 和 DELETED 表，然后执行 SQL 代码中对数据的操作，最后才激活触发器中的代码。

对于替代（INSTEAD OF）触发器，SQL Server 服务器在执行触发 INSTEAD OF 触发器的代码时，先建立临时的 INSERTED 和 DELETED 表，然后直接触发 INSTEAD OF 触发器，而拒绝执行用户输入的 DML 操作语句。

基于多个基本表的视图必须使用 INSTEAD OF 触发器来对多个表中的数据进行插入、更新和删除操作。

【例 17.19】创建 INSTEAD OF 触发器，当用户插入到 students 表中的学生记录中的年龄大于 30 时，拒绝插入，同时提示"插入年龄错误"的信息，输入语句如下：

```
CREATE TRIGGER InsteadOfInsert_Student
ON students
INSTEAD OF INSERT
AS
BEGIN
DECLARE @stuAge INT;
SELECT @stuAge=(SELECT age FROM inserted)
If @stuAge>30
    SELECT '插入年龄错误' AS 失败原因
END
GO
```

输入完成，单击【执行】按钮，即可完成创建触发器的操作，执行结果如图 17-29 所示。创建完成，执行一条 INSERT 语句触发该触发器，输入语句如下：

```
INSERT INTO students (id,name,age)
VALUES(1001,'小鸿',40);
SELECT * FROM students;
```

单击【执行】按钮，即可执行一条 INSERT 语句并触发该触发器，执行结果如图 17-30 所示。

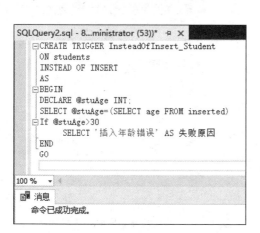

图 17-29　创建 INSTEAD OF 触发器

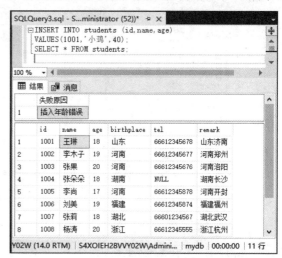

图 17-30　调用 InsteadOfInsert_Student 触发器

由返回结果可以看到，插入的记录的 age 字段值大于 30，将无法插入到基本表，基本表中的记录没有新增记录。

17.5.2　嵌套触发器

如果一个触发器在执行操作时调用了另外一个触发器，而这个触发器又接着调用了下一个触发器，就形成了嵌套触发器。嵌套触发器在安装时就被启用，但是可以使用系统存储过程 sp_configure 禁用和重新启用嵌套触发器。

使用如下语句可以禁用嵌套：

```
EXEC sp_configure 'nested triggers',0
```

若要再次启用嵌套则可使用如下语句：

```
EXEC sp_configure 'nested triggers',1
```

如果不想对触发器进行嵌套，还可以通过【允许触发器激发其他触发器】的服务器配置选项来控制，但不管此设置是什么，都可以嵌套 INSTEAD OF 触发器。

设置触发器嵌套选项更改的具体操作步骤如下：

步骤 01　在【对象资源管理器】窗口中，右击服务器名，并在弹出的快捷菜单中选择【属性】菜单命令，如图 17-31 所示。

步骤 02　打开【服务器属性】窗口，选择【高级】选项。设置【高级】选项卡【杂项】里【允许触发器激活其他触发器】为 True 或 False，分别代表激活或不激活，设置完成后，单击【确定】按钮，如图 17-32 所示。

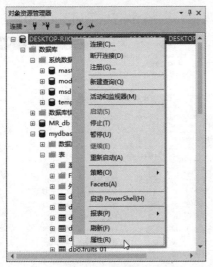

图 17-31　选择【属性】菜单命令

图 17-32　设置触发器嵌套是否激活

17.5.3　递归触发器

触发器的递归是指一个触发器从其内部再一次激活该触发器。例如，UPDATE 操作激活的触发器内部还有一条对数据表的更新语句，那么这个更新语句就有可能再次激活这个触发器本身。当然，这种递归的触发器内部还会有判断语句，只有在一定情况下才会执行 T-SQL 语句，否则就成了无限调用的死循环了。

SQL Server 中的递归触发器包括两种：直接递归和间接递归。

- 直接递归：触发器被触发并执行一个操作，而该操作又使同一个触发器再次被触发。
- 间接递归：触发器被触发并执行一个操作，而该操作又使另一个表中的某个触发器被触发，第二个触发器使原始表得到更新，从而再次触发第一个触发器。

默认情况下，递归触发器选项是禁用的，但可以通过管理平台来设置启用递归触发器，操作步骤如下：

步骤 01 选择需要修改的数据库，右击，在弹出的快捷菜单中选择【属性】菜单命令，如图 17-33 所示。

步骤 02 打开【数据库属性】窗口，选择【选项】选项，在选项卡的【杂项】选项组中，在【递归触发器已启用】后的下拉列表框中选择 True，单击【确定】按钮，完成修改，如图 17-34 所示。

图 17-33　设置触发器嵌套是否激活

提　示

递归触发器最多只能递归 16 层，如果递归中的第 16 个触发器激活了第 17 个触发器，则结果与发布 ROLLBACK 命令一样，所有数据将回滚。

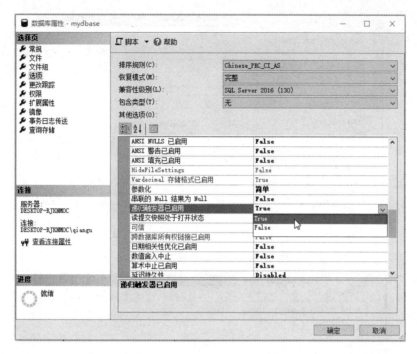

图 17-34　设置递归触发器已启用

17.6 在 SSMS 中管理触发器

在 SSMS 中管理触发器就可以避免牢记管理触发器的 SQL 语法格式,以界面方式管理触发器。本节就来介绍在 SSMS 中管理触发器的方法。

17.6.1　在 SSMS 中创建触发器

在 SSMS 中创建触发器的操作非常简单,具体操作步骤如下:

步骤 01 在对象资源管理器中,在数据库目录下展开需要创建触发器的数据表,在展开表目录下,右击触发器节点,在弹出的快捷菜单中选择【新建触发器】选项,如图 17-35 所示。

步骤 02 打开创建触发器的工作界面,在其中根据需要修改相应的参数,如图 17-36 所示。

步骤 03 添加完成后,单击【执行】按钮,即可完成触发器的创建操作,如图 17-37 所示。

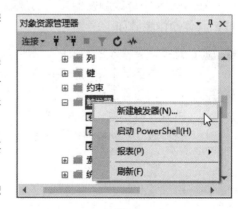

图 17-35　【新建触发器】选项

```
SQLQuery3.sql - 8...ministrator (55))*  ⊣ × SQLQuery2.sql - 8...ministrator (53))*
    GO
    SET QUOTED_IDENTIFIER ON
    GO
 ╞── =======================================================
 -- Author:      〈Author,,Name〉
 -- Create date: 〈Create Date,,〉
 -- Description: 〈Description,,〉
 ╞── =======================================================
 ╞CREATE TRIGGER Insert_Student
    ON students
    AFTER INSERT
    AS
 ╞BEGIN
 ╞  IF OBJECT_ID(N'stu_Sum',N'U') IS NULL              --判断stu_Sum表是否存在
        CREATE TABLE stu_Sum(number INT DEFAULT 0);    --创建存储学生人数的stu_Sum表
      DECLARE @stuNumber INT;
      SELECT @stuNumber = COUNT(*) FROM students;
 ╞  IF NOT EXISTS (SELECT * FROM stu_Sum)              --判断表中是否有记录
        INSERT INTO stu_Sum VALUES(0);
      UPDATE stu_Sum SET number = @stuNumber;   --把更新后总的学生人数插入到stu_Sum表中
    END
    GO
```

图 17-36　新建触发器工作界面

```
SQLQuery3.sql - 8...ministrator (55))*  ⊣ × SQLQuery2.sql - 8...ministrator (53))*
 -- Description: 〈Description,,〉
 ╞── =======================================================
 ╞CREATE TRIGGER Insert_Student
    ON students
    AFTER INSERT
    AS
 ╞BEGIN
 ╞  IF OBJECT_ID(N'stu_Sum',N'U') IS NULL              --判断stu_Sum表是否存在
        CREATE TABLE stu_Sum(number INT DEFAULT 0);    --创建存储学生人数的stu_Sum表
      DECLARE @stuNumber INT;
      SELECT @stuNumber = COUNT(*) FROM students;
 ╞  IF NOT EXISTS (SELECT * FROM stu_Sum)              --判断表中是否有记录
        INSERT INTO stu_Sum VALUES(0);
      UPDATE stu_Sum SET number = @stuNumber;   --把更新后总的学生人数插入到stu_Sum表中
    END
    GO
100 % ▾  ◀
 ⌗ 消息
 命令已成功完成。
```

图 17-37　触发器创建完成

17.6.2　在 SSMS 中修改触发器

在 SSMS 中修改触发器要比创建触发器的操作容易一
些，具体操作步骤如下：

步骤 01　选择需要修改的触发器，右击鼠标，在弹出的快捷
　　　　菜单中选择【修改】菜单命令，如图 17-38 所示。

步骤 02　打开用于修改触发器的工作界面，在其中修改相应
　　　　的触发器参数，然后单击【执行】按钮，即可完成
　　　　修改触发器的操作，如图 17-39 所示。

图 17-38　【修改】选项

```
SQLQuery4.sql - 8...ministrator (60))   ⊅ ×
  USE [mydb]
  GO
  /****** Object:  Trigger [dbo].[Insert_Student]    Script Date: 2018/12/25 12:26:12 ******/
  SET ANSI_NULLS ON
  GO
  SET QUOTED_IDENTIFIER ON
  GO
□-- ==============================================
  -- Author:      <Author,,Name>
  -- Create date: <Create Date,,>
  -- Description: <Description,,>
  -- ==============================================
□ALTER TRIGGER [dbo].[Insert_Student]
  ON [dbo].[students]
  AFTER INSERT
  AS
□BEGIN
□   IF OBJECT_ID(N'stu_Sum',N'U') IS NULL              --判断stu_Sum表是否存在
         CREATE TABLE stu_Sum(number INT DEFAULT 0);   --创建存储学生人数的stu_Sum表
      DECLARE @stuNumber INT;
      SELECT @stuNumber = COUNT(*) FROM students;
□   IF NOT EXISTS (SELECT * FROM stu_Sum)              --判断表中是否有记录
         INSERT INTO stu_Sum VALUES(0);
      UPDATE stu_Sum SET number = @stuNumber;   --把更新后总的学生人数插入到stu_Sum表中
  END
```

图 17-39　触发器修改界面

17.6.3　在 SSMS 中查看触发器

在 SSMS 中可以以界面方式查看触发器信息，具体操作步骤如下：

步骤01 使用 SSMS 登录到 SQL Server 服务器，在【对象资源管理器】窗口中打开需要查看的触发器所在的数据表节点。在触发器列表中选择要查看的触发器，右击鼠标，在弹出的快捷菜单中选择【修改】菜单命令，或者双击该触发器，如图 17-40 所示。

步骤02 在查询编辑窗口中将显示创建该触发器的代码内容，同时也可以对触发器的代码进行修改，如图 17-41 所示。

图 17-40　选择【修改】菜单命令

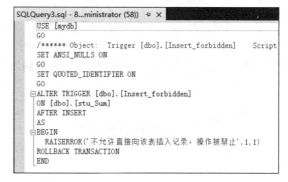

图 17-41　查看触发器内容

17.6.4　在 SSMS 中删除触发器

与前面介绍的删除数据库、数据表以及存储过程类似，在 SSMS 中选择要删除的触发器，选择弹出菜单中的【删除】命令或者按键盘上的 Delete 键进行删除，如图 17-42 所示，在弹出的【删除对象】窗口中单击【确定】按钮，即可完成触发器的删除操作，如图 17-43 所示。

图 17-42 【删除】菜单命令

图 17-43 【删除对象】窗口

17.7 疑难解惑

1. 使用触发器需要注意的问题是什么？

在使用触发器的时候需要注意，对相同的表、相同的事件只能创建一个触发器。比如对表 account 创建了一个 AFTER INSERT 触发器，那么如果对表 account 再次创建一个 AFTER INSERT 触发器，SQL Server 将会报错，此时只可以在表 account 上创建 AFTER INSERT 或者 INSTEAD OF UPDATE 类型的触发器。灵活地运用触发器将为操作省去很多麻烦。

2. 不再使用的触发器如何处理？

触发器定义之后，每次执行触发事件都会激活触发器并执行触发器中的语句。如果需求发生变化，而触发器没有进行相应的改变或者删除，则触发器仍然会执行旧的语句，从而会影响新的数据的完整性。因此，要将不再使用的触发器及时删除。

17.8 经典习题

1. 什么是触发器，触发器可以分为几类？
2. 创建 INSERT 事件的触发器。
3. 创建 UPDATE 事件的触发器。
4. 创建 DELETE 事件的触发器。
5. 查看触发器。
6. 删除触发器。

第 18 章
数据安全相关对象的管理

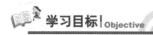

学习目标 | Objective

确保数据库中数据的安全性是每一个从事数据库管理工作人员的理想。但是，无论什么样的数据库设计都不能是绝对安全的，只是说尽量地提高数据库的安全箱。本章就来介绍与数据安全相关对象的管理方法，主要内容包括用户账户的安全管理以及数据库中角色的安全管理。

内容导航 | Navigation

- 认识与数据安全相关的对象
- 数据登录账号的管理
- 用户账户的管理
- 角色的管理
- 权限的管理

18.1 与数据库安全相关的对象

在 SQL Server 中，与数据库安全相关的对象主要有用户、角色、权限等，只有了解了这些对象的作用，才能灵活地设置和使用这些对象，从而提高数据库的安全性。

1. 数据库用户

数据库用户就是指能够使用数据库的用户。在 SQL Server 中，可以为不同的数据库设置不同的用户，从而提高数据库访问的安全性。

在 SQL Server 数据库中有两个比较特殊的用户：一个是 DBO 用户，数据库的创建者，每个数据库只有一个数据库所有者，DBO 有数据库中的所有特权，可以提供给其他用户访问权限；另一个是 guest 用户，最大的特点是可以被禁用。

2 用户权限

通过给用户设置权限,每个数据库用户都会有不同的访问权限,比如让用户只能查询数据库中的信息而不能更新数据库的信息。在 SQL Server 数据库中,用户权限主要分为系统权限与对象权限两类。系统权限主要是针对系统对象(例如,系统存储过程、扩展存储过程、函数以及视图)的权限;对象权限主要是针对数据库对象执行某些操作的权限,如对表的增删(删除数据)查改等。

3. 角色

角色相当于 Windows 操作系统中的用户组,可以集中管理数据库或服务器的权限。直接给每一个用户赋予权限将是一个巨大而又麻烦的工作,同时也不方便 DBA 进行管理,于是就引用了角色这个概念。使用角色具有以下优点:

(1)权限管理更方便。将角色赋予多个用户,实现不同用户相同的授权。如果要修改这些用户的权限,只需修改角色即可。

(2)角色的权限可以激活和关闭。使得 DBA 可以方便地选择是否赋予用户某个角色。

(3)提高性能,使用角色减少了数据字典中授权记录的数量,通过关闭角色使得在语句执行过程中减少了权限的确认。

用户和角色是不同的,用户是数据库的使用者,角色是权限的授予对象,给用户授予角色,相当于给用户授予一组权限。数据库中的角色可以授予多个用户,一个用户也可以被授予多个角色。图 18-1 所示为用户、角色与权限的关系示意图。

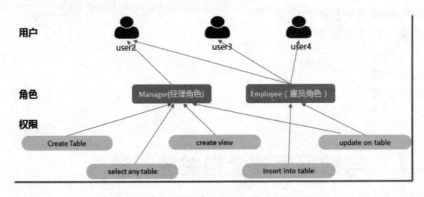

图 18-1　用户、角色与权限的关系示意图

角色是数据库中管理员定义的权限集合,可以方便地对不同用户的权限授予。例如,创建一个具有插入权限的角色,那么被赋予这个角色的用户都具备了插入的权限。SQL Server 2016 中包含 4 类不同的角色,分别是固定服务器角色、固定数据库角色、用户自定义数据库角色和应用程序角色。

4. 系统管理员

系统管理员是负责管理 SQL Server 全面性能和综合应用的管理员,简称 sa。系统管理员的工作包括安装 SQL Server 2017、配置服务器、管理和监视磁盘空间、内存和连接的使用、创建设备和数据库、确认用户和授权许可、从 SQL Server 数据库导入导出数据、备份和恢复数据库、实现和维护复制调度任务、监视和调配 SQL Server 性能、诊断系统问题等。

18.2　登录账户的管理

登录账户是登录数据库时使用的用户名和密码，与登录操作系统一样，都是需要使用账号与密码的。本节就来介绍数据库登录账户的管理。

18.2.1　创建登录账户

使用 T-SQL 语句可以创建登录账户，需要注意的是账号不能重名，创建登录账户的 T-SQL 语句的语法格式如下：

```
CREATE LOGIN loginName { WITH <option_list1> | FROM <sources> }

<option_list1> ::=
    PASSWORD = { 'password' | hashed_password HASHED } [ MUST_CHANGE ]
    [ , <option_list2> [ ,... ] ]

<option_list2> ::=
    SID = sid
    | DEFAULT_DATABASE = database
    | DEFAULT_LANGUAGE = language
    | CHECK_EXPIRATION = { ON | OFF}
    | CHECK_POLICY = { ON | OFF}
    | CREDENTIAL = credential_name

<sources> ::=
    WINDOWS [ WITH <windows_options> [ ,... ] ]
    | CERTIFICATE certname
    | ASYMMETRIC KEY asym_key_name

<windows_options> ::=
    DEFAULT_DATABASE = database
    | DEFAULT_LANGUAGE = language
```

主要参数介绍如下：

- loginName: 指定创建的登录名。有 4 种类型的登录名: SQL Server 登录名、Windows 登录名、证书映射登录名和非对称密钥映射登录名。如果从 Windows 域账户映射 loginName，则 loginName 必须用方括号（[ ]）括起来。

- PASSWORD = 'password'：仅适用于 SQL Server 登录名。指定正在创建的登录名的密码。应使用强密码。
- PASSWORD = hashed_password：仅适用于 HASHED 关键字。指定要创建的登录名的密码的哈希值。
- HASHED：仅适用于 SQL Server 登录名。指定在 PASSWORD 参数后输入的密码已经过哈希运算。如果未选择此选项，则在将作为密码输入的字符串存储到数据库之前对其进行哈希运算。
- MUST_CHANGE：仅适用于 SQL Server 登录名。如果包括此选项，则 SQL Server 将在首次使用新登录名时提示用户输入新密码。
- CREDENTIAL = credential_name：将映射到新 SQL Server 登录名的凭据的名称。该凭据必须已存在于服务器中。当前此选项只将凭据链接到登录名。在未来的 SQL Server 版本中可能会扩展此选项的功能。
- SID = sid：仅适用于 SQL Server 登录名。指定新 SQL Server 登录名的 GUID。如果未选择此选项，则 SQL Server 自动指派 GUID。
- DEFAULT_DATABASE = database：指定将指派给登录名的默认数据库。如果未包括此选项，则默认数据库将设置为 master。
- DEFAULT_LANGUAGE = language：指定将指派给登录名的默认语言。如果未包括此选项，则默认语言将设置为服务器的当前默认语言。即使将来服务器的默认语言发生更改，登录名的默认语言也仍保持不变。
- CHECK_EXPIRATION = { ON | OFF }：仅适用于 SQL Server 登录名。指定是否对此登录账户强制实施密码过期策略。默认值为 OFF。
- CHECK_POLICY = { ON | OFF }：仅适用于 SQL Server 登录名。指定应对此登录名强制实施运行 SQL Server 的计算机的 Windows 密码策略。默认值为 ON。
- WINDOWS：指定将登录名映射到 Windows 登录名。
- CERTIFICATE certname：指定将与此登录名关联的证书名称。此证书必须已存在于 master 数据库中。
- ASYMMETRIC KEY asym_key_name：指定将与此登录名关联的非对称密钥的名称。此密钥必须已存在于 master 数据库中。

使用 T-SQL 语句，可以添加 Windows 登录账户与 SQL Server 登录名账户。

【例 18.1】创建登录名为 user01、密码为 123abc 的登录账户，T-SQL 语句如下：

```
CREATE LOGIN user01 WITH PASSWORD='123abc';
```

单击【执行】按钮，即可完成登录账户的创建，执行结果如图 18-2 所示。

【例 18.2】添加 SQL Server 登录名账户，T-SQL 语句如下：

```
CREATE LOGIN DBAdmin
WITH PASSWORD= 'dbpwd', DEFAULT_DATABASE=test
```

输入完成，单击【执行】按钮，执行完成之后会创建一个名称为 DBAdmin 的 SQL Server 账户，密码为 dbpwd，默认数据库为 test，执行结果如图 18-3 所示。

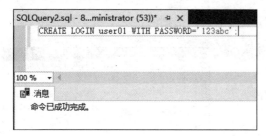

图 18-2　创建登录账户

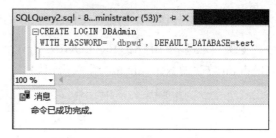

图 18-3　添加 SQL Server 登录账户

18.2.2　修改登录账户

登录账户创建完成之后，可以根据需要修改登录账户的名称、密码、密码策略、默认数据库以及禁用或启用该登录账户等。

修改登录账户信息使用 ALTER LOGIN 语句，其语法格式如下：

```
ALTER LOGIN login_name
    {
    <status_option>
    | WITH <set_option> [ ,... ]
    | <cryptographic_credential_option>
    }

<status_option> ::=
       ENABLE | DISABLE

<set_option> ::=
    PASSWORD = 'password' | hashed_password HASHED
    [
      OLD_PASSWORD = 'oldpassword' | MUST_CHANGE | UNLOCK
    ]
    | DEFAULT_DATABASE = database
    | DEFAULT_LANGUAGE = language
    | NAME =login_name
    | CHECK_POLICY = { ON | OFF }
    | CHECK_EXPIRATION = { ON | OFF }
    | CREDENTIAL = credential_name
    | NO CREDENTIAL

<cryptographic_credentials_option> ::=
       ADD CREDENTIAL credential_name
        | DROP CREDENTIAL credential_name
```

主要参数介绍如下：

- login_name：指定正在更改的 SQL Server 登录的名称。
- ENABLE | DISABLE：启用或禁用此登录。

可以看到，其他各个参数与 CREATE LOGIN 语句中的作用相同，这里就不再赘述了。

【例 18.3】使用 ALTER LOGIN 语句将登录名 DBAdmin 修改为 NewAdmin，输入语句如下：

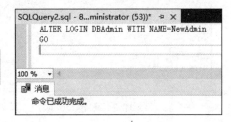

```
ALTER LOGIN DBAdmin WITH NAME=NewAdmin
GO
```

输入完成，单击【执行】按钮即可完成登录账户的修改，执行结果如图 18-4 所示。

图 18-4　修改登录账户

18.2.3　删除登录账户

用户管理的另一项重要内容就是删除不再使用的登录账户。及时删除不再使用的账户，可以保证数据库的安全。

用户也可以使用 DROP LOGIN 语句删除登录账户。DROP LOGIN 语句的语法格式如下：

```
DROP LOGIN login_name
```

主要参数介绍如下：

● login_name 是登录账户的登录名。

【例 18.4】使用 DROP LOGIN 语句删除名称为 NewAdmin 的登录账户，输入语句如下：

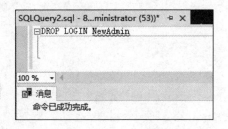

```
DROP LOGIN NewAdmin
```

输入完成，单击【执行】按钮，完成删除操作，执行结果如图 18-5 所示。

图 18-5　删除登录账户

18.3　在 SSMS 中管理登录账户

除了使用 T-SQL 语句管理登录账户外，用户还可以在 SSMS 中创建用户账户。本节就来介绍在 SSMS 中管理登录账户的方法。

18.3.1　创建登录账户

Windows 登录账户使用非常方便，只要能获得 Windows 操作系统的登录权限，就可以与 SQL Server 建立连接，如果正在为其创建登录的用户无法建立连接，则必须为其创建 SQL Server 登录账户。

1. 创建 SQL Server 登录账户

具体操作步骤如下：

步骤 **01** 打开 SSMS，在【对象资源管理器】中依次打开服务器下面的【安全性】→【登录名】节点。右击【登录名】节点，在弹出的快捷菜单中选择【新建登录名】菜单命令，打开【登录名-新建】窗口，选择【SQL Server 身份验证】单选按钮，然后输入用户名和密码，取消勾选【强制实施密码策略】复选项，并选择新账户的默认数据库，如图 18-6 所示。

步骤 **02** 选择左侧的【用户映射】选项卡，启用默认数据库 test，系统会自动创建与登录名同名的数据库用户，并进行映射，这里可以选择该登录账户的数据库角色，为登录账户设置权限，默认选择 public 表示拥有最小权限，如图 18-7 所示。

图 18-6 创建 SQL Server 登录账户

图 18-7 【用户映射】选项卡

步骤 **03** 单击【确定】按钮，完成 SQL Server 登录账户的创建。

2. 使用新账户登录 SQL Server

创建完成之后，可以断开服务器连接，重新打开 SSMS，使用登录名 DataBaseAdmin2 进行连接，具体操作步骤如下：

步骤 **01** 使用 Windows 登录账户登录到服务器之后，右击服务器节点，在弹出的快捷菜单中选择【重新启动】菜单命令，如图 18-8 所示。

步骤 **02** 在弹出的重启确认对话框中单击【是】按钮，如图 18-9 所示。

图 18-8 选择【重新启动】菜单命令

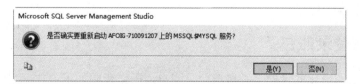

图 18-9 重启服务器提示对话框

步骤 **03** 系统开始自动重启，并显示重启的进度条，如图 18-10 所示。

图 18-10　重启进度对话框

注意　上述重启步骤并不是必需的。如果在安装 SQL Server 2017 时指定登录模式为【混合模式】，则不需要重新启动服务器，直接使用新创建的 SQL Server 账户登录即可；否则需要修改服务器的登录方式，然后重新启动服务器。

步骤 **04**　单击【对象资源管理器】左上角的【连接】按钮，在下拉列表框中选择【数据库引擎】命令，弹出【连接到服务器】对话框，从【身份验证】下拉列表框中选择【SQL Server 身份验证】选项，在【登录名】文本框中输入用户名 DataBaseAdmin2，在【密码】文本框中输入对应的密码，如图 18-11 所示。

步骤 **05**　单击【连接】按钮，登录服务器，登录成功之后可以查看相应的数据库对象，如图 18-12 所示。

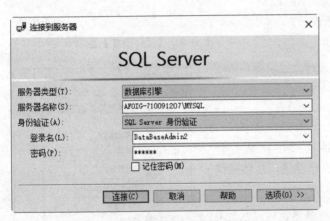

图 18-11　【连接到服务器】对话框

图 18-12　使用 SQL Server 账户登录

注意　使用新建的 SQL Server 账户登录之后，虽然能看到其他数据库，但是只能访问指定的 test 数据库，若访问其他数据库，则会提示错误信息（因为无权访问）。另外，因为系统并没有给该登录账户配置任何权限，所以当前登录只能进入 test 数据库，不能执行其他操作。

18.3.2　修改登录账户

用户可以通过图形化的管理工具修改登录账户，操作步骤如下：

步骤 **01**　打开【对象资源管理器】窗口，依次打开【服务器】节点下的【安全性】→【登录名】节点，该节点下列出了当前服务器中所有登录账户。

步骤 02 选择要修改的用户，例如这里刚修改过的 DataBaseAdmin2，右击该用户节点，在弹出的快捷菜单中选择【重命名】菜单命令，在显示的文本框中输入新的名称即可，如图 18-13 所示。

步骤 03 如果要修改账户的其他属性信息，如默认数据库、权限等，可以在弹出的快捷菜单中选择【属性】菜单命令，然后在弹出的【登录属性】窗口中进行修改，如图 18-14 所示。

图 18-13　选择【重命名】菜单命令

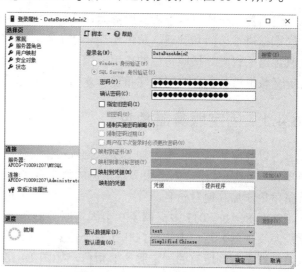

图 18-14　【登录属性】窗口

18.3.3　删除登录账户

用户可以在【对象资源管理器】中删除登录账户，操作步骤如下：

步骤 01 打开【对象资源管理器】窗口，依次打开【服务器】节点下的【安全性】→【登录名】节点，该节点下列出了当前服务器中所有登录账户。

步骤 02 选择要修改的用户，例如这里选择 DataBaseAdmin2，右击该用户节点，在弹出的快捷菜单中选择【删除】菜单命令，弹出【删除对象】窗口，如图 18-15 所示。

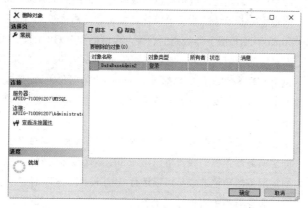

图 18-15　【删除对象】窗口

步骤 03 单击【确定】按钮，完成登录账户的删除操作。

18.4 SQL Server 的角色管理

使用登录账户可以连接到服务器，但是如果不为登录账户分配权限，则依然无法对数据库中的数据进行访问和管理。角色相当于 Windows 操作系统中的用户组，可以集中管理数据库或服务器的权限。按照角色的作用范围，可以将其分为 4 类：固定服务器角色、数据库角色、自定义数据库角色和应用程序角色。本节将为读者详细介绍这些内容。

18.4.1 固定服务器角色

可以在服务器角色中添加 SQL Server 登录名、Windows 账户和 Windows 组。固定服务器角色的每个成员都可以向其所属角色添加其他登录名。

SQL Server 2017 中提供了 9 个固定服务器角色，在【对象资源管理器】窗口中依次打开【安全性】→【服务器角色】节点，即可看到所有的固定服务器角色，如图 18-16 所示。

表 18-1 列出了各个服务器角色的功能。

图 18-16 固定服务器角色列表

表 18-1 固定服务器角色功能

服务器角色名称	说　明
sysadmin	固定服务器角色的成员可以在服务器上执行任何活动。默认情况下，Windows BUILTIN\Administrators 组（本地管理员组）的所有成员都是 sysadmin 固定服务器角色的成员
serveradmin	固定服务器角色的成员可以更改服务器范围的配置选项和关闭服务器
securityadmin	固定服务器角色的成员可以管理登录名及其属性。它们可以拥有 GRANT、DENY 和 REVOKE 服务器级别的权限，也可以拥有 GRANT、DENY 和 REVOKE 数据库级别的权限。此外，它们还可以重置 SQL Server 登录名的密码
public	每个 SQL Server 登录名都属于 public 服务器角色。如果未向某个服务器主体授予或拒绝对某个安全对象的特定权限，该用户将继承授予该对象的 public 角色的权限
processadmin	固定服务器角色的成员可以终止在 SQL Server 实例中运行的进程
setupadmin	固定服务器角色的成员可以添加和删除连接服务器
bulkadmin	固定服务器角色的成员可以运行 BULK INSERT 语句
diskadmin	固定服务器角色用于管理磁盘文件
dbcreator	固定服务器角色的成员可以创建、更改、删除和还原任何数据库

18.4.2　数据库角色

数据库角色是针对某个具体数据库的权限分配。数据库用户可以作为数据库角色的成员，继承数据库角色的权限。数据库管理人员也可以通过管理角色的权限来管理数据库用户的权限。SQL Server 2017 中系统默认添加了 10 个固定的数据库角色，如表 18-2 所示。

表 18-2　固定数据库角色

数据库级别的角色名称	说　明
db_owner	固定数据库角色的成员可以执行数据库的所有配置和维护活动，还可以删除数据库
db_securityadmin	固定数据库角色的成员可以修改角色成员身份和管理权限。向此角色中添加主体可能会导致意外的权限升级
db_accessadmin	固定数据库角色的成员可以为 Windows 登录名、Windows 组和 SQL Server 登录名添加或删除数据库访问权限
db_backupoperator	固定数据库角色的成员可以备份数据库
db_ddladmin	固定数据库角色的成员可以在数据库中运行任何数据定义语言（DDL）命令
db_datawriter	固定数据库角色的成员可以在所有用户表中添加、删除或更改数据
db_datareader	固定数据库角色的成员可以从所有用户表中读取所有数据
db_denydatawriter	固定数据库角色的成员不能添加、修改或删除数据库内用户表中的任何数据
db_denydatareader	固定数据库角色的成员不能读取数据库内用户表中的任何数据
public	每个数据库用户都属于 public 数据库角色。如果未向某个用户授予或拒绝对安全对象的特定权限时，该用户将继承授予该对象的 public 角色的权限

18.4.3　自定义数据库角色

实际的数据库管理过程中，某些用户可能只能对数据库进行插入、更新和删除的操作，但是固定数据库角色中不能提供这样一个角色，因此需要创建一个自定义的数据库角色。下面将介绍自定义数据库角色的创建过程。

步骤 01　打开 SSMS，在【对象资源管理器】窗口中，依次打开【数据库】→【test_db】→【安全性】→【角色】节点，使用鼠标右击【角色】节点下的【数据库角色】节点，在弹出的快捷菜单中选择【新建数据库角色】菜单命令，如图 18-17 所示。

步骤 02　打开【数据库角色-新建】窗口，设置角色名称为 Monitor、所有者为 dbo，单击【添加】按钮，如图 18-18 所示。

步骤 03　打开【选择数据库用户或角色】对话框，单击【浏览】按钮，找到并添加对象 public，单击【确定】按钮，如图 18-19 所示。

步骤 04　添加用户完成，返回【数据库角色-新建】窗口，如图 18-20 所示。

步骤 05　选择【数据库角色-新建】窗口左侧的【安全对象】选项卡，在【安全对象】选项卡中单击【搜索】按钮，如图 18-21 所示。

步骤 06　打开【添加对象】对话框，选择【特定对象】单选按钮，如图 18-22 所示。

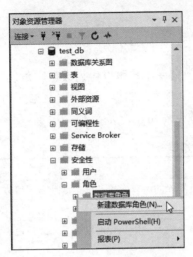

图 18-17　选择【新建数据库角色】菜单命令

图 18-18　【数据库角色-新建】窗口 1

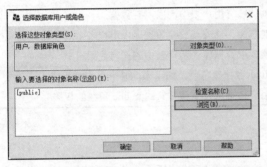

图 18-19　【选择数据库用户或角色】对话框

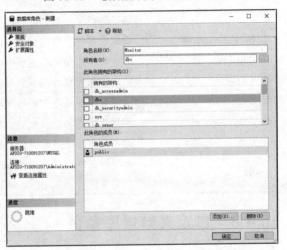

图 18-20　【数据库角色-新建】窗口 2

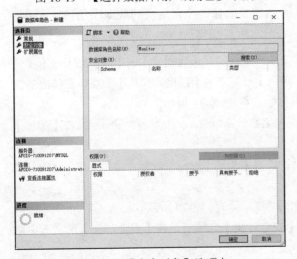

图 18-21　【安全对象】选项卡

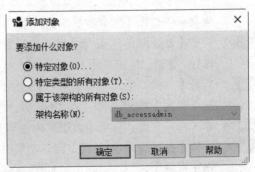

图 18-22　【添加对象】对话框

步骤 **07** 单击【确定】按钮，打开【选择对象】对话框，单击【对象类型】按钮，如图 18-23 所示。

步骤 **08** 打开【选择对象类型】对话框，选择【表】复选框，如图 18-24 所示。

图 18-23　【选择对象】对话框 1　　　　　　图 18-24　【选择对象类型】对话框

步骤 **09** 完成选择后，单击【确定】按钮返回，然后单击【选择对象】对话框中的【浏览】按钮，如图 18-25 所示。

步骤 **10** 打开【查找对象】对话框，选择匹配的对象列表中的 stu_info 前面的复选框，如图 18-26 所示。

　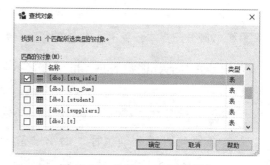

图 18-25　【选择对象】对话框 2　　　　　　图 18-26　选择 stu_info 数据表

步骤 **11** 单击【确定】按钮，返回【选择对象】对话框，如图 18-27 所示。

步骤 **12** 单击【确定】按钮，返回【数据库角色-新建】窗口，如图 18-28 所示。

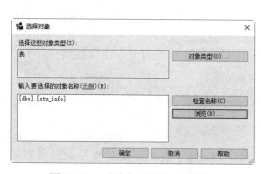　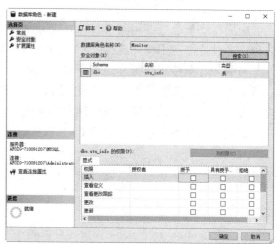

图 18-27　【选择对象】对话框 3　　　　　　图 18-28　【数据库角色-新建】窗口 3

步骤 **13** 如果希望限定用户只能对某些列进行操作，可以单击【数据库角色-新建】窗口中的【列
权限】按钮，为该数据库角色配置更细致的权限，如图 18-29 所示。

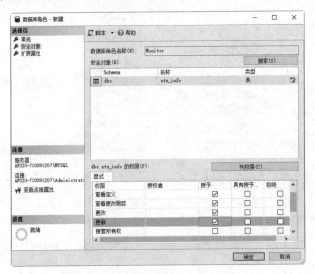

图 18-29　【数据库角色-新建】窗口 4

步骤 **14** 权限分配完毕，单击【确定】按钮，完成角色的创建。

使用 SQL Server 账户 NewAdmin 连接到服务器之后，执行下面两条查询语句。

```
SELECT s_name, s_age, s_sex,s_score FROM stu_info;
SELECT s_id, s_name, s_age, s_sex,s_score FROM stu_info;
```

第一条语句可以正确执行，而第二条语句在执行过程中出错，这是因为数据库角色
NewAdmin 没有对 stu_info 表中 s_id 列的操作权限。第一条语句中的查询列都是权限范围内的
列，所以可以正常执行。

18.4.4　应用程序角色

应用程序角色能够用其自身、类似用户的权限来运行，是一个数据库主体。应用程序主体
只允许通过特定应用程序连接的用户访问特定数据。

与服务器角色和数据库角色不同，SQL Server 2017 中应用程序角色在默认情况下不包含
任何成员，并且应用程序角色必须激活之后才能发挥作用。当激活某个应用程序角色之后，连
接将失去用户权限，转而获得应用程序权限。

添加应用程序角色可以使用 CREATE APPLICATION ROLE 语句，其语法格式如下：

```
CREATE APPLICATION ROLE application_role_name
WITH PASSWORD = 'password' [ , DEFAULT_SCHEMA = schema_name ]
```

主要参数介绍如下：

- application_role_name：指定应用程序角色的名称。该名称一定不能被用于引用数据库
  中的任何主体。

- PASSWORD = 'password': 指定数据库用户将用于激活应用程序角色的密码，应始终使用强密码。
- DEFAULT_SCHEMA = schema_name: 指定服务器在解析该角色的对象名时将搜索的第一个架构。如果未定义 DEFAULT_SCHEMA，则应用程序角色将使用 DBO 作为其默认架构。schema_name 可以是数据库中不存在的架构。

【例 18.5】使用 Windows 身份验证登录 SQL Server 2017，创建名称为 App_User 的应用程序角色，输入语句如下：

```
CREATE APPLICATION ROLE App_User
WITH PASSWORD = '123pwd'
```

输入完成，单击【执行】按钮，插入结果如图 18-30 所示。

前面向读者提到过，默认情况下应用程序角色是没有被激活的，所以使用之前必须将其激活。系统存储过程 sp_setapprole 可以完成应用程序角色的激活过程。

【例 18.6】使用 SQL Server 登录账户 DBAdmin 登录服务器，激活应用程序角色 App_User，输入语句如下：

```
sp_setapprole 'App_User', @PASSWORD='123pwd'
USE test_db;
GO
SELECT * FROM stu_info
```

输入完成，单击【执行】按钮，插入结果如图 18-31 所示。

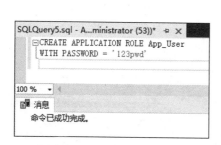

图 18-30　创建应用程序角色

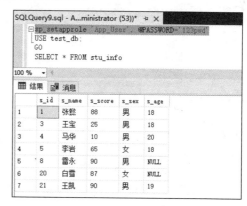

图 18-31　激活应用程序角色

使用 DataBaseAdmin2 登录服务器之后，如果直接执行 SELECT 语句，就会出错，系统将提示如下错误：

```
消息 229，级别 14，状态 5，第 1 行
拒绝了对对象'stu_info' (数据库'test'，架构'dbo')的 SELECT 权限
```

这是因为 DataBaseAdmin2 在创建时没有指定对数据库的 SELECT 权限。当激活应用程序角色 App_User 之后，服务器将 DBAdmin 当作 App_User 角色，而这个角色拥有对 test 数据库中 stu_info 表的 SELECT 权限，因此执行 SELECT 语句可以看到正确的结果。

18.4.5 将登录指派到角色

登录名类似公司里面进入公司需要的员工编号，而角色则类似一个人在公司中的职位，公司会根据每个人的特点和能力将不同的人安排到所需的岗位上，例如会计、车间工人、经理、文员等，这些不同的职位角色有不同的权限。本小节将介绍如何为登录账户指派不同的角色，具体操作步骤如下：

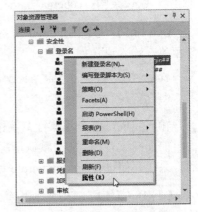

步骤 01 打开 SSMS 窗口，在【对象资源管理器】窗口中，依次展开服务器节点下的【安全性】→【登录名】节点。右击名称为 DataBaseAdmin2 的登录账户，在弹出的快捷菜单中选择【属性】菜单命令，如图 18-32 所示。

步骤 02 打开【登录属性-DataBaseAdmin2】窗口，选择窗口左侧列表中的【服务器角色】选项，在【服务器角色】列表中，通过选择列表中的复选框来授予 DataBaseAdmin2 用户不同的服务器角色，例如 sysadmin，如图 18-33 所示。

图 18-32　选择【属性】菜单命令

步骤 03 如果要执行数据库角色，可以打开【用户映射】选项卡，在【数据库角色成员身份】列表中通过启用复选框来授予 DataBaseAdmin2 不同的数据库角色，如图 18-34 所示。

步骤 04 单击【确定】按钮，返回 SSMS 主界面。

图 18-33　【登录属性-DataBaseAdmin2】窗口

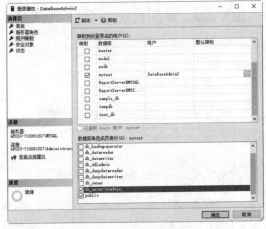

图 18-34　【用户映射】选项卡

18.4.6 将角色指派到多个登录账户

前面介绍的方法可以为某一个登录账户指派角色，如果要批量为多个登录账户指定角色，使用前面的方法将非常烦琐，此时可以将角色同时指派给多个登录账户，具体操作步骤如下：

步骤 01 打开 SSMS 窗口，在【对象资源管理器】窗口中依次展开服务器节点下的【安全性】→【服务器角色】节点。右击系统角色 sysadmin，在弹出的快捷菜单中选择【属性】菜单命令，如图 18-35 所示。

步骤 02 打开服务器角色属性窗口，单击【添加】按钮，如图 18-36 所示。

图 18-35　选择【属性】菜单命令　　　　　　图 18-36　服务器角色属性窗口

步骤 03 打开【选择服务器登录名或角色】对话框，可以利用【浏览】按钮选择要添加的登录账户，如图 18-37 所示。

步骤 04 单击【浏览】按钮后，打开【查找对象】对话框，选择登录名前的复选框，然后单击【确定】按钮，如图 18-38 所示。

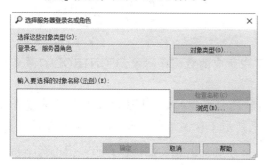

图 18-37　【选择服务器登录名或角色】对话框　　　图 18-38　【查找对象】对话框

步骤 05 返回到【选择服务器登录名或角色】对话框，单击【确定】按钮，如图 18-39 所示。

步骤 06 返回服务器角色属性窗口，如图 18-40 所示。用户在这里还可以删除不需要的登录名。

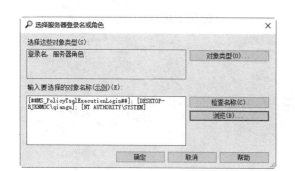

图 18-39　【选择服务器登录名或角色】对话框　　　图 18-40　【服务器角色属性】窗口

步骤 07 完成服务器角色指派的配置后，单击【确定】按钮，此时已经成功地将 3 个登录账户指派为 sysadmin 角色。

18.5 SQL Server 的权限管理

在 SQL Server 2017 中，根据是否是系统预定义，可以把权限划分为预定义权限和自定义权限；按照权限与特定对象的关系，可以把权限划分为针对所有对象的权限和针对特殊对象的权限。

18.5.1 认识权限

在 SQL Server 中，根据不同的情况，可以把权限更为细致地分类，包括预定义权限和自定义权限、所有对象和特殊对象的权限。

- 预定义权限：SQL Server 2017 安装完成之后即可拥有预定义权限，不必通过授予即可取得。固定服务器角色和固定数据库角色就属于预定义权限。
- 自定义权限：需要经过授权或者继承才可以得到的权限，大多数安全主体都需要经过授权才能获得指定对象的使用权限。
- 所有对象权限：可以针对 SQL Server 2017 中所有的数据库对象，CONTROL 权限可用于所有对象。
- 特殊对象权限：某些只能在指定对象上执行的权限。例如，SELECT 可用于表或者视图，但是不可用于存储过程；EXEC 权限只能用于存储过程，而不能用于表或者视图。

针对表和视图，数据库用户在操作这些对象之前必须拥有相应的操作权限，可以授予数据库用户针对表和视图的权限有 INSERT、UPDATE、DELETE、SELECT 和 REFERENCES 5 种。

用户只有获得了针对某种对象指定的权限后，才能对该类对象执行相应的操作。在 SQL Server 2017 中，不同的对象有不同的权限。权限管理包括授予权限、拒绝权限和撤销权限。

18.5.2 授予权限

为了允许用户执行某些操作，需要授予相应的权限。可以使用 GRANT 语句进行授权活动，授予权限命令的基本语法格式如下：

```
GRANT { ALL [ PRIVILEGES ] }
    | permission [ ( column [ ,...n ] ) ] [ ,...n ]
    [ ON [ class :: ] securable ] TO principal [ ,...n ]
    [ WITH GRANT OPTION ] [ AS principal ]
```

使用 ALL 参数相当于授予以下权限：

- 如果安全对象为数据库，则 ALL 表示 BACKUP DATABASE、BACKUP LOG、CREATE DATABASE、CREATE DEFAULT、CREATE FUNCTION、CREATE PROCEDURE、CREATE RULE、CREATE TABLE 和 CREATE VIEW。
- 如果安全对象为标量函数，则 ALL 表示 EXECUTE 和 REFERENCES。
- 如果安全对象为表值函数，则 ALL 表示 DELETE、INSERT、REFERENCES、SELECT 和 UPDATE。
- 如果安全对象是存储过程，则 ALL 表示 EXECUTE。
- 如果安全对象为表，则 ALL 表示 DELETE、INSERT、REFERENCES、SELECT 和 UPDATE。
- 如果安全对象为视图，则 ALL 表示 DELETE、INSERT、REFERENCES、SELECT 和 UPDATE。

其他参数的含义解释如下：

- PRIVILEGES：包含此参数是为了符合 ISO 标准。
- permission：权限的名称，例如 SELECT、UPDATE、EXEC 等。
- column：指定表中将授予其权限的列的名称，需要使用括号()。
- class：指定将授予其权限的安全对象的类，需要范围限定符::。
- securable：指定将授予其权限的安全对象。
- TO principal：主体的名称。可为其授予安全对象权限的主体，随安全对象而异。相关有效的组合，请参阅下面列出的子主题。
- GRANT OPTION：指示被授权者在获得指定权限的同时还可以将指定权限授予其他主体。
- AS principal：指定一个主体，执行该查询的主体从该主体获得授予该权限的权利。

【例 18.7】向 Monitor 用户授予对 mydb 数据库中 students 表的 SELECT、INSERT、UPDATE 和 DELETE 权限，输入语句如下：

```
USE mydb;
GRANT SELECT,INSERT, UPDATE, DELETE
ON students
TO Monitor
GO
```

单击【执行】按钮，即可完成为用户授予权限的操作，执行结果如图 18-41 所示。

当权限授予完成后，用户可以使用系统存储过程 sp_helprotect 来查询用户的权限信息。查询用户 Monitor 的权限 T-SQL 语句如下：

```
sp_helprotect @username='Monitor';
```

单击【执行】按钮，即可完成为用户授予权限的查询操作，执行结果如图 18-42 所示。

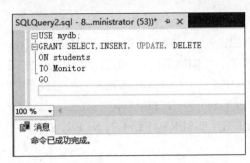

图 18-41　给用户授予权限

<table>
<tr><th></th><th>Owner</th><th>Object</th><th>Grantee</th><th>Grantor</th><th>ProtectType</th><th>Action</th><th>Column</th></tr>
<tr><td>1</td><td>dbo</td><td>students</td><td>Monitor</td><td>dbo</td><td>Grant</td><td>Delete</td><td>.</td></tr>
<tr><td>2</td><td>dbo</td><td>students</td><td>Monitor</td><td>dbo</td><td>Grant</td><td>Insert</td><td>.</td></tr>
<tr><td>3</td><td>dbo</td><td>students</td><td>Monitor</td><td>dbo</td><td>Grant</td><td>Select</td><td>(All+New)</td></tr>
<tr><td>4</td><td>dbo</td><td>students</td><td>Monitor</td><td>dbo</td><td>Grant</td><td>Update</td><td>(All+New)</td></tr>
<tr><td>5</td><td>.</td><td>.</td><td>Monitor</td><td>dbo</td><td>Grant</td><td>CONNECT</td><td>.</td></tr>
</table>

图 18-42　查询用户被授予的权限

18.5.3　拒绝权限

拒绝权限可以在授予用户指定的操作权限之后，根据需要暂时停止用户对指定数据库对象的访问或操作。拒绝对象权限的基本语法格式如下：

```
DENY { ALL [ PRIVILEGES ] }
    | permission [ ( column [ ,...n ] ) ] [ ,...n ]
    [ ON [ class :: ] securable ] TO principal [ ,...n ]
    [ CASCADE] [ AS principal ]
```

DENY 语句与 GRANT 语句中的参数完全相同，这里不再赘述。

【例 18.8】拒绝 Monitor 用户对 mydb 数据库中 students 表的 INSERT 和 DELETE 权限，输入语句如下：

```
USE mydb;
GO
DENY INSERT, DELETE
ON students
TO Monitor
GO
```

单击【执行】按钮，即可完成为用户拒绝权限的操作，执行结果如图 18-43 所示。

当权限拒绝完成后，用户可以使用系统存储过程 sp_helprotect 来查询用户当前的权限信息。查询用户 Monitor 的权限 T-SQL 语句如下：

```
sp_helprotect @username='Monitor';
```

单击【执行】按钮，即可完成用户权限的查询操作，执行结果如图 18-44 所示。

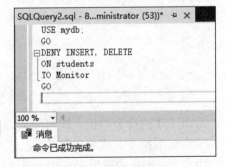

图 18-43　拒绝用户的权限

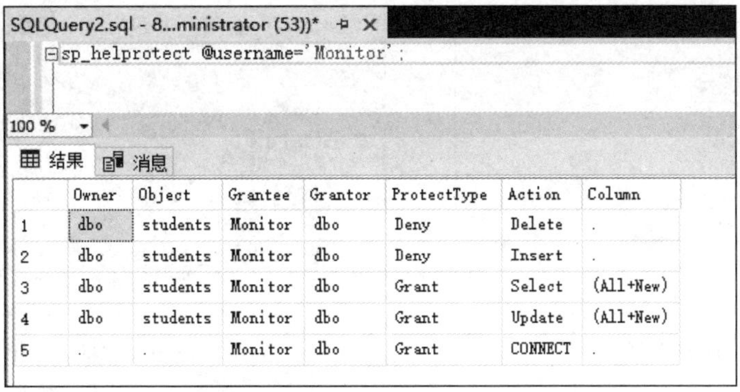

图 18-44　查询用户的查询

18.5.4　撤销权限

撤销权限可以删除某个用户已经授予的权限。撤销权限使用 REVOKE 语句，其基本语法格式如下：

```
REVOKE [ GRANT OPTION FOR ]
    {
      [ ALL [ PRIVILEGES ] ]
      |permission [ ( column [ ,...n ] ) ] [ ,...n ]
    }
    [ ON [ class :: ] securable ]
    { TO | FROM } principal [ ,...n ]
    [ CASCADE] [ AS principal ]
```

CASCADE 表示当前正在撤销的权限也将从其他被该主体授权的主体中撤销。使用 CASCADE 参数时，还必须同时指定 GRANT OPTION FOR 参数。REVOKE 语句与 GRANT 语句中的其他参数作用相同。

【例 18.9】撤销 Monitor 用户对 mydb 数据库中 students 表的 DELETE 权限，输入语句如下：

```
USE mydb;
GO
REVOKE DELETE
ON OBJECT::students
FROM Monitor CASCADE
```

单击【执行】按钮，即可完成为用户撤销权限的操作，执行结果如图 18-45 所示。

当权限撤销完成后，用户可以使用系统存储过程 sp_helprotect 来查询用户当前的权限信息。查询用户 Monitor 的权限 T-SQL 语句如下：

```
sp_helprotect @username='Monitor';
```

单击【执行】按钮，即可完成用户权限的查询操作，执行结果如图 18-46 所示。

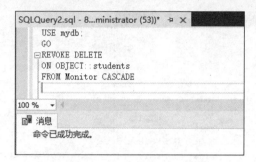

图 18-45　撤销用户的权限

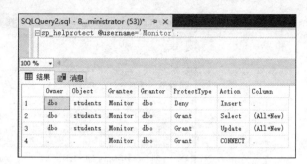

图 18-46　查询用户的权限

18.6　疑难解惑

1. 应用程序角色的有效时间。

应用程序激活后，其有效时间只存在于连接会话中。当断开当前服务器连接时，会自动关闭应用程序角色。

2. 如何利用访问权限减少管理开销？

为了减少管理的开销，在对象级安全管理上应该在大多数场合赋予数据库用户以广泛的权限，然后针对实际情况在某些敏感的数据上实施具体的访问权限限制。

18.7　经典习题

1. SQL Server 用户名和登录名有什么区别？什么是角色？什么是权限？角色和权限之间有什么关系？

2. 分别使用 T-SQL 语句、图形化管理工具，创建名称为 manager 的 SQL Server 登录账户，并将其指派到 securityadmin 角色。

3. 创建自定义数据库角色 dbrole，允许其对 test 数据库中 fruits 表和 suppliers 表的查询、更新和删除操作。

第 19 章
数据库的备份与恢复

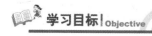
学习目标 Objective

保证数据安全的一个最重要措施是确保对数据进行定期备份。如果数据库中的数据丢失或者出现错误，可以使用备份的数据进行还原，这样就会尽可能地降低意外原因导致的损失。SQL Server 提供了一整套功能强大的数据库备份和恢复工具。本章就来介绍数据的备份与恢复，主要内容包括数据的备份、数据的还原、建立自动备份的维护计划、为数据加密等。

内容导航 Navigation

- 了解备份和恢复的基本概念
- 熟悉备份的种类和区别
- 掌握创建 T-SQL 语言备份数据库的方法
- 掌握在 SSMS 中还原数据库的方法
- 掌握用 T-SQL 语言还原数据库的方法
- 掌握数据库安全的其他保护策略

19.1 认识数据库的备份与恢复

数据库的备份是对数据库结构和数据对象的复制，以便在数据库遭到破坏时能够及时修复数据库。数据备份是数据库管理员非常重要的工作。数据库备份后，一旦系统发生崩溃或者执行了错误的数据库操作，就可以从备份文件中恢复数据库。数据库恢复是指将数据库备份加载到系统中的过程。

19.1.1　数据库的备份类型

SQL Server 2017 中有 4 种不同的备份类型，分别是完整数据库备份、差异备份、文件和文件组备份以及事务日志备份。

1. 完整数据库备份

完整数据库备份将备份整个数据库，包括所有的对象、系统表、数据以及部分事务日志，开始备份时 SQL Server 将复制数据库中的一切。完整备份可以还原数据库在备份操作完成时的完整数据库状态。

由于是对整个数据库的备份，因此这种备份类型速度较慢，并且将占用大量磁盘空间。在对数据库进行备份时，所有未完成的或发生在备份过程中的事务都将被忽略。这种备份方法可以快速备份小数据库。

2. 差异备份

差异备份基于所包含数据的前一次最新完整备份。差异备份仅捕获自该次完整备份后发生更改的数据。因为只备份改变的内容，所以这种类型的备份速度比较快，可以频繁地执行。差异备份中也备份了部分事务日志。

3. 文件和文件组备份

文件和文件组的备份方法可以对数据库中的部分文件和文件组进行备份。当一个数据库很大时，数据库的完整备份会花很多时间，这时可以采用文件和文件组备份。在使用文件和文件组备份时，还必须备份事务日志，所以不能在启用【在检查点截断日志】选项的情况下使用这种备份技术。

文件组是一种将数据库存放在多个文件上的方法，并运行控制数据库对象存储到那些指定的文件上，这样数据库就不会受到只存储在单个硬盘上的限制，而是可以分散到许多硬盘上。利用文件组备份，每次可以备份这些文件当中的一个或多个文件，而不是备份整个数据库。

4. 事务日志备份

创建第一个日志备份之前，必须先创建完整备份。事务日志备份所有数据库修改的记录，用来在还原操作期间提交完成的事务以及回滚未完成的事务。事务日志备份记录备份操作开始时的事务日志状态。事务日志备份比完整数据库备份节省时间和空间。利用事务日志进行恢复时，可以指定恢复到某一个时间，而完整备份和差异备份做不到这一点。

19.1.2　数据库的恢复模式

数据库的恢复模式可以保证在数据库发生故障的时候恢复相关的数据库。SQL Server 2017 中包括 3 种恢复模式，分别是简单恢复模式、完整恢复模式和大容量日志恢复模式。不同恢复模式在备份、恢复方式和性能方面存在差异，而且不同的恢复模式对避免数据损失的程度也不同。

1. 简单恢复模式

简单恢复模式可以将数据库恢复到上一次的备份。这种模式的备份策略由完整备份和差异备份组成。简单恢复模式能够提高磁盘的可用空间，但是无法将数据库还原到故障点或特定的时间点。对于小型数据库或者数据更改程序不高的数据库，通常使用简单恢复模式。

2. 完整恢复模式

完整恢复模式可以将数据库恢复到故障点或时间点。在这种模式下，所有操作被写入日志，例如大容量的操作和大容量的数据加载、数据库和日志都将被备份。因为日志记录了全部事务，所以可以将数据库还原到特定时间点。在这种模式下，可以使用的备份策略包括完整备份、差异备份及事务日志备份。

3. 大容量日志恢复模式

与完整恢复模式类似，大容量日志恢复模式使用数据库和日志备份来恢复数据库。使用这种模式可以在大容量操作和大批量数据装载时提供最佳性能和最少的日志使用空间。在这种模式下，日志只记录多个操作的最终结果，而并非存储操作的过程细节，所以日志更小、大批量操作的速度更快。

如果事务日志没有受到破坏，那么除了故障期间发生的事务以外，SQL Server 能够还原全部数据，但是该模式不能恢复数据库到特定的时间点。使用这种恢复模式可以采用的备份策略有完整备份、差异备份以及事务日志备份。

19.1.3　配置数据库的恢复模式

用户可以根据实际需求选择适合的数据库恢复模式。在 SSMS 中可以以界面方式配置数据库的恢复模式，具体操作步骤如下：

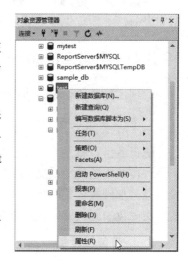

图 19-1　选择【属性】菜单命令

步骤 01 使用登录账户连接到 SQL Server 2017，打开 SSMS 图形化管理工具，在【对象资源管理器】窗口中，打开服务器节点，依次选择【数据库】→【test】节点，右击 test 数据库，从弹出的快捷菜单中选择【属性】菜单命令，如图 19-1 所示。

步骤 02 打开【数据库属性-test】窗口，选择【选项】选项，打开右侧的选项卡，在【恢复模式】下拉列表框中选择其中的一种恢复模式即可，如图 19-2 所示。

步骤 03 选择完成后单击【确定】按钮，完成恢复模式的配置。

提示　SQL Server 2017 提供了几个系统数据库，分别是 master、model、msdb 和 tempdb。查看这些数据库的恢复模式，就会发现 master、msdb 和 tempdb 使用的是简单恢复模式，而 model 数据库使用的是完整恢复模式。因为 model 是所有新建立数据库的模板数据库，所以用户数据库默认使用完整恢复模式。

图 19-2　选择恢复模式

19.2　数据库的备份设备

数据库的备份设备是用来存储数据库、事务日志或文件和文件组备份的存储介质。备份数据库之前，必须首先指定或创建备份设备。

19.2.1　数据库的备份设备

数据库的备份设备可以是磁盘、磁带或逻辑备份设备。

1. 磁盘备份设备

磁盘备份设备是存储在硬盘或者其他磁盘媒体上的文件，与常规操作系统文件一样，可以在服务器的本地磁盘或者共享网络资源的原始磁盘上定义磁盘设备备份。如果在备份操作将备份数据追加到媒体集时磁盘文件已满，则备份操作会失败。备份文件的最大大小由磁盘设备上的可用磁盘空间决定，因此备份磁盘设备的大小取决于备份数据的大小。

2. 磁带备份设备

磁带备份设备的用法与磁盘设备相同，磁带设备必须物理连接到 SQL Server 实例运行的计算机上。在使用磁带机时，备份操作可能会写满一个磁带，并继续在另一个磁带上进行。每个磁带包含一个媒体标头。使用的第一个媒体称为"起始磁带"，每个后续磁带称为"延续磁带"，其媒体序列号比前一磁带的媒体序列号大一。

将数据备份到磁带设备上，需要使用磁带备份设备或者微软操作系统平台支持的磁带驱动器。

3. 逻辑备份设备

逻辑备份设备是指向特定物理备份设备（磁盘文件或磁带机）的可选用户定义名称。通过逻辑备份设备，可以在引用相应的物理备份设备时使用间接寻址。逻辑备份设备可以更简单、有效地描述备份设备的特征。相对于物理设备的路径名称，逻辑设备备份名称较短。

逻辑备份设备对于标识磁带备份设备非常有用，通过编写脚本使用特定逻辑备份设备，这样可以直接切换到新的物理备份设备。切换时，首先删除原来的逻辑备份设备，然后定义新的逻辑备份设备，新设备使用原来的逻辑设备名称，但映射到不同的物理备份设备。

19.2.2 创建数据库备份设备

SQL Server 2017 中创建备份设备的方法有两种：一种是在 SSMS 管理工具中创建；另一种是使用系统存储过程来创建。下面将分别介绍这两种方法。

1. 在 SSMS 管理工具中创建

具体创建步骤如下：

步骤01 使用 Windows 或者 SQL Server 身份验证连接到服务器，打开 SSMS 窗口。在【对象资源管理器】窗口中，依次打开服务器节点下面的【服务器对象】→【备份设备】节点，右击【备份设备】节点，从弹出的快捷菜单中选择【新建备份设备】菜单命令，如图 19-3 所示。

步骤02 打开【备份设备】窗口，设置备份设备的名称，这里输入"test 数据库备份"，然后设置目标文件的位置或者保持默认值，目标硬盘驱动器上必须有足够的可用空间。设置完成后单击【确定】按钮，完成创建备份设备操作，如图 19-4 所示。

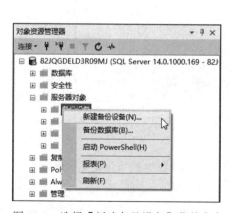

图 19-3 选择【新建备份设备】菜单命令

图 19-4 新建备份设备

2. 使用系统存储过程来创建

使用系统存储过程 sp_addumpdevice 可以添加备份设备，这个存储过程可以添加磁盘或磁带设备。sp_addumpdevice 语句的基本语法格式如下：

```
sp_addumpdevice [ @devtype = ] 'device_type'
, [ @logicalname = ] 'logical_name'
, [ @physicalname = ] 'physical_name'
[ , { [ @cntrltype = ] controller_type |
[ @devstatus = ] 'device_status' }
]
```

主要参数介绍如下：

- [@devtype =] 'device_type'：备份设备的类型。
- [@logicalname =] 'logical_name'：在 BACKUP 和 RESTORE 语句中使用的备份设备的逻辑名称。logical_name 的数据类型为 sysname，无默认值，且不能为 NULL。
- [@physicalname =] 'physical_name'：备份设备的物理名称。物理名称必须遵从操作系统文件名规则或网络设备的通用命名约定，并且必须包含完整路径。
- [@cntrltype =] 'controller_type'：已过时。如果指定该选项，则忽略此参数。支持它完全是为了向后兼容。新的 sp_addumpdevice 使用应省略此参数。
- [@devstatus =] 'device_status'：已过时。如果指定该选项，则忽略此参数。支持它完全是为了向后兼容。新的 sp_addumpdevice 使用应省略此参数。

【例 19.1】添加一个名为 mydiskdump 的磁盘备份设备，其物理名称为 d:\dump\testdump.bak，输入语句如下：

```
USE master;
GO
EXEC sp_addumpdevice 'disk', 'mydiskdump', ' d:\dump\testdump.bak ';
```

单击【执行】按钮，即可完成磁盘备份设备的添加操作，执行结果如图 19-5 所示。

```
SQLQuery3.sql - 8...ministrator (53))*  ⊣ ×
    USE master;
    GO
⊟EXEC sp_addumpdevice 'disk', 'mydiskdump', ' d:\dump\testdump.bak ';

100 %  ▾
▣▪ 消息
命令已成功完成。
```

图 19-5 添加磁盘备份设备

 使用 sp_addumpdevice 创建备份设备后，并不会立即在物理磁盘上创建备份设备文件，之后在该备份设备上执行备份时才会创建备份设备文件。

提示

19.2.3 查看数据库备份设备

使用系统存储过程 sp_helpdevice 可以查看当前服务器上所有备份设备的状态信息。

【例 19.2】查看数据库备份设备，输入语句如下：

```
sp_helpdevice;
```

单击【执行】按钮，即可查看数据库的备份设备，执行结果如图 19-6 所示。

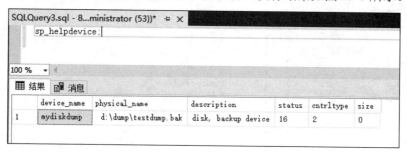

图 19-6 查看服务器上的设备信息

19.2.4 删除数据库备份设备

当备份设备不再需要使用时，可以将其删除。删除备份设备后，备份中的数据都将丢失。删除备份设备使用系统存储过程 sp_dropdevice（同时能删除操作系统文件），语法格式如下：

```
sp_dropdevice [ @logicalname = ] 'device'
[ , [ @delfile = ] 'delfile' ]
```

主要参数介绍如下：

- [@logicalname =] 'device'：在 master.dbo.sysdevices.name 中列出的数据库设备或备份设备的逻辑名称。device 的数据类型为 sysname，无默认值。
- [@delfile =] 'delfile'：指定物理备份设备文件是否应删除。如果指定为 DELFILE，则删除物理备份设备磁盘文件。

【例 19.3】删除备份设备 mydiskdump，输入语句如下：

```
EXEC sp_dropdevice mydiskdump
```

单击【执行】按钮，即可完成数据库备份设备的删除操作，执行结果如图 19-7 所示。

如果服务器创建了备份文件，就要同时删除物理文件，可以输入如下语句：

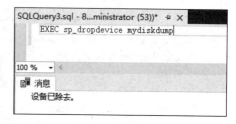

图 19-7 删除数据库备份设备

```
EXEC sp_dropdevice mydiskdump, delfile
```

当然，在对象资源管理中，也可以执行备份设备的删除操作。在服务器对象下的【备份设备】节点下选择需要删除的备份设备，右击鼠标，在弹出的快捷菜单中选择【删除】菜单命令，如图 19-8 所示；弹出【删除对象】窗口，然后单击【确定】按钮，即可完成备份设备的删除操作，如图 19-9 所示。

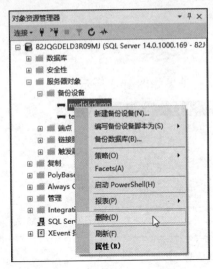

图 19-8　【删除】菜单命令

图 19-9　【删除对象】窗口

19.3　数据库的备份

当备份设备添加完成后，接下来就可以备份数据库了。由于其他所有备份类型都依赖于完整备份，完整备份是其他备份策略中都要求完成的第一种备份类型，因此要先执行完整备份，之后才可以执行差异备份和事务日志备份。

19.3.1　完整备份与差异备份

完整备份将对整个数据库中的表、视图、触发器和存储过程等数据库对象进行备份，同时还对能够恢复数据的事务日志进行备份。完整备份的操作过程比较简单，基本语法格式如下：

```
BACKUP DATABASE { database_name | @database_name_var }
TO <backup_device> [ ,...n ]
 [ WITH
{
COPY_ONLY
| NAME = { backup_set_name | @backup_set_name_var }
| { NOINIT | INIT }
| DESCRIPTION = { 'text' | @text_variable }
| NAME = { backup_set_name | @backup_set_name_var }
| PASSWORD = { password | @password_variable }
| { EXPIREDATE = { 'date' | @date_var }
| RETAINDAYS = { days | @days_var } } [ ,...n ]
}
]
[;]
```

主要参数介绍如下：

- DATABASE：指定一个完整数据库备份。
- { database_name | @database_name_var }：备份事务日志、部分数据库或完整的数据库时所用的源数据库。如果作为变量（@database_name_var）提供，则可以将该名称指定为字符串常量（@database_name_var = database name）或指定为字符串数据类型（ntext 或 text 数据类型除外）的变量。
- <backup_device>：指定用于备份操作的逻辑备份设备或物理备份设备。
- COPY_ONLY：指定备份为仅复制备份，该备份不影响正常的备份顺序。仅复制备份是独立于定期计划的常规备份而创建的。仅复制备份不会影响数据库的总体备份和还原过程。
- { NOINIT | INIT }：控制备份操作是追加到还是覆盖备份媒体中的现有备份集。默认为追加到媒体中最新的备份集（NOINIT）。
- NOINIT：表示备份集将追加到指定的媒体集上，以保留现有的备份集。如果为媒体集定义了媒体密码，则必须提供密码。NOINIT 是默认设置。
- INIT：指定应覆盖所有备份集，但是保留媒体标头。如果指定了 INIT，将覆盖该设备上所有现有的备份集（如果条件允许）。
- NAME = { backup_set_name | @backup_set_name_var }：指定备份集的名称。
- DESCRIPTION = { 'text' | @text_variable }：指定说明备份集的自由格式文本。
- NAME = { backup_set_name | @backup_set_var }：指定备份集的名称。如果未指定 NAME，它将为空。
- PASSWORD = { password | @password_variable }：为备份集设置密码。PASSWORD 是一个字符串。
- { EXPIREDATE ='date' || @date_var }：指定允许覆盖该备份的备份集的日期。
- RETAINDAYS = { days | @days_var }：指定必须经过多少天才可以覆盖该备份媒体集。

1. 创建完整数据库备份

【例 19.4】创建 test 数据库的完整备份，备份设备为创建好的【test 数据库备份】本地备份设备，输入语句如下：

```
BACKUP DATABASE test
TO test 数据库备份
WITH INIT,
NAME='test 数据库完整备份',
DESCRIPTION='该文件为 test 数据库的完整备份'
```

输入完成，单击【执行】按钮，备份过程如图 19-10 所示。

差异数据库备份比完整数据库备份数据量更小、速度更快，缩短了备份的时间，但同时会增加备份的复杂程度。

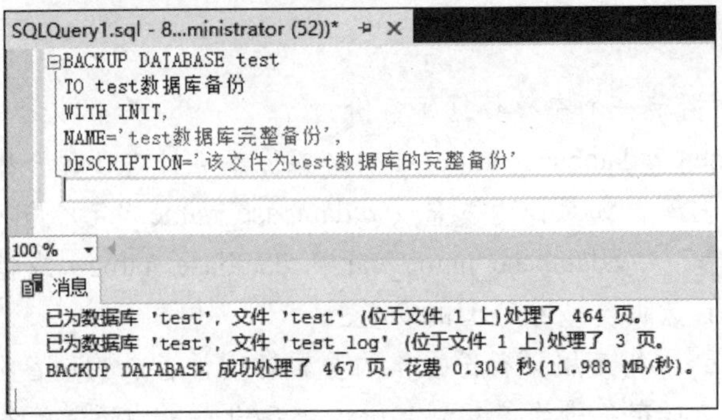

图 19-10　创建完整数据库备份

2. 创建差异数据库备份

差异数据库备份也使用 BACKUP 菜单命令，与完整备份菜单命令语法格式基本相同，只是在使用菜单命令时在 WITH 选项中指定 DIFFERENTIAL 参数。

【例 19.5】对 test 做一次差异数据库备份，输入语句如下：

```
BACKUP DATABASE test
TO test 数据库备份
WITH DIFFERENTIAL,NOINIT,
NAME='test 数据库差异备份',
DESCRIPTION='该文件为 test 数据库的差异备份'
```

输入完成，单击【执行】按钮，备份过程如图 19-11 所示。

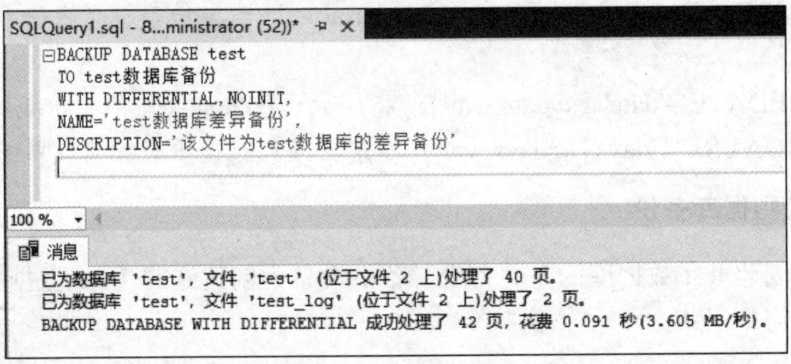

图 19-11　创建 test 数据库差异备份

在创建差异备份时使用了 NOINIT 选项，该选项表示备份数据追加到现有备份集，避免覆盖已经存在的完整备份。

19.3.2　文件和文件组备份

对于大型数据库，每次执行完整备份需要消耗大量时间。SQL Server 2017 提供的文件和文件组的备份就是为了解决大型数据库的备份问题。

创建文件和文件组备份之前，必须要先创建文件组。在 test_db 数据库中添加一个新的数据库文件，并将该文件添加至新的文件组，操作步骤如下：

步骤 01 使用 Windows 或者 SQL Server 身份验证登录到服务器，在【对象资源管理】窗口中的服务器节点下，依次打开【数据库】→【test】节点，右击【test】数据库，从弹出的快捷菜单中选择【属性】菜单命令，打开【数据库属性】窗口。

步骤 02 在【数据库属性】窗口中，选择左侧的【文件组】选项，在右侧选项卡中，单击【添加文件组】按钮，在【名称】文本框中输入 SecondFileGroup，如图 19-12 所示。

步骤 03 选择【文件】选项，在右侧选项卡中，单击【添加】按钮，然后设置逻辑名称为 testDataDump、文件类型为行数据、文件组为 SecondFileGroup、初始大小为 3MB、路径为默认、文件名为 testDataDump.mdf，结果如图 19-13 所示。

図 19-12　【文件组】选项卡　　　　　　　　図 19-13　【文件】选项卡

步骤 04 单击【确定】按钮，在 SecondFileGroup 文件组上创建了一个新文件。

步骤 05 右击【test】数据库中的 fruits 表，从弹出的快捷菜单中选择【设计】菜单命令，打开表设计器，然后选择【视图】→【属性窗口】菜单命令。

步骤 06 打开【属性】窗口，展开【表设计器】节点，并将【Text/Image 文件组】设置为 SecondFileGroup，如图 19-14 所示。

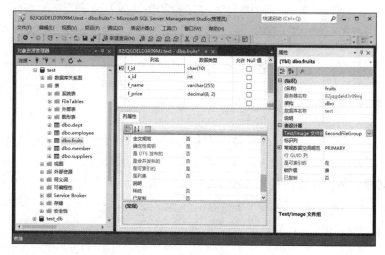

図 19-14　设置文件组或分区方案名称

步骤 07 单击【全部保存】按钮,完成当前表的修改,并关闭【表设计器】窗口和【属性】窗口。

创建文件组完成,下面使用 BACKUP 语句对文件组进行备份。使用 BACKUP 语句备份文件组的语法格式如下:

```
BACKUP DATABASE database_name
<file_or_filegroup> [ ,...n ]
TO <backup_device> [ ,...n ]
WITH options
```

主要参数介绍如下:

- file_or_filegroup: 指定要备份的文件或文件组,如果是文件,则写作 "FILE=逻辑文件名";如果是文件组,则写作 "FILEGROUP=逻辑文件组名"。
- WITH options: 指定备份选项,与前面介绍的参数作用相同。

【例 19.6】将 test 数据库中添加的文件组 SecondFileGroup 备份到本地备份设备【test 数据库备份】,输入语句如下:

```
BACKUP DATABASE test
FILEGROUP='SecondFileGroup'
TO test 数据库备份
WITH NAME='test 文件组备份', DESCRIPTION='test 数据库的文件组备份'
```

单击【执行】按钮,即可完成文件和文件组的备份操作,执行结果如图 19-15 所示。

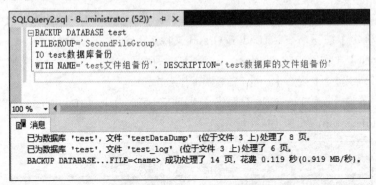

图 19-15　备份文件与文件组

19.3.3 事务日志的备份

使用事务日志备份,除了运行还原备份事务外,还可以将数据库恢复到故障点或特定时间点,并且事务日志备份比完整备份占用更少的资源,可以频繁地执行事务日志备份,减少数据丢失的风险。创建事务日志备份使用 BACKUP LOG 语句,其基本语法格式如下:

```
BACKUP LOG { database_name | @database_name_var }
TO <backup_device> [ ,...n ]
[ WITH
NAME = { backup_set_name | @backup_set_name_var }
```

```
| DESCRIPTION = { 'text' | @text_variable }
]
{ { NORECOVERY | STANDBY = undo_file_name }} [ ,...n ] ]
```

LOG 指定仅备份事务日志，该日志是从上一次成功执行的日志备份到当前日志的末尾，必须创建完整备份，才能创建第一个日志备份，其他各参数与前面介绍的各个备份语句中的参数作用相同。

【例 19.7】对 test 数据库执行事务日志备份，要求追加到现有的备份设备【test 数据库备份】上，输入语句如下：

```
BACKUP LOG test
TO test 数据库备份
WITH NOINIT,NAME='test 数据库事务日志备份',
DESCRIPTION='test 数据库事务日志备份'
```

单击【执行】按钮，即可完成事务日志的备份操作，执行结果如图 19-16 所示。

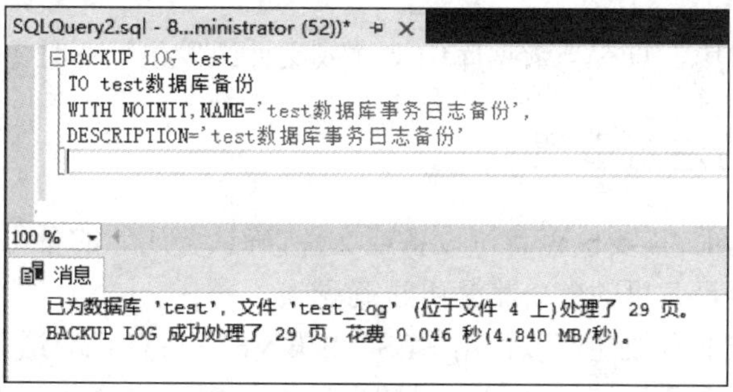

图 19-16　备份事务日志文件

19.4　数据库的还原

使用 SQL 语句可以对数据库进行还原操作。RESTORE DATABASE 语句可以执行完整备份还原、差异备份还原、文件和文件组备份还原。如果要还原事务日志备份，则使用 RESTORE LOG 语句。

19.4.1　还原数据库的方式

前面介绍了 4 种备份数据库的方式，在还原时也可以使用 4 种方式，分别是完整备份还原、差异备份还原、事务日志备份还原以及文件和文件组备份还原。

1. 完整备份还原

完整备份是差异备份和事务日志备份的基础，同样在还原时也要先做完整备份还原。完整备份还原将还原完整备份文件。

2. 差异备份还原

完整备份还原之后，可以执行差异备份还原。例如，在周末执行一次完整数据库备份，以后每隔一天创建一个差异备份集，如果在周三数据库发生了故障，则首先用最近上个周末的完整备份做一个完整备份还原，然后还原周二做的差异备份。如果在差异备份之后还有事务日志备份，那么还应该还原事务日志备份。

3. 事务日志备份还原

事务日志备份相对比较频繁，因此事务日志备份的还原步骤比较多。例如，周末对数据库进行完整备份，每天晚上 8 点对数据库进行差异备份，每隔 3 个小时做一次事务日志备份，如果周三早上 9 点钟数据库发生故障，那么还原数据库的步骤如下：首先恢复周末的完整备份，然后恢复周二下午做的差异备份，最后依次还原差异备份到损坏为止的每一个事务日志备份，即周二晚上 11 点、周三早上 2 点、周三早上 5 点和周三早上 8 点所做的事务日志备份。

4. 文件和文件组备份还原

该还原方式并不常用，只有当数据库中文件或文件组发生损坏时才使用。

19.4.2 还原前的注意事项

还原数据库备份之前，需要检查备份设备或文件，确认要还原的备份文件或设备是否存在，并检查备份文件或备份设备里的备份集是否正确无误。

验证备份集中内容的有效性可以使用 RESTORE VERIFYONLY 语句，不仅可以验证备份集是否完整、整个备份是否可读，还可以对数据库执行额外的检查，从而及时地发现错误。RESTORE VERIFYONLY 语句的基本语法格式如下：

```
RESTORE VERIFYONLY
FROM <backup_device> [ ,...n ]
[ WITH
{
 MOVE 'logical_file_name_in_backup' TO 'operating_system_file_name'  [ ,...n ]
| FILE = { backup_set_file_number | @backup_set_file_number }
| PASSWORD = { password | @password_variable }
| MEDIANAME = { media_name | @media_name_variable }
| MEDIAPASSWORD = { mediapassword | @mediapassword_variable }
| { CHECKSUM | NO_CHECKSUM }
| { STOP_ON_ERROR | CONTINUE_AFTER_ERROR }
| STATS [ = percentage ]
} [ ,...n ]
]
[;]
<backup_device> ::=
{
{ logical_backup_device_name | @logical_backup_device_name_var }
```

```
| { DISK | TAPE } = { 'physical_backup_device_name'
| @physical_backup_device_name_var }
}
```

主要参数介绍如下：

- MOVE 'logical_file_name_in_backup' TO 'operating_system_file_name' [...n]：对于由 logical_file_name_in_backup 指定的数据或日志文件，应当通过将其还原到 operating_system_file_name 所指定的位置来对其进行移动。默认情况下，logical_file_name_in_backup 文件将还原到它的原始位置。

- FILE ={ backup_set_file_number | @backup_set_file_number }：标识要还原的备份集。例如，backup_set_file_number 为 1，指示备份媒体中的第一个备份集；backup_set_file_number 为 2，指示第二个备份集。可以通过使用 RESTORE HEADERONLY 语句来获取备份集的 backup_set_file_number。未指定时，默认值是 1。

- MEDIANAME = { media_name | @media_name_variable}：指定媒体名称。

- MEDIAPASSWORD = { mediapassword | @mediapassword_variable}：提供媒体集的密码。媒体集密码是一个字符串。

- { CHECKSUM | NO_CHECKSUM }：默认行为是在存在校验和时验证校验和，不存在校验和时不进行验证并继续执行操作。

- CHECKSUM：指定必须验证备份校验和，在备份缺少备份校验和的情况下，该选项将导致还原操作失败，并会发出一条消息表明校验和不存在。

- NO_CHECKSUM：显式禁用还原操作的校验和验证功能。

- STOP_ON_ERROR：指定还原操作在遇到第一个错误时停止。这是 RESTORE 的默认行为，但对于 VERIFYONLY 例外，后者的默认值是 CONTINUE_AFTER_ERROR。

- CONTINUE_AFTER_ERROR：指定遇到错误后继续执行还原操作。

- STATS [= percentage]：每当另一个百分比完成时显示一条消息，并用于测量进度。如果省略 percentage，则 SQL Server 每完成 10%（近似）就显示一条消息。

- {logical_backup_device_name | @logical_backup_device_name_var }：是由 sp_addumpdevice 创建的备份设备（数据库将从该备份设备还原）的逻辑名称。

- {DISK | TAPE}={'physical_backup_device_name' | @physical_backup_device_name_var}：允许从命名磁盘或磁带设备还原备份。

【例 19.8】检查名称为【test 数据库备份】的设备是否有误，输入语句如下：

```
RESTORE VERIFYONLY FROM test 数据库备份
```

单击【执行】按钮，运行结果如图 19-17 所示。

默认情况下，RESTORE VERIFYONLY 检查第一个备份集，如果一个备份设备中包含多个备份集，例如要检查【test 数据库备份】设备中的第二个备份集是否正确，可以指定 FILE 值为 2，语句如下：

```
RESTORE VERIFYONLY
FROM test 数据库备份 WITH FILE=2
```

单击【执行】按钮，运行结果如图 19-18 所示。

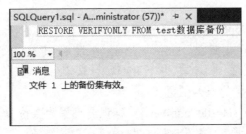

图 19-17　备份设备检查 1

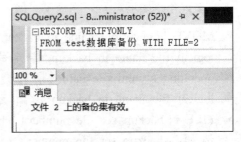

图 19-18　备份设备的检查 2

在还原之前还要查看当前数据库是否还有其他人正在使用，如果还有其他人在使用，将无法还原数据库。

19.4.3　完整备份的还原

数据库完整备份还原的目的是还原整个数据库。整个数据库在还原期间处于脱机状态。执行完整备份还原的 RESTORE 语句基本语法格式如下：

```
RESTORE DATABASE { database_name | @database_name_var }
 [ FROM <backup_device> [ ,...n ] ]
 [ WITH
{
[ {CHECKSUM | NO_CHECKSUM} ]
| [ {CONTINUE_AFTER_ERROR | STOP_ON_ERROR}]
| [RECOVERY|NORECOVERY|STANDBY=
{standby_file_name | @standby_file_name_var } ]
| FILE = { backup_set_file_number | @backup_set_file_number }
| PASSWORD = { password | @password_variable }
| MEDIANAME = { media_name | @media_name_variable }
| MEDIAPASSWORD = { mediapassword | @mediapassword_variable }
| { CHECKSUM | NO_CHECKSUM }
| { STOP_ON_ERROR | CONTINUE_AFTER_ERROR }
| MOVE 'logical_file_name_in_backup' TO 'operating_system_file_name'
        [ ,...n ]
| REPLACE
| RESTART
 | RESTRICTED_USER
| ENABLE_BROKER
 | ERROR_BROKER_CONVERSATIONS
 | NEW_BROKER
| STOPAT = {'datetime' | @datetime_var }
| STOPATMARK = {'mark_name' | 'lsn:lsn_number' } [ AFTER 'datetime' ]
```

```
  | STOPBEFOREMARK = {'mark_name' | 'lsn:lsn_number' } [ AFTER 'datetime' ]
  }
]
[;]


<backup_device>::=
{
  { logical_backup_device_name |
          @logical_backup_device_name_var }
  | { DISK | TAPE } = { 'physical_backup_device_name' |
          @physical_backup_device_name_var }
}
```

主要参数介绍如下：

- RECOVERY：指示还原操作回滚任何未提交的事务。在恢复进程后即可随时使用数据库。如果既没有指定 NORECOVERY 和 RECOVERY，也没有指定 STANDBY，则默认为 RECOVERY。

- NORECOVERY：指示还原操作不回滚任何未提交的事务。

- STANDBY = standby_file_name：指定一个允许撤销恢复效果的备用文件。standby_file_name 指定了一个备用文件，其位置存储在数据库的日志中。如果某个现有文件使用了指定的名称，那么该文件将被覆盖，否则数据库引擎会创建该文件。

- MOVE：将逻辑名指定的数据文件或日志文件还原到所指定的位置。

- REPLACE：指定即使存在另一个具有相同名称的数据库，SQL Server 也应该创建指定的数据库及其相关文件。在这种情况下将删除现有的数据库。如果不指定 REPLACE 选项，则会执行安全检查。这样可以防止意外覆盖其他数据库。REPLACE 还会覆盖在恢复数据库之前备份尾日志的要求。

- RESTART：指定 SQL Server 应重新启动被中断的还原操作。RESTART 从中断点重新启动还原操作。

- RESTRICTED_USER：限制只有 db_owner、dbcreator 或 sysadmin 角色的成员才能访问新近还原的数据库。

- ENABLE_BROKER：指定在还原结束时启用 Service Broker 消息传递，以便可以立即发送消息。默认情况下，还原期间禁用 Service Broker 消息传递。数据库保留现有的 Service Broker 标识符。

- ERROR_BROKER_CONVERSATIONS：结束所有会话，并产生一个错误指出数据库已附加或还原。这样，应用程序即可为现有会话执行定期清理。在此操作完成之前，Service Broker 消息传递始终处于禁用状态，此操作完成后即处于启用状态。数据库保留现有的 Service Broker 标识符。

- NEW_BROKER：指定为数据库分配新的 Service Broker 标识符。

- STOPAT ={'datetime' | @datetime_var}：指定将数据库还原到它在 datetime 或 @datetime_var 参数指定的日期和时间时的状态。

- STOPATMARK ={'mark_name' | 'lsn:lsn_number' } [AFTER 'datetime']：指定恢复至指定的恢复点。恢复中包括指定的事务，但是仅当该事务最初于实际生成事务时已获得提交才可进行本次提交。
- STOPBEFOREMARK = { 'mark_name' | 'lsn:lsn_number' } [AFTER 'datetime']：指定恢复至指定的恢复点为止。在恢复中不包括指定的事务，且在使用 WITH RECOVERY 时将回滚。

【例 19.9】使用备份设备还原数据库，输入语句如下：

```
USE master;
GO
RESTORE DATABASE test FROM test 数据库备份
WITH REPLACE
```

单击【执行】按钮，运行结果如图 19-19 所示。

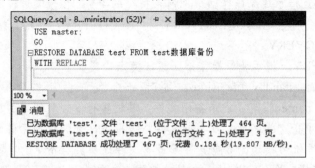

图 19-19　完整还原数据库

该段代码指定 REPLACE 参数，表示对 test 数据库执行恢复操作时将覆盖当前数据库。

19.4.4　差异备份的还原

差异备份还原与完整备份还原的语法基本一样，只是在还原差异备份时，必须先还原完整备份，再还原差异备份。完整备份和差异备份可能在同一个备份设备中，也可能不在同一个备份设备中。如果在同一个备份设备中，应使用 file 参数指定备份集。无论备份集是否在同一个备份设备中，除了最后一个还原操作，其他所有还原操作都必须加上 NORECOVERY 或 STANDBY 参数。

【例 19.10】执行差异备份还原，输入语句如下：

```
USE master;
GO
RESTORE DATABASE test FROM test 数据库备份
WITH FILE = 1, NORECOVERY, REPLACE
GO
RESTORE DATABASE test FROM test 数据库备份
WITH FILE = 2
GO
```

单击【执行】按钮，运行结果如图 19-20 所示。

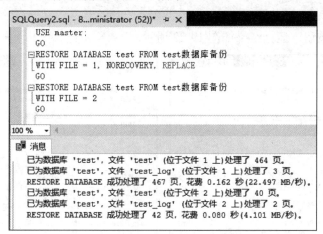

图 19-20　差异备份还原数据库

前面对 test 数据库备份时，在备份设备中差异备份是【test 数据库备份】设备中的第 2 个备份集，因此需要指定 FILE 参数。

19.4.5　事务日志备份的还原

与差异备份还原类似，事务日志备份还原时只要知道它在备份设备中的位置即可。还原事务日志备份之前，必须先还原在其之前的完整备份，除了最后一个还原操作，其他所有操作都必须加上 NORECOVERY 或 STANDBY 参数。

【例 19.11】事务日志备份还原，输入语句如下：

```
USE master
GO
RESTORE DATABASE test FROM test 数据库备份
WITH FILE = 1, NORECOVERY, REPLACE
GO
RESTORE DATABASE test FROM test 数据库备份
WITH FILE = 4
GO
```

单击【执行】按钮，运行结果如图 19-21 所示。

因为事务日志恢复中包含日志，所以也可以使用 RESTORE LOG 语句还原事务日志备份，上面的代码可以修改如下：

```
USE master
GO
RESTORE DATABASE test FROM test 数据库备份
WITH FILE = 1, NORECOVERY, REPLACE
GO
RESTORE LOG test FROM test 数据库备份
```

```
WITH FILE = 4
GO
```

单击【执行】按钮，运行结果如图 19-22 所示。

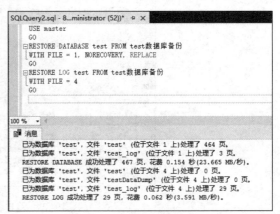

图 19-21　事务日志的还原　　　　　　　　　　图 19-22　还原事务日志文件

19.4.6　文件和文件组备份的还原

RESTORE DATABASE 语句中加上 FILE 或者 FILEGROUP 参数之后可以还原文件和文件组备份，在还原文件和文件组之后，还可以还原其他备份来获得最近的数据库状态。

【例 19.12】使用名称为【test 数据库备份】的备份设备来还原文件和文件组，输入语句如下：

```
USE master
GO
RESTORE DATABASE test
FILEGROUP = 'PRIMARY'
FROM test 数据库备份
WITH REPLACE,NORECOVERY
GO
```

单击【执行】按钮，运行结果如图 19-23 所示。

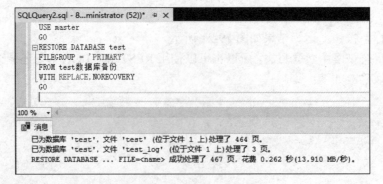

图 19-23　还原文件和文件组

19.5　在 SSMS 中备份还原数据库

　　还原是备份的相反操作，当完成备份之后，如果发生硬件或软件的损坏、意外事故或者操作失误导致数据丢失时，需要对数据库中的重要数据进行还原，还原过程和备份过程相似。本节将介绍数据库还原的方式、还原时的注意事项以及具体过程。

19.5.1　在 SSMS 中备份数据库

　　在 SSMS 中备份数据库可以以界面方式来备份，具体操作步骤如下：

步骤 01 在 SSMS 中选择需要备份的数据库，右击鼠标，在弹出的快捷菜单中选择【任务】【备份】菜单命令，如图 19-24 所示。

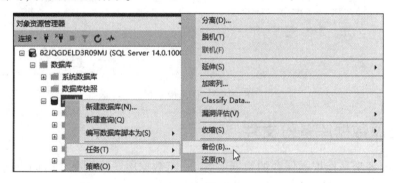

图 19-24　【备份】菜单命令

步骤 02 打开【数据库备份】窗口，在其中选择备份的类型为"完整"，如图 19-25 所示。

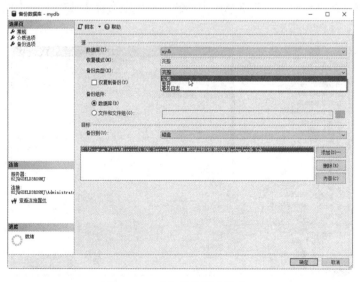

图 19-25　【备份数据库】窗口

步骤 03 在【目标】设置区域中单击【添加】按钮，即可打开【选择备份目标】对话框，在其中设置数据库的备份位置，如图 19-26 所示。

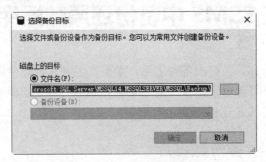

图 19-26　【选择备份目标】对话框

步骤 04 设置完毕后，单击【确定】按钮，返回到【数据库备份】窗口中，再次单击【确定】按钮，即可完成数据库的备份操作，并弹出备份完成的信息提示，如图 19-27 所示。

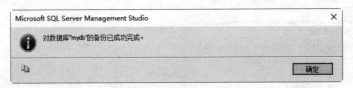

图 19-27　信息提示框

19.5.2　还原数据库备份文件

还原数据库备份是指根据保存的数据库备份，将数据库还原到某个时间点的状态。在 SQL Server 管理平台中，还原数据库的具体操作步骤如下：

步骤 01 使用 Windows 或 SQL Server 身份验证连接到服务器，在【对象资源管理器】窗口中，选择要还原的数据库右击，依次从弹出的快捷菜单中选择【任务】→【还原】→【数据库】菜单命令，如图 19-28 所示。

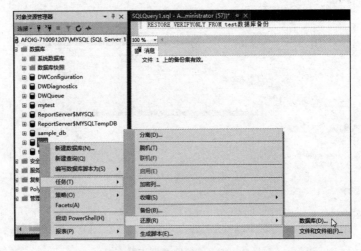

图 19-28　选择要还原的数据库

步骤 02 打开【还原数据库】窗口，包含【常规】选项卡、【文件】选项卡和【选项】选项卡。在【常规】选项卡中可以设置【源】和【目标】等信息，如图 19-29 所示。

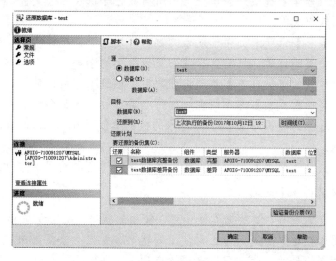

图 19-29　【还原数据库】窗口

【常规】选项卡可以对如下几个选项进行设置。

- 【目标数据库】：选择要还原的数据库。
- 【目标时间点】：用于当备份文件或设备中的备份集很多时指定还原数据库的时间，有事务日志备份支持的话，可以还原到某个时间的数据库状态。默认情况下，该选项的值为最近状态。
- 【源】区域：指定用于还原的备份集的源和位置。
- 【要还原的备份集】列表框：列出了所有可用的备份集。

步骤 03 选择【选项】选项卡，用户可以设置具体的还原选项、结尾日志备份和服务器连接等信息，如图 19-30 所示。

图 19-30　【选项】选项卡

【选项】选项卡中可以设置如下选项。

- 【覆盖现有数据库】选项：会覆盖当前所有数据库以及相关文件，包括已存在的同名的其他数据库或文件。
- 【保留复制设置】选项：会将已发布的数据库还原到创建该数据库的服务器之外的服务器时，保留复制设置。只有选择【回滚未提交的事务，使数据库处于可以使用的状态。无法还原其他事务日志】单选按钮之后，该选项才可以使用。
- 【还原每个备份前提示】选项：在还原每个备份设备前都会要求用户进行确认。
- 【限制访问还原的数据库】选项：使还原的数据库仅供 db_owner、dbcreator 或 sysadmin 的成员使用。
- 【将数据库文件还原为】列表框：可以更改数据库还原的目标文件路径和名称。

【恢复状态】区域有 3 个选项。

- 【回滚未提交的事务，使数据库处于可以使用的状态。无法还原其他事务日志】选项：可以让数据库在还原后进入可正常使用的状态，并自动恢复尚未完成的事务，如果本次还原是还原的最后一步，可以选择该选项。
- 【不对数据库执行任何操作，不回滚未提交的事务。可以还原其他事务日志】选项：可以在还原后不恢复未完成的事务操作，但可以继续还原事务日志备份或差异备份，让数据库恢复到最接近目前的状态。
- 【使数据库处于只读模式。撤销未提交的事务，但将撤销操作保存在备用文件中，以便可使恢复效果逆转】选项：可以在还原后恢复未完成事务的操作，并使数据库处于只读状态，如果要继续还原事务日志备份，还必须知道一个还原文件来存放被恢复的事务内容。

步骤 04 完成上述参数设置之后，单击【确定】按钮进行还原操作。

19.5.3 还原文件和文件组备份

文件还原的目标是还原一个或多个损坏的文件，而不是还原整个数据库。在 SQL Server 管理平台中还原文件和文件组的具体操作步骤如下：

步骤 01 在【对象资源管理器】窗口中，选择要还原的数据库右击，依次从弹出的快捷菜单中选择【任务】→【还原】→【文件和文件组】菜单命令，如图 19-31 所示。

步骤 02 打开【还原文件和文件组】窗口，设置还原的目标和源文件，如图 19-32 所示。

在【还原文件和文件组】窗口中，可以对如下选项进行设置。

- 【目标数据库】下拉列表框：可以选择要还原的数据库。
- 【还原的源】区域：用来选择要还原的备份文件或备份设备，用法与还原数据库完整备份相同，不再赘述。
- 【选择用于还原的备份集】列表框：可以选择要还原的备份集。该区域列出的备份集中不仅包含文件和文件组的备份，还包括完整备份、差异备份和事务日志备份，这里不仅可以恢复文件和文件组备份，还可以恢复完整备份、差异备份和事务备份。

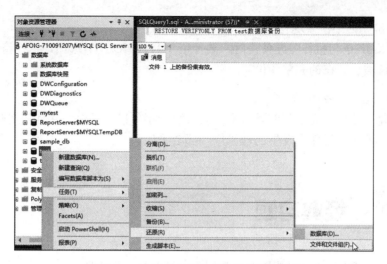

图 19-31　选择【文件和文件组】菜单命令

图 19-32　【还原文件和文件组】窗口

步骤 03　【选项】选项卡中的内容与前面介绍的相同，读者可以参考进行设置，设置完毕，单击【确定】按钮，执行还原操作。

19.6　疑难解惑

1. 如何加快备份速度？

本章介绍的各种备份方式将所有备份文件放在一个备份设备中，如果要加快备份速度，可以备份到多个备份设备，这些种类的备份可以在硬盘驱动器、网络或者是本地磁带驱动器上执行。执行备份到多个备份设备时将并行使用多个设备，数据将同时写到所有介质上。

2. 日志备份如何不覆盖现有备份集?

使用 BACKUP 语句执行差异备份时,要使用 WITH NOINIT 选项,这样将追加到现有的备份集,避免覆盖已存在的完整备份。

3. 时间点恢复有什么弊端?

时间点恢复不能用于完全与差异备份,只可用于事务日志备份,并且使用时间点恢复时,指定时间点之后整个数据库上发生的任何修改都会丢失。

19.7 经典习题

1. SQL Server 2017 中有哪几种备份类型,分别有什么特点?

2. 创建 test 数据库的完整备份,删除两个数据表 fruits 和 suppliers,然后还原这两个表。

3. 创建一个 test 数据库的时间点备份,删除 fruits 表中的所有记录,使用按时间点恢复的方法恢复 fruits 表中的数据。

第 20 章
数据库系统的自动化管理

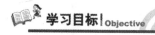 学习目标 | Objective

SQL Server 中自动化管理的基本对象包括作业、维护计划、警报以及操作员等，用户可以借助这些自动化管理工具来管理数据库，特别是通过合理使用警报能够避免对数据库操作中的一些错误。本章就来介绍数据库系统的自动化管理，主要内容包括作业的管理、维护计划的设定、警报的管理等。

内容导航 | Navigation

- 认识 SQL Server 代理
- 掌握启动与关闭 SQL Server 代理的方法
- 掌握 SQL Server 代理中作业的管理方法
- 掌握自动化管理中维护计划的管理方法
- 掌握 SQL Server 代理中警报的管理方法
- 掌握 SQL Server 代理中操作员的管理方法

20.1 认识 SQL Server 代理

SQL Server 代理是用来完成所有自动化任务的重要组成部分，可以说，所有的自动化任务都是通过 SQL Server 代理来完成的。

20.1.1 什么是 SQL Server 代理

SQL Server 代理可以按照计划运行作业，也可以在响应特定事件时运行作业，还可以根据需要运行作业。例如，如果希望在每个工作日下班后备份公司的所有服务器，就可以使该任务自动执行。将备份安排在星期一到星期五的 22:00 之后运行，如果备份出现问题，SQL Server 代理可记录该事件并通知用户。

实际上，SQL Server 代理就是一种服务，服务的名称是 SQL Server Agent。如果在安装 SQL Server 时没有选择开机自动启动服务选项，那么每次用户都需要在 Windows 资源管理器中的服务中启动 SQL Server 服务。

具体操作步骤如下：

步骤01 单击【开始】菜单，在弹出的快捷菜单中选择【Windows 系统】|【控制面板】菜单命令，打开【控制面板】窗口，如图 20-1 所示。

步骤02 在【控制面板】窗口中双击【管理工具】图标，打开【管理工具】窗口，如图 20-2 所示。

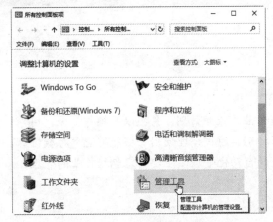

图 20-1 【所有控制面板项】窗口

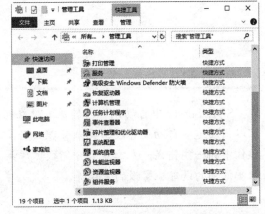

图 20-2 【管理工具】窗口

步骤03 双击【服务】选项，即可打开【服务】窗口，在其中可以看到 SQL Server 的代理服务。从查看结果可以看出，SQL Server 代理服务没有启动，如图 20-3 所示。

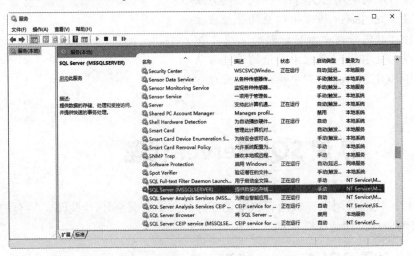

图 20-3 【服务】窗口

20.1.2 设置 SQL Server 代理

用户可以在【服务】窗口中设置 SQL Server 代理，如启动 SQL Server 代理、禁用 SQL Server 代理等。设置 SQL Server 代理的操作步骤如下：

步骤 01 在【服务】窗口，右击 SQL Server 代理，在弹出的快捷菜单中选择【属性】菜单命令，即可弹出【SQL Server 的属性】对话框，在其中可以看到 SQL Server 代理的基本信息，如图 20-4 所示。

步骤 02 单击【启动类型】右侧的下拉按钮，在弹出的下拉列表中选择【自动】，这样计算机启动时就会自动启动该服务，如图 20-5 所示。

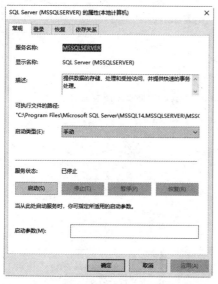

图 20-4　【SQL Server 的属性】对话框

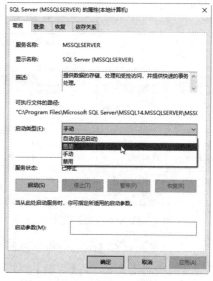

图 20-5　选择启动类型

步骤 03 选择【登录】选项卡，在打开的界面中可以为该服务设置登录账户，可以设置不同的登录账户，如图 20-6 所示。其中，"本地系统账户"是指内置的本地系统管理员账户，是运行 SQL Server 代理服务的 Windows 域账户，也可以通过单击【浏览】按钮，重新选择域账户。

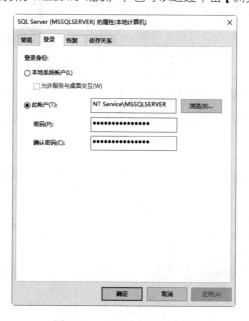

图 20-6　【登录】工作界面

20.1.3 启动 SQL Server 代理

启动 SQL Server 代理服务很简单，具体操作步骤如下：

步骤 01 在【服务】窗口中右击 SQL Server 代理服务，在弹出的快捷菜单中选择【启动】选项，如图 20-7 所示。

步骤 02 弹出【服务控制】对话框，在其中显示了启动 SQL Server 代理的进度，如图 20-8 所示。

图 20-7 选择【启动】菜单命令

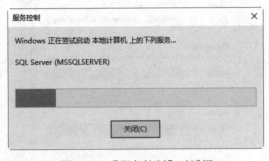

图 20-8 【服务控制】对话框

提示

用户还可以在【SQL Server 的属性】对话框中单击【服务状态】下方的【启动】按钮来启动 SQL Server 代理。

另外，用户还可以在 SQL Server 管理工具 SSMS 中启动 SQL Server 代理，具体操作步骤如下：

步骤 01 在 SQL Server 2017 的对象资源管理器窗格中选择【SQL Server 代理】选项，右击鼠标，在弹出的快捷菜单中选择【启动】菜单命令，如图 20-9 所示。

步骤 02 随即弹出一个信息提示框，提示用户是否确实要启动 SQL Server 代理服务，如图 20-10 所示。

图 20-9 选择【启动】菜单命令

步骤 03 单击【是】按钮，即可弹出【服务控制】对话框，在其中显示了服务启动的进度，如图 20-11 所示。

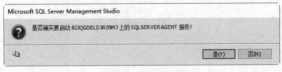

图 20-10 信息提示框

图 20-11 【服务控制】对话框

20.1.4 关闭 SQL Server 代理

启动 SQL Server 代理服务后，若不适用该服务，则可关闭 SQL Server 代理，具体操作步骤如下：

步骤 01　在【服务】窗口中右击 SQL Server 代理服务，在弹出的快捷菜单中选择【停止】选项，如图 20-12 所示。

步骤 02　弹出【服务控制】对话框，在其中显示了停止 SQL Server 代理的进度，如图 20-13 所示。

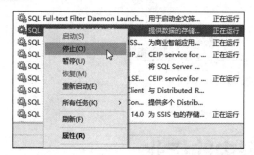

图 20-12　选择【停止】菜单命令

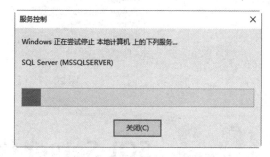

图 20-13　【服务控制】对话框

提　示

用户还可以在【SQL Server 的属性】对话框中单击【服务状态】下方的【停止】按钮来关闭 SQL Server 代理，如图 20-14 所示。

图 20-14　【停止】按钮

另外，用户还可以在 SQL Server 管理工具 SSMS 中关闭 SQL Server 代理，具体操作步骤如下：

步骤 01　在 SQL Server 2017 的对象资源管理器窗格中选择【SQL Server 代理】选项，右击鼠标，在弹出的快捷菜单中选择【停止】菜单命令，如图 20-15 所示。

步骤 02　随即弹出一个信息提示框，提示用户是否确实要停止 SQL Server 代理服务，如图 20-16 所示。

图 20-15　选择【停止】菜单命令

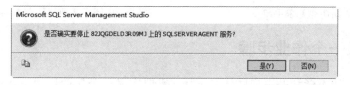

图 20-16　信息提示框

步骤 **03** 单击【是】按钮，即可弹出【服务控制】对话框，在其中显示了服务停止的进度，如图 20-17 所示。

图 20-17 【服务控制】对话框

20.2 SQL Server 代理中的作业

SQL Server 代理中的作业可以看作是一个任务。在 SQL Server 代理中，使用最多的就是作业了。一个作业可以由一个或多个步骤组成，有序地安排好每一个步骤能够有效地使用作业。

20.2.1 创建一个作业

在 SQL Server 中，作业的创建一般都是在企业管理器中。创建作业的操作步骤如下：

步骤 **01** 在对象资源管理器中，展开 SQL Server 代理节点，右击【作业】节点，在弹出的快捷菜单中选择【新建作业】菜单命令，如图 20-18 所示。

步骤 **02** 弹出【新建作业】窗口，在其中输入作业的名称，并设置好作业的类别等信息，单击【确定】按钮，即可完成作业的创建，如图 20-19 所示。

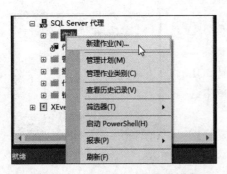

图 20-18 【新建作业】菜单命令

图 20-19 【新建作业】对话框

20.2.2 定义一个作业步骤

作业完成后，还不能帮助用户做什么工作，需要定义一个作业步骤。定义作业步骤的具体操作如下：

步骤 01 在对象资源管理器中，展开 SQL Server 代理，创建一个新作业或右击一个现有作业，在弹出的右键菜单中选择【属性】选项，打开【作业属性-作业 1】对话框，如图 20-20 所示。

步骤 02 在【选择页】列表中选择【步骤】选项，进入【步骤】设置界面，如图 20-21 所示。

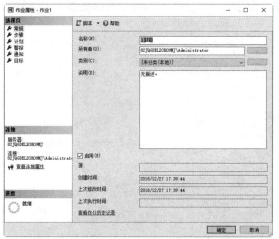
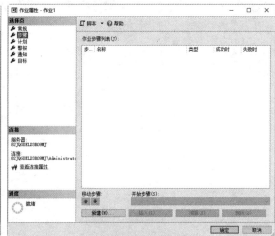

图 20-20　【作业属性-作业 1】对话框　　　　图 20-21　【步骤】工作界面

步骤 03 单击【新建】按钮，即可打开【新建作业步骤】对话框，在其中设置步骤的名称，选择数据库为 test，并在【命令】右侧的空白格中输入相关命令信息，如图 20-22 所示。

步骤 04 单击【确定】按钮，即可完成作业步骤的新建操作，返回到【作业属性-作业 1】对话框，在作业步骤列表中可以看到新建的作业步骤，如图 20-23 所示。

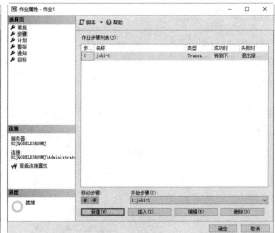

图 20-22　【新建作业步骤】对话框　　　　图 20-23　【作业属性-作业 1】对话框

20.2.3　创建一个作业执行计划

作业创建完成后，还需要创建一个作业执行计划，才能使作业按照计划的时间执行。创建作业执行计划的操作步骤如下：

步骤 01 在对象资源管理器中，展开【SQL Server 代理】节点，创建一个新作业或右击一个现有作业，在弹出的右键菜单中选择【属性】选项，打开【作业属性-作业 1】对话框，并选择【计划】选项，如图 20-24 所示。

步骤 02 单击【新建】按钮，即可打开【新建作业计划】对话框，在其中可以看到新建作业计划的各个参数，如图 20-25 所示。

图 20-24 【作业属性-作业 1】对话框

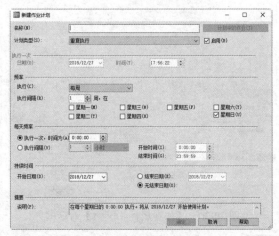

图 20-25 【新建作业计划】对话框

步骤 03 在【新建作业计划】对话框中，输入作业计划的名称，并设置作业计划的频率等信息，如图 20-26 所示。

步骤 04 单击【确定】按钮，即可完成作业计划的新建操作，如图 20-27 所示。

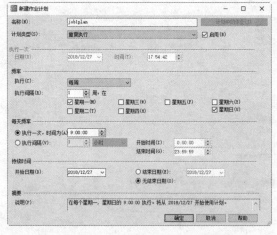

图 20-26 设置作业计划参数

图 20-27 完成作业执行计划的创建

20.2.4 查看与管理作业

在作业创建完成后，经常会需要查看、修改以及删除作业的内容，在对象资源管理器中可以轻松查看与管理作业。

1. 查看作业

作业的内容主要通过作业属性来查看，具体操作步骤如下：

步骤 01 在对象资源管理器中，展开【SQL Server 代理】节点，右击【作业活动监视器】节点，在弹出的右击菜单中选择【查看作业活动】选项，如图 20-28 所示。

步骤 02 弹出【作业活动监视器】窗口，在其中可以查看当前代理作业活动列表，如图 20-29 所示。

图 20-28　【查看作业活动】菜单命令

图 20-29　【作业活动监视器】窗口

步骤 03 右击需要查看的作业，在弹出的快捷菜单中选择【属性】菜单命令，如图 20-30 所示。

步骤 04 打开【作业属性】对话框，在其中可以看到当前作业的属性信息，如图 20-31 所示。

图 20-30　【属性】菜单命令

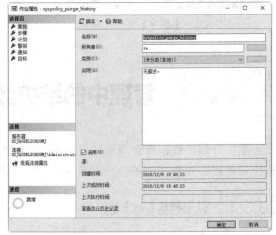

图 20-31　【作业属性】窗口

提　示　在【作业活动监视器】对话框中，右击任意作业，在弹出的快捷菜单中如果选择【作业开始步骤】选项，则执行该作业；如果选择【禁用作业】选项，则该作业被禁用；如果选择【启用作业】选项，则该作业被启用；如果选择【删除作业】选项，则该作业被删除；如果选择【查看历史信息记录】选项，则显示该作业执行的日志信息。

2. 管理作业

对于作业的管理，主要包括对作业的修改和删除操作，修改作业与查看作业基本都是一样的，都是在作业的属性界面中完成的。在修改好作业后，一定要记得保存。对于修改作业的方法与创建作业时相似，这里不再赘述。

在对象资源管理器中删除作业很简单，具体操作步骤如下：

步骤01 在对象资源管理器中，展开【SQL Server 代理】节点，选择一个需要删除的作业，然后右击鼠标，在弹出的快捷菜单中选择【删除】菜单命令，如图 20-32 所示。

步骤02 弹出【删除对象】对话框，然后单击【删除】按钮，即可将选中的作业删除，如图 20-33 所示。

图 20-32　【删除】菜单命令

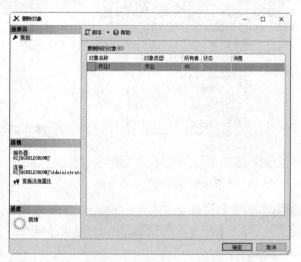

图 20-33　【删除对象】对话框

20.3　管理中的维护计划

维护计划是数据库管理员的好帮手，使用维护计划可以实现一些自动的维护工作。通过维护计划可以完成数据的备份、重新生成索引、执行作业等操作。

20.3.1　认识维护计划

维护计划的功能非常强大，不过在 SSMS 中可以轻松创建维护计划。维护计划与之前创建的作业计划有些类似，都是通过制定计划来自动完成一些特点功能。下面给出维护计划经常应用的几个方面。

- 用于自动运行 SQL Server 作业。
- 用于定期备份数据库。
- 用于检测数据库的完整性。

- 用于更新统计数据。
- 用于重新组织和生成索引。

20.3.2　使用向导创建维护计划

创建维护计划时可以按照向导来创建，具体操作步骤如下：

步骤 01 在对象资源管理器中，展开管理节点，右击【维护计划】节点，在弹出的快捷菜单中选择【维护计划向导】选项，如图 20-34 所示。

步骤 02 即可弹出【SQL Server 维护计划向导】对话框，如图 20-35 所示。

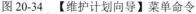

图 20-34　【维护计划向导】菜单命令

图 20-35　【SQL Server 维护计划向导】对话框

步骤 03 单击【下一步】按钮，即可弹出【选择计划属性】对话框，在其中可以设置计划的属性信息，如名称、说明信息等，如图 20-36 所示。

步骤 04 单击【下一步】按钮，即可弹出【选择维护任务】对话框，在其中可以选择一项或多项维护任务，如图 20-37 所示。

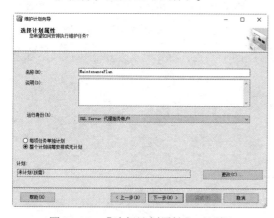

图 20-36　【选择计划属性】对话框

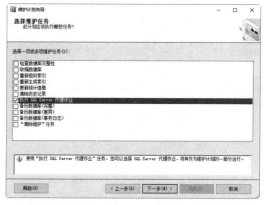

图 20-37　【选择维护任务】对话框

步骤 05 单击【下一步】按钮，弹出【选择维护任务顺序】对话框，在其中选择执行任务的顺序，如图 20-38 所示。

步骤 06 单击【下一步】按钮，弹出【定义"执行 SQL Server 代理作业"任务】对话框，在其中选中可用的 SQL Server 代理作业，如图 20-39 所示。

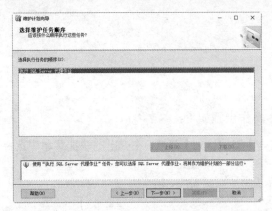
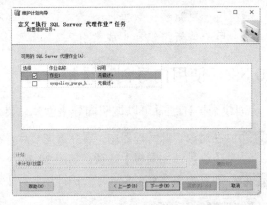

图 20-38　【选择维护任务顺序】对话框　　　　图 20-39　选择可用的 SQL Server 代理作业

步骤 **07**　单击【下一步】按钮，弹出【选择报告选项】对话框，在其中可以设置报告选项参数，如图 20-40 所示。

步骤 **08**　单击【下一步】按钮，弹出【完成向导】对话框，在其中可以执行维护计划向导的内容，如图 20-41 所示。

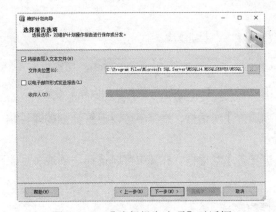

图 20-40　【选择报告选项】对话框　　　　　　图 20-41　【完成向导】对话框

步骤 **09**　单击【完成】按钮，即可完成维护计划向导的创建，并在详细信息列表中显示操作的状态，如图 20-42 所示。

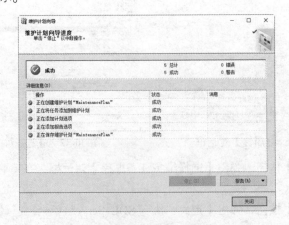

图 20-42　【维护计划向导进度】对话框

20.4　SQL Server 代理中的警报

　　警报通常是在违反了一定的规则后出现的一种通知行为。在使用数据库时，如果预先设定好了，错误发生时就会发出警告。

20.4.1　创建警报

　　在数据库中，合理使用警报可以帮助数据库管理员更好地管理数据库，并提高数据库的安全性。创建警报的操作步骤如下：

图 20-43　【新建警报】菜单命令

步骤 01 在对象资源管理器中，展开【SQL Server 代理】节点，右击【警报】节点，在弹出的快捷菜单中选择【新建警报】选项，如图 20-43 所示。

步骤 02 在弹出的【新建警报】对话框中，输入警报的名称，并选择警报的类型，最后单击【确定】按钮，即可完成警报的创建操作，如图 20-44 所示。

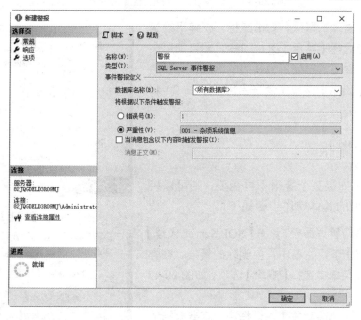

图 20-44　【新建警报】对话框

20.4.2　查看警报

　　警报创建完成后，还可以根据需要管理警报。管理警报的操作步骤如下：

步骤 **01** 在对象资源管理器中，选择需要查看的警报，右击鼠标，在弹出的快捷菜单中选择【属性】
菜单命令，或双击警报，即可打开【"警报"警报属性】对话框，在其中查看警报信息，
如图 20-45 所示。

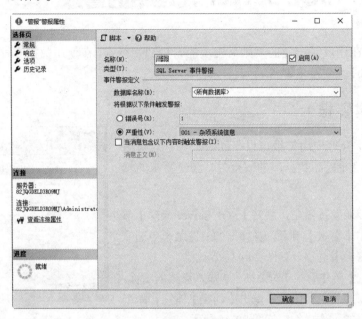

图 20-45 【"警报"警报属性】对话框

步骤 **02** 选择需要管理的警报，右击鼠标，在弹出的快
捷菜单中选择【禁用】菜单命令，即可禁用该
警报，如果还需要使用被禁用的警报，可以通
过单击【启用】菜单命令来启用，如图 20-46
所示。

20.4.3 删除警报

在数据库中，如果某个警报不再需要，则可以将
其删除，删除警报的具体操作步骤如下：

步骤 **01** 在对象资源管理器中，展开【SQL Server 代理】
→【警报】节点，右击需要删除的警报，在弹
出的快捷菜单中选择【删除】选项，如图 20-47
所示。

步骤 **02** 在弹出的【删除对象】对话框中，在要删除的
对象列表中显示要删除的警报，然后单击【确
定】按钮即可完成警报的删除操作，如图 20-48
所示。

图 20-46 【禁用】菜单命令

图 20-47 【删除】菜单命令

图 20-48　【删除对象】对话框

20.5　SQL Server 代理中的操作员

操作员是 SQL Server 数据库中设定好的信息通知对象。当系统出现警报时，可以直接通知操作员，通知的方式通常为发送电子邮件或通过 Windows 系统的服务发送网络信息。

20.5.1　创建操作员

创建操作员是使用操作员的第一步，在 SSMS 中创建操作员的操作步骤如下：

步骤 01 在对象资源管理器中，展开【SQL Server 代理】节点，右击【操作员】节点，在弹出的快捷菜单中选择【新建操作员】选项，如图 20-49 所示。

图 20-49　【新建操作员】菜单命令

步骤 **02** 弹出【新建操作员】对话框，在其中输入操作员的名称与其他相关参数信息，单击【确定】
按钮，即可完成操作员的创建操作，如图 20-50 所示。

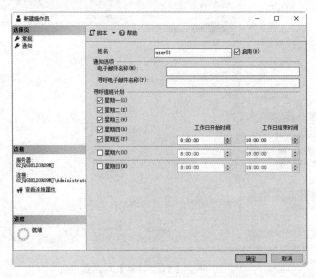

图 20-50　【新建操作员】对话框

20.5.2　使用操作员

操作员创建完成后，就可以使用操作员管理数据库了。使用操作员的操作步骤如下：

步骤 **01** 在对象资源管理器中，展开【SQL Server 代理】→【操作员】节点，右击 user01 操作员，
在弹出的快捷菜单中选择【属性】选项，即可弹出【user01 属性】对话框，如图 20-51 所
示。

步骤 **02** 选择【通知】选项，进入【通知】设置界面，在其中选择【警报】单选按钮，并在复选框
中选择通知的方式为【电子邮件】，最后单击【确定】按钮，即可完成操作员的通知设置，
如图 20-52 所示。

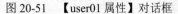

图 20-51　【user01 属性】对话框

图 20-52　【通知】工作界面

20.6 疑难解惑

1. 作业创建完成后，不需要马上执行，该怎么办？

如果不想作业创建后就马上执行，那么可以在【新建作业】界面中清除【已启用】复选框的选中状态。

2. 如何设置 SQL Server 代理的启用类型？

一般情况下，需要将 SQL Server 代理的启动方式更改为自动，这样在计算机启动时就会自动启动该服务了。但是，建议用户将其设置成"手动"方式，以节省计算机的开机时间。

20.7 经典习题

（1）创建一个名为 job 的作业，在数据库中创建数据表。

（2）设置作业的执行时间为每周五的晚上 6 点。

（3）创建一个维护计划，执行创建的作业。